内蒙古自治区煤矿安全培训系列教材

煤矿安全生产应急管理——井工

（第 2 版）

主编 王志亮 王 伟 张 雷 曾宪荣

应急管理出版社

·北 京·

内 容 提 要

本书内容包括我国应急管理的现状及发展趋势，煤矿应急管理法律法规，煤矿危险源的辨识及控制，煤矿应急预案的编制、管理、演练，煤矿重大事故处理原则与方法，煤矿应急救援，煤矿事故调查和责任追究等，书中还剖析了瓦斯（煤尘）爆炸、煤与瓦斯突出、火灾、水害、冲击地压、顶板等事故发生的原因及应采取的预防措施。

本书可作为煤矿安全生产应急管理的培训教材，也可供煤矿安全管理人员、矿山应急救援人员、煤矿安全监察人员、高校相关专业学生学习参考。

编　委　会

主　　编　王志亮　王　伟　张　雷　曾宪荣

副主编　高二虎　张跃兵　兰泽全

编写人员　刘洪才　赵红泽　严志华　宋亦杰　武晓宇

　　　　　乌阳嘎

主　　审　张春利

第 2 版说明

近年来，国家出台或修订了多部安全生产应急管理法规和标准，如《安全生产法》(主席令 第 88 号)、《生产安全事故应急条例》(国务院令 第 708 号)、《生产安全事故应急预案管理办法》(应急管理部令 第 2 号)、《生产经营单位生产安全事故应急预案编制导则》(GB/T 29639—2020)、《煤矿安全生产标准化管理体系考核定级办法（试行)》、《煤矿安全生产标准化管理体系基本要求及评分方法（试行)》、《煤矿重大事故隐患判定标准》(应急管理部令 第 4 号）等，现有的《煤矿安全生产应急管理——井工》已不适用，需要进行全面的修订。

第 2 版在第 1 版的基础上更新了煤矿应急管理法律法规体系，修订和完善应急预案编制及管理相关内容，更新和完善了煤矿重大隐患及辨识、评估、管控等内容，增加了煤矿安全生产标准化应急管理的相关内容，结合煤矿事故特性更新了事故处置和应急救援相关内容，更新了部分典型事故案例。

第 2 版由王志亮、王伟、张雷、曾宪荣主编，张春利主审。参与编写人员有内蒙古煤矿安全监察局曾宪荣、刘洪才，华北科技学院王志亮、张跃兵、兰泽全，中国矿业大学（北京）赵红泽，内蒙古煤矿安全培训中心王伟、张雷、高二虎、严志华、宋亦杰、武晓宇，内蒙古自治区煤炭工业专业技术服务中心乌阳嘎等。

希望采用此书的教师和广大学员，继续对本书提出宝贵意见和建议。

编　者

2021 年 4 月

前　　言

党的十八届四中全会作出全面推进依法治国的总体部署，标志着法治中国建设步入新征程。全国人大常委会2014年8月31日审议通过的新《安全生产法》，是依法治国方略在安全生产领域的具体体现，必将全面规范安全生产法治秩序，加快实施安全发展战略，促进安全生产形势根本好转。

我国“富煤、贫油、少气”的资源条件决定了煤炭在国民经济发展中一次性能源的主体地位，煤矿安全是煤炭行业持续健康发展的前提条件，而煤矿应急管理是保证煤矿安全的基础性工作。煤矿安全生产应急救援管理包括两方面意义：一方面是通过加强日常安全生产管理，落实安全防护措施，消除安全隐患，减少安全事故发生概率；另一方面是在安全事故发生时，通过行之有效的措施，防止事故扩大，减少事故造成的损失。由于煤矿事故具有影响因素多、原因复杂、事故发生突发性强、影响范围广等特点，因此煤矿事故应急管理是一个复杂的系统工程。煤矿事故应急管理的基本职能就是防灾、减灾、救灾和灾后恢复4个方面。事故应急管理的基本职能决定了应急管理的特点：技术专业性、管理科学性、行为规范性，要保证一旦发生安全事故，应急管理体系能够及时启动运作，有效控制事故发展态势，尽可能地保障生产人员的生命财产安全，降低灾害损失，并在事故态势稳定后立即组织灾后恢复工作，及早恢复生产。

本书的编写历时两年，得到众多单位和专家的支持和帮助，同时，还参考了有关专家学者的专著和其他文献，在此表示衷心的感谢。

由于编者水平有限，书中难免存在不足之处，恳请读者批评指正，以便继续改进。

编　者

2015年8月

目　　次

第一章　概　　述

第一节　我国应急管理现状及发展趋势

一、我国应急管理现状

党和国家始终高度重视应急管理工作，我国的应急管理体系不断调整和完善。2003年，在取得抗击“非典”斗争胜利后，大力开展了以“一案三制”（应急预案和应急管理体制、机制、法制）为核心内容的应急管理体系建设。党的十八大以来，以习近平为核心的党中央从推进国家治理体系和治理能力现代化的战略高度，从实现“两个一百年”奋斗目标和中华民族伟大复兴中国梦的战略全局，谋划部署应急管理工作，开启了新时代应急管理事业的新篇章。2018年3月，第十三届全国人民代表大会第一次会议批准的国务院机构改革方案决定设立中华人民共和国应急管理部，标志着我国的应急管理事业迈入新的历史发展阶段。

应急管理部组建以来，坚持以习近平新时代中国特色社会主义思想为指导，深入贯彻党中央、国务院决策部署，全力防范化解重大安全风险，积极推进应急管理体系和能力建设，维护人民群众生命财产安全和社会稳定。2019年，全国共发生各类生产安全事故起数、死亡人数比2001年[①]分别下降81.3%、66.5%。发生重特大事故18起、死亡336人，比2001年减少122起、2220人，分别下降87.1%、86.9%。

应急管理在管理理念、管理体制、制度体系和应急能力体系等方面取得了新的进展。

一是创新发展新时代应急管理理念。习近平总书记站在新的历史方位，发表一系列重要讲话，提出一系列新理念新思想新战略。习近平总书记深刻指出，增强忧患意识、防范风险挑战要一以贯之，既要高度警惕“黑天鹅”事件，也要防范“灰犀牛”事件；既要有防范风险的先手，也要有应对和化解风险挑战的高招；既要打好防范和抵御风险的有准备之战，也要打好化险为夷、转危为机的战略主动战。要牢固树立安全发展理念和红线意识，坚持发展绝不能以牺牲人的生命为代价；坚持党政同责、一岗双责、齐抓共管、失职追责，严格落实安全生产责任；坚持管行业必须管安全、管业务必须管安全、管生产经营必须管安全。要牢固树立灾害风险管理和综合减灾理念，坚持以防为主、防抗救相结合，坚持常态减灾和非常态救灾相统一，努力实现从注重灾后救助向注重灾前预防转变、从应对单一灾种向综合减灾转变、从减少灾害损失向减轻灾害风险转变，提高自然灾害防治能力。

二是初步形成中国特色应急管理体制。党中央在深化党和国家机构改革中组建应急管

① 2001年建立国家安全监管监察体制。

理部，明确构建统一指挥、专常兼备、反应灵敏、上下联动的中国特色应急管理体制。在自然灾害和安全生产领域建立健全统分结合的应急管理工作机制，建立重大风险研判、灾情会商、信息共享和协同处置全过程多部门联动机制，不断增强应急管理工作的系统性、整体性和协同性。建立了国家和区域安全生产应急救援协调机制，成立国家预警信息发布中心和国家应急广播中心，实施自然灾害防灾减灾工程、隐患排查治理工程，建立网络舆情和各类突发事件监测预警体系，突发事件防范能力明显增强。

三是应急管理制度体系稳步推进。制定颁布了《生产安全事故应急条例》（国务院令 第 708 号）、《生产经营单位生产安全事故应急预案编制导则》（GB/T 29639—2013）、《生产安全事故应急预案管理办法》（应急管理部令 第 2 号）和《生产安全事故应急演练基本规范》（AQ/T 9007—2019）、《生产经营单位生产安全事故应急预案评估指南》（AQ/T 9011—2019），以及应急救援队伍建设、应急平台体系建设、宣传教育培训等一系列规章、标准和指导性文件，为加强安全生产应急管理提供了依据。各省（区、市）制定的部分地方性法规和规章也对安全生产应急管理工作进行了规范。

四是应急能力体系建设成效明显。加强应急救援能力建设，基本形成以国家综合性消防救援队伍为主力、以军队应急专业力量为突击、以专业救援队伍为协同、以社会力量为辅助的中国特色应急救援力量体系。各地区、有关高危行业企业加强了应急救援队伍建设，救援人员增加了 40%，初步形成了国家（区域）、骨干、基层救援队伍相结合的应急救援队伍体系。国家综合性消防救援队伍按照应急救援主力军和国家队定位，担负起全灾种、大应急的综合救援任务，积极推进转型升级，救援效率明显提升。

五是应急救援装备水平不断提高。国家级矿山和危险化学品救援队伍增配各类救援车辆 700 余台，配备个体防护、救援、侦检、通信等装备 8000 余台（套）。骨干队伍和基层队伍所在地方政府和依托单位加大了救援装备投入力度，部分省（区、市）建立了安全生产应急物资装备储备库。成功研制 AG600 大型灭火/水上救援水陆两栖飞机、移动式生物安全三级实验室、救援现场大型及多功能破拆救援一体化等重大应急设施和装备，开展国家应急产业示范基地建设。

六是应急预案和演练工作进一步加强。在国家层面，制定颁布了事故灾难应急预案 42 个，制修订各类应急预案 550 余万件。地方各级政府、中央企业以及煤矿、非煤矿山、危险化学品、烟花爆竹等高危行业（领域）企业实现了应急预案全覆盖。各级地方政府和高危行业企业经常举行应急预案培训和演练。

七是应急管理培训和宣教工作深入开展。修订完善了安全生产应急管理培训和宣教工作制度，制定了应急管理和指挥人员培训大纲，全国每年培训 30 多万人次。宣教工作内容日益丰富，宣教形式不断创新，应急知识普及面不断扩大。

八是应急科技支撑不断增强。各地区均成立了安全生产应急救援专家组。安全生产应急救援科研项目投入明显加大，科技部下达的 19 个应急救援重点项目研究已经完成，在煤矿瓦斯、危险化学品等事故灾难的应急救援和预测预警方面形成了一批新技术、新装备。制定了国家安全生产应急平台体系建设指导意见。国家安全生产应急平台已经开始建设，部分省（区、市）、市（地）和中央企业安全生产应急平台基本建成并投入运行。

九是国际交流合作不断深入。通过组织救援指战员及应急管理人员赴发达国家学习交流、参加国际矿山救援技术竞赛以及举办国际性安全生产应急管理论坛和展会等方式，加强了安全生产应急管理领域国际交流与合作。

目前，由于安全生产应急救援体系初步建立，基础相对薄弱，还存在一些制约安全生产应急管理工作进一步发展的因素。主要表现在：

（1）安全生产应急管理法规及配套制度、标准和政策不够完善，应急管理执法依据不完备、执法能力不足、执法力度不够。区域、企地应急协同联动机制运转不畅，政府引导企业、社会积极参与安全生产应急管理工作的政策和制度有待完善。

（2）仍有部分市、县尚未建立健全安全生产应急管理机构，已设立机构的地区还存在专职人员缺乏和职能发挥不到位等问题。部分基层应急预案的实用性、可操作性不强，风险评估不到位，企业预案与政府预案衔接不紧密。应急演练面向基层、贴近实战不够，效果有待提升。

（3）应急救援队伍对重点行业领域、重点地区的覆盖不全面，救援装备种类不全、数量不够，专业化实训演练条件不足，部分队伍大型装备运行维护困难。应急平台数据信息缺乏稳定来源，平台功能没有得到充分发挥。事故现场信息难以第一时间全面准确获取、快速报送。尚未建立全国协调统一的应急物资储备体系。

（4）应急培训的系统性、层次性、专业性、实战性有待提高，部分企业一线作业人员缺乏应急意识和先期处置技能。全社会共同参与的安全生产应急文化氛围仍未形成，宣传教育内容实效性不强，缺乏创新手段，公众风险防范意识和自救互救能力较为薄弱。总体来说，应对重大、复杂事故的能力不足，与党中央、国务院的要求以及人民群众的期盼还有很大差距。安全生产应急管理工作长期性、艰巨性、复杂性和紧迫性的特点十分明显。必须采取切实有效措施，全面提升应急能力，为实现安全生产形势根本好转的目标提供有力保障。

二、安全生产应急管理发展趋势

1. 推进应急管理责任落实

加强党对应急管理工作的领导，坚持把党的领导贯穿应急管理全过程各方面，确保党对应急管理工作的集中统一领导。严格落实企业主要负责人是安全生产应急管理第一责任人的工作责任制，健全企业先期响应机制。建立企业安全风险评估及全员告知制度。推动高危行业领域规模以上企业专兼职应急救援队伍建设及应急物资装备配备。完善应急预案和重点岗位、重点部位现场应急处置方案，加强高危行业企业制度化、全员化、多形式的应急演练，提升企业第一时间、最初环节应急处置能力。

2. 完善应急管理体制机制

围绕构建中国特色应急管理体制要求，进一步完善中央和地方的分级响应机制，地方党委和政府承担灾害事故处置的主体责任，中央给予指导支持。按照“战时怎么用、平时怎么建”的原则，进一步加强应急管理能力建设，完善工作机制，完善政府各部门之间及政府与企业、队伍之间的应急协调联动工作机制，完善区域应急救援互助机制。健全安全监管监察系统应急值班值守工作机制。完善事故现场救援统一指挥机制，建立事故现场应急救援指挥制度，提升事故信息采集和分析决策能力。加强安全生产应急救援领域国际交流与合作，探索建立跨国、跨境应急协调联动机制。加强重大危险源、重要基础设施、重点企业和工业园区的安全监测、早期预警和应急管理。

3. 健全风险防范化解机制

习近平总书记指出，应急管理基础在预防，功夫在平时；防灾减灾救灾，关键是坚持源头预防。党的十九届四中全会明确要求完善和落实安全生产责任和管理制度，建立公共安全隐患排查和安全预防控制体系。落实安全发展理念，健全应急管理责任制，坚持谁主管谁负责的原则，完善安全生产责任体系。加强风险评估和隐患排查治理，从根本上消除事故隐患，真正把问题解决在萌芽之时、成灾之前。加强风险监测和预警，提升多灾种和灾害链综合监测、风险早期识别和预报预警能力。健全应急处置机制，构建全国灾害事故信息报送“一张网”，完善应急响应工作流程，完善防范救援救灾一体化机制，加快建立灾情评估速报平台，加强新闻宣传与舆论引导，提高应急救援救灾效率。

4. 完善应急管理法规制度

坚持依法应急，运用法治思维和法治方式提高应急管理的法治化、规范化水平。系统梳理和修订应急管理相关法律法规，解决现行法规与新形势新体制新任务新要求不适应的问题。《生产安全事故应急条例》公布施行后，抓紧制定完善配套规章、规范性文件和相关制度规定。推动设区的市以上地方各级政府根据立法权限和程序，结合区域特点，制修订地方性安全生产应急管理法规制度。推动制定应急救援社会化有偿服务政策、应急物资装备征用补偿政策、应急救援人员人身安全保险和伤亡抚恤褒扬、救援队伍激励及运行保障等政策。

5. 加强应急救援能力建设

国家综合性消防救援队伍是根据党中央改革决策部署，对原公安消防、武警森林部队予以改制整合，按照准现役、准军事化标准建设管理的纪律部队，实行统一领导、分级指挥，省级以下队伍实行以应急管理部为主，省（区、市）党委和政府双重领导的体制。建设国家（区域）矿山、国家（区域）危险化学品应急救援队和部分中央企业应急救援队，以及矿山、危险化学品骨干应急救援队伍，建立健全高危行业企业应急救援队伍，完善队伍体系，形成区域救援能力。注重培养“一专多能”的各级救援队伍，实施社会化服务，发挥救援队伍在预防性检查、预案演练、应急培训等方面的作用。鼓励和引导各类社会力量参与应急救援。将应急救援队伍建设纳入各级经济和社会发展规划，加大资金、政策扶持力度。将矿山医疗救护体系纳入各地区医疗卫生应急救援体系和安全生产应急救援体系，同步规划、同步建设。开展化工园区、矿山企业聚集区应急救援队伍一体化示范建设。加强安全生产应急救援队伍资质管理，促进队伍素质提高。

6. 强化应急管理培训宣教

健全完善分层次、分类别、多渠道的培训工作机制，有计划地开展业务知识和专业技能培训。强化领导干部应急决策指挥能力及管理人员业务培训，培养专家型应急管理人才。深化专兼职应急救援队伍指战员培训，提高安全生产事故救援能力。推进企业管理人员应急意识和能力培训，加强一线从业人员自救互救、避险逃生技能培训，提高现场处置能力。强化应急管理法治宣传教育，为应急管理改革发展营造良好氛围。大力宣传应急救援先进人物和感人事迹，加强应急处置警示教育。加强部门联动协作，引导公众积极参与应急管理宣传教育。注重传统媒体与新兴媒体融合互动，巩固拓展以互联网为中心的宣教平台，加强网站建设和移动客户端开发，打造应急管理宣传教育和应急文化建设网络阵地。实施企业安全生产应急文化建设，培植应急文化精品，开展应急知识普及。

7. 健全应急信息平台体系

依托国家电子政务网、安监专网、卫星网和互联网资源，构建应急“一张网”。利用总局“安监云”平台基础设施，建设全国安全生产应急云服务框架，为国家、省、市、县各级安全生产应急平台提供应急基础服务。建立应急资源数据管理机制，充分利用各类社会化数据，加强救援装备、物资、专家和队伍等应急基础数据的日常动态管理。建立生产安全事故应急救援指挥决策模型，加强大数据关联分析及结果运用，为风险监测预警、应急指挥决策、事故调查处理等提供数据支撑。

8. 提升应急支撑保障能力

在矿山、危险化学品等重点行业（领域）选择优势科研机构，重点建设一批安全生产应急救援技术支持保障机构，加强应急救援技术装备科技研发、检测检验等能力建设。加快国家（区域）应急救援队伍大型救援装备储备，依托有关企业、单位储备必要的物资装备和生产能力，建立安全生产应急物资储备制度和调运机制，形成布局合理、多层次、多形式的应急救援物资储备体系。支持有关大专院校加强安全生产应急管理学科建设，培养专业人才。建立和完善各类应急专家库，为应急管理和应急救援工作提供智力支持。

三、我国煤矿企业的安全生产管理

2000 年，为适应我国煤炭工业管理体制改革的需要，进一步加强煤矿安全监察工作，国务院决定组建国家煤矿安全监察局，对煤矿安全实施监察行政执法。国家煤矿安全监察局下设各地区煤矿安全监察局和各煤矿安全监察分局，实行全国统一、垂直管理体制。

随着煤炭工业的快速发展，为适应煤炭行业管理的需要，全国主要产煤省（自治区、直辖市）陆续恢复了煤炭行业管理部门，对煤矿安全生产实行监督管理。至此，我国煤矿安全生产形成了国家监察、地方监管、企业负责的格局，也是煤矿安全工作的原则。

2018 年 3 月，根据第十三届全国人民代表大会第一次会议批准的国务院机构改革方案，中华人民共和国应急管理部设立。将国家安全生产监督管理总局的职责，国务院办公厅的应急管理职责，公安部的消防管理职责，民政部的救灾职责，国土资源部的地质灾害防治、水利部的水旱灾害防治、农业部的草原防火、国家林业局的森林防火相关职责，中国地震局的震灾应急救援职责以及国家防汛抗旱总指挥部、国家减灾委员会、国务院抗震救灾指挥部、国家森林防火指挥部的职责整合，组建应急管理部。中国地震局、国家煤矿安全监察局由应急管理部管理。公安消防部队、武警森林部队转制后，与安全生产等应急救援队伍一并作为综合性常备应急骨干力量，由应急管理部管理。

2020 年 9 月，按照党中央决策部署，国家煤矿安全监察局更名为国家矿山安全监察局，设在地方的 27 个煤矿安全监察局相应更名矿山安全监察局，由国家矿山安全监察局领导管理。

煤炭行业是工业行业中的高危行业，2019 年全国煤矿发生死亡事故 170 起、死亡 316

人，同比分别下降24.1%和5.1%；百万吨死亡率0.083，同比下降10.8%。但我国煤矿重大灾害依然严重，安全保障能力仍比较低。我国井工煤矿数量占97%，开采条件复杂。随着开采深度增加，煤与瓦斯突出、冲击地压、水害、热害等灾害威胁日益严重，复合灾害加剧。资源整合小型煤矿致灾因素普查不到位，灾害事故风险大。大多数小型煤矿安全条件差、装备简陋，从业人员安全素质和专业技能低；尤其是高瓦斯和煤与瓦斯突出等灾害严重的小型煤矿，基本不具备灾害防治能力。因此，加强煤炭企业安全生产中突发事故的应急管理仍是确保安全生产的重要一环。

第二节　事故分类与煤矿应急管理标准化

一、事故分类

1. 按诱发因素分类

按诱发因素的不同，将事故分为责任事故和非责任事故两种类型。

（1）责任事故：是指人们在进行有目的的活动中，由于人为的因素，如违章操作、违章指挥、违反劳动纪律、管理缺陷、生产作业条件恶劣、设计缺陷、设备保养不良等原因造成的事故。此类事故是可以预防的。

（2）非责任事故：主要包括自然灾害事故和因人们对某种事物的规律性尚未认识，目前的科学技术水平尚无法预防和避免的事故等。

2. 按伤害程度分类

按伤害程度划分，将事故分为轻伤、重伤、死亡3类。

（1）轻伤事故：指损失工作日低于105日的失能伤害。

（2）重伤事故：指损失工作日等于超过105日、小于6000日的失能伤害。具体参见国务院有关部门颁发的《有关重伤事故范围的意见》。

（3）死亡事故：损失工作日6000以上（含6000日）的失能伤害。

3. 按伤害程度和伤亡人数分类

按伤害程度和伤亡人数可分为轻伤事故、重伤事故、死亡事故、重大伤亡事故、特大伤亡事故和特别重大事故6类。

（1）轻伤事故：指负伤职工中只有轻伤的事故。

（2）重伤事故：指负伤职工中含有重伤（没有死亡）的事故。

（3）死亡事故：指一次死亡1~2人（多人事故时包括轻伤、重伤）的事故。

（4）重大伤亡事故：指一次死亡3~9人的事故。

（5）特大伤亡事故：指一次死亡10~49人的事故。

（6）特别重大事故：据国务院第34号“关于特别重大事故调查程序暂行规定”，一次死亡50人及其以上或者一次造成直接经济损失1000万元及其以上的事故。

4. 按伤亡人数或经济损失分类

按事故伤亡人数或者直接经济损失，根据国家安全生产监督管理总局、国家煤矿安全监察局2008年12月11日印发的《煤矿生产安全事故报告和调查处理规定》（安监总政法〔2008〕212号），将煤矿事故分为以下4级，见表1-1。

表1-1 按事故造成的人员伤亡或者直接经济损失分级表

等级事故	造成死亡人数		造成重伤人数		直接经济损失
特别重大事故	30人以上	或者	100人以上	或者	1亿元以上
重大事故	10人以上30人以下		50人以上100人以下		5000万元以上1亿元以下
较大事故	3人以上10人以下		10人以上50人以下		1000万元以上5000万元以下
一般事故	3人以下		10人以下		1000万元以下

注："以上"包括本数，"以下"不包括本数。

二、煤矿应急管理标准化

根据《煤矿安全生产标准化管理体系基本要求及评分方法（试行）》，煤矿应急管理标准化具体要求如下。

1. 应急管理工作要求

（1）落实煤矿应急管理主体责任，主要负责人是应急管理和事故应急救援的第一责任人；明确安全生产应急管理的分管负责人和主管部门。

（2）建立健全应急管理和应急救援制度，明确岗位职责。

（3）应急管理和应急救援资源有保障。

（4）组建应急救援队伍或有应急救援队伍为其服务。

（5）编制生产安全事故应急救援预案及年度灾害预防和处理计划，按照规划和计划组织应急救援预案演练，组织实施灾害预防和处理计划。

2. 应急管理评分办法

在煤矿调度和应急管理标准化评分表(100分)中,应急管理占40分,具体见表1-2。

表1-2 应急管理标准化评分表（40分）

项目内容	基本要求	标准分值	评分方法	得分
指挥场所	有固定的应急救援指挥场所	2	查现场和资料。不符合要求不得分	
制度建设	建立健全并严格执行以下制度： 1. 事故监测与预警制度； 2. 应急值守制度； 3. 应急信息报告和传递制度； 4. 应急投入及资源保障制度； 5. 应急救援预案管理制度； 6. 应急演练制度； 7. 应急救援队伍管理制度； 8. 应急物资装备管理制度； 9. 安全避险设施管理和使用制度； 10. 应急资料档案管理制度	2	查资料。缺1项制度扣1分，制度内容不完善或未执行1处扣0.2分	
应急保障	1. 配备应急救援物资、装备或设施，建立台账，按规定储存、维护、保养、更新、定期检查等； 2. 有可靠的信息通信和传递系统，保持最新的内部和外部应急响应通讯录；	4	查现场和资料。不符合要求1处扣0.5分	

表1-2（续）

项目内容	基本要求	标准分值	评分方法	得分
应急保障	3. 配置必需的急救器材和药品；与就近的医疗机构签订急救协议； 4. 建立覆盖本煤矿所有专项应急救援预案相关专业的技术专家库	4	查现场和资料。不符合要求1处扣0.5分	
安全避险系统	按规定建立完善井下安全避险设施，设置井下避灾路线指示标识。每年由总工程师组织开展安全避险系统有效性评估	2	查现场和资料。未评估扣1分；标识未设置扣1分；其他不符合要求1处扣0.2分	
应急广播系统	井下设置应急广播系统，井下人员能够清晰听到应急指令	1	查现场。未建立系统不得分。1处生产作业地点不能够听到应急指令扣0.2分	
个体防护装备	按规定配置足量的自救器，入井人员随身携带，并能熟练使用；矿井避灾路线上按需求设置自救器补给站	1	查现场和资料。自救器的备用量不足10%扣0.5分；人入井未携带自救器或不会使用1人次扣0.2分；未设置自救器补给站，1处扣0.2分	
紧急处置权限	明确授予带（跟）班人员、班组长、安检员、瓦斯检查工、调度人员的遇险处置权和现场作业人员的紧急避险权	1	查两项权力的授权资料。权力未明确不得分	
技术资料	1. 井工煤矿应急指挥中心备有最新的采掘工程平面图、矿井通风系统图、井上下对照图、井下避灾路线图、灾害预防与处理计划、应急救援预案； 2. 露天煤矿应急指挥中心备有最新的采剥、排土工程平面图和运输系统图、防排水系统图及排水设备布置图、井工老空区与露天矿平面对照图、应急救援预案	3	查现场和资料。缺1项扣1分	
队伍建设	1. 煤矿有符合要求的矿山救护队为其服务	4	查资料。不符合要求不得分	
	2. 井工煤矿上级公司未设立矿山救护队或行车时间超过30 min的，煤矿应设立兼职救护队，并与行车时间30 min以内到达的矿山救护队签订救护协议； 3. 兼职救护队按照《矿山救护规程》的相关规定配备器材和装备，实施军事化管理，器材和装备完好，定期接受专职矿山救护队的业务培训和技术指导，按照计划实施应急施救训练和演练	3	查现场和资料。应设未设兼职救护队不得分，其他不符合要求1处扣0.5分	
应急预案	1. 预案编制与修订 （1）按照《生产安全事故应急预案管理办法》和年度安全风险辨识评估报告编制应急救援预案，并按《生产安全事故应急条例》规定及时修订； （2）按规定组织应急救援预案的评审，形成书面评审结果；评审通过的应急救援预案由煤矿主要负责人签署公布，及时发放； （3）应急救援预案与煤矿所在地政府的生产安全事故应急救援预案相衔接	3	查资料。未编制预案的“应急预案”项不得分；预案修订不及时不得分；预案有欠缺1处扣0.5分，预案未组织评审不得分，评审证据资料、签署和发放管理环节1处不符合要求扣0.5分，预案发放不及时扣1分，预案未与政府预案相衔接扣0.5分	

表1-2（续）

项目内容	基本要求	标准分值	评分方法	得分
应急预案	2. 按照应急救援预案和灾害预防与处理计划的相关内容，针对重点工作场所、重点岗位的风险特点制定应急处置卡，现场作业人员随身携带	1	查现场和资料。不符合要求1处扣0.2分；现场抽查，1人未随身携带扣0.2分	
	3. 按照分级属地管理的原则，按规定时限、程序完成应急救援预案上报并进行备案，并依法向社会公布	1	查资料。未按照规定上报、备案不得分；未及时公布，扣0.5分	
	4. 煤矿发生事故按规定启动应急救援预案，实施应急响应、组织应急救援；并按照规定的时限、程序上报事故信息	1	查资料。不按规定程序启动预案，不上报事故信息，上报不符合要求不得分	
应急演练	1. 有应急演练规划、年度计划和演练工作方案，内容符合相关规定	2	查资料。不符合要求1处扣0.2分	
	2. 按规定3年内完成所有综合应急救援预案和专项应急救援预案演练，至少每半年组织1次生产安全事故应急救援预案演练	1	查资料。不符合要求不得分	
	3. 应急救援预案及演练、灾害预防和处理计划的实施由矿长组织；记录翔实完整，并进行评估、总结，并将演练情况报送县级以上地方政府负有安全生产监督管理职责的部门	3	查资料。演练和计划的实施组织主体不符合要求不得分；演练情况未及时报送扣1分；其他不符合要求1处扣0.5分	
资料档案	1. 应急资料归档保存，连续完整，保存期限不少于3年	3	查资料。不符合要求1处扣0.5分	
	2. 应急管理档案内容完整真实（应包括组织机构、工作制度、应急救援预案、上报备案、应急演练、应急救援、协议文书），管理规范	2	查现场和资料。不符合要求1处扣0.2分	

第二章 煤矿安全生产应急管理法律法规

第一节 煤矿安全生产应急管理法律体系

一、我国应急管理法治工作发展历程

2003 年抗击“非典”斗争和 2018 年机构改革组建应急管理部是我国应急管理事业发展历程中具有历史意义的两件大事，推动了我国应急管理体制不断发展健全，促进了应急管理法律体系日臻完善。

2003 年抗击“非典”斗争之前，我国应急管理机制尚未建立，应急管理采取的是分部门、分灾种各司其职、各负其责的体制，应急管理法律体系尚未形成，有关应急管理的规定分散在各相关法律条文中。如矿山立法方面，涉及《矿产资源法》《矿山安全法》《劳动法》《煤炭法》《安全生产法》《乡镇煤矿管理条例》等。

从 2003 年抗击“非典”斗争开始，我国逐步建立了“一案三制”为统领的应急管理体系。党的十七大强调要进一步健全突发事件应急管理机制。各地各部门认真贯彻中央的部署和要求，完善和落实应急预案，加强应急管理体制机制建设，加大风险隐患预防和排查治理力度，及时组织处置突发事件，我国应急管理体制机制逐步建立。2007 年 11 月，《突发事件应对法》颁布实施，为有效实施应急管理提供了更加完备的法律依据和法治保障。此后各部门各行业进一步加大配套行政法规建设力度，初步形成了以《突发事件应对法》为基础，以《安全生产法》《消防法》等法律为支撑，以《森林防火条例》等行政法规为主干，以地方性法规和政府规章、部门规章为配套的应急管理法律体系。

2018 年，应急管理部组建后，狠抓应急管理法律体系建设，为机构改革和应急管理事业发展提供了有力的法治保障。这一阶段应急管理法律体系建设取得进展有：研究形成了《应急管理立法体系框架方案》，出台了《消防救援衔条例》，颁布实施了《生产安全事故应急条例》，推动了安全生产领域的应急管理工作走上法制化、规范化、制度化轨道；对《消防法》进行了修订，全面体现消防体制机制改革成果；应急管理部、公安部、最高人民法院、最高人民检察院联合印发了《安全生产行政执法与刑事司法衔接工作办法》，对安全生产日常执法和事故调查中的案件移送与法律监督、刑事证据的收集与使用以及相关部门间的沟通协作机制等方面问题作出详细规定。

二、我国煤矿安全生产应急管理法律体系框架

我国煤矿安全生产应急管理法制体系层级框架如图 2－1 所示。

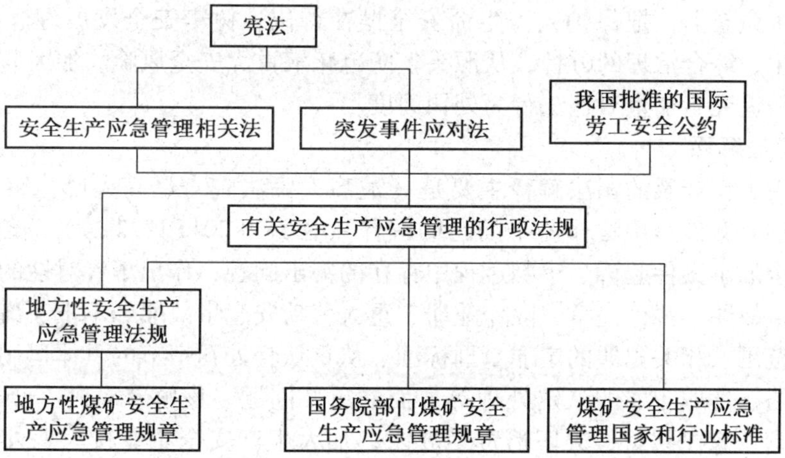

图2-1　我国煤矿安全生产应急管理法制体系层级框架

（一）宪法

宪法是我国的根本大法，具有最高法律效力。国家开展应急管理工作的最终目的，是确保人民群众生命财产安全和社会稳定，因此，宪法中关于公民人身、财产、劳动等基本权利和义务的规定，是应急管理中具有最高法律效力的规定。国家根据这些规定开展应急管理工作，以这些规定为基础建设应急管理法律体系。

在安全生产和劳动保护方面，宪法提出“加强劳动保护，改善劳动条件”，这是安全生产领域最高层面的规定，煤矿企业应遵守宪法的规定，加强劳动保护，加强应急管理工作。

（二）法律、行政法规及部门规章

1. 综合领域

《突发事件应对法》是目前应急管理方面的基本法，共7章70条，自2007年11月1日实施。该法是我国应急管理法律制度由分散走向统一的标志，确定了我国突发事件的4个种类（自然灾害、事故灾害、公共卫生事件和社会安全事件）和4个等级（特别重大、重大、较大和一般），基本法律制度包括预防与应急准备制度、监测与预警制度、应急处置与应急救援制度、事后恢复与灾害重建制度等。该法把突发事件的预防和应急准备放在优先的位置，坚持有效控制危机和最小代价原则，对公民权利依法予以限制和保护相统一，建立了统一领导、分级负责和综合协调的突发事件应对体制。

2. 安全生产领域

安全生产领域已形成以《安全生产法》《职业病防治法》两部法律为基础、以《生产安全事故应急条例》《安全生产许可证条例》《生产安全事故报告和调查处理条例》《国务院关于特大安全事故行政责任追究的规定》等13部行政法规为主干、以《煤矿安全规程》《烟花爆竹生产经营安全规定》《煤矿安全培训规定》《防治煤与瓦斯突出细则》《煤矿防治水细则》等54部应急管理部部门规章（含原国家安全监管总局规章）以及安全生产地方性法规和地方政府规章为主体的安全生产法律体系。其中，《安全生产法》是安全生产领域的基础法，2021年修订，安全生产工作坚持中国共产党的领导，应当以人为本，坚持人民至上、生命至上，把保护人民生命安全摆在首位，树牢安全发展理念，坚持安全第一、预防为主、综合治理的方针，从源头上防范化解重大安全风险。加大监管力度，强化安全生产责任追究、加重对违法行为处罚力度。

（三）司法解释

应急管理工作涉及的司法解释主要是《最高人民法院　最高人民检察院关于办理危害生产安全刑事案件适用法律若干问题的解释》（法释〔2015〕22号）。该解释共17条，针对生产安全刑事案件起诉、审判过程中存在的突出问题，作出了针对性的规定，内容涵盖重大责任事故罪、强令违章冒险作业罪、重大劳动安全事故罪和不报、谎报安全事故罪的犯罪主体范围、相关犯罪的定罪量刑标准、从重从轻处罚情节的具体运用以及相关公职人员贪污贿赂、渎职犯罪的认定处理等方面的重要问题。该解释对进一步落实“党政同责、一岗双责、齐抓共管、失职追责”要求，加大生产安全犯罪行为惩处力度，强化安全发展的意识，具有十分重大的意义。

（四）应急管理标准

应急管理标准是规范应急管理工作的基础性技术规范，是应急管理法律法规的延伸。涉及煤矿安全生产应急管理的标准有国家标准（代码GB）、安全生产标准（代码AQ）和煤炭标准（代码MT），如《生产经营单位生产安全事故应急预案编制导则》（GB/T 29639—2020）、《生产经营单位生产安全事故应急预案评估指南》（AQ/T 9011—2019）和《煤矿安全生产监控系统通用技术条件》（MT/T 1004—2006）。

第二节　煤矿安全生产应急管理主要法律法规

从法律层级上来说，我国煤矿应急管理有关的法律法规主要包括由立法机关通过的法律，国务院颁布的应急管理行政法规，由应急管理部（原国家安全生产监督管理总局）、国家矿山安全监察局（原国家煤矿安全监察局）颁布的部门规章，各省（自治区、直辖市）人民代表大会制定并颁布的地方性法规，还有地方政府颁布的地方性规章，以及与应急救援活动直接有关的标准或指导性文件等。

一、煤矿安全生产应急管理涉及的主要法律

涉及煤矿安全生产应急管理的主要法律有《突发事件应对法》《安全生产法》《煤炭法》《矿山安全法》《劳动法》《矿产资源法》等。

（一）《突发事件应对法》

《突发事件应对法》由中华人民共和国第十届全国人民代表大会常务委员会第二十九次会议于2007年8月30日通过，自2007年11月1日起施行，共7章70条。它是一部关于突发事件应对的专门法，该法律将我国突发事件分为自然灾害、事故灾难、公共卫生事件和社会安全事件4类，并在国家层面上将突发事件与突发事件预警分为4级。规定了我国建立统一领导、综合协调、分类管理、分级负责、属地管理为主的应急管理体制，既明确了突发事件应急管理体制建设的原则，也明确了突发事件应对的职责。《突发事件应对法》确定了我国突发事件应急管理的组织机构，并规定了各主体在应急管理的整个过程

中的预防与应急准备、监测与预警、应急处置与救援、事后恢复与重建等工作中的权力和职责，使得预防和减少突发事件的发生，控制、减轻和消除突发事件引起的严重社会危害等工作有法可依。

（二）《安全生产法》

《安全生产法》是安全生产应急管理相关法。2021 年修订的《安全生产法》共 7 章 119 条。其中第五章为“生产安全事故的应急救援与调查处理”，共 11 条，其中前 7 条（第七十九条至第八十五条）是关于应急救援的。

1. 国家加强应急能力建设

第七十九条第一款规定：“国家加强生产安全事故应急能力建设，在重点行业、领域建立应急救援基地和应急救援队伍，并由国家安全生产应急救援机构统一协调指挥，鼓励生产经营单位和其他社会力量建立应急救援队伍，配备相应的应急救援装备和物资，提高应急救援的专业化水平。”

为了完善应急救援机制，国家在鼓励生产经营单位和其他社会力量建立应急救援队伍的同时，给予各种优惠政策。2018 年，财政部、国家税务总局、应急管理部下发了《关于印发〈安全生产专用设备企业所得税优惠目录（2018 年版）〉的通知》（财税〔2018〕84 号），规定了生产经营单位在购置列入安全生产专用设备企业所得税优惠目录的应急救援设备，可按购置额 10% 享受税额抵免；生产经营单位安全生产应急救援队伍列入国家、区域安全生产应急队的，还可在设备购置与维护、队伍训练等方面给予一定的资金补助。

2. 建立应急救援信息系统

第七十九条第二款规定：“国务院应急管理部门牵头建立全国统一的生产安全事故应急救援信息系统，国务院交通运输、住房和城乡建设、水利、民航等有关部门和县级以上地方人民政府建立健全相关行业、领域、地区的生产安全事故应急救援信息系统，实现互联互通、信息共享，通过推行网上安全信息采集、安全监管和监测预警，提升监管的精准化、智能化水平。”

建立全国统一的生产安全事故应急救援信息系统，需要加快国家、省、市三级安全生产应急平台，完善网络系统、应用系统、应急指挥大厅、模拟推演室等相关系统和配套标准规范和安全体系，实现安全生产管理和协调指挥的信息化、科学化和智能化，并与其他平台相连接，实现互联互通和信息共享，提高事故救援决策的科学性和实效性。

3. 增强地方政府的救援责任

第八十条规定了县级以上地方各级人民政府的应急救援责任：组织有关部门制定本行政区域内生产安全事故应急救援预案，建立应急救援体系。

县级以上地方各级人民政府针对可能发生的各种事故灾难组织有关部门制定相应的应急预案，即使只有 1 人遇险，政府或有关本部门也应根据应急预案的规定开展救援行动，体现了“以人为本”的要求。同时建立应急救援体系，我国应急救援体系主要包括“一案三制”（预案、体制、机制和法制）及物资装备保障体系。

4. 生产经营单位应急能力建设与应急准备职责

第八十一条规定：“生产经营单位应当制定本单位生产安全事故应急救援预案，与所在地县级以上地方人民政府组织制定的生产安全事故应急救援预案相衔接，并定期组织演练。”

生产经营单位是事故发生的第一响应单位，要做好事故的报告、前期处置和自救工作，因此要提高自身的应急救援能力，做好应急准备工作。

按照应急管理部2019年修改的《生产安全事故应急预案管理办法》，各级人民政府应急管理部门应当至少每两年组织一次应急预案演练，提高本部门、本地区生产安全事故应急处置能力。

生产经营单位应当制定本单位的应急预案演练计划，根据本单位的事故风险特点，每年至少组织一次综合应急预案演练或者专项应急预案演练，每半年至少组织一次现场处置方案演练。

易燃易爆物品、危险化学品等危险物品的生产、经营、储存、运输单位，矿山、金属冶炼、城市轨道交通运营、建筑施工单位，以及宾馆、商场、娱乐场所、旅游景区等人员密集场所经营单位，应当至少每半年组织一次生产安全事故应急预案演练，并将演练情况报送所在地县级以上地方人民政府负有安全生产监督管理职责的部门。

生产经营单位若“未按照规定制定生产安全事故应急救援预案或者未定期组织演练的”，依据《安全生产法》第九十七条规定，处10万元以下的罚款，并责令限期改正；逾期未改正的，责令停产停业整顿，并处10万元以上20万元以下的罚款，对其直接负责主管人员和其他直接责任人员处2万元以上5万元以下罚款。

第八十二条规定，危险物品的生产、经营、储存单位以及矿山、金属冶炼、城市轨道交通运营、建筑施工单位应当建立应急救援组织；生产经营规模较小的，可以不建立应急救援组织，但应当指定兼职的应急救援人员。

危险物品的生产、经营、储存、运输单位以及矿山、金属冶炼、城市轨道交通运营、建筑施工单位应当配备必要的应急救援器材、设备和物资，并进行经常性维护、保养，保证正常运转。

5. 事故发生后的应急处置和救援工作责任

第八十三条规定，生产经营单位发生生产安全事故后，事故现场有关人员应当立即报告本单位负责人。

单位负责人接到事故报告后，应当迅速采取有效措施，组织抢救，防止事故扩大，减少人员伤亡和财产损失，并按照国家有关规定立即如实报告当地负有安全生产监督管理职责的部门，不得隐瞒不报、谎报或者迟报，不得故意破坏事故现场、毁灭有关证据。

第八十四条规定，负有安全生产监督管理职责的部门接到事故报告后，应当立即按照国家有关规定上报事故情况。负有安全生产监督管理职责的部门和有关地方人民政府对事故情况不得隐瞒不报、谎报或者迟报。

不报、谎报或者迟报都可能会贻误事故抢救，《刑法修正案（六）》增设了不报、谎报安全事故罪。单位负责人在事故发生后“迟报”，也会被追究责任。

依照《生产安全事故报告和调查处理条例》，生产经营单位的事故报告程序为：事故发生后，事故现场有关人员立即向本单位负责人报告；单位负责人接到报告后，应在1小时内向事故发生地安全生产监管部门和负有安全生产监管职责的有关部门报告；紧急情况下，事故现场有关人员可直接向事故发生地安全生产监管部门和负有安全生产监管职责的有关部门报告。若生产经营单位负责人“迟报”安全生产事故，依照《安全生产法》第一百一十条，给予降级、撤职的处分，并由应急管理部门处上一年年收入百分之六十至百分之一百的罚款。

第八十五条规定，有关地方人民政府和负有安全生产监督管理职责的部门的负责人按到生产安全事故报告后，应当按照生产安全事故应急救援预案的要求立即赶到事故现场，组织事故抢救。

参与事故抢救的部门和单位应当服从统一指挥，加强协同联动，采取有效的应急救援措施，并根据事故救援的需要采取警戒、疏散等措施，防止事故扩大和次生灾害的发生，减少人员伤亡和财产损失。

任何单位和个人都应当支持、配合事故抢救，并提供一切便利条件。

煤矿作为高危行业之一，在应急预案编制和演练、应急救援物资和装备的维护准备、应急救援队伍建设等方面有着更高的要求。

二、煤矿安全生产应急管理涉及的主要行政法规

行政法规是由国务院制定，总理签署国务院令公布的，行政法规的制定是以有关的法律为依据，进一步明确法律相关要求。目前，与煤矿应急管理相关的行政法规有《生产安全事故应急条例》《矿山安全法实施条例》《煤矿安全监察条例》《生产安全事故报告和调查处理条例》《工伤保险条例》等。其中，《生产安全事故应急条例》是基本的行政法规。

（一）《生产安全事故应急条例》

2019 年 2 月 17 日，国务院总理李克强签署第 708 号国务院令，公布《生产安全事故应急条例》(以下简称《应急条例》)，自 2019 年 4 月 1 日起施行。《应急条例》共 5 章 35 条，对生产安全事故应急工作体制、应急准备、应急救援等作了规定。

1.《应急条例》的位阶及适用范围

(1)《应急条例》是《安全生产法》和《突发事件应对法》配套的行政法规。《应急条例》与《突发事件应对法》和《安全生产法》的关系：①《突发事件应对法》和《安全生产法》有明确规定的，《应急条例》不再重复规定；②《突发事件应对法》和《安全生产法》中有规定但比较原则的，《应急条例》进行细化和具体化，增强操作性和实用性，如《应急条例》增加了有关应急预案编制及修改、备案和演练的规定；③《突发事件应对法》和《安全生产法》中没有规定，实际工作又急需的，《应急条例》进行补充和完善，如《安全生产法》中未规定应急预案具体内容，未规定应急值班值守制度，未规定事故现场应急指挥的工作机制等。

(2)《应急条例》是生产安全事故应急工作的行为规范。《应急条例》第二条规定："本条例适用于生产安全事故应急工作；法律、行政法规另有规定的，适用其规定。"即本条例适应于包括煤矿生产安全事故在内的所有生产安全事故，按照特殊法优于一般法的原则，《应急条例》是规范生产安全事故应急工作的一般规定，其他行政法规对生产安全事故应急工作另有规定的，适用其行政法规的规定。如《危险化学品安全管理条例》《电力安全事故应急处置和调查处理条例》《铁路交通事故应急救援和调查处理条例》等另有规定的，适用其规定。

2.《应急条例》明确了生产安全事故应急工作的体制

《应急条例》第三条第一款规定："国务院统一领导全国的生产安全事故应急工作，县级以上地方人民政府统一领导本行政区域内的生产安全事故应急工作。生产安全事故应

急工作涉及两个以上行政区域的，由有关行政区域共同的上一级人民政府负责，或者由各有关行政区域的上一级人民政府共同负责。”根据上述规定，假如两个县属于同一市管辖的，则由该市政府负责；假如两个县分别属于不同市管辖的，则由不同市共同负责。

《应急条例》明确政府有关部门按照各自职责负责有关行业、领域的生产安全生产事故应急工作。《应急条例》第三条第二款规定：“县级以上人民政府应急管理部门和其他对有关行业、领域的安全生产工作实施监督管理的部门（以下统称负有安全生产监督管理职责的部门）在各自职责范围内，做好有关行业、领域的生产安全事故应急工作。”生产安全事故应急工作是安全生产的重要内容，按照管行业必须管安全、管业务必须管安全、管生产经营必须管安全的原则，政府应急管理部门和其他负责安全生产监督管理职责的部门在各自职责范围内，分别做好有关生产安全事故应急工作，各负其责。

《应急条例》明确应急管理部门对生产安全事故应急工作负有统筹职责。《应急条例》第三条第三款规定：“县级以上人民政府应急管理部门指导、协调本级人民政府其他负有安全生产监督管理职责的部门和下级人民政府的生产安全事故应急工作。”应急管理部门作为安全生产工作的综合部门，对安全生产工作负综合监督管理职责，同样对同级政府其他部门和下级政府的生产安全事故应急工作负有指导、协调职责。这里讲的指导，是指按照国家和上级有关部门或者本级政府的要求，指导开展生产安全事故相应的应急工作，包括预案编制、预案演练等。这里讲的协调，是指对生产安全事故应急工作中有关重大问题进行协调，处理不了的，及时向有关政府和部门汇报。特别要注意的是，没有监督检查职责，与安全生产工作有所不同。

《应急条例》明确生产经营单位是本单位生产安全事故应急工作的责任主体，主要负责人全面负责。《应急条例》第四条规定：“生产经营单位应当加强生产安全事故应急工作，建立、健全生产安全事故应急工作责任制，其主要负责人对本单位的生产安全事故应急工作全面负责。”贯彻落实《安全生产法》的规定，强调管安全生产工作必须管应急工作。

3.《应急条例》强化了生产安全事故的应急准备

应急准备是整个应急管理工作的基础和前提。《突发事件应对法》对有关应急准备作出了很多规定，《安全生产法》对有关应急预案和应急队伍、物资配备也作出了相应规定。在此基础上，结合生产安全事故应急工作的实际需要，《应急条例》设立专章，共12条，从预案编制、预案备案、预案演练、队伍建设、值班制度、人员培训、物资储备、信息系统8个方面进行规范。

4.《应急条例》规范了生产安全事故的现场应急救援

（1）明确了生产经营单位初期处置的主要行为。发生事故后，生产经营单位是第一救援力量，必须进行初期处置，避免事态扩大。为此，《应急条例》第十七条规定“发生生产安全事故后，生产经营单位应当立即启动生产安全事故应急救援预案，采取下列一项或者多项应急救援措施，并按照国家有关规定报告事故情况”。这些措施有：①迅速控制危险源，组织抢救遇险人员；②根据事故危害程度，组织现场人员撤离或者采取可能的应急措施后撤离；③及时通知可能受到事故影响的单位和人员；④采取必要措施，防止事故危害扩大和次生、衍生灾害发生；⑤根据需要请求邻近的应急救援队伍参加救援，并向参加救援的应急救援队伍提供相关技术资料、信息和处置方法；⑥维护事故现场秩序，保护事故现场和相关证据；⑦法律、法规规定的其他应急救援措施。

（2）规范了政府的应急救援程序。《应急条例》第十八条规定，有关地方人民政府及其部门接到生产安全事故报告后，应当按照国家有关规定上报事故情况，启动相应的生产安全事故应急救援预案，并按照应急救援预案的规定采取下列一项或者多项应急救援措施：①组织抢救遇险人员，救治受伤人员，研判事故发展趋势以及可能造成的危害；②通知可能受到事故影响的单位和人员，隔离事故现场，划定警戒区域，疏散受到威胁的人员，实施交通管制；③采取必要措施，防止事故危害扩大和次生、衍生灾害发生，避免或者减少事故对环境造成的危害；④依法发布调用和征用应急资源的决定；⑤依法向应急救援队伍下达救援命令；⑥维护事故现场秩序，组织安抚遇险人员和遇险遇难人员亲属；⑦依法发布有关事故情况和应急救援工作的信息；⑧法律、法规规定的其他应急救援措施。

有关地方人民政府不能有效控制生产安全事故的，应当及时向上级人民政府报告。上级人民政府应当及时采取措施，统一指挥应急救援。

（3）设立现场救援指挥部。《应急条例》第二十条规定："发生生产安全事故后，有关人民政府认为有必要的，可以设立由本级人民政府及其有关部门负责人、应急救援专家、应急救援队伍负责人、事故发生单位负责人等人员组成的应急救援现场指挥部，并指定现场指挥部总指挥。"需要说明的，第一，不是所有生产安全事故发生后，都要设立现场指挥部。第二，现场指挥部的成员由本级人民政府及其有关部门负责人、应急救援专家、应急救援队伍负责人、事故发生单位负责人等人员组成。

《应急条例》第二十一条规定："现场指挥部实行总指挥负责制，按照本级人民政府的授权组织制定并实施生产安全事故现场应急救援方案，协调、指挥有关单位和个人参加现场应急救援。参加生产安全事故现场应急救援的单位和个人应当服从现场指挥部的统一指挥。"总指挥的职责有两项：第一是根据本级人民政府的授权，组织制定并实施生产安全事故现场应急救援方案。第二是协调、指挥有关单位和个人参加现场应急救援。参加生产安全事故现场应急救援的单位和个人应当服从现场指挥部的统一指挥。

（4）设置了应急救援中止。实践中，应急救援过程中，因社会影响等原因，往往救援工作难以停止，盲目施救，可能导致活人为了死人造成牺牲的情况。为此，《应急条例》第二十二条规定："在生产安全事故应急救援过程中，发现可能直接危及应急救援人员生命安全的紧急情况时，现场指挥部或者统一指挥应急救援的人民政府应当立即采取相应措施消除隐患，降低或者化解风险，必要时可以暂时撤离应急救援人员。"这在法规上首次予以明确。在应急救援中，应加强现场风险评估，积极消除隐患，降低或者化解救援风险；在风险难以降低或者化解的情况下，允许暂时停止救援工作，撤离应急救援人员，以保障应急救援人员的生命安全；待条件成熟后，继续实施应急救援工作。

（5）设置了应急救援终止。实践中，应急救援工作什么时候结束，没有具体规定，往往是应急救援没完没了地进行。为此，《应急条例》第二十五条规定："生产安全事故的威胁和危害得到控制或者消除后，有关人民政府应当决定停止执行依照本条例和有关法律、法规采取的全部或者部分应急救援措施。"根据规定，生产安全事故的威胁和危害得到控制或者消除后，可以全部或者部分终止应急救援工作。这在法规上首次予以明确。

5.《应急条例》完善了应急救援保障及后续行为

（1）设立了必须履行救援命令或者救援请求的规定。《应急条例》第十九条规定，应急救援队伍接到有关人民政府及其部门的救援命令或者签有应急救援协议的生产经营单位的救援请求后，应当立即参加生产安全事故应急救援。

（2）规范了通信等保障的要求。《应急条例》第二十三条规定：“生产安全事故发生地人民政府应当为应急救援人员提供必需的后勤保障，并组织通信、交通运输、医疗卫生、气象、水文、地质、电力、供水等单位协助应急救援。”

（3）规定了可以调用和征用财产的情形。《应急条例》第二十六条规定：“有关人民政府及其部门根据生产安全事故应急救援需要依法调用和征用的财产，在使用完毕或者应急救援结束后，应当及时归还。财产被调用、征用或者调用、征用后毁损、灭失的，有关人民政府及其部门应当按照国家有关规定给予补偿。”

（4）规范了应急救援评估。《应急条例》第二十四条规定，现场指挥部或者统一指挥生产安全事故应急救援的人民政府及其有关部门应当完整、准确地记录应急救援的重要事项，妥善保存相关原始资料和证据。第二十七条规定：“按照国家有关规定成立的生产安全事故调查组应当对应急救援工作进行评估，并在事故调查报告中作出评估结论。”

（5）明确应急救援费用由事故责任单位承担。《应急条例》第十九条规定：“应急救援队伍根据救援命令参加生产安全事故应急救援所耗费用，由事故责任单位承担；事故责任单位无力承担的，由有关人民政府协调解决。”

（6）明确了救治和抚恤以及烈士评定的要求。《应急条例》第二十八条规定：“县级以上地方人民政府应当按照国家有关规定，对在生产安全事故应急救援中伤亡的人员及时给予救治和抚恤；符合烈士评定条件的，按照国家有关规定评定为烈士。”

6. 法律责任

（1）明确了有关政府及部门和有关人员违法行为的处罚。《应急条例》第二十九条规定：“地方各级人民政府和街道办事处等地方人民政府派出机关以及县级以上人民政府有关部门违反本条例规定的，由其上级行政机关责令改正；情节严重的，对直接负责的主管人员和其他直接责任人员依法给予处分。”

（2）明确了生产经营单位未制定应急预案等违法行为的处罚。《应急条例》第三十条规定：“生产经营单位未制定生产安全事故应急救援预案、未定期组织应急救援预案演练、未对从业人员进行应急教育和培训，生产经营单位的主要负责人在本单位发生生产安全事故时不立即组织抢救的，由县级以上人民政府负有安全生产监督管理职责的部门依照《中华人民共和国安全生产法》有关规定追究法律责任。”

（3）明确了生产经营单位未对应急救援器材、设备和物资进行经常性维护、保养等违法行为的处罚。

（4）明确了生产经营单位未将生产安全事故应急救援预案报送备案、未建立应急值班制度或者配备应急值班人员的违法行为的处罚。

《应急条例》第三十二条规定：“生产经营单位未将生产安全事故应急救援预案报送备案、未建立应急值班制度或者配备应急值班人员的，由县级以上人民政府负有安全生产监督管理职责的部门责令限期改正；逾期未改正的，处3万元以上5万元以下的罚款，对直接负责的主管人员和其他直接责任人员处1万元以上2万元以下的罚款。”

（5）明确有关单位或人员违反条例规定的处罚。《应急条例》第三十三条规定：“违反本条例规定，构成违反治安管理行为的，由公安机关依法给予处罚；构成犯罪的，依法追究刑事责任。”

（二）其他行政法规的主要内容

1.《矿山安全法实施条例》

第四十条规定：“矿山企业应当每年编制矿山灾害预防和应急计划；在每季度末，应当根据实际情况对计划及时进行修改，制定相应的措施。矿山企业应当使每个职工熟悉矿山灾害预防和应急计划，并且每年至少组织一次矿山救灾演习。矿山企业应当根据国家有关规定，按照不同作业场所的要求，设置矿山安全标志。”需要说明的是，矿山企业除了应急预案外，由于矿山生产的动态性和可预见性，矿山企业每年还应编制矿山灾害预防和应急计划。

第四十一条规定：“矿山企业应当建立由专职的或者兼职的人员组成的矿山救护和医疗急救组织。不具备单独建立专业救护和医疗急救组织的小型矿山企业，除应当建立兼职的救护和医疗急救组织外，还应当与邻近的有专业的救护和医疗急救组织的矿山企业签订救护和急救协议，或者与邻近的矿山企业联合建立专业救护和医疗急救组织。矿山救护和医疗急救组织应当有固定场所、训练器械和训练场地。矿山救护和医疗急救组织的规模和装备标准，由国务院管理矿山企业的有关主管部门规定。”该条与《应急条例》的规定基本一致。

第四十六条规定：“矿山发生事故后，事故现场有关人员应当立即报告矿长或者有关主管人员；矿长或者有关主管人员接到事故报告后，必须立即采取有效措施，组织抢救，防止事故扩大，尽力减少人员伤亡和财产损失。”该条与《安全生产法》的有关规定基本一致。

2.《生产安全事故报告和调查处理条例》

《生产安全事故报告和调查处理条例》按照发生事故的死亡人数、重伤人数和直接经济损失将事故分为一般事故、较大事故、重大事故和特别重大事故 4 个等级。明确了事故发生后的报告时限、报告内容和程序等，不同事故等级按照处理权限报告到县、市、省和国务院等 4 个不同等级的政府部门。

第九条规定，事故发生后，事故现场有关人员应当立即向本单位负责人报告；单位负责人接到报告后，应当于 1 小时内向事故发生地县级以上人民政府安全生产监督管理部门和负有安全生产监督管理职责的有关部门报告。

情况紧急时，事故现场有关人员可以直接向事故发生地县级以上人民政府安全生产监督管理部门和负有安全生产监督管理职责的有关部门报告。

第十一条规定，安全生产监督管理部门和负有安全生产监督管理职责的有关部门逐级上报事故情况，每级上报的时间不得超过 2 小时。

第十二条规定，报告事故应当包括下列内容：①事故发生单位概况；②事故发生的时间、地点以及事故现场情况；③事故的简要经过；④事故已经造成或者可能造成的伤亡人数（包括下落不明的人数）和初步估计的直接经济损失；⑤已经采取的措施；⑥其他应当报告的情况。

三、煤矿应急管理部门规章

煤矿应急管理部门规章是指由应急管理部（原国家安全生产监督管理总局）或国家

矿山安全监察局（原国家煤矿安全监察局）制定的相关管理规定或办法。目前有关的部门规章有《生产安全事故应急预案管理办法》《矿山救护规程》《煤矿安全规程》《煤与瓦斯防治突出细则》《煤矿防治水细则》《防治煤矿冲击地压细则》《煤矿安全生产标准化管理体系基本要求及评分方法（试行）》等。

1.《生产安全事故应急预案管理办法》

2019 年修订的《生产安全事故应急预案管理办法》增加了编制应急预案应当进行风险评估和应急资源调查等条款，使应急预案编制工作更加科学、规范。结合应急预案优化工作经验，《生产安全事故应急预案管理办法》突出以应急处置为核心，不再对生产经营单位制定专项预案作强制要求，简化各类预案内容，以推进应急预案简明化，解决企业预案上下一般粗、内容重复等具有普遍性的问题。近年来的实践表明，编制重点岗位应急处置卡，是第一时间提升应急处置效果的重要措施，因此增加了生产经营单位编制应急处置卡的规定。

为了落实应急预案管理的编制、评估、演练等各项工作，先后出台了《生产经营单位生产安全事故应急预案编制导则》(GB/T 29639—2020)、《生产经营单位生产安全事故应急预案评估指南》(AQ/T 9011—2019)、《生产安全事故应急演练基本规范》(AQ/T 9007—2019)。

2.《矿山救护规程》

《矿山救护规程》是为保证安全、快速、有效地实施矿山企业生产与建设事故应急救援，保护矿山职工和救护人员的生命安全，减少国家资源和财产损失，根据国家有关法律、法规制定的规程。矿山救护队是处理矿山灾害事故的专业队伍，实行军事化管理。《矿山救护规程》对矿山救护队的应急救援工作起到了指导和规范作用；矿山救护队必须经过资质认证，取得资质证书后，方可从事矿山救护工作。根据矿山救护队的编制、人员构成与素质、技术装备、训练与培训设施和救援业绩等条件，矿山救护队资质分为一级、二级、三级、四级。

《国家矿山应急救援队预防性安全检查工作指南（试行）》《安全生产应急管理人员培训及考核规范》(AQ/T 9008—2012）对矿山救护队日常的预防性检查工作和培训考核工作作了规定。

3.《煤矿安全规程》

《煤矿安全规程》在煤矿安全生产领域居于主体规章地位，是规范煤矿安全管理行为的重要准绳，体现了坚持“安全第一、预防为主、综合治理”的安全生产工作方针。现行《煤矿安全规程》共 721 条，涉及地质保障、井工煤矿、露天煤矿、职业病危害防治和应急救援。

《煤矿安全规程》第二条规定，在中华人民共和国领域内从事煤炭生产和煤矿建设活动，必须遵守本规程。

4.《防治煤与瓦斯突出细则》

《防治煤与瓦斯突出细则》是为加强防治煤（岩）与瓦斯（二氧化碳）突出工作，预防煤矿事故，保障从业人员生命安全，根据《安全生产法》《矿山安全法》《煤矿安全规程》等而制定的细则。

第四条规定，煤矿企业主要负责人、矿长是本单位防突工作的第一责任人。有突出矿井的煤矿企业、突出矿井应当设置防突机构，建立健全防突管理制度和各级岗位责任制。突出矿井应当建立突出预警机制，逐步实现突出预兆、瓦斯和地质异常、采掘影响等多元信息的综合预警、快速响应和有效处理。

第五条规定，有突出矿井的煤矿企业、突出矿井应当依据本细则，结合矿井开采条件，制定、实施区域和局部综合防突措施。

区域综合防突措施包括下列内容：①区域突出危险性预测；②区域防突措施；③区域防突措施效果检验；④区域验证。

局部综合防突措施包括下列内容：①工作面突出危险性预测；②工作面防突措施；③工作面防突措施效果检验；④安全防护措施。

突出矿井应当加强区域和局部（简称两个“四位一体”）综合防突措施实施过程的安全管理和质量管控，确保质量可靠、过程可溯。

第七条规定，突出矿井发生突出的必须立即停产，并分析查找原因；在强化实施综合防突措施、消除突出隐患后，方可恢复生产。

5.《煤矿防治水细则》

《煤矿防治水细则》是为了加强煤矿防治水工作，防止和减少事故，保障职工生命安全和健康，根据《安全生产法》《矿山安全法》《国务院关于预防煤矿生产安全事故的特别规定》和《煤矿安全规程》等而制定的细则。

第三条规定，煤矿防治水工作应当坚持预测预报、有疑必探、先探后掘、先治后采的原则，根据不同水文地质条件，采取探、防、堵、疏、排、截、监等综合防治措施。

煤矿必须落实防治水的主体责任，推进防治水工作由过程治理向源头预防、局部治理向区域治理、井下治理向井上下结合治理、措施防范向工程治理、治水为主向治保结合的转变，构建理念先进、基础扎实、勘探清楚、科技攻关、综合治理、效果评价、应急处置的防治水工作体系。

第五条规定，煤矿应当根据本单位的水害情况，配备满足工作需要的防治水专业技术人员，配齐专用的探放水设备，建立专门的探放水作业队伍，储备必要的水害抢险救灾设备和物资。

水文地质类型复杂、极复杂的煤矿，还应当设立专门的防治水机构、配备防治水副总工程师。

第六条规定，煤炭企业、煤矿应当结合本单位实际情况建立健全水害防治岗位责任制、水害防治技术管理制度、水害预测预报制度、水害隐患排查治理制度、探放水制度、重大水患停产撤人制度以及应急处置制度等。

煤矿主要负责人必须赋予调度员、安检员、井下带班人员、班组长等相关人员紧急撤人的权力，发现突水（透水、溃水）征兆、极端天气可能导致淹井等重大险情，立即撤出所有受水患威胁地点的人员，在原因未查清、隐患未排除之前，不得进行任何采掘活动。

6.《防治煤矿冲击地压细则》

为了加强煤矿冲击地压防治工作，有效预防冲击地压事故，保障煤矿职工安全，根据《安全生产法》《矿山安全法》《国务院关于预防煤矿生产安全事故的特别规定》《煤矿安全规程》等法律、法规、规章和规范性文件的规定，制定《防治煤矿冲击地压细则》。

冲击地压是指煤矿井巷或工作面周围煤（岩）体由于弹性变形能的瞬时释放而产生的突然、剧烈破坏的动力现象，常伴有煤（岩）体瞬间位移、抛出、巨响及气浪等。

第三条规定，煤矿企业（煤矿）的主要负责人（法定代表人、实际控制人）是冲击地压防治的第一责任人，对防治工作全面负责；其他负责人对分管范围内冲击地压防治工作负责；煤矿企业（煤矿）总工程师是冲击地压防治的技术负责人，对防治技术工作负责。

第四条规定，冲击地压防治费用必须列入煤矿企业（煤矿）年度安全费用计划，满足冲击地压防治工作需要。

第五条规定，冲击地压矿井必须编制冲击地压事故应急预案，且每年至少组织一次应急预案演练。

第六条规定，冲击地压矿井必须建立冲击地压防治安全技术管理制度、防治岗位安全责任制度、防治培训制度、事故报告制度等工作规范。

7.《煤矿安全生产标准化管理体系基本要求及评分方法（试行）》

煤矿安全生产标准化管理体系包括理念目标和矿长安全承诺、组织机构、安全生产责任制及安全管理制度、从业人员素质、安全风险分级管控、事故隐患排查治理、质量控制、持续改进等8个要素。

（1）理念目标和矿长安全承诺是指企业树立的安全生产基本思想，设定的安全生产目标和煤矿矿长向全体职工作出的安全事项承诺。理念和目标体现了煤矿安全生产的原则和方向，用于引领和指导煤矿安全生产工作。矿长安全承诺主要涵盖安全生产、安全投入、保障职工权益等方面，是尊重客观规律，依法组织生产，落实主体责任的体现。由矿长作出表率，职工实施监督。

（2）组织机构是指根据煤矿安全生产实际需要，建立健全煤矿安全生产的管理部门，为安全生产工作提供组织保障。

（3）安全生产责任制及安全管理制度是指建立完善安全生产责任制和管理制度，明确全体从业人员的岗位职责，是开展各项工作的基本遵循。

（4）从业人员素质是指通过严格准入、规范用工，开展安全培训，提高从业人员素质和技能，控制人的不安全行为，为煤矿安全生产提供人才保障。

（5）安全风险分级管控是指对生产过程中发生不同等级事故、伤害的可能性进行辨识评估，预先采取规避、消除或控制安全风险的措施，避免风险失控形成隐患，导致事故。

（6）事故隐患排查治理是指对煤矿生产过程中安全风险管理措施和人的不安全行为、物的不安全状态、环境的不安全条件和管理的缺陷进行检查、登记、治理、验收、销号，避免隐患导致事故。

（7）质量控制是指通过设定通风、地质灾害防治与测量、采煤、掘进、机电、运输等环节（露天煤矿为钻孔、爆破、采装、运输、排土、机电、边坡、疏干排水等环节）的质量和工作指标，以及调度和应急管理、职业病危害防治和地面设施等方面的管理标准，规范煤矿生产技术、设备设施、工程质量、岗位作业行为等方面的管理工作。

（8）持续改进是指对管理体系运行情况的内部自查自评和对外部检查结果进行总结分析，评价管理体系运行情况，查找问题和隐患产生的原因，提出改进意见，提高体系运行质量。

井工煤矿安全生产标准化管理体系考核满分为100分，采用各部分得分乘以权重的方式计算，各部分的权重见表2－1。

表2－1　井工煤矿安全生产标准化管理体系评分权重表

序号	管理要素		标准分值	权重（a_i）
一	理念目标和矿长安全承诺		100	0.03
二	组织机构		100	0.03
三	安全生产责任制及安全管理制度		100	0.03
四	从业人员素质		100	0.06
五	安全风险分级管控		100	0.15
六	事故隐患排查治理		100	0.15
七	质量控制	通风	100	0.10
		地质灾害防治与测量	100	0.08
		采煤	100	0.07
		掘进	100	0.07
		机电	100	0.06
		运输	100	0.05
		调度和应急管理	100	0.04
		职业病危害防治和地面设施	100	0.03
八	持续改进		100	0.05

各部分考核得分乘以该部分权重（质量控制部分为各专业权重）之和即为井工煤矿安全生产标准化管理体系考核得分，采用下式计算：

$$M = \sum_{i=1}^{15}(a_i \times M_i)$$

式中　M——井工煤矿安全生产标准化管理体系考核得分；

M_i——理念目标和矿长安全承诺、组织机构、安全生产责任制及安全管理制度、从业人员素质、安全风险分级管控、事故隐患排查治理、通风、地质灾害防治与测量、采煤、掘进、机电、运输、调度和应急管理、职业病危害防治和地面设施、持续改进等15项的安全生产标准化考核得分；

a_i——理念目标和矿长安全承诺、组织机构、安全生产责任制及安全管理制度、从业人员素质、安全风险分级管控、事故隐患排查治理、通风、地质灾害防治与测量、采煤、掘进、机电、运输、调度和应急管理、职业病危害防治和地面设施、持续改进等15项权重值。

第三章　煤矿生产安全事故应急预案

第一节　应急预案概述

一、应急预案的基本概念

根据《生产经营单位生产安全事故应急预案评估指南》(AQ/T 9011—2019）和《生产经营单位生产安全事故应急预案编制导则》(GB/T 29639—2020)，应急预案是指针对可能发生的事故，为最大程度减少事故损害而预先制定的应急准备工作方案。它是在辨识和评估潜在的安全风险、事故类型、发生概率、发展过程、事故后果及影响严重程度的基础上，对应急机构职责、人员、技术、装备、设施（备)、物资、救援行动及其指挥与协调等方面预先做出的具体安排。应急预案明确了在突发事故发生之前、发生过程中以及刚刚结束之后，谁负责做什么，何时做，以及相应的策略和资源准备等。

1. 应急预案的基本功能

目前，对于应急预案的功能定位主要有两种观点：一是应急预案应当贯穿应急管理的全过程，包括预防与应急准备、监测与预警、应急处置与救援、事后恢复与重建等各环节的内容；二是应急预案仅应定位于事发后应对工作方案，侧重规范应急响应措施，强调怎么做、谁来做、拿什么做等具体问题。总体来说，应急预案的基本功能包括以下3方面：

(1）事故预防：通过危险源辨识、事故风险分析，采用技术和管理手段降低事故发生的可能性并使可能发生的事故控制在局部（可控范围内)，防止事故蔓延。

(2）应急处置：针对事故（或故障）发生有应急处置程序和方法，能快速反应并处理事故（或故障)，将事故消除在萌芽状态。

(3）抢险救援：采用预定的现场抢险和抢救方式，组织开展抢险救援，控制或减少事故造成的损失。

2. 应急预案的分类

应急预案的分类有多种方法：如按行政区域可划分为国家级、省级、市级、区（县）和企业应急预案；按事故特征可划分为常备应急预案和临时应急预案（如偶尔组织的大型集会等)；按灾害类型可划分为自然灾害、事故灾难、公共卫生事件和社会安全事件等应急预案；按预案功能可划分为综合应急预案、专项应急预案和现场处置方案。

二、应急预案的作用和意义

工业化国家的统计表明，有效的应急救援系统可将事故损失降低到无应急救援系统的6%。应急预案是应急救援系统的重要组成部分，应急预案是应急救援准备工作的核心内容，在应急救援中的作用和地位主要体现在：

（1）应急预案确定了应急救援的范围和体系，使应急准备和应急管理不再是无据可依、无章可循。尤其是培训和演练，均依赖于应急预案。培训可以让应急响应人员熟悉自己的责任，具备完成指定任务所需的相应技能；演练可以检验应急预案和行动程序，并评估应急响应人员的技能和整体协调性。

（2）编制应急预案有利于做出及时的应急响应，降低事故后果。应急行动对时间要求十分敏感，不允许有任何拖延。应急预案预先明确了应急各方的职责和响应程序，在应急力量和应急资源等方面做了大量准备，可以指导应急救援迅速、有序、高效地开展，将事故造成的人员伤亡、财产损失降到最低限度。

（3）应急预案是应对各种突发事故的响应基础。通过编制综合应急预案，可保证应急预案具有足够的灵活性，对突发事故也可以起到基本的应急指导作用，成为保证应急救援的“底线”。在此基础上，可以针对特定危害编制专项应急预案，有针对性地制定应急措施，进行专项应急准备和演练。

（4）有利于提高风险防范意识。应急预案的编制过程，实际上是辨识重大风险和防御决策的过程，强调各方的共同参与，因此，预案的编制、评审、发布和宣传，有利于了解重大风险及其相应的应急措施，有利于提高风险防范意识和能力。

三、应急预案的核心要素

应急预案是整个应急管理工作的具体反映，其内容不仅仅限于事故发生过程中的应急响应和救援措施，还包括事故发生前的各种应急准备和事故发生后的紧急恢复以及预案的管理与更新等。因此，完整的应急预案按相应的过程可分为6个一级关键要素：方针与原则、应急策划、应急准备、应急响应、现场恢复、预案管理与评审改进。

6个一级关键要素之间既具有一定的独立性，又紧密联系，从应急的方针、策划、准备、响应、恢复到预案的管理与评审改进，形成了一个有机联系并持续改进的应急管理体系。根据一级关键要素中所包括的任务和功能，应急策划、应急准备和应急响应3个一级关键要素可进一步划分成若干个二级要素。所有这些要素构成了事故应急预案的核心要素，如图3－1所示。在实际编制预案时，为便于预案内容的组织，可根据实际情况，将要素进行合并、增加或重新排列。

1. 方针与原则

无论是何种等级、何种类型的应急救援体系，首先必须有明确的方针和原则，作为开展应急救援工作的纲领。方针与原则反映了应急救援工作的优先方向、政策、范围和总体目标，应急的策划和准备、应急策略的制定和现场应急救援及恢复，都应当围绕方针和原则开展。

2. 应急策划

应急预案最重要的特点是要有针对性和可操作性，因而，应急策划必须明确预案的对象和可用的应急资源情况，即在全面系统地认识和评价所针对的事故类型的基础上，识别出重要的潜在事故、性质、区域、分布及后果。同时，根据危险分析的结果，分析应急救援力量和可用资源情况，为所需的应急资源准备提供建设性意见。在进行应急策划时，应当列出国家、地方相关的法律法规，作为制定预案和应急工作授权的依据。因此，应急策划包括危险分析、资源分析以及法律法规要求3个二级要素。

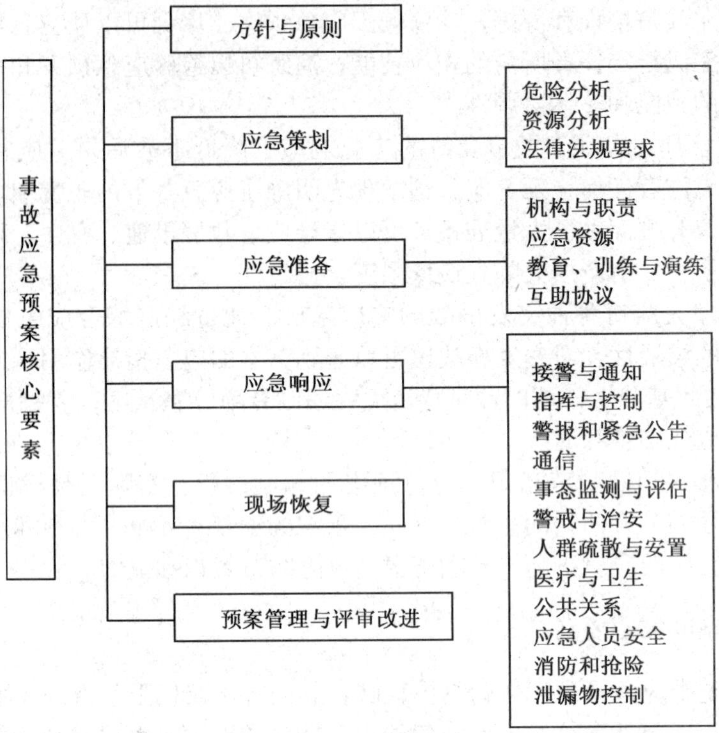

图 3-1　事故应急预案的核心要素

1）危险分析

危险分析的最终目的是明确应急的对象（即存在哪些可能的重大事故）、事故的性质及其影响范围、后果严重程度等，为应急准备、应急响应和减灾措施提供决策和指导依据。危险分析包括危险识别、脆弱性分析和风险分析。危险分析应依据国家和地方有关的法律法规要求。

2）资源分析

针对危险分析所确定的主要危险，应明确应急救援所需的各种资源，分析已有的应急资源和能力，包括应急力量和应急设备（设施）、物资中存在的不足，为应急队伍的建设、应急资源的规划与配备、与相邻地区签订互助协议和预案编制提供指导。

3）法律法规要求

应急救援有关法律法规是开展应急救援工作的重要前提保障。应列出国家、省、地方涉及应急救援各部门的职责要求以及应急预案、应急准备和与应急救援有关的法律法规文件，作为应急预案编制和应急救援的授权依据。

3. 应急准备

应急预案能否成功地在应急救援中发挥作用，不仅仅取决于应急预案自身的完善程度，还取决于应急准备的充分与否。应急准备应基于应急策划的结果，明确所需的应急组织及其职责权限、应急队伍的建设和人员培训、应急物资的准备、预案演练、应急知识培训、互助协议签订等。

1）机构与职责

为保证应急救援工作反应迅速、协调有序，必须建立完善的应急机构组织体系，包括应急管理的领导机构、应急响应中心以及相关机构等，对应急救援中承担任务的所有应急组织及有关单位明确规定其相应的职责。

2）应急资源

应急资源的准备是应急救援工作的重要保障，应根据潜在事故的性质和后果，合理组建专业和社会救援力量，配备应急救援所需的器材、机械和设备、监测仪器、堵漏和清消材料、交通工具、个体防护设备、医疗设备和药品、生活保障物资等，并定期检查、维护与更新，始终保证其处于完好状态。

3）应急人员培训

针对潜在事故的危险性质，对所有应急人员，包括社会救助力量开展有针对性的专项培训（包括自身安全防护措施），保证应急人员具备相应的应急能力。

4）预案演练

预案演练是对应急能力的一个综合检验，应以多种形式组织由应急各方参加的预案训练和演练，使应急人员进入“实战”状态，熟悉各类应急处置和整个应急行动程序，明确自身职责，提高协同作战能力，保证应急救援工作协调、有效、迅速地开展。同时，应对演练的结果进行评估，分析应急预案存在的不足，并予以改进和完善。预案演练的作用体现在以下几方面：

（1）在事故发生前暴露预案和程序的缺陷。

（2）发现应急资源的不足（包括人力和设备等）。

（3）改善各应急部门、机构、人员之间的协调关系。

（4）增强职工对突发重大事故救援的认可和信心。

（5）提高应急人员的熟练程度和信心。

（6）明确各自的岗位与职责。

（7）提高各级预案之间的协调性。

（8）提高整体应急反应能力。

5）应急培训

提高职工的应急意识和能力是减少重大事故伤亡不可忽视的一个重要方面。作为应急准备的一项内容，平时就应注重对职工的日常教育，尤其是接触重大危险源的人员，使其了解潜在危险的性质和健康危害，掌握必要的自救互救知识，了解预先指定的主要及备用疏散路线和集合地点，了解各种警报的含义和应急救援工作的有关要求。

6）互助协议

当有关的应急力量与资源相对薄弱时，应事先寻求与邻近企业或地区建立正式的互助协议，并做好相应的安排，以便在应急救援中及时得到外部救援力量和资源的援助。此外，也应与社会专业技术服务机构、物资供应企业等签署相应的互助协议。

4. 应急响应

应急响应包括应急救援过程中需要明确并实施的核心功能和任务，尽管这些核心功能具有一定的独立性，但不是孤立的，它们构成了应急响应的有机整体。应急响应的核心功能和任务包括：接警与通知、指挥与控制、警报和紧急公告、通信、事态监测与评估、警戒与治安、人群疏散与安置、医疗与卫生、公共关系、应急人员安全、消防和抢险、泄漏物控制等。

1）接警与通知

准确了解事故的性质和规模等初始信息，是启动应急救援的必要前提。接警作为应急响应的第一步，必须对接警做出明确规定，保证迅速、准确地向报警人员询问事故现场的重要信息。接警人员接受报警后，应按预先确定的通报程序，迅速向有关应急机构、政府及上级部门发出事故通知，以采取相应的行动。

2）指挥与控制

对重大事故的应急救援往往涉及多个救援机构，因此，对应急行动的统一指挥和协调是有效开展应急救援的关键。建立统一的应急指挥、协调和决策程序，便于对事故进行初始评估，确认紧急状态，从而迅速有效地进行应急响应决策，建立现场工作区域，确定重点保护区域和应急行动的优先原则，指挥和协调现场各救援队伍开展救援行动，合理高效地调配和使用应急资源等。

3）警报和紧急公告

当事故可能影响到周边地区，对周边地区的公众可能造成威胁时，应及时启动警报系统，向公众发出警报，同时通过各种途径向公众发出紧急公告，告知事故性质、对健康的影响、自我保护措施、注意事项等，以保证公众能够及时做出自我防护响应。决定实施疏散时，应通过紧急公告确保公众了解疏散的有关信息，如疏散时间、路线、随身携带物、交通工具及目的地等。

4）通信

通信是应急指挥、协调和与外界联系的重要保障，在现场指挥部、应急中心、各应急救援组织、新闻媒体、医院、上级政府和外部救援机构之间必须建立完善的应急通信网络，在应急救援过程中应始终保持通信网络畅通，并设立备用通信系统。

5）事态监测与评估

在应急救援过程中必须对事故的发展态势和影响及时进行动态监测，建立对事故现场及场外的监测和评估程序。事态监测在应急救援中起着非常重要的决策支持作用，其结果不仅是控制事故现场，制定消防、抢险措施的重要决策依据，也是划分现场工作区域，保障现场应急人员安全，实施公众保护措施的重要依据。即使在现场恢复阶段，也应当对现场和环境进行监测。

6）警戒与治安

为保障现场应急救援工作的顺利开展，在事故现场周围建立警戒区域、实施交通管制、维护现场治安秩序是十分必要的，其目的是防止与救援无关人员进入事故现场，保障救援队伍、物资运输和人群疏散等的交通畅通，并避免发生不必要的伤亡。

7）人群疏散与安置

人群疏散是减少人员伤亡扩大的关键，也是最彻底的应急响应。应当对疏散的紧急情况和决策、预防性疏散准备、疏散区域、疏散距离、疏散路线、疏散运输工具、安全庇护场所以及回迁等做出细致的规定和准备，应考虑疏散人群的数量、所需要的时间、风向等环境变化以及老弱病残等特殊人群的疏散等问题。对已实施临时疏散的人群，要做好临时生活安置，保障必要的水、电、卫生等基本条件。

8）医疗与卫生

对受伤人员采取及时、有效的现场急救，合理转送医院进行治疗，是减少事故现场人员伤亡的关键。对于涉及危险物质的事故，医疗人员必须了解主要的化学危险，并经过培训，掌握对危险化学品受伤害人员进行正确消毒和治疗的方法。

9）公共关系

重大事故发生后，不可避免地会引起新闻媒体和公众的关注。应将有关事故的信息、影响、救援工作的进展等情况及时向媒体和公众公布，以消除公众的恐慌心理，避免公众的猜疑和不满。应保证事故和救援信息的统一发布，明确事故应急救援过程中对媒体和公众的发言人和信息批准、发布的程序，避免信息的不一致性。同时，还应处理好公众的有关咨询、接待和受害者家属的安抚。

10）应急人员安全

生产安全事故尤其是涉及危险物质的重大事故，其应急救援工作危险性极大，必须对应急人员自身的安全问题进行周密的考虑，包括安全预防措施、个体防护装备、现场安全监测等，明确紧急撤离应急人员的条件和程序，保证应急人员免受事故的伤害。

11）消防和抢险

消防和抢险是应急救援工作的核心内容之一，其目的是为了尽快地控制事故的发展，防止事故蔓延和进一步扩大，从而最终控制事故，并积极营救事故现场的受害人员。尤其是涉及危险物质的泄漏、火灾事故，其消防和抢险工作的难度和危险性十分巨大，应对消防和抢险的器材和物资、人员的培训、方法和策略以及现场指挥等做好周密的安排和准备。

12）泄漏物控制

危险物质的泄漏以及溶解了有毒蒸气的灭火用水，都可能对环境造成重大影响，同时也会给现场救援工作带来更大的危险，因此，必须对危险物质的泄漏物进行控制，包括对泄漏物的围堵、收容和清消，并进行妥善处置。

5. 现场恢复

现场恢复是在事故被控制住后所进行的短期恢复，从应急过程来说意味着应急救援工作的结束，进入到另一个工作阶段，即将现场恢复到一个基本稳定的状态。大量的经验教训表明，在现场恢复的过程中往往仍存在潜在的危险，如余烬复燃、受损建筑倒塌等，因此应充分考虑现场恢复过程中的危险，制定现场恢复程序，防止事故的再次发生。

6. 预案管理与评审改进

应急预案是应急救援工作的规范性文件，在事故管理方面具有权威性。应当对应急预案的制定、修改、更新、批准和发布做出明确的规定，并保证定期或在应急演练、应急救援后对应急预案进行评审，针对实际情况的变化以及预案中所暴露出的缺陷，不断地更新、完善和改进应急预案文件体系。

四、应急预案的基本结构与内容

1. 应急预案的基本结构

不同的应急预案由于所处的层次和适用的范围不同，在内容的详略程度和侧重点上会有所不同，但都可以采用相似的基本结构。采用基于应急任务或功能的预案编制结构（图3-2），即一个基本预案加上应急功能设置、特殊风险管理、标准操作程序和支持附件构成的综合预案，可保证各种类型预案之间的协调性和一致性。

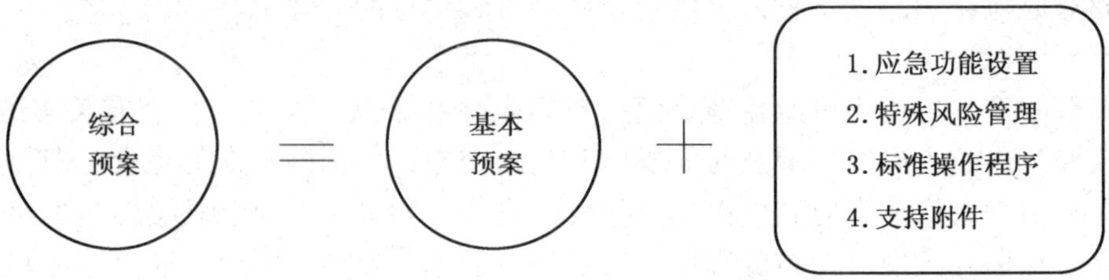

图3-2　应急预案的基本结构

1）基本预案

基本预案是应急预案的总体描述，主要阐述应急预案所要解决的紧急情况、应急的组织体系、方针、应急资源、应急的总体思路，并明确各应急组织在应急准备和应急行动中的职责，以及应急预案的演练和管理等规定。

2）应急功能设置

尽管各类事故的起因不同，但其后果和影响却大同小异。应急功能是对在各类重大事故应急救援中通常都要采取的一系列基本的应急行动和任务而编写的计划，如指挥和控制、警报、通信、人员疏散、人员安置、医疗等。它着眼于对突发事件响应时所要实施的紧急任务。由于应急功能是围绕应急行动的，因此它们的主要对象是那些任务执行机构。针对每一应急功能应明确其针对的形势、目标、负责机构和支持机构、任务要求、应急准备和操作程序等。应急预案中包含的功能设置的数量和类型因地方差异会有所不同，主要取决于所针对的潜在事故类型，以及生产经营单位的应急组织方式和运行机制等具体情况。

3）特殊风险管理

特殊风险是根据事故的特征，需要对应急功能做出针对性安排的风险。应急管理部门应考虑当地地理、社会环境和经济发展等因素，根据其可能面临的潜在风险类型，说明处置此类风险应该设置的专有应急功能或有关应急功能所需的特殊要求，明确这些应急功能的责任部门、支持部门、有限介入部门以及它们的职责和任务，为该类风险的专项预案制定提出特殊要求和指导。

4）标准操作程序

由于基本预案、应急功能设置并不说明各项应急功能的实施细节，各应急功能的主要责任部门必须组织制定相应的标准操作程序，为应急组织或个人提供履行应急预案中规定职责和任务的详细指导。标准操作程序应保证与应急预案的协调和一致性，其中重要的标准操作程序可作为应急预案附件或以适当方式引用。

5）支持附件

主要包括应急救援的有关支持保障系统的描述及有关的附图、附表等。

2. 应急预案的基本内容

应急预案是为有效预防和控制可能发生的事故，最大程度减少事故及其造成的损害而预先制定的工作方案。其核心内容应包括：

（1）对紧急情况或事故灾害及其后果的预测、辨识和评价。

（2）应急各方的职责分配。

（3）应急救援行动的指挥与协调。

（4）应急救援中可用的人员、设备、设施、物资、经费保障和其他资源，包括社会和外部援助资源等。

（5）在发生紧急情况或事故灾害时保护生命、财产和环境安全的措施。

（6）现场恢复。

（7）其他方面，如应急培训和演练规定、法律法规要求、预案的管理等。

按照应急预案的基本结构，各部分的基本内容如下。

1）基本预案

（1）预案发布令。由主要负责人为应急预案签署发布令，援引国家、省（市、自治区）相应法律和规章的授权规定，宣布应急预案生效。其目的是要明确实施应急预案的合法授权，保证应急预案的权威性。主要负责人要督促各应急机构完善内部应急响应机制，制定标准操作程序，积极参与培训、演练和预案的编制与更新等。

（2）应急机构署名页。在应急预案中，也可以包括各有关应急机构及其负责人的署名页，表明各应急机构对应急预案编制的参与和认同，以及对履行所承担职责的承诺。

（3）术语与定义。列出应急预案中需要明确的术语、定义的解释和说明。

（4）相关法律法规。列出国家和地方相关的法律法规依据。

（5）方针与原则。列出应急预案所针对的事故（或紧急情况）类型、适用的范围和救援任务，以及应急管理和应急救援的方针和指导原则。方针与原则应体现应急救援的优先原则，如保护人员安全优先，防止和控制事故蔓延优先，保护环境优先。此外，方针与原则还应体现事故损失控制、预防为主、常备不懈、高效协调以及持续改进的思想。

（6）危险分析与环境综述。列出所面临的潜在重大危险及后果预测，给出当地的地理、气象、人文等有关环境信息，具体包括：①主要危险物质的种类、数量及特性，包括使用数量大或范围广的危险物质；②重大危险源的数量及分布；③危险物质运输路线分布；④潜在的重大事故、灾害类型、影响区域及后果；⑤常年季节性的风向、风速、气温、雨量及其他可能对事故造成影响的气象条件；⑥重要保护目标的划分与分布情况；⑦可能影响应急救援工作的不利条件。

（7）应急资源。对应急资源保障等方面做出相应的管理规定，并列出可用的应急资源情况及其来源的总体情况，包括：①应急力量的组成、各自的应急能力及分布情况；②各种重要应急设施（设备）、物资的准备情况；③上级救援机构或邻近单位可用的应急资源。

（8）机构与职责。列出在事故应急救援中承担职责的所有应急机构和部门、负责人、联络方式，明确其在应急准备、应急响应和应急恢复各个阶段中的职责。包括：主要负责人（如矿长）、应急管理部门、应急中心、应急救援专家组、医疗救治（通常由医院、急救中心组成）、抢险救援（专职救护队、企业兼职救护队等）、监测组织、公众疏散组织（公安、交通及保卫部门等）、警戒与治安组织（本单位的治安保卫及联防部门等）、后勤保障组织（物资供应、交通、通信、公共基础设施等）及其他如新闻媒体、广播电视等单位等。

（9）教育、培训与演练。为全面提高应急能力，应对职工教育、应急训练和演练做出相应的规定，包括其内容、计划、组织与准备、效果评估等。职工教育的基本内容包括：潜在的重大危险、事故的性质与应急特点、事故警报与通知的规定、基本防护知识、撤离的组织、方法和程序等。应急训练包括：基础培训和训练、专业训练、战术训练及其他训练等。应急演练的具体形式既可以是桌面演练，也可以功能演练和综合演练。

（10）与其他应急预案的关系。明确本预案与其他应急预案的关系，列出本预案可能用到的其他应急预案。

（11）互助协议。列出与相邻单位签署的正式互助协议，明确可提供的互助力量（消防、医疗、检测、物资、设备、技术等）。

（12）预案管理。应急预案的管理应明确：①负责组织应急预案的编制、修改及更新的部门；②预案的审查、批准程序；③建立预案的修改记录，包括修改日期、已修改的页码、签名等；④建立预案的发放记录，及时对已发放的预案进行更新；⑤对应急预案进行定期和不定期评审，保证持续改进的规定。

2）应急功能设置

（1）接警与通知。应明确24 h报警（应急响应）电话，建立接警和事故通报程序，列出所有通知对象的电话清单或无线频率，将事故信息及时通报给当地及上级有关应急部门、政府机构、相邻地区等。为做到迅速准确地问清事故的有关信息，应预先设计事故基本信息表，以快速获取所需的事故信息。

（2）指挥与控制。指挥与控制是保证高效和有条不紊地开展事故现场应急救援工作的关键，在该功能中应明确：现场指挥部的设立程序；现场指挥官的职责和权利；指挥系统（谁指挥谁、谁与谁配合、谁向谁报告）；启动应急中心的标准；现场指挥部与各应急队伍之间通信网络的建立；启用现场外应急队伍的方法；事态评估与应急决策的程序；现场指挥与应急中心指挥的衔接；针对事故不同的严重程度而确定的响应级别。

（3）警报和紧急公告。包括在发生紧急事故时，如何向公众发出警报，包括什么时候、谁有权决定启动警报系统、各种警报信号的不同含义、警报系统的协调使用、可使用的警报装置的类型和位置，以及警报装置覆盖的地理区域。

（4）通信。应急通信是有效开展应急响应的基本保证，指挥现场的应急行动，及时地把现场的应急状况向外部通报，接受外部的应急指示以及向外部应急组织求援等都离不开通信保障。一般利用手机、卫星电话、灾区电话以及灾区视频指挥系统等。建立备用的通信系统，保证全天候持续工作的通信能力。

（5）事态监测与评估。事态监测与评估在应急决策中起着重要作用。监测活动包括：事故规模及影响边界、气象条件、可能的二次反应有害物、爆炸危险性和受损建筑垮塌危险性等滞留区。在该应急功能中应明确：①由谁来负责监测与评估活动；②现场监测方法及监测仪器设备的准备；③实验室化验及检验支持；④监测点的设置及现场工作及报告程序。

（6）警戒与治安。为保障现场应急救援工作的顺利开展，在事故现场周围建立警戒区域，实施交通管制。

（7）人群疏散。当事故现场周围地区人群的生命可能受到威胁时或周围人群对事故处理带来不便时，将人群及时疏散到安全区域。

（8）人群安置。为妥善照顾已疏散人群，政府或企业部门应负责为已疏散人群提供安全的临时安置场所，并保障其基本生活需求。

（9）医疗与卫生。及时有效的现场急救和转送医院治疗，是减少事故现场人员伤亡的关键。在该功能中应明确针对有可能发生的重大事故，为现场急救、伤员运送、治疗及卫生监测等所做的准备和安排。

（10）公共关系。该应急功能负责与公众和新闻媒体的沟通，向公众和社会发布准确的事故信息、人员伤亡情况以及事故企业已采取的措施。

（11）应急人员安全。应急响应人员自身的安全是生产经营单位事故应急预案应予以考虑的一个重要因素，在该应急功能中，应明确保护应急人员安全所做的准备和规定等。

（12）消防和抢险。抢险救援在重大事故应急救援中对控制事态的发展起着决定性的作用，承担着火灾扑救、救人、破拆、堵漏、重要物资转移与疏散等重要职责。

（13）现场恢复。现场恢复指将事故现场恢复到相对稳定、安全的基本状态。应避免现场恢复过程中可能存在的危险，并为长期恢复提供指导和建议。

3）特殊风险管理

在特殊风险管理中，应列出各类潜在的重大事故风险，说明各类重大事故风险应急管理所需的专有应急功能（如预警）和对其他相关应急功能的特殊要求，明确各应急功能的主要负责部门、有关支持部门以及这些部门的职责和任务。

4）标准操作程序

标准操作程序的作用是为应急组织或个人履行应急功能设置中规定的职责和任务提供详细指导。编制标准操作程序应符合下述基本要求：①应由该应急功能的责任部门组织编制，并由应急预案管理部门组织评审和备案；②应通过简洁的语言说明操作程序的目的、执行主体、时间、地点、任务、步骤和方式，并提供所需的检查表和附图表；检查表直观简洁地列出了每一应急任务和步骤，实际上操作程序本身也应采取检查表的主体形式，以便快速行动或核对每一重要任务或步骤的执行情况；③应采用统一格式编制各项应急功能的标准操作程序；④应按照应急准备、初期响应、扩大应急和应急恢复四阶段描述程序中规定的各项任务；⑤应与应急功能设置中有关各部门职责和任务的内容一致；⑥应规定相关部门执行程序时应保存的记录，包括保存样式和期限。标准操作程序的描述应简单明了，一般包括目的与适用范围、职责、具体任务说明或步骤，标准操作程序本身也应尽量采用检查表的形式，对每一步留有记录区，供逐项检查核对时做标记使用。

5）支持附件

应急预案支持附件中应包括以下几方面：

（1）危险分析附件：重大事故灾害影响范围预测；重大危险源登记表与分布；重要防护目标一览表与分布；事故后果预测与评估模型；其他危险分析资料等。

（2）通信联络附件：本地所有应急机构、应急组织、应急设施、关键应急人员和专家的名录及通信联络方式和备用联络方式；外部可利用应急机构的通信联络方式和备用联络方式。

（3）法律法规附件：我国有关重大事故应急的法律、法规、规章和标准；我国有关重大事故应急的文件、技术规范和指南性材料；国际上有关重大事故应急的公约、建议书和技术指南等。

（4）应急资源附件：城市专兼职消防力量分布，包括各消防力量能力描述及联络方式；医疗救护机构分布及医疗救护能力信息；应急物资，设施，设备的类型、数量，所有人或供应方联络方式及储存地点；通信及数据信息传递系统；警报系统分布及覆盖范围；避难及被疏散人员安置场所分布等。

（5）教育、培训、训练和演练附件：教育、培训、训练和演练计划；应急人员培训考核大纲；其他有关重大事故应急教育、培训、训练和演练的工作安排。

（6）技术支持附件：应急信息管理系统；应急决策支持系统；危险化学品数据库；事故案例库；其他技术支持附件。

（7）协议附件：主要由事故应急管理部门与其他灾害应急管理部门或机构签署的互助协议组成。

（8）其他支持附件：上述支持附件以外的信息。

第二节　煤矿生产安全事故应急预案编制

一、应急预案编制遵循的原则

（1）贯彻“以人为本”原则，体现风险管理理念，尽可能避免或减少损失，特别是生命损失，保障公共安全。

（2）按照“分级负责”原则，实行分级管理，明确职责与责任追究机制。

（3）强调“预防为主”原则，通过对可能发生的突发事件的深入分析，事先制定减少和应对突发公共事件发生的对策。

（4）突出“可操作性”原则，预案以文字和图表形式表达，形成书面文件。

（5）力求“协调一致”原则，预案应和本地区、本部门其他相关预案协调、衔接。

（6）实行“动态管理”原则，预案应根据实际情况变化适时修订，不断补充完善。

二、应急预案编制程序

生产经营单位编制应急预案的程序包括成立应急预案编制工作组、资料收集、风险辨识评估、应急资源调查、应急预案编制、桌面推演、应急预案评审、批准实施 8 个步骤。

1. 成立应急预案编制工作组

生产经营单位应结合本单位部门职能和分工，成立以单位有关负责人为组长，单位相关部门人员（如生产、技术、设备、安全、行政、人事、财务人员）参加的应急预案编制工作组，明确工作职责和任务分工，制定工作计划，组织开展应急预案编制工作。预案编制工作组中应邀请相关救援队伍以及周边相关企业、单位或社区代表参加。

2. 资料收集

应急预案编制工作组应收集下列相关资料：

（1）适用的法律法规、部门规章、地方性法规和政府规章、技术标准及规范性文件。

（2）企业周边地质、地形、环境情况及气象、水文、交通资料。

（3）企业现场功能区划分、建（构）筑物平面布置及安全距离资料。

（4）企业工艺流程、工艺参数、作业条件、设备装置及风险评估资料。

（5）本企业历史事故与隐患、国内外同行业事故资料。

（6）属地政府及周边企业、单位应急预案。

3. 风险辨识评估

开展生产安全事故风险评估，撰写评估报告，其内容包括但不限于以下几方面：

（1）辨识生产经营单位存在的危险因素，确定可能发生的生产安全事故类别。

（2）分析各种事故发生的可能性、危害后果和影响范围，以及可能产生的次生、衍生事故。

（3）评估确定相应事故类别的风险等级。

4. 应急资源调查

全面调查和客观分析本单位以及周边单位和政府部门可请求援助的应急资源状况，撰写应急资源调查报告，其内容包括但不限于以下几方面：

（1）本单位可调用的应急队伍、装备、物资、场所。

（2）针对生产过程及存在的风险可采取的监测、监控、报警手段。

（3）上级单位、当地政府及周边企业可提供的应急资源。

（4）可协调使用的医疗、消防、专业抢险救援机构及其他社会化应急救援力量。

5. 应急预案编制

应急预案编制应当遵循以人为本、依法依规、符合实际、注重实效的原则，以应急处置为核心，体现自救互救和先期处置的特点，做到职责明确、程序规范、措施科学，尽可能简明化、图表化、流程化。

应急预案编制应注重系统性和可操作性，做到与相关部门和单位应急预案相衔接。应急预案编制工作包括但不限于以下内容：

（1）依据事故风险评估及应急资源调查结果，结合本单位组织管理体系、生产规模及处置特点，合理确定本单位应急预案体系。

（2）依据事故可能的危害程度和区域范围，结合应急处置权限及能力，清晰界定本单位的响应分级标准，制定相应层级的应急处置措施。

（3）按照有关规定和要求，确定事故信息报告、响应分级与启动、指挥权移交、警戒疏散方面的内容，落实与相关部门和单位应急预定的衔接。

6. 桌面推演

按照应急预案明确的职责分工和应急响应程序，结合有关经验教训，相关部门及其人员可采取桌面演练的形式，模拟生产安全事故应对过程，逐步分析讨论并形成记录，检验应急预案的可行性，并进一步完善应急预案。桌面演练的相关要求参见《生产安全事故应急演练基本规范》（AQ/T 9007—2019）。

7. 应急预案评审

1）评审形式

应急预案编制完成后，生产经营单位应按法律法规有关规定组织评审或论证。参加应急预案评审的人员可包括有关安全生产及应急管理方面的、有现场处置经验的专家。应急预案论证可通过推演的方式开展。

2）评审内容

应急预案评审内容主要包括：风险评估和应急资源调查的全面性，应急预案体系设计的针对性，应急组织体系的合理性，应急响应程序和措施的科学性，应急保障措施的可行性，应急预案的衔接性。

3）评估程序

应急预案评审程序包括以下步骤：

(1) 评审准备。成立应急预案评审工作组，落实参加评审的专家，将应急预案、编制说明、风险评估、应急资源调查报告及其他有关资料在评审前送达参加评审的单位或人员。

(2) 组织评审。评审采取会议审查形式，企业主要负责人参加会议，会议由参加评审的专家共同推选出的组长主持，按照议程组织评审；表决时，应有不少于出席会议专家人数的三分之二同意方为通过；评审会议应形成评审意见（经评审组组长签字），附参加评审会议的专家签字表。表决的投票情况应当以书面材料记录在案，并作为评审意见的附件。

(3) 修改完善。生产经营单位应认真分析研究，按照评审意见对应急预案进行修订和完善。评审表决不通过的，生产经营单位应修改完善后按评审程序重新组织专家评审，生产经营单位应写出根据专家评审意见的修改情况说明，并经专家组组长签字确认。

8. 批准实施

通过评审的应急预案，由生产经营单位主要负责人签发实施。

三、应急预案体系

（一）应急预案的体系构成

生产经营单位的应急预案体系主要由综合应急预案、专项应急预案和现场处置方案构成。生产经营单位应根据有关法律、法规和相关标准，结合本单位组织管理体系、生产规模、危险源的性质和可能发生的事故特点，科学合理确立本单位的应急预案体系，并注意与其他类别应急预案相衔接。

1. 综合应急预案

综合应急预案是生产经营单位为应对各种生产安全事故而制定的综合性工作方案，是本单位应对生产安全事故的总体工作程序、措施和应急预案体系的总纲，如××煤矿生产安全事故综合应急预案。

2. 专项应急预案

专项应急预案是指生产经营单位为应对某一种或者多种类型生产安全事故，或者针对重要生产设施、重大危险源、重大活动防止生产安全事故而制定的专项工作方案。专项应急预案主要包括事故风险分析、应急指挥机构及职责、处置程序和措施等内容，如××煤矿瓦斯爆炸事故应急预案。

专项应急预案与综合应急预案中的应急组织机构、应急响应程序相近时，可不编写专项应急预案，相应的应急处置措施并入综合应急预案。

3. 现场处置方案

现场处置方案是指生产经营单位根据不同生产安全事故类型，针对具体场所、装置或者设施所制定的应急处置措施。现场处置方案重点规范事故风险描述、应急工作职责、应急处置措施和注意事项等内容。生产经营单位应根据风险评估、岗位操作规程以及危险性控制措施，组织本单位现场作业人员及相关专业人员共同进行编制现场处置方案，如××煤矿掘进工作面透水事故现场处置方案。

事故风险单一、危险性小的生产经营单位，可只编制现场处置方案。

（二）综合应急预案主要内容

根据《生产经营单位生产安全事故应急预案编制导则》(GB/T 29639—2020)，综合应急预案的主要内容包括以下几部分。

1. 总则

（1）适用范围。说明应急预案适用的范围。

（2）响应分级。依据事故危害程度、影响范围和生产经营单位控制事态的能力，对事故应急响应进行分级，明确分级响应的基本原则。响应分级不可照搬事故分级。

2. 应急组织机构及职责

明确应急组织形式（可用图示）及构成单位（部门）的应急处置职责。应急组织机构可设置相应的工作小组，各小组具体构成、职责分工及行动任务以工作方案的形式作为附件。

3. 应急响应

1）信息报告

（1）信息接报。明确应急值守电话、事故信息接收、内部通报程度、方式和责任人，向上级主管部门、上级单位报告事故信息的流程、内容、时限和责任人，以及向本单位以外的有关部门或单位通报事故信息的方法、程序和责任人。

（2）信息处置与研判。明确响应启动的程序和方式。根据事故性质、严重程度、影响范围和可控性，结合响应分级明确的条件，可由应急领导小组作出响应启动的决策并宣布，或者依据事故信息是否达到响应启动的条件自动启动。若未达到响应启动条件，应急领导小组可作出预警启动的决策，做好响应准备，实时跟踪事态发展。响应启动后，应注意跟踪事态发展，科学分析处置需求，及时调整响应级别，避免响应不足或过度响应。

2）预警

（1）预警启动。明确预警信息发布渠道、方式和内容。

（2）响应准备。明确作出预警启动后应开展的响应准备工作，包括队伍、物资、装备、后勤及通信。

（3）预警解除。明确预警解除的基本条件、要求及责任人。

3）响应启动

确定响应级别，明确响应启动后的程序性工作，包括应急会议召开、信息上报、资源协调、信息公开、后勤及财力保障工作。

4）应急处置

明确事故现场的警戒疏散、人员搜救、医疗救治、现场监测、技术支持、工程抢险及环境保护方面的应急处置措施，并明确人员防护的要求。

5）应急支援

明确当事态无法控制的情况下，向外部（救援）力量请求支援的程度及要求、联动程度及要求，以及外部（救援）力量到达后的指挥关系。

6）响应终止

明确响应终止的基本条件、要求和责任人。

4. 后期处置

明确污染物处理、生产秩序恢复、人员安置方面的内容。

5. 应急保障

（1）通信与信息保障。明确应急保障的相关单位及人员通信联系方式和方法，以及备用方案和保障责任人。

（2）应急队伍保障。明确相关的应急人力资源，包括专家、专兼职应急救援队伍及协议应急救援队伍。

（3）物资装备保障。明确本单位的应急物资和装备的类型、数量、性能、存放位置、运输及使用条件、更新及补充时限、管理责任人及其联系方式，并建立台账。

（4）其他保障。根据应急工作需求而确定的其他相关保障措施，如能源保障、经费保障、交通运输保障、治安保障、技术保障、医疗保障及后勤保障等。

应急保障的相关内容，尽可能在应急预案的附件中体现。

（三）专项应急预案主要内容

1. 适用范围

说明专项应急预案适用的范围，以及与综合应急预案的关系。

2. 应急组织机构及职责

明确应急组织形式（可用图示）及构成单位（部门）的应急处置职责。应急组织机构以及各成员单位或人员的具体职责。应急组织机构可以设置相应的应急工作小组，各小组具体构成、职责分工及行动任务可以工作方案的形式作为附件。

3. 响应启动

明确响应启动后的程序性工作，包括应急会议召开、信息上报、资源协调、信息公开、后勤及财力保障工作。

4. 处置措施

针对可能发生的事故风险、危害程度和影响范围，明确应急处置指导原则，制定相应的应急处置措施。

5. 应急保障

根据应急工作需求明确保障的内容。

需要指出的是，生产经营单位专项应急预案应当包括但不限于以上内容。

（四）现场处置方案主要内容

1. 事故风险描述

简述事故风险评估的结果，可用列表的形式附在附件中。

事故风险描述主要包括：

（1）事故类型。

（2）事故发生的区域、地点或装置的名称。

（3）事故发生的可能时间、事故的危害严重程度及其影响范围。

（4）事故前可能出现的征兆。

（5）事故可能引发的次生、衍生事故。

2. 应急工作职责

根据现场工作岗位、组织形式及人员构成，明确应急组织分工和职责。

3. 应急处置

应急处置包括但不限于以下内容：

（1）应急处置程序。根据可能发生的事故及现场情况，明确事故报警、各项应急措施启动、应急救护人员的引导、事故扩大及同生产经营单位应急预案的衔接程序。

（2）现场应急处置措施。针对可能发生的事故，从人员救护、工艺操作、事故控制，消防、现场恢复等方面制定明确的应急处置措施。

（3）明确报警负责人以及报警电话及上级管理部门、相关应急救援单位联络方式和联系人员，事故报告基本要求和内容。

4. 注意事项

（1）佩戴个人防护器具方面的注意事项。

（2）使用抢险救援器材方面的注意事项。

（3）采取救援对策或措施方面的注意事项。

（4）现场自救和互救注意事项。

（5）现场应急处置能力确认和人员安全防护等事项。

（6）应急救援结束后的注意事项。

（7）其他需要特别警示的事项。

（五）附件

附件主要内容包括以下几部分。

1. 生产经营单位概况

简要描述本单位地址、从业人数、隶属关系、主要原材料、主要产品、产量，以及重点岗位、重点区域、周边重大危险源、重要设施、目标、场所和周边布局情况。

2. 风险评估结果

简述本单位风险评估的结果。

3. 预案体系与衔接

简述本单位应急预案体系构成和分级情况，明确与地方政府及其有关部门、其他相关单位应急预案的衔接关系（可用图示）。

4. 应急物资装备的名录或清单

列出应急预案涉及的主要物资和装备名称、型号、性能、数量、存放地点、运输和使用条件、管理责任人和联系电话等。

5. 有关应急部门、机构或人员的联系方式

列出应急工作中需要联系的部门、机构或人员及其多种联系方式。

6. 格式化文本

列出信息接报、预案启动、信息发布等格式化文本。

7. 关键的路线、标识和图纸

包括但不限于以下方面：

（1）警报系统分布及覆盖范围。

（2）重要防护目标、风险清单及分布图。

（3）应急指挥部（现场指挥部）位置及救援队伍行动路线。
（4）疏散路线、集结点、警戒范围、重要地点（紧急避险系统位置）的标识。
（5）相关平面布置、应急资源分布的图纸。
（6）生产经营单位的地理位置图、周边关系图、附近交通图。
（7）事故风险可能导致的影响范围图。
（8）附近医院地理位置图及路线图。

8. 有关协议或者备忘录

列出与相关应急救援部门签订的应急救援协议或备忘录。

第三节 煤矿生产安全事故应急预案管理

应急预案的管理主要包括：应急预案的评审与发布、应急预案的备案、应急预案评估。

一、应急预案的评审与发布

1. 应急预案的评审

为确保应急预案的科学性、实用性以及与实际情况的符合性，预案编制单位或管理部门应依据我国有关应急的方针、政策、法律、法规、规章、标准和其他有关应急预案编制的指南性文件与评审检查表，组织开展预案评审工作，取得政府有关部门和应急机构的认可。

1）评审方法

应急预案评审采取形式评审和要素评审两种方法。形式评审主要用于应急预案备案时的评审，要素评审用于生产经营单位组织的应急预案评审工作。应急预案评审可以采用符合、基本符合、不符合三种意见进行判定。对于基本符合和不符合的项目，应给出具体修改意见或建议。

（1）形式评审。依据《生产经营单位生产安全事故应急预案编制导则》（以下简称《导则》）和有关行业规范，对应急预案的层次结构、内容格式、语言文字、附件项目以及编制程序等内容进行审查，重点审查应急预案的规范性和编制程序。应急预案形式评审的具体内容及要求，见表3-1。

表3-1 应急预案形式评审表

评审项目	评审内容及要求	评审意见
封面	应急预案版本号、应急预案名称、生产经营单位名称、发布日期等内容	
批准页	1. 对应急预案实施提出具体要求； 2. 发布单位主要负责人签字或单位盖章	
目录	1. 页码标注准确（预案简单时目录可省略）； 2. 层次清晰，编号和标题编排合理	

表3-1（续）

评审项目	评审内容及要求	评审意见
正文	1. 文字通顺、语言精练、通俗易懂； 2. 结构层次清晰，内容格式规范； 3. 图表、文字清楚，编排合理（名称、顺序、大小等）； 4. 无错别字，同类文字的字体、字号统一	
附件	1. 附件项目齐全，编排有序合理； 2. 多个附件应标明附件的对应序号； 3. 需要时，附件可以独立装订	
编制过程	1. 成立应急预案编制工作组； 2. 全面分析本单位危险因素，确定可能发生的事故类型及危害程度； 3. 针对危险源和事故危害程度，制定相应的防范措施； 4. 客观评价本单位应急能力，掌握可利用的社会应急资源情况； 5. 制定相关专项预案和现场处置方案，建立应急预案体系； 6. 充分征求相关部门和单位意见，并对意见及采纳情况进行记录； 7. 必要时与相关专业应急救援单位签订应急救援协议； 8. 应急预案经过评审或论证； 9. 重新修订后评审的，一并注明	

（2）要素评审。依据国家有关法律法规、《导则》和有关行业规范，从合法性、完整性、针对性、实用性、科学性、操作性和衔接性等方面对应急预案进行评审。评审时，将应急预案的要素内容与评审表中所列要素的内容进行对照，判断是否符合有关要求，指出存在问题及不足。应急预案要素分为关键要素和一般要素。应急预案要素评审的具体内容及要求，见表3-2至表3-5。

表3-2　综合应急预案要素评审表

评审项目		评审内容及要求	评审意见
总则	编制目的	目的明确，简明扼要	
	编制依据	1. 引用的法规标准合法有效； 2. 明确相衔接的上级预案，不得越级引用应急预案	
	应急预案体系*	1. 能够清晰表述本单位及所属单位应急预案组成和衔接关系（推荐使用图表）； 2. 能够覆盖本单位及所属单位可能发生的事故类型	
	应急工作原则	1. 符合国家有关规定和要求； 2. 结合本单位应急工作实际	
适用范围*		范围明确，适用的事故类型和响应级别合理	
危险性分析	生产经营单位概况	1. 明确有关设施、装置、设备以及重要目标场所的布局等情况； 2. 需要各方应急力量（包括外部应急力量）事先熟悉的有关基本情况和内容	
	危险源辨识与风险分析*	1. 能够客观分析本单位存在的危险源及危险程度； 2. 能够客观分析可能引发事故的诱因、影响范围及后果	

表3-2（续）

评审项目		评审内容及要求	评审意见
组织机构及职责*	应急组织体系	1. 能够清晰描述本单位的应急组织体系（推荐使用图表）； 2. 明确应急组织成员日常及应急状态下的工作职责	
	指挥机构及职责	1. 清晰表述本单位应急指挥体系； 2. 应急指挥部门职责明确； 3. 各应急救援小组设置合理，应急工作明确	
预防与预警	危险源管理	1. 明确技术性预防和管理措施； 2. 明确相应的应急处置措施	
	预警行动	1. 明确预警信息发布的方式、内容和流程； 2. 预警级别与采取的预警措施科学合理	
	信息报告与处置*	1. 明确本单位24 h应急值守电话； 2. 明确本单位内部信息报告的方式、要求与处置流程； 3. 明确事故信息上报的部门、通信方式和内容时限； 4. 明确向事故相关单位通告、报警的方式和内容； 5. 明确向有关单位发出请求支援的方式和内容； 6. 明确与外界新闻舆论信息沟通的责任人以及具体方式	
应急响应	响应分级*	1. 分级清晰，且与上级应急预案响应分级衔接； 2. 能够体现事故紧急和危害程度； 3. 明确紧急情况下应急响应决策的原则	
	响应程序*	1. 立足于控制事态发展，减少事故损失； 2. 明确救援过程中各专项应急功能的实施程序； 3. 明确扩大应急的基本条件及原则； 4. 能够辅以图表直观表述应急响应程序	
	应急结束	1. 明确应急救援行动结束的条件和相关后续事宜； 2. 明确发布应急终止命令的组织机构和程序； 3. 明确事故应急救援结束后负责工作总结部门	
后期处置		1. 明确事故发生后污染物处理、生产恢复、善后赔偿等内容； 2. 明确应急处置能力评估及应急预案的修订等要求	
保障措施*		1. 明确相关单位或人员的通信方式，确保应急期间信息通畅； 2. 明确应急装备、设施和器材及其存放位置清单，以及保证其有效性的措施； 3. 明确各类应急资源，包括专业应急救援队伍、兼职应急队伍的组织机构以及联系方式； 4. 明确应急工作经费保障方案	
培训与演练*		1. 明确本单位开展应急管理培训的计划和方式方法； 2. 如果应急预案涉及周边社区和居民，应明确相应的应急宣传教育工作； 3. 明确应急演练的方式、频次、范围、内容、组织、评估、总结等内容	
附则	应急预案备案	1. 明确本预案应报备的有关部门（上级主管部门及地方政府有关部门）和有关抄送单位； 2. 符合国家关于预案备案的相关要求	
	制定与修订	1. 明确负责制定与解释应急预案的部门； 2. 明确应急预案修订的具体条件和时限	

注：* 应急预案的关键要素。

表3-3　专项应急预案要素评审表

评审项目		评审内容及要求	评审意见
事故类型和危险程度分析*		1. 能够客观分析本单位存在的危险源及危险程度； 2. 能够客观分析可能引发事故的诱因、影响范围及后果； 3. 能够提出相应的事故预防和应急措施	
组织机构及职责*	应急组织体系	1. 能够清晰描述本单位的应急组织体系（推荐使用图表）； 2. 明确应急组织成员日常及应急状态下的工作职责	
	指挥机构及职责	1. 清晰表述本单位应急指挥体系； 2. 应急指挥部门职责明确； 3. 各应急救援小组设置合理，应急工作明确	
预防与预警	危险源监控	1. 明确危险源的监测监控方式、方法； 2. 明确技术性预防和管理措施； 3. 明确采取的应急处置措施	
	预警行动	1. 明确预警信息发布的方式及流程； 2. 预警级别与采取的预警措施科学合理	
信息报告程序*		1. 明确24 h应急值守电话； 2. 明确本单位内部信息报告的方式、要求与处置流程； 3. 明确事故信息上报的部门、通信方式和内容时限； 4. 明确向事故相关单位通告、报警的方式和内容； 5. 明确向有关单位发出请求支援的方式和内容	
应急响应*	响应分级	1. 分级清晰合理，且与上级应急预案响应分级衔接； 2. 能够体现事故紧急和危害程度； 3. 明确紧急情况下应急响应决策的原则	
	响应程序	1. 明确具体的应急响应程序和保障措施； 2. 明确救援过程中各专项应急功能的实施程序； 3. 明确扩大应急的基本条件及原则； 4. 能够辅以图表直观表述应急响应程序	
	处置措施	1. 针对事故种类制定相应的应急处置措施； 2. 符合实际，科学合理； 3. 程序清晰，简单易行	
应急物资与装备保障*		1. 明确对应急救援所需的物资和装备的要求； 2. 应急物资与装备保障符合单位实际，满足应急要求	

注：*应急预案的关键要素。如果专项应急预案作为综合应急预案的附件，综合应急预案已经明确的要素，专项应急预案可省略。

表3-4　现场处置方案要素评审表

评审项目	评审内容及要求	评审意见
事故特征*	1. 明确可能发生事故的类型和危险程度，清晰描述作业现场风险； 2. 明确事故判断的基本征兆及条件	
应急组织及职责*	1. 明确现场应急组织形式及人员； 2. 应急职责与工作职责紧密结合	
应急处置*	1. 明确第一发现者进行事故初步判定的要点及报警时的必要信息； 2. 明确报警、应急措施启动、应急救护人员引导、扩大应急等程序； 3. 针对操作程序、工艺流程、现场处置、事故控制和人员救护等方面制定应急处置措施； 4. 明确报警方式、报告单位、基本内容和有关要求	
注意事项	1. 佩戴个人防护器具方面的注意事项； 2. 使用抢险救援器材方面的注意事项； 3. 有关救援措施实施方面的注意事项； 4. 现场自救与互救方面的注意事项； 5. 现场应急处置能力确认方面的注意事项； 6. 应急救援结束后续处置方面的注意事项； 7. 其他需要特别警示方面的注意事项	

注：*应急预案的关键要素。现场处置方案落实到岗位每个人，可以只保留应急处置。

表3-5　应急预案附件要素评审表

评审项目	评审内容及要求	评审意见
有关部门、机构或人员的联系方式	1. 列出应急工作需要联系的部门、机构或人员至少两种以上联系方式，并保证准确有效； 2. 列出所有参与应急指挥、协调人员姓名、所在部门、职务和联系电话，并保证准确有效	
重要物资装备名录或清单	1. 以表格形式列出应急装备、设施和器材清单，清单应当包括种类、名称、数量以及存放位置、规格、性能、用途和用法等信息； 2. 定期检查和维护应急装备，保证准确有效	
规范化格式文本	给出信息接报、处理、上报等规范化格式文本，要求规范、清晰、简洁	
关键的路线、标识和图纸	1. 警报系统分布及覆盖范围； 2. 重要防护目标一览表、分布图； 3. 应急救援指挥位置及救援队伍行动路线； 4. 疏散路线、重要地点等标识； 5. 相关平面布置图纸、救援力量分布图等	

表 3-5（续）

评审项目	评审内容及要求	评审意见
相关应急预案名录、协议或备忘录	列出与本应急预案相关的或相衔接的应急预案名称，以及与相关应急救援部门签订的应急支援协议或备忘录	

注：附件根据应急工作需要而设置，部分项目可省略。

2）评审要点

应急预案评审应坚持实事求是的工作原则，结合生产经营单位工作实际，按照《导则》和有关行业规范，从以下 7 个方面进行评审：

（1）合法性。符合有关法律、法规、规章和标准，以及有关部门和上级单位规范性文件要求。

（2）完整性。具备《导则》所规定的各项要素。

（3）针对性。紧密结合本单位危险源辨识与风险分析。

（4）实用性。切合本单位工作实际，与生产安全事故应急处置能力相适应。

（5）科学性。组织体系、信息报送和处置方案等内容科学合理。

（6）操作性。应急响应程序和保障措施等内容切实可行。

（7）衔接性。综合、专项应急预案和现场处置方案形成体系，并与相关部门或单位应急预案相互衔接。

2. 应急预案的发布

事故应急预案经评审通过后，应由主要负责人签署发布，并报送上级政府有关部门和应急机构备案。

二、应急预案的备案

应急预案的备案管理是提高应急预案编写质量，规范预案管理，解决预案相互衔接的重要措施之一。

（1）地方各级安全生产监督管理部门的应急预案，应当报同级人民政府和上一级安全生产监督管理部门备案。其他负有安全生产监督管理职责的部门的应急预案，应当抄送同级安全生产监督管理部门。

（2）中央管理的总公司（总厂、集团公司、上市公司）的综合应急预案和专项应急预案，报国务院国有资产监督管理部门、国务院安全生产监督管理部门和国务院有关主管部门备案；其所属单位的应急预案分别抄送所在地的省、自治区、直辖市或者设区的市人民政府安全生产监督管理部门和有关主管部门备案。

（3）其他生产经营单位中涉及实行安全生产许可的，其综合应急预案和专项应急预案，按照隶属关系报所在地县级以上地方人民政府安全生产监督管理部门和有关主管部门备案；未实行安全生产许可的，其综合应急预案和专项应急预案的备案，由省、自治区、直辖市人民政府安全生产监督管理部门确定。

（4）煤矿企业的综合应急预案和专项应急预案除按照有关规定报安全生产监督管理部门和有关主管部门备案外，还应当抄报所在地的煤矿安全监察机构。

（5）生产经营单位申请应急预案备案，应当提交以下材料：①应急预案备案申请表；

②应急预案评审或者论证意见；③应急预案文本及电子文档。

（6）受理备案登记的安全生产监督管理部门应当对应急预案进行形式审查，经审查符合要求的，予以备案并出具应急预案备案登记表；不符合要求的，不予备案并说明理由。对于实行安全生产许可的生产经营单位，已经进行应急预案备案登记的，在申请安全生产许可证时，可以不提供相应的应急预案，仅提供应急预案备案登记表。

（7）各级安全生产监督管理部门应当指导、督促检查生产经营单位做好应急预案的备案登记工作，建立应急预案备案登记建档制度。

三、应急预案评估

《生产经营单位生产安全事故应急预案评估指南》（AQ/T 9011—2019）明确了生产经营单位生产安全事故应急预案评估的基本要求、工作程序与评估内容，适用于生产经营单位生产安全事故应急预案内容适用性的评估活动。应急预案评估是对应急预案内容的适用性所开展的分析过程。

1. 基本要求

1）评估目的

发现应急预案存在的问题和不足，对是否需要修订做出结论，并提出修订建议。

2）评估依据

评估主要依据以下内容：

（1）相关法律法规、标准及规范性文件。

（2）生产经营单位风险评估结果。

（3）生产经营单位应急组织机构设置情况。

（4）应急演练评估报告。

（5）应急处置评估报告。

（6）应急资源调查及评估结果。

（7）其他相关材料。

2. 评估程序

1）成立评估组

结合本单位部门职能和分工，成立以单位相关负责人为组长，单位相关部门人员参加的应急预案评估组，明确工作职责和任务分工，制定工作方案。评估组成员人数一般为单数。生产经营单位可以邀请相关专业机构的人员或者有关专家参加应急预案评估，必要时委托安全生产技术服务机构实施。

2）资料收集分析

评估组应确定需评估的应急预案，收集相关资料，明确以下情况。

（1）法律法规、标准、规范性文件及上位预案中的有关规定变化情况。

（2）应急指挥机构和成员单位（部门）及其职责调整情况。

（3）面临的事故风险变化情况。

（4）重要应急资源变化情况。

（5）应急救援力量变化情况。

（6）预案中的其他重要信息变化情况。

（7）应急演练和事故应急处置中发现的问题。

（8）其他情况。

3）评估实施

采用资料分析、现场审核、推演论证、人员访谈的方式，对应急预案进行评估。

（1）资料分析：针对评估目的和评估内容，查阅法律法规、标准规范、应急预案、风险评估方面的相关文件资料，梳理有关规定、要求及证据材料，初步分析应急预案存在的问题；应急预案编制内容要求参见 GB/T 29639—2020。

（2）现场审核：依据资料分析的情况，通过现场实地查看、设备操作检验的方式，准确掌握并验证应急资源、生产运行、工艺设备方面的问题情况。

（3）推演论证：根据需要，采取桌面推演、实战演练的形式，对机构设置、职责分工、响应机制、信息报告方面的问题进行推演验证。

（4）人员访谈：采取抽样访谈或座谈研讨的方式，向有关人员收集信息、了解情况、考核能力、验证问题、沟通交流、听取建议，进一步论证有关问题情况。

《生产经营单位生产安全事故应急预案评估指南》（AQ/T 9011—2019）附录列出了生产安全事故应急预案评估表，见表3-6。

表3-6　生产安全事故应急预案评估表

评估要素	评估内容	评估方法	评估结果
1. 应急预案管理要求	1.1　梳理《突发事件应对法》《安全生产法》《生产安全事故应急条例》等法律法规中的有关新规定和要求，对照评估应急预案中的不符合项	资料分析	是否有不符合项，列出不符合项
	1.2　梳理国家标准、行业标准及地方标准中的有关新规定和要求，对照评估应急预案中的不符合项	资料分析	是否有不符合项，列出不符合项
	1.3　梳理规范性文件中的有关新规定和要求，对照评估应急预案中的不符合项	资料分析	是否有不符合项，列出不符合项
	1.4　梳理上位预案中的有关新规定和要求，对照评估应急预案中的不符合项	资料分析	是否有不符合项，列出不符合项
2. 组织机构与职责	2.1　查阅生产经营单位机构设置、部门职能调整、应急处置关键岗位职责划分方面的文件资料，初步分析本单位应急预案中应急组织机构设置及职责是否合适、是否需要调整	资料分析	根据文件资料，判断组织机构是否合适，列出不合适部分
	2.2　抽样访谈，了解掌握生产经营单位本级、基层单位办公室、生产、安全及其他业务部门有关人员对本部门、本岗位的应急工作职责的意见建议	人员访谈	列出相关人员的建议
	2.3　依据资料分析和抽样访谈的情况，结合应急预案中应急组织机构及职责，召集有关职能部门代表，就重要职能进行推演论证，评估值班值守、调度指挥、应急协调、信息上报、舆论沟通、善后恢复的职责划分是否清晰，关键岗位职责是否明确，应急组织机构设置及职能分配与业务是否匹配	推演论证	职责划分是否清晰，岗位职责是否明确，机构设置及职能分配与业务是否匹配，列出不符合项

表3-6（续）

评估要素	评　估　内　容	评估方法	评估结果
3. 主要事故风险	3.1　查阅生产经营单位风险评估报告，对照生产运行和工艺设备方面有关文件资料，初步分析本单位面临的主要事故风险类型及风险等级划分情况	资料分析	根据相关资料得出的本单位面临的主要事故风险类型及风险等级划分情况
	3.2　根据资料分析情况，前往重点基层单位、重点场所、重点部位查看验证	现场审核	现场查看风险情况
	3.3　座谈研讨，就资料分析和现场查证的情况，与办公室、生产、安全及相关业务部门以及基层单位人员代表沟通交流，评估本单位事故风险辨识是否准确、类型是否合理、等级确定是否科学、防范和控制措施能否满足实际需要，并结合风险情况提出应急资源需求	人员访谈	事故风险辨识是否准确、类型是否合理、等级确定是否科学、防范和控制措施能否满足实际需要，列出不符合项
4. 应急资源	4.1　查阅生产经营单位应急资源调查报告，对照应急资源清单、管理制度及有关文件资料，初步分析本单位及合作区域的应急资源状况	资料分析	根据相关资料得出本单位及合作区域的应急资源状况
	4.2　根据资料分析情况，前往本单位及合作单位的物资储备库、重点场所，查看验证应急资源的实际储备、管理、维护情况，推演验证应急资源运输的路程路线及时长	现场审核、推演论证	应急资源的实际情况与预案情况是否相符，列出不符合项
	4.3　座谈研讨，就资料分析和现场查证的情况，结合风险评估得出的应急资源需求，与办公室、生产、安全及相关业务部门以及基层单位人员沟通交流，评估本单位及合作区域内现有的应急资源的数量、种类、功能、用途是否发生重大变化，外部应急资源的协调机制、响应时间能否满足实际需求	人员访谈	应急资源是否发生变化，外部应急资源的协调机制、响应时间能否满足实际需求，列出不符合项
5. 应急预案衔接	5.1　查阅上下级单位、有关政府部门、救援队伍及周边单位的相关应急预案，梳理分析在信息报告、响应分级、指挥权移交及警戒疏散工作方面的衔接要求，对照评估应急预案中的不符合项	资料分析	是否有不符合项，列出不符合项
	5.2　座谈研讨，就资料分析的情况，与办公室、生产、安全及相关业务部门、基层单位、周边单位人员沟通交流，评估应急预案在内外部上下衔接中的问题	人员访谈	是否有问题，列出预案衔接中的问题
6. 实施反馈	6.1　查阅生产经营单位应急演练评估报告、应急处置总结报告、监督检查、体系审核及投诉举报方面的文件资料，初步梳理归纳应急预案存在的问题	资料分析	列出存在的问题
	6.2　座谈研讨，就资料分析得出的情况，与办公室、生产、安全及相关业务部门、基层单位人员沟通交流，评估确认应急预案存在的问题	人员访谈	列出座谈中反映的问题
7. 其他	7.1　查阅其他有可能影响应急预案适用性因素的文件资料，对照评估应急预案中的不符合项	资料分析	是否有不符合项，列出不符合项
	7.2　依据资料分析的情况，采取人员访谈、现场审核、推演论证的方式进一步评估确认有关问题	人员访谈、现场审核、推演论证	列出其他有关问题

3）评估报告编写

应急预案评估结束后，评估组成员沟通交流各自评估情况，对照有关规定及相关标准，汇总评估中发现的问题，并形成一致、公正客观的评估组意见，在此基础上组织撰写评估报告。

3. 评估内容

1）应急预案管理要求

法律法规、标准、规范性文件及上位预案是否对应急预案作出新规定和要求，主要包括应急组织机构及其职责、应急预案体系、事故风险描述、应急响应及保障措施。

2）组织机构与职责

主要包括：

（1）生产经营单位组织体系是否发生变化。

（2）应急处置关键岗位应急职责是否调整。

（3）重点部门应急职责与分工是否重新划分。

（4）应急组织机构或人员对应急职责是否存在疑义。

（5）应急机构设置与职责能否满足实际需要。

3）主要事故风险

主要包括：

（1）生产经营单位事故风险分析是否全面客观。

（2）风险等级确定是否合理。

（3）是否有新增事故风险。

（4）事故风险防范和控制措施能否满足实际需要。

（5）依据事故风险评估提出的应急资源需求是否科学。

4）应急资源

生产经营单位对于本单位应急资源和合作区域内可请求援助的应急资源调查是否全面、与事故风险评估得出的实际需求是否匹配；现有的应急资源的数量、种类、功能、用途是否发生重大变化。

5）应急预案衔接

应急预案是否与政府、企业不同层级、救援队伍、周边单位与社区应急预案衔接，对信息报告、响应分级、指挥权移交、警戒疏散作出合理规定。

6）实施反馈

在应急演练、应急处置、监督检查、体系审核及投诉举报中，是否发现应急预案存在组织机构、应急响应程序、先期处置及后期处置方面的问题。

7）其他

其他可能对应急预案内容的适用性产生影响的因素。

4. 评估报告

1）生产安全事故应急预案评估报告编制大纲

《生产经营单位生产安全事故应急预案评估指南》（AQ/T 9011—2019）附录列出了“生产安全事故应急预案评估报告编制大纲”，具体如下：

（1）总则：①评估对象；②评估目的；③评估依据。

（2）应急预案评估内容：①应急预案管理要求；②组织机构与职责；③主要事故风险；④应急资源；⑤应急预案衔接；⑥实施反馈。

（3）应急预案适用性分析：对应急预案各个要素内容的适用性进行分析，指出存在的不符合项。

（4）改进意见及建议：针对评估出的不符合项，提出相应的改进意见和建议。

（5）评估结论：对应急预案作出综合评价及修订结论。

2）评估报告内容

（1）评估人员情况：评估人员基本信息及分工情况，包括姓名、性别、专业、职务职称及签字。

（2）预案评估组织：预案评估工作的组织实施过程和主要工作安排。

（3）预案基本情况：应急预案编制单位、编制及实施时间及批准人。

（4）预案评估内容：评估应急预案管理要求、组织机构与职责、主要事故风险、应急资源、应急预案衔接及应急响应级别划分方面的变化情况，以及实施反馈中发现的问题。

（5）预案适用性分析：依据评估出的变化情况和问题，对应急预案各个要素内容的适用性进行分析，指出存在的不符合项。

（6）改进意见和建议：针对评估出的不符合项，提出改进的意见和建议。

（7）评估结论：对应急预案作出综合评价及修订结论。

第四节　煤矿生产安全事故应急培训与演练

一、应急培训的原则和范围

为提高应急救援人员的技术水平与应急救援队伍的整体能力，以便在事故的应急救援行动中，达到快速、有序、有效的效果，经常性地开展应急救援培训、训练或演练，应成为应急救援队伍的一项重要的日常性工作。

应急救援培训与演练的指导思想应以加强基础、突出重点、边练边改、逐步提高为原则。

应急培训与演练的基本任务是锻炼和提高队伍在突发事故情况下的快速抢险堵源，及时营救伤员，正确指导和帮助群众防护或撤离，有效消除危害后果，开展现场急救和伤员转送等应急救援技能和应急反应综合素质，有效降低事故危害，减少事故损失。

应急培训的范围应包括：①政府主管部门的培训；②企业全员的培训；③专业应急救援队伍的培训。

二、应急培训的基本内容

基本应急培训是指对参与应急行动所有相关人员进行的最低程度的应急培训，要求应急人员了解和掌握如何识别危险、如何采取必要的应急措施、如何启动紧急情况警报系统、如何抢救遇险人员等基本操作。因此，在培训中要加强操作类训练，强调危险物质事故的不同应急水平和注意事项等内容，主要包括报警、疏散、应急培训和不同水平应急者培训。

在具体培训中，通常将应急者分为5种水平：初级意识水平应急者、初级操作水平应急者、危险物质专业水平应急者、危险物质专家水平应急者、事故指挥者水平应急者。每一种水平都有相应的培训要求。

三、应急演练的目的与原则

1. 应急演练的目的

（1）检验预案。通过开展应急演练，查找应急预案中存在的问题，进而完善应急预案，提高应急预案的实用性和可操作性。

（2）完善准备。通过开展应急演练，检查应对突发事件所需应急队伍、物资、装备、技术等方面的准备情况，发现不足及时予以调整补充，做好应急准备工作。

（3）锻炼队伍。通过开展应急演练，增强演练组织单位、参与单位和人员等对应急预案的熟悉程度，提高其应急处置能力。

（4）磨合机制。通过开展应急演练，进一步明确相关单位和人员的职责任务，理顺工作关系，完善应急机制。

（5）科普宣教。通过开展应急演练，普及应急知识，提高职工风险防范意识和自救互救等灾害应对能力。

2. 应急演练原则

（1）结合实际、合理定位。紧密结合应急管理工作实际，明确演练目的，根据资源条件确定演练方式和规模。

（2）着眼实战、讲求实效。以提高应急指挥人员的指挥协调能力、应急队伍的实战能力为着眼点，重视对演练效果及组织工作的评估、考核，总结推广好经验，及时整改存在问题。

（3）精心组织、确保安全。围绕演练目的，精心策划演练内容，科学设计演练方案，周密组织演练活动，制定并严格遵守有关安全措施，确保演练参与人员及演练装备设施的安全。

（4）统筹规划、厉行节约。统筹规划应急演练活动，适当开展跨地区、跨部门、跨行业的综合性演练，充分利用现有资源，努力提高应急演练效益。

四、应急演练的类型

应急演练可以根据不同的标准进行分类，不同类型的演练可相互组合。

1. 按演练内容分类

按照演练内容分为单项演练和综合演练。

（1）单项演练。单项演练是指只涉及应急预案中特定应急响应功能或现场处置方案中一系列应急响应功能的演练活动。注重针对一个或少数几个参与单位（岗位）的特定环节和功能进行检验。

（2）综合演练。综合演练是指涉及应急预案中多项或全部应急响应功能的演练活动。注重对多个环节和功能进行检验，特别是对不同单位之间应急机制和联合应对能力的检验。

2. 按演练形式分类

按照演练形式分为桌面演练和现场演练。

（1）桌面演练。桌面演练是指参演人员利用地图、沙盘、流程图、计算机模拟、视频会议等辅助手段，针对事先假定的演练情景，讨论和推演应急决策及现场处置的过程，从而促进相关人员掌握应急预案中所规定的职责和程序，提高指挥决策和协同配合能力。桌面演练通常在室内完成。

（2）现场演练。现场演练是以现场实战操作的形式开展的演练活动。参演人员在贴近实际状况和高度紧张的环境下，根据演练情景的要求，通过实际操作完成应急响应任务，以检验和提高相关应急人员的组织指挥、应急处置以及后勤保障等综合应急能力。

五、应急演练的组织与实施

一次完整的应急演练活动要包括计划、准备、实施、评估总结和改进等五个阶段，流程如图3－3所示。

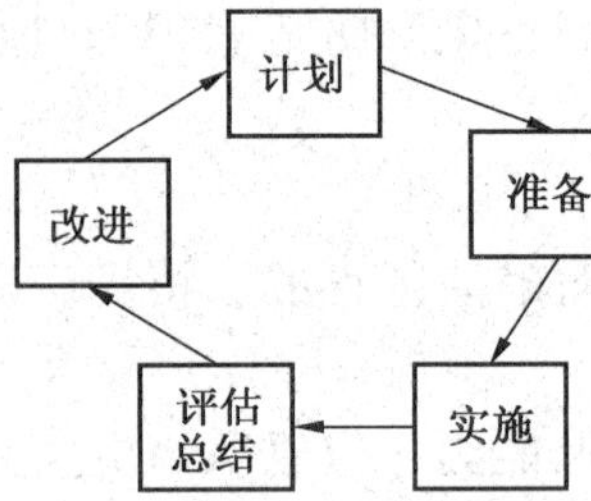

图3－3　应急演练基本流程示意图

（一）计划

演练组织单位在开展演练准备工作前应先制定演练计划。演练计划是有关演练的基本构想和对演练准备活动的初步安排，一般包括演练的目的、方式、时间、地点、日程安排、演练策划领导小组构成、经费预算和保障措施等。在制定演练计划过程中需要确定演练目的、分析演练需求、确定演练内容和范围、安排演练准备日程、编制演练经费预算等。

1. 梳理需求

演练组织单位根据自身应急演练年度规划和实际情况需要，提出初步演练目标、类型、范围，确定可能的演练参与单位，并与这些单位的相关人员充分沟通，进一步明确演练需求、目标、类型和范围。

（1）确定演练目的，归纳提炼举办应急演练活动的原因、演练要解决的问题和期望达到的效果等。

（2）分析演练需求。首先是在对所面临的风险及应急预案进行认真分析的基础上，发现可能存在的问题和薄弱环节，确定需加强演练的人员、需锻炼提高的技能、需测试的设施装备、需完善的突发事件应急处置流程和需进一步明确的职责等。然后仔细了解过去的演练情况：哪些人参与了演练、演练目标实现的程度、有什么经验与教训、有什么改进、是否进行了验证。

（3）确定演练范围，根据演练需求及经费、资源和时间等条件的限制，确定演练事件类型、等级、地域、演练方式、参与演练机构及人数。

事件类型、等级：根据需求分析结果确定需要演练的事件。

地域：选择一个现实可行的地点，并考虑交通和安全等因素。

演练方式：考虑法律法规的规定、实际的需要、人员参与情况、工作经费准备等因素，确定最适合的演练形式。

参与演练的机构、人数：根据需要演练的事件和演练方式，列出需要参与演练的机构和人员，以及确定是否涉及社会公众。

2. 明确任务

演练组织单位根据演练需求、目标、类型、范围和其他相关需要，明确细化演练各阶段的主要任务，安排日程计划，包括各种演练文件编写与审定的期限、物资器材准备的期限、演练实施的日期等。

3. 编制计划

演练组织单位负责起草演练计划文本，计划内容应包括：演练目的需求、目标、类型、时间、地点、演练准备实施进程安排、领导小组和工作小组构成、预算等。

4. 计划审批

演练计划编制完成后，应按相关管理要求，呈报上级主管部门批准。演练计划获准后，按计划开展具体演练准备工作。

（二）准备

演练准备阶段的主要任务是根据演练计划成立演练组织机构，设计演练总体方案，并根据需要针对演练方案进行培训和预演，为演练实施奠定基础。

演练准备的核心工作是设计演练总体方案。演练总体方案是对演练活动的详细安排。演练总体方案的设计一般包括确定演练目标、设计演练情景与演练流程、设计技术保障方案、设计评估标准与方法、编写演练方案文件等内容。

1. 成立演练组织机构

演练应在相关预案确定的应急领导机构或指挥机构领导下组织开展。演练组织单位要成立由相关单位领导组成的演练领导小组，通常下设策划部、保障部和评估组。对于不同类型和规模的演练活动，其组织机构和职能可以适当调整。演练组织机构的成立是一个逐步完善的过程，在演练准备过程中，演练组织机构的部门设置和人员配备及分工可根据实际需要随时调整，在演练方案审批通过之后，最终的演练组织机构才得以确立。

1）演练领导小组

演练领导小组负责应急演练活动全过程的组织领导，审批决定演练的重大事项。演练领导小组组长一般由演练组织单位或其上级单位的负责人担任；副组长一般由演练组织单位或主要协办单位负责人担任；小组其他成员一般由各演练参与单位相关负责人担任。

2）策划部

策划部负责应急演练策划、演练方案设计、演练实施的组织协调、演练评估总结等工作。策划部设总策划、副总策划，下设文案组、协调组、控制组、宣传组等。

3）保障部

保障部负责调集演练所需物资装备，购置和制作演练模型、道具、场景，准备演练场地，维持演练现场秩序，保障运输车辆，保障人员生活和安全保卫等。其成员一般是演练组织单位及参与单位后勤、财务、办公等部门人员，常称为后勤保障人员。

4）评估组

评估组负责设计演练评估方案和编写演练评估报告，对演练准备、组织、实施及其安全事项等进行全过程、全方位评估，及时向演练领导小组、策划部和保障部提出意见、建议。其成员一般是应急管理专家、具有一定演练评估经验和突发事件应急处置经验专业人员，常称为演练评估人员。评估组可由上级部门组织，也可由演练组织单位自行组织，或由受邀承担评估工作的第三方机构组织。

5）参演队伍和人员

参演队伍包括应急预案规定的有关应急管理部门（单位）工作人员、各类专兼职应急救援队伍以及志愿者队伍等。参演人员承担具体演练任务，针对模拟事件场景做出应急响应行动。有时也可使用模拟人员替代未参加现场演练的单位人员，或模拟事故的发生过程，如释放烟雾、模拟泄漏等。

演练组织机构的部门设置和人员配备及分工可根据实际需要随时调整，在演练方案审批通过之后，最终的演练组织机构才得以确立。

2. 确定演练目标

演练目标是为实现演练目的而需要完成的主要演练任务及其效果。演练目标一般需说明“由谁在什么条件下完成什么任务，依据什么标准或取得什么效果”。

演练组织机构召集有关方面和人员，商讨确认范围、演练目的需求、演练目标以及各参与机构的目标，并进一步商讨，为确保演练目标实现而在演练场景、评估标准和方法、技术保障及对演练场地等方面应满足的要求。

演练目标应简单、具体、可量化、可实现。一次演练一般有若干项演练目标，每项演练目标都要在演练方案中有相应的事件和演练活动予以实现，并在演练评估中有相应的评估项目判断该目标的实现情况。

3. 演练情景事件设计

演练情景事件是为演练而假设的一系列突发事件，为演练活动提供初始条件并通过一系列的情景事件，引导演练活动继续直至演练完成。其设计过程包括：确定事件类型、专家研讨、收集相关素材，结合演练目标，设计备选情景事件、研讨修改确认可用的情景事件、各情景事件细节确定。

4. 演练流程设计

演练流程设计是按照事件发展的科学规律，将所有情景事件及相应应急处置行动按时间顺序有机衔接的过程。其设计过程包括：确定事件之间的演化衔接关系，确定各事件发生与持续时间，确定各参与单位和角色在各场景中的期望行动以及期望行动之间的衔接关系，确定所需注入的信息及注入形式。

5. 技术保障方案设计

为保障演练活动顺利实施，演练组织机构应安排专人根据演练目标、演练情景事件和演练流程的要求，预先进行技术保障方案设计。当技术保障因客观原因确难实现时，可及时向演练组织机构相关负责人反映，提出对演练情景事件和演练流程的相应修改建议。当演练情景事件和演练流程发生变化时，技术保障方案必须根据需要进行适当调整。

6. 评估标准和方法选择

演练评估组召集有关方面和人员，根据演练总体目标和各参与机构的目标以及演练的具体情景事件、演练流程和技术保障方案，商讨确定演练评估标准和方法。

演练评估应以演练目标为基础。每项演练目标都要设计合理的评估项目方法和标准。根据演练目标的不同，可以用选择项（如：是/否判断，多项选择）、主观评分（如：1—

差、2—合格、3—优秀）、定量测量（如：响应时间、被困人数、获救人数）等方法进行评估。

为便于演练评估操作，通常事先设计好评估表格，包括演练目标、评估方法、评价标准和相关记录项等。有条件时还可以采用专业评估软件等工具。

7. 编写演练方案文件

文案组负责起草演练方案相关文件。演练方案文件主要包括演练总体方案及其相关附件。根据演练类别和规模的不同，演练总体方案的附件一般有演练人员手册、演练控制指南、技术保障方案和脚本、演练评估指南、演练脚本和解说词等。

8. 方案审批

演练方案文件编制完成后，应按相关管理要求，报有关部门审批。对综合性较强或风险较大的应急演练，在方案报批之前，要由评估组组织相关专家对应急演练方案进行评审，确保方案科学可行。

演练总体方案获准后，演练组织机构应根据领导出席情况，细化演练日程，拟定领导出席演练活动安排。

9. 落实各项保障工作

为了按照演练方案顺利完成实施演练活动，应切实做好人员、经费、场地、物资器材、技术和安全等方面的保障工作。

（1）人员保障。演练参与人员一般包括演练领导小组、演练总指挥、总策划、文案人员、控制人员、评估人员、保障人员、参演人员、模拟人员等，有时还会有观摩人员等其他人员。在演练的准备过程中，演练组织单位和参与单位应合理安排工作，保证相关人员参与演练活动的时间；通过组织观摩学习和培训，提高演练人员素质和技能。

（2）经费保障。演练组织单位每年要根据具体应急演练方案规划编制应急演练经费预算，纳入单位的年度财政（财务）预算，并按照演练需要及时拨付经费。对经费使用情况进行监督检查，确保演练经费专款专用、节约高效。

（3）场地保障。根据演练方式和内容，经现场勘察后选择合适的演练场地。桌面演练一般可选择在会议室或应急指挥中心等；实战演练应选择与实际情况相似的地点，并根据需要设置指挥部、集结点、接待站、供应站、救护站、停车场等设施。演练场地应有足够的空间，良好的交通、生活、卫生和安全条件，尽量避免干扰公众生产生活。

（4）物资和器材保障。根据需要，准备必要的演练材料、物资和器材，制作必要的模型设施等，主要包括信息材料、物资设备、通信器材和演练情景模型等。

（5）技术保障。根据技术保障方案的具体需要，保障应急演练所涉及的有线通信、无线调度、异地会商、移动指挥、社会面监控、应急信息管理系统等技术支撑系统的正常运转。

（6）安全保障。应急演练组织单位要高度重视应急演练组织与实施全过程的安全保障工作。在应急演练方案编制中，应充分考虑应急演练实施中可能面临的风险，制定必要的应急演练安全保障措施或方案。大型或高风险应急演练活动要按规定制定专门应急预案，采取预防和控制措施。

10. 培训

为了使演练相关策划人员及参演人员熟悉演练方案和相关应急预案，明确其在演练过程中的角色和职责，在演练准备过程中，可根据需要对其进行适当培训。

在演练方案获准后至演练开始前，所有演练参与人员都要经过应急基本知识、演练基本概念、演练现场规则、应急预案、应急技能及个体防护装备使用等方面的培训。对控制人员进行岗位职责、演练过程控制和管理等方面的培训；对评估人员进行岗位职责演练评估方法、工具使用等方面的培训；对参演人员进行应急预案、应急技能及个体防护装备使用等方面的培训。

11. 预演

对大型综合性演练，为保证演练活动顺利实施，可在前期培训的基础上，在演练正式实施前，进行一次或多次预演。预演遵循先易后难、先分解后合练、循序渐进的原则。预演可以采取与正式演练不同的形式，演练正式演练的某些或全部环节。大型或高风险演练活动，要结合预先制定的专门应急预案，对关键部位和环节可能出现的突发事件进行针对性演练。

（三）实施

演练实施是对演练方案付诸行动的过程，是整个演练程序中的核心环节。

1. 演练前检查

演练实施当天，演练组织机构的相关人员应在演练开始前提前到达现场，对演练所用的设备设施等情况进行检查，确保其正常工作。

按照演练安全保障工作安排，对进入演练场所的人员进行登记和身份核查，防止无关人员进入。

2. 演练前情况说明和动员

导演组完成事故应急演练准备，以及对演练方案、演练场地、演练设施、演练保障措施的最后调整后，应在演练前夕分别召开控制人员、评估人员、演练人员的情况介绍会，确保所有演练参与人员了解演练现场规则，以及演练情景和演练计划中与各自工作相关的内容。演练模拟人员和观摩人员一般参加控制人员情况介绍会。

3. 演练启动

演练目的和作用不同，演练启动形式也有所差异。示范性演练一般由演练总指挥或演练组织机构相关成员宣布演练开始并启动演练活动。检验性和研究性演练，一般在到达演练时间点，演练场景出现后，自行启动。

4. 演练执行

演练组织形式不同，其演练执行程序也有差异。

1）实战演练

应急演练活动一般始于报警消息，在此过程中，参演应急组织和人员应尽可能按实际紧急事件发生时的响应要求进行演示，即“自由演示”，由参演应急组织和人员根据自己关于最佳解决办法的理解，对情景事件做出响应行动。

演练过程中参演应急组织和人员应遵守当地相关的法律法规和演练现场规则，确保演练安全进行，如果演练偏离正确方向，控制人员可以采取“刺激行动”以纠正错误。“刺激行动”包括终止演练过程，使用“刺激行动”时应尽可能平缓，以诱导方法纠偏，只有对背离演练目标的“自由演示”才使用强刺激的方法使其中断反应。

2）桌面演练

桌面演练的执行通常是5个环节的循环往复：演练信息注入、问题提出、决策分析、决策结果表达和点评。

3）演练解说

在演练实施过程中，演练组织单位可以安排专人对演练过程进行解说。解说内容一般包括演练背景描述、进程讲解、案例介绍、环境渲染等。对于有演练脚本的大型综合性示范演练，可按照脚本中的解说词进行讲解。

4）演练记录

演练实施过程中，一般要安排专门人员，采用文字、照片和音像等手段记录演练过程。文字记录一般可由评估人员完成，主要包括演练实际开始与结束时间、演练过程控制情况、各项演练活动中参演人员的表现、意外情况及其处置等内容，尤其要详细记录可能出现的人员“伤亡”（如进入“危险”场所而无安全防护，在规定的时间内不能完成疏散等）及财产“损失”等情况。

照片和音像记录可安排专业人员和宣传人员在不同现场、不同角度进行拍摄，尽可能全方位反映演练实施过程。

5）演练宣传报道

演练宣传组按照演练宣传方案做好演练宣传报道工作。认真做好信息采集、媒体组织、广播电视节目现场采编和播报等工作，扩大演练的宣传教育效果。对涉密应急演练做好相关保密工作。

5. 演练结束与意外终止

演练完毕，由总策划发出结束信号，演练总指挥或总策划宣布演练结束。演练结束后，所有人员停止演练活动，按预定方案集合进行现场总结讲评或者组织疏散。保障部负责组织人员对演练场地进行清理和恢复。

演练实施过程中出现下列情况，经演练领导小组决定，由演练总指挥或总策划按照事先规定的程序和指令终止演练：①出现真实突发事件，需要参演人员参与应急处置时，要终止演练，使参演人员迅速回归其工作岗位，履行应急处置职责；②出现特殊或意外情况，短时间内不能妥善处理或解决时，可提前终止演练。

6. 现场点评会

演练组织单位在演练活动结束后，应组织针对本次演练的现场点评会。其中包括专家点评、领导点评、演练参与人员的现场信息反馈等。

（四）评估总结

1. 评估

演练评估是指观察和记录演练活动、比较演练人员表现与演练目标要求并提出演练发现问题的过程。演练评估的目的是确定演练是否已经达到演练目标的要求，检验各应急组织指挥人员及应急响应人员完成任务的能力。要全面、正确地评估演练效果，必须在演练地域的关键地点和各参演应急组织的关键岗位上，派驻公正的评估人员。评估人员的作用主要是观察演练的进程，记录演练人员采取的每一项关键行动及其实施时间，访谈演练人员，要求参演应急组织提供文字材料，评估参演应急组织和演练人员的表现并反馈演练发现。

应急演练评估方法是指演练评估过程中的程序和策略，包括评估组组成方式、评估目标与评估标准。评估人员较少时可仅成立一个评估小组并任命一名负责人。评估人员较多时，则应按演练目标、演练地点和演练组织进行适当的分组，除任命一名总负责人，还应分别任命小组负责人。评估目标是指在演练过程中要求演练人员展示的活动和功能。评估标准是指供评估人员对演练人员各个主要行动及关键技巧的评判指标，这些指标应具有可测量性，或力求定量化，但是根据演练的特点，评判指标中可能出现相当数量的定性指标。

情景设计时，策划人员应编制评估计划，列出必须进行评估的演练目标及相应的评估准则，并按演练目标进行分组，分别提供给相应的评估人员，同时给评估人员提供评价指标。

2. 总结报告

1）召开演练评估总结会议

在演练结束后一个月内，由演练组织单位召集评估组和所有演练参与单位，讨论本次演练的评估报告，并从各自的角度总结本次演练的经验教训，讨论确认评估报告内容，并讨论提出总结报告内容，拟定改进计划，落实改进责任和时限。

2）编写演练总结报告

在演练评估总结会议结束后，由文案组根据演练记录、演练评估报告、应急预案、现场总结等材料，对演练进行系统和全面的总结，并形成演练总结报告。演练参与单位也可对本单位的演练情况进行总结。

演练总结报告的内容包括：演练目的、时间和地点、参演单位和人员、演练方案概要、发现的问题与原因、经验和教训，以及改进有关工作的建议、改进计划、落实改进责任和时限等。

3. 文件归档与备案

演练组织单位在演练结束后应将演练计划、演练方案、各种演练记录（包括各种音像资料）、演练评估报告、演练总结报告等资料归档保存。

对于由上级有关部门布置或参与组织的演练，或者法律、法规、规章要求备案的演练，演练组织单位应当将相关资料报有关部门备案。

（五）改进

1. 改进行动

对演练中暴露出来的问题，演练组织单位和参与单位应按照改进计划中规定的责任和时限要求，及时采取措施予以改进，包括修改完善应急预案、有针对性地加强应急人员的教育和培训、对应急物资装备有计划地更新等。

2. 跟踪检查与反馈

演练总结与讲评过程结束之后，演练组织单位和参与单位应指派专人，按规定时间对改进情况进行监督检查，确保本单位对自身暴露出的问题进行改进。

第四章　煤矿危险源辨识及控制

第一节　危险源及控制概述

一、危险源

1. 危险源的概念

“危险源”，即危险的根源，指可能导致人员伤害或疾病、物质财产损失、工作环境破坏或这些情况组合的根源或状态因素。在《职业健康安全管理体系　要求及使用指南》(GB/T 45001—2020）中的定义为：可能导致伤害和健康损害的来源，包括可能导致伤害或危险状态的来源，或可能因暴露而导致伤害和健康损害的环境。没有危险源，就不可能发生事故，所以系统安全认为，危险源是事故发生的先决条件。然而，目前对危险源概念的理解并未统一。同时，对危险源的外延也不清晰，往往把危险源与事故隐患（或安全隐患)、事故致因因素等相混淆。

危险源是危险的根源，这一观点基本得到普遍认同，但对危险的根源究竟是什么说法不一。麦克法兰特（Mc Farland）关于能量意外转移理论认为，所有的伤害事故（或损坏事故）只有两种情况：一是接触了超过机体组织（或结构）抵抗力的某种形式的过量能量；二是机体组织与周围环境的正常能量交换受到了干扰（如窒息、淹溺等)。研究发现，在《企业职工伤亡事故分类》(GB 6441—1986）的 20 种事故类型中除了窒息和淹溺外，其余所有事故都是直接由能量造成的，而窒息和淹溺也是因为有能量的生命体进入危险环境而造成的，因此，可以认为，可能导致事故发生的能量或能量载体（危险物质）就是危险的根源，即危险源。这种定义与系统安全理论是一致的，系统安全理论认为，如果系统中没有危险源就不会发生事故（实际上，如果系统中没有导致事故发生的能量或能量载体，也就不会发生事故)；防止事故的发生就是要消除或控制各种危险源，也就是要消除或控制各种能量或能量载体。

按照上述定义，那么危险源的外延就很清楚：首先人是危险源；其次各种安全隐患（人的不安全行为和物的不安全状态）不是危险源。例如，在人脚扎钉子事故中，置于地面的钉子不具有造成事故的能量，不是危险源，而是诱导事故发生的隐患，钉子扎到人的脚是由于人的能量造成的；在窒息或淹溺事故中，人是由于缺少氧气能量而死亡，与饿死或渴死的道理一样，事故的发生都是由于存在人这样的危险源而造成的，从某种程度上来说，还类似于机器缺少燃料而停止运转的事故（运转的机器是危险源)；人在易燃易爆环境下抽烟，这种行为是隐患，但不是危险源，烟火才是危险源，等等。

2. 危险源的分类

目前，危险源的分类方法有很多种，概括起来主要有两种思路：一种是按照不同危险源可能导致的事故类型不同来分，如根据《企业职工伤亡事故分类》将危险源分为20类，这是针对一般工业事故而言的，对于煤矿企业，则应按照煤矿事故类型来对各种危险源进行分类，按伤亡事故的性质，《煤炭工业企业职工伤亡事故报告和统计规定（试行）》（煤安字〔1995〕第50号）将煤矿事故分为顶板、瓦斯、机电、运输、放炮、火灾、水害和其他8类事故。另一种是按照可能发生的某种事故中危险源的不同地位和作用来分，如2类和3类危险源。20世纪90年代初，陈宝智等提出的两类危险源被很多人所接收。第一类危险源指系统中存在的、可能发生意外释放的能量或危险物质；第二类危险源指导致约束、限制第一类危险源的能量措施失效或破坏的各种不安全因素。田水承则提出了3类危险源的概念，即第一类危险源是指能量载体或危险物质；第二类危险源是指物的故障、物理性环境因素、个体人失误（侧重安全设施等物的故障、物理性环境因素）；第三类危险源是不符合安全的组织因素（组织程序、规则和制度，组织文化等），包含组织人（不同于个体人）不安全行为、失误等。

生产过程总是伴随着能量的流动，当危险源的能量按照人们意志转移和流动时就不会发生事故，这时的能量处于某一平衡和受控状态。但是，由于某些危险源的能量所处的平衡状态的稳定性较差，当这种平衡被打破时，能量就开始意外释放，意外释放的能量作用于人和设备时，即造成人员伤亡和财产损失事故，这种直接造成事故损失的能量或能量载体可以被称为直接危险源。而打破这种平衡也需要能量，打破这种平衡的能量或能量载体称为一级触发危险源。例如：煤矿顶板事故中，垮落石块具有的动能是直接危险源，采掘扰动是一级触发危险源；有毒气体泄漏事故中，有毒气体的化学能是直接危险源，导致泄漏的能量或能量载体（人的错误操作等等）是一级触发危险源。其他事故也都可以如此分类，唯有窒息、淹溺、渴死、饿死或机器缺少燃料停运等事故较为特殊，其他事故都是施加的能量超过承受值而导致的，而这几种事故是由于需要的能量得不到满足而造成的。按照对应关系，在这些事故中可以把需要的能量作为“直接危险源”（如氧气、食物、燃料等），而把造成“直接危险源”意外缺少的能量作为一级触发危险源（如淹井事故中水的势能、煤体突出事故中煤的势能等）。触发危险源的能量往往也是处于受控的平衡状态，而导致这种平衡状态失衡的能量或能量载体就是二级触发危险源，如此下去，最终的触发危险源一般都是人、动物或自然能量（如风、雨、雷电、地震、阳光等），这类危险源称为初始触发危险源。人作为触发危险源与其他触发危险源不同，人具有主观能动性。

3. 煤矿危险源分级

现实生产中，能量或能量载体是随处可见的，但并非所有能量或能量载体都能造成事故损失。在一定条件下某种形式的能量造成事故损失的大小主要取决于：①能量的大小和集中程度；②作用时间和频率；③作用部位。作为直接危险源，由于其能量大小不同，造成事故的严重程度也会不一样，因此，在安全管理中，对各种危险源都同等对待和处理既不经济也不可行，合理的做法是对各种危险源进行分级管理。

《危险化学品重大危险源辨识》（GB 18218—2018）将重大危险源定义为：长期或临时地生产、储存、使用和经营危险化学品，且危险化学品的数量等于或超过临界量的单元。

根据重大危险源概念及其界定思路，可以将煤矿重大危险源定义为：可能导致煤矿重大事故的设施或场所。

《危险化学品重大危险源监督管理暂行规定》（2015年修订版）将危险化学品的重大

危险源分为一、二、三、四级。当然煤矿重大危险源也可以根据其危险性评价的结果进行分级，以确定不同等级的重大危险源采取不同的管控措施，但目前仍然没有出台政府方面的分级方法和依据。

4. 危险源与事故隐患的联系和区别

隐患与危险源是两个截然不同的概念，隐患可存在许多事情中，在生产安全领域通常称作事故隐患、安全隐患等。隐患是劳动者在长期劳动实践中提出的名词术语，并没有一个科学完整的定义，在实践中很多人将安全隐患与危险源等概念混淆，认为危险源和隐患都是危险有害因素。

通过前面的危险源定义分析可知，危险源是可能导致事故发生的危险物质或能量，是危险的根源，没有危险源就不可能发生事故。如井工煤矿的瓦斯，它具有化学能，可能会导致瓦斯爆炸事故的发生。

而隐患是指在某个条件、事物以及事件中所存在的不稳定并且影响到个人或者他人安全利益的因素，它是一种潜藏着的因素，“隐”字体现了潜藏、隐蔽，而“患”字则体现了祸患，不好的状况。隐患即是危险源的控制系统存在的缺陷。传统认为，隐患包括人的不安全行为、物的不安全状态及管理缺陷，上述3个方面都是由于危险源没有得到有效控制造成的。例如，现场通风系统不可靠即是安全隐患。

生产系统中的危险源有些可以移除，但绝大多数是伴随生产系统一道存在的，是不能消除的，人们只能对危险源进行辨识，并对辨识的危险源进行控制，以防止其发展为事故。而安全隐患是必须要进行排查并采取措施消除的。

二、危险源的辨识与评价

危险源辨识是发现、识别系统中危险源的工作。以前，人们主要根据以往的事故经验进行危险源辨识。例如，海因里希建议通过与操作人员交谈或到现场安全检查、查阅以往的事故记录等方式发现危险源；日本中央劳动灾害防治协会推广危险预知活动进行危险源辨识。

1. 一般危险源的辨识

按照《企业职工伤亡事故分类》（GB 6441—1986）进行辨识，一般危险源有：物体打击、车辆伤害、机械伤害、起重伤害、触电、淹溺、灼烫、火灾、高处坠落、坍塌、放炮（爆破）、化学性爆炸（瓦斯爆炸、火药爆炸）、物理性爆炸（锅炉爆炸、容器爆炸）、其他爆炸、中毒和窒息、其他伤害。

《生产过程危险和有害因素分类与代码》（GB/T 13861—2009）按可能导致生产过程中危险和有害因素的性质进行分类，生产过程危险和有害因素共分为四大类：人的因素、物的因素、环境因素和管理因素。

还可以根据国内外同类事故资料及有关工作人员的经验进行一般危险源的辨识。

2. 重大危险源的辨识

重大危险源辨识是危险评价的首要任务，也是防止重大工业事故发生的第一步。对于危险化学品重大危险源辨识，主要参考《危险化学品重大危险源辨识》（GB 18218—2018），由政府主管部门或权威机构在物质毒性、燃烧、爆炸特性基础上，确定危险物质及其临界量标准（即重大危险源辨识标准）。通过危险物质及其临界量标准，就可以确定哪些是可能发生重大事故的需优先控制的潜在危险源。

根据煤矿重大危险源的定义与特性，可以看出，煤矿重大危险源与工业领域的重大危险源有着较大的不同，煤矿重大危险源的辨识必须依据其定义的表述，即“煤矿重大危险源是指可能导致煤矿重大事故的设施或场所”，着重考虑煤矿存在的重大事故危险类别，而将存在的危险物质及其数量作为参考因素。从这一角度出发，煤矿重大危险源的辨识，主要是辨识煤矿可能发生的各类重大事故。井工煤矿瓦斯（煤尘）爆炸事故、火灾事故、冲击地压事故、水灾事故等都会产生严重的后果。因此，只要一个井工煤矿存在瓦斯（煤尘）爆炸事故危险性，就可以确定为瓦斯（煤尘）爆炸重大危险源；存在火灾事故危险性，就可以确定为火灾重大危险源；其他以此类推。就是说，一个煤矿，只要存在发生某种重大事故的危险性或可能性，即可定为该种事故的重大危险源。

3. 重大危险源的评价

重大危险源的评价是评价重大危险源导致事故、造成人员伤亡或财产损失的危险程度的工作，是应急预案编制的基础。一般地，危险性涉及危险源导致事故的可能性和一旦发生事故造成人员伤亡、财产损失的严重程度两方面的问题。

如果单从煤矿企业应急管理的角度来看，煤矿重大危险源评价可以姑且不考虑事故发生的可能性，而只单一考虑事故发生的严重性，即考虑一些重大事故发生后影响的范围有多大，该范围内会造成多大的人员伤亡和财产损失，生产系统遭受多大的破坏，等等，这就是脆弱性分析。煤矿各种重大危险源的脆弱性分析能为应急预案编制和应急救援工作提供重要的参考。

三、危险源控制

（一）系统安全理论

系统安全理论认为，在系统的整个生命周期内，应采用系统安全工程和系统安全管理方法，辨识出系统中的危险源，并采取有效的控制措施使其危险性降到最低，从而使系统在规定的性能、时间和成本范围内达到最佳的安全状态，达到有效预防和控制事故发生的目的。

经过长期研究，人们发现各种系统的控制，都是以信息的传递、反馈为基础的活动，典型的系统反馈控制模式如图4-1所示。

典型的系统反馈控制工作原理如下：

（1）系统输出端给出系统输出量的相关信息，然后检测单元将结果传递给决策单元（若系统中包含人，则检测单元必须包含人的感官）。

（2）决策单元得到检测单元提供的信息后，对照事先给定的判断标准进行逻辑判断，根据判断结果调节输入量，最后向调节单元发出调节指令，如果决策单元是人，则指人的大脑。

（3）标准单元在绝大多数情况下，是一种事先给定的某个或几个参数的数值，例如温度、压力、流量、电流、电压等，但是标准单元有时是决策人对目前可供选择的若干方案中的最佳方案。

（4）反馈环节的执行机构是调节单元，它执行决策单元传递过来的指令，在有人的系统中，调节单元还指人的肢体。

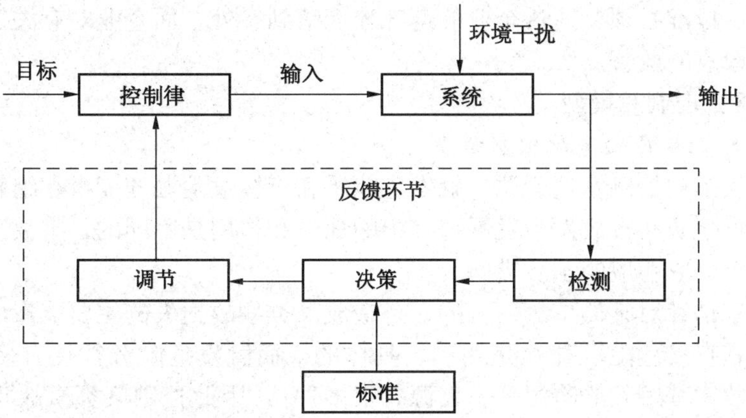

图 4－1　典型的系统反馈控制模式

一般来说，控制系统中的人受主观和环境因素影响较大，具有很大的不稳定性和难驾驭性，但是人又具有主观能动性和自我调节约束能力，能完成更加复杂的系统的调节和控制；而机器设备的可靠性和故障率相对来说比较稳定，能预见。

安全控制系统是由各种相互制约和影响的安全因素所组成的，主要包括安全物质，如工具设备、能源、危险物质、人员、环境等，还有安全信息，如政策、法规、指令、情报、各种参数数据等。安全控制系统包括宏观安全控制和微观安全控制两类，控制手段有技术手段和管理手段之分。

以煤矿安全为例，煤矿宏观安全控制是以整个煤矿安全生产系统为控制对象，运用系统工程的原理，对危险进行控制。它接近于上层建筑范畴，一般是指各级政府的行政主管部门，以国家法律、法规为依据，应用安全监察、检查、经济调控等手段，实现整个国家、区域或企业的安全生产目标的全部活动。宏观安全控制系统如图 4－2 所示。

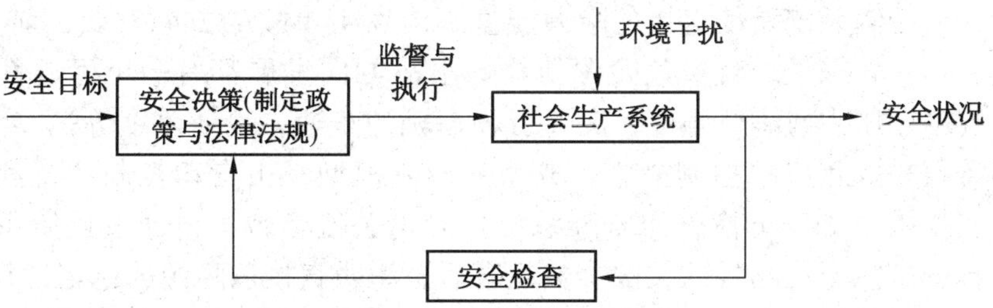

图 4－2　宏观安全控制系统

企业微观安全控制系统是以具体的危险源为控制对象，以系统工程的原理为指导，在整个生产作业环境的影响下，采取技术手段和管理手段相结合，使危险源的能量始终处于受控状态。

政府的宏观安全控制系统与企业的微观控制系统是相辅相成的，是继承与落实的关系，企业安全生产系统是宏观安全控制系统中社会生产系统的一部分，国家的宏观安全政策和法律法规、标准必须要通过企业的遵守才能落到实处，而企业对有关法律法规和标准的遵守也需要政府的监督。

（二）危险源控制总模型

1. 基于危险源理论的事故控制模型

事故的发生是初始触发危险源、触发危险源和直接危险源的能量相继触发、连锁反应的结果，各种危险源在事故发生发展过程中的地位和作用是不同的，事故预防就是要针对各种不同危险源采取相应的预防措施。

直接危险源是针对某类事故而言的，是造成某类事故损失的主要能量或能量载体，对于同一类事故其直接危险源往往是明确、具体的，而触发危险源往往有多种（如煤矿井下瓦斯爆炸事故，其触发危险源——火源有很多种），因此控制某类事故重点是控制其直接危险源。

一级触发危险源是直接危险源能量意外释放的关键，一级触发危险源必须具有一定的能量水平才能使直接危险源的能量意外释放（如火灾需要达到着火点），这种导致直接危险源能量向事故方向发展的一级触发危险源的最小触发能量可以反映直接危险源向事故转化的难易程度，称为直接危险源的稳定性。一级触发危险源的最小触发能量越小，直接危险源越不稳定，反之则直接危险源越稳定；当直接危险源的稳定性达到没有任何触发危险源能使其能量意外释放的时候，即该直接危险源是本质安全的。当直接危险源的稳定性达不到本质安全的时候，就要管理或控制好触发危险源，减弱、消除或隔离一级触发危险源。

初始触发危险源是事故发生的起源，同一个初始触发危险源与不同触发危险源及直接危险源的组合会形成不同的事故链条，产生不同的事故。因此，应该研究各种初始触发危险源某种能量释放（重点研究人的行为）的可能后果，从而采取相应的措施切断事故链条，预防事故的发生。

对直接危险源的控制就是使直接危险源的能量按照正常的渠道流动，它与一级触发危险源往往是两个作用方向相反的能量，一级触发危险源的能量是使直接危险源的能量向事故方向流动，而控制系统是使直接危险源能量不向发生事故的方向发展，前者是负效应，后者是正效应。一般来说，直接危险源能量向事故方向发展都有一个标志性参数（如压力容器罐的温度、压力或罐体强度，高速行驶车辆的车速，瓦斯浓度等），当此参数达到某值时，则需要采取相应的控制措施，典型的控制模型是由自动控制系统和控制人员组成，通过检测机构（如安全检查和监测系统）测量关键参数，再通过控制系统的执行机构，控制关键变量。当检测到的关键参数超限后，说明直接危险源的稳定性较差，则控制系统发出警告信号，提醒有关人员直接危险源处于危险状态。基于危险源理论的事故控制模型如图4－3所示。

事故控制模型中，围绕直接危险源存在两大系统：一是事故触发系统，二是事故控制系统。前者是使直接危险源向事故方向转化，后者是使直接危险源向本质安全方向发展。但由于控制系统自身不可靠，也会产生一些误动作，从而使控制系统功能失效，甚至产生负效应，使直接危险源的能量向事故方向发展，此时，控制系统就转变为事故触发系统。

除了自然能量（风、雨、雷电、地震等）外，初始触发危险源一般都是人或者动物，

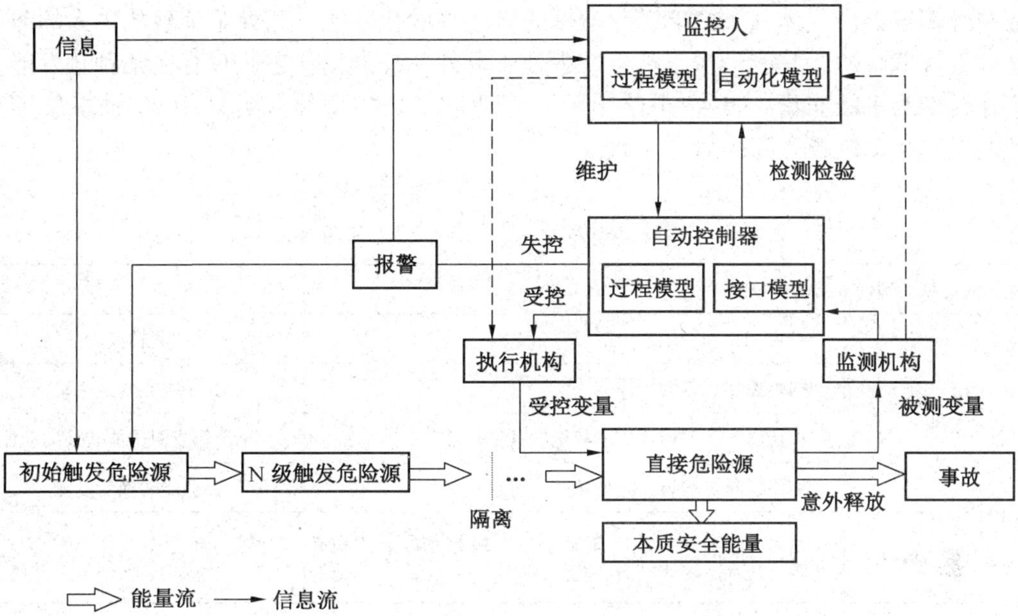

图 4－3　基于危险源理论的事故控制模型

事故统计发现，85% 以上的事故的初始触发危险源都是人。对初始触发危险源（监控人）的信息作用主要有安全文化（如安全教育培训、强制等）和各种环境刺激（安全标志、警告等）的作用，初始触发危险源也有可能是一级触发危险源。

安全管理的作用就是要建立一个较为可靠的事故控制系统，并设法消除或减少外界环境对系统正常运行的干扰（如对高速公路和铁路进行封闭式管理）。

例如：在煤矿瓦斯爆炸事故中，直接危险源是瓦斯，一级触发危险源是引爆瓦斯的火源（有很多种，如明火、电气火花、碰撞火花、摩擦火花等），初始触发危险源都是人（如违章操作）。为了防止煤矿瓦斯爆炸事故的发生，首先，要建立一套较可靠的瓦斯控制系统，把瓦斯浓度降到爆炸极限以下，这样瓦斯能量就处于非常稳定的状态，即使有火源也不会爆炸，但由于这套控制系统不可能达到百分之百可靠，因此很难保证瓦斯始终不超限，超限后瓦斯能量就处于一种很不稳定的状态（触发能量是 0. 28 mJ），就需要与一级触发危险源——火源进行隔离。安全管理就是要建立一套有效的控制系统，如建立瓦斯监测监控系统、通风系统等，把煤矿井下瓦斯浓度控制在爆炸极限以下（增加直接危险源的稳定性），并消除（隔离）各种火源。消除或减少外界环境对系统正常运行的干扰，如通过抽采煤层瓦斯、采取防突措施、限制无关人员下井等。对井下作业人员、瓦检员、通风员、监测监控人员等初始触发危险源或监控人进行安全教育培训和强制管理。

2. 直接危险源控制模型

不同直接危险源发展为事故所经历的过程是不同的，有的直接危险源的能量不需要转化就可以对人造成伤害、对物造成破坏，而有的危险源能量必须要经过转化后才能造成事故损失。因此，可将直接危险源分为两类：显性直接危险源和隐性直接危险源。如触电事故中的电能、物体打击、机械伤害、中毒、灼烫等都属于显性直接危险源；而如物理爆炸事故中密闭容器内气体分子内能，化学爆炸事故中的化学能，高处坠落事故中人的势能等为隐性直接危险源，其能量在正常生产中处于另外一种能量状态，只有在某种触发能量作用下才转换为事故能量。表4－1给出了《企业职工伤亡事故分类》中20种事故类型与上述两类直接危险源之间的对应关系。

表4－1　事故类型与直接危险源类型之间的对应关系

直接危险源类型	事故类型	备注
隐性直接危险源	火灾	化学能转换为热能
	锅炉爆炸、容器爆炸	分子内能转换为动能
	火药爆炸、瓦斯爆炸、放炮、其他爆炸	化学能或原子能转换为动能
	坍塌、起重伤害、高处坠落、冒顶片帮	势能转换为动能
显性直接危险源	触电、中毒和窒息、车辆伤害、机械伤害、灼烫、淹溺、透水、物体打击、其他伤害	

从上述分析可以看到，隐性直接危险源的危险具有隐含性，因此在生产过程中不被人们所警惕，容易产生麻痹思想，而显性直接危险源正好相反。

1）显性直接危险源的事故控制模型

对于显性直接危险源，在正常生产过程中，其能量本身就是能够造成事故损失的五种能量［动能（力）、电能、热能（温度）、化学能和辐射能］之一，能量受到种种约束和限制，按照人们的意志流动、转换和做功。如果由于某种原因能量失去了控制，超越了人们设置的约束或限制而意外地逸出或释放，则称发生了事故。

为了预防各种显性直接危险源导致事故的发生，针对各种显性直接危险源所对应的事故能量类型，通常采取不同的措施和方法，如对于电能可以采用绝缘材料或者空间（空气）隔离，电磁辐射能可以采用屏蔽的方法，核辐射能可以放入重水中，动能可以采用实物使之在时间和空间上与被保护对象隔离，中毒和窒息的有毒物可以采用密闭的方式隔离等等。分析发现，上述各种控制方法有一个共同的本质，就是切断被保护对象（人或设备、设施）与显性直接危险源之间的能量流通渠道，让显性直接危险源能量不能传递到被保护对象，或者说使传递到被保护对象的事故能量降低到可接受程度，即隔离方法。这里的隔离是一种广义的隔离，包括实物隔离和时间、空间上的隔离。第一触发危险源的作用就是破坏这种隔离。按照上述分析，可以得到显性直接危险源的事故控制模型，如图4－4所示。

从图4－4中可以看到，为了预防显性直接危险源事故的发生：①必须在被保护对象和显性直接危险源能量之间设置显性直接危险源能量的非传导介质作为隔离系统；②辨识出系统中存在的从初始触发危险源到第一触发危险源的隔离系统破坏系统，这个破坏系统会破坏、消除这种隔离，或者使隔离效果降低，因此，采取措施切断事故触发链条或将第一触发危险源能量降低到触发能量以下；③建立一套隔离系统的检测、修复和报警系统，

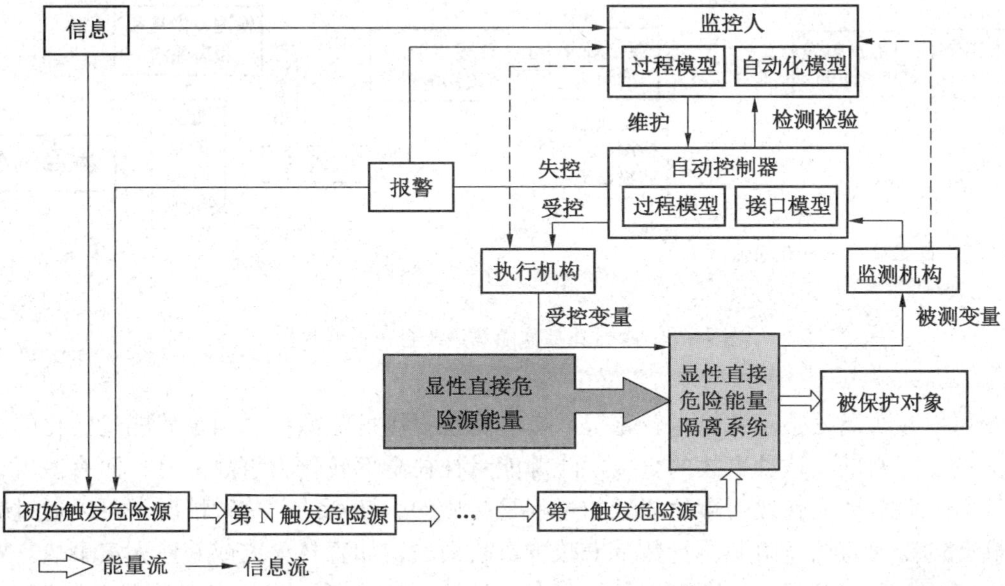

图 4－4　显性直接危险源事故控制模型

当隔离效果降低时能适时报警，并修复隔离系统，检测和修复系统中的自动控制器具有更好的灵敏度和可靠性。上述三大系统组成显性直接危险源事故控制系统，显性直接危险源三大控制系统完备、有效才能预防事故的发生。

2）隐性直接危险源事故控制模型

隐性危险源要导致事故的发生，首先必须要转换成可以直接造成伤害的五种能量，因此，隐性危险源的控制技术包括两个方面：一方面，防止隐性直接危险源的能量转化为事故能量；另一方面，在隐性直接危险源能量发生转化后，建立转化后能量的隔离系统防止或减少转化后的能量作用于人体或设备、设施等。后者与显性直接危险源的控制道理相同，关键要研究前者。

隐性直接危险源能量向事故能量转化是有条件的，即第一触发危险源的能量必须要超过某一临界值，例如，火灾和化学爆炸要求触发危险源能量要达到着火点，高处坠落、坍塌等需要有一个大小达到一定值的外力（触发危险源）触发，锅炉和压力容器爆炸需要压力超过容器的许用应力等等。也就是说，隐性直接危险源的能量在事故发生前的某一刻总是处于某种稳定的平衡和受控状态下，当第一触发危险源作用的能量（或功）超过某一阈值后，隐性直接危险源原有的稳定的平衡才能被打破，并向新的平衡和稳定发展演化，在此过程中，隐性直接危险源的能量转换为事故能量。稳定性反映系统维护其自身稳定现状的能力，直接危险源的稳定性由第一触发危险源的触发能量阈值来衡量。根据上述分析可以得到隐性直接危险源事故控制简略模型如图 4－5 所示。

必须要说明的是，隐性直接危险源的能量转化为事故能量并不一定会发生事故，是否会发生事故要看转化了多少能量以及最终作用于被保护对象的能量强度。如瓦斯浓度不在爆炸极限内遇到火源后，只有少量瓦斯和氧气发生反应，并不会造成事故；再如安全网、

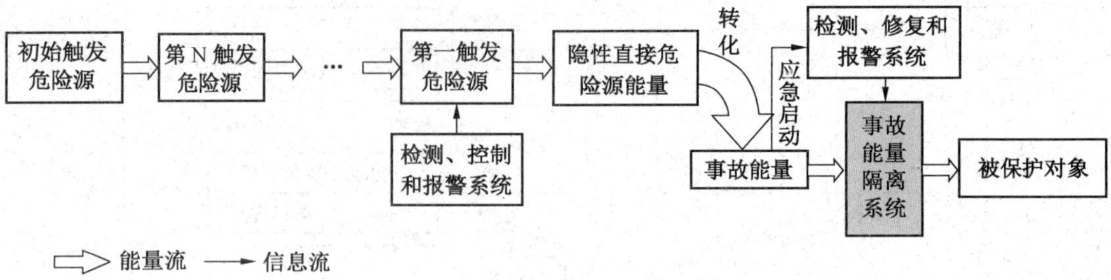

图4-5　隐性直接危险源事故控制简略模型

安全带可以减少高处坠落的能量转化等。有些隐性直接危险源能量向事故能量转化的过程是瞬间的、短暂的，这种事故的直接危险源能量往往全部转化为事故能量；而有些事故中隐性直接危险源能量转化为事故能量的过程是缓慢的、渐渐的，这种情况下可以通过减少参与转化的隐性直接危险源能量数量来减少事故损失，如森林火灾或其他火灾事故。对比图4-4和图4-5发现，显性直接危险源事故控制系统中的触发链条是作用于隔离系统；而隐性直接危险源事故控制系统中的触发链条是作用于隐性直接危险源本身，同时可以确定还存在触发链条作用于事故能量隔离系统，但是由于该隔离系统只需要在隐性直接危险源能量发生转化后才投入使用，因此，只要隔离系统的检测、修复和报警系统完好，这种破坏能得到及时修复就不至于造成严重后果。

综合上述分析，为了预防隐性直接危险源发生事故：①应建立第一触发危险源检测、控制和报警系统，切断触发链条，使第一触发危险源能量处于触发能量之下；②搞清隐性直接危险源能量转化机理，建立相应体系防止或减少隐性直接危险源参与转化；③建立隐性直接危险源转化后能量与被保护对象之间的隔离系统，这种隔离系统只需要在隐性直接危险源能量发生转化后可靠工作即可；④建立隔离系统的应急启动、检测、修复和报警系统。上述四大系统组成隐性直接危险源事故控制系统。

3. 人的安全生产行为控制模型

英国著名的心理学家Reason在《人的失误》(1990）一书中认为，大多数人的失误是非意向性的（Unintended)，即漫不经心或未经过太多的考虑而发生的失误；而有些失误是意向性的（Intended)，即操作者的行为是经过认真思考而采取的行为。当然操作者是不期望发生失误的，但由于操作者的知识经验不足，对自己采取行动的可能结果认识不清而造成的。在此，不考虑人的故意破坏行为。可以看出，前一种人失误的原因是人的注意力资源没有集中到这项行为上来，后一种人失误的原因是由于知识水平或经验不足。图4-6是参照了Reason关于人的失误的分类方法而进行的不安全行为的分类框架。

《企业职工伤亡事故分类》将人的不安全行为定义为：能造成事故的人为错误。在企业安全生产中，通常将“违章作业、违章指挥和违反劳动纪律”等“三违”行为定性为不安全行为。从理论上来说，不安全行为就是可能导致事故发生的行为；从实际操作上来说，“三违”即是不安全行为。前者更加严格，后者更加具有可操作性，但不够严格，因为企业安全生产的各种规章制度和规定是人为制定的，每个人的知识水平和经验等不同，

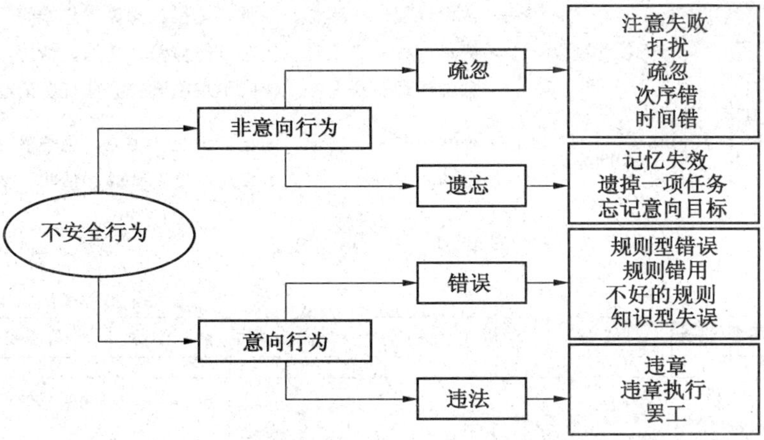

图4－6　Reason关于人的不安全行为的分类框架

所制定的规章制度也不一样。制度制定者为了规避自己的责任风险总是将制度制定得尽可能的严格，而制度执行者是制度约束的"受害者"，因此，两者的矛盾在企业是普遍存在的，这也正是很多规章制度得不到遵从的主要原因。

人的行为无外乎受3方面因素的影响：一是人的自身条件和状态，二是人的外部环境和特征，三是人机之间的交互作用。相应地，在安全行为方面产生3个研究方向：一是主要从心理学、生理学等方面来研究；二是从管理学、社会学和人类学方面进行研究；三是从工效学和人机工程学的角度来研究。这里将周围的自然环境划分到第三种情况，即把自然环境和机器设备作为一个整体考虑。

1）以心理学、生理学为基础的个体行为控制

人的心理现象是宇宙间最复杂的现象之一。人的心理活动是通过外部的行为而表现出来的，或者说，人们外显的行为表现是受内隐的心理活动支配的。可以说，人的所有行为（包括无意识的行为）都受到心理活动的支配，反过来，心理活动也只有通过行为才能得到发展与表现。当掌握了各种心理活动与行为之间的规律时，便可以对人的行为加以解释、预测和调控。此外，也要看到，心理活动不是虚无缥缈的，由于它在头脑中产生，必然受到生物学规律的支配；同时，人是物种发展中最高等的社会性生物，一切活动都无法摆脱社会、文化方面的影响，这就使得心理学兼有了自然科学和社会科学双重性质。

人的心理现象是心理学研究的主要对象，包括既有区别又紧密联系的心理过程和个性心理两个方面，如图4－7所示。心理学认为人的行为是由需要和动机决定的，人的需要是指人体某种生理或心理上的不满足感。美国心理学家马斯洛将人的需要由低到高分为五个层次：生理需要、安全需要、社交需要、尊重需要和自我实现需要，并认为人在某一时刻是多种需要并存的，但强势需要产生主导动机。某种需要都会产生紧张的心理状态，有学者把这种紧张心理状态称为心理能或力比多（Libido），在遇到能够满足需要的目标时，这种紧张的心理状态就转化为动机，促使人们去从事某种活动来达到目标。当目标达成时，需要也得到满足，紧张的心理状态就会消除。这时，就会有新的强势需求产生，形成新的循环，如图4－8所示。

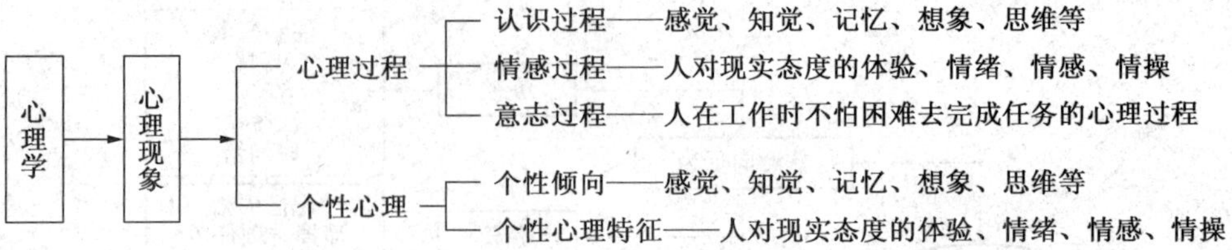

图4-7　人的心理现象

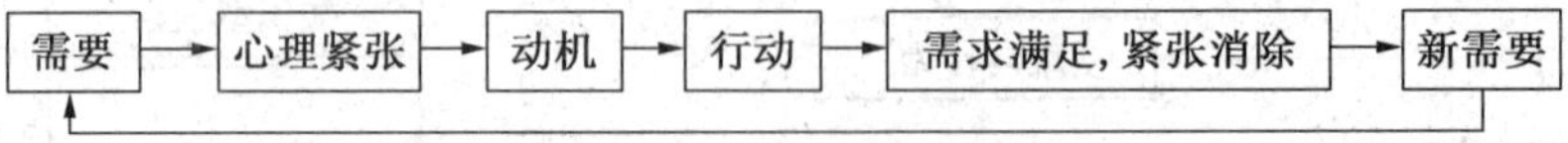

图4-8　需求对行为的影响模型

人的行为实际是对外界环境信息的感知，根据自身经验、知识加以判断和处理，并作出相应响应的一个过程。陈红教授提出的人的行为模型如图4-9所示。

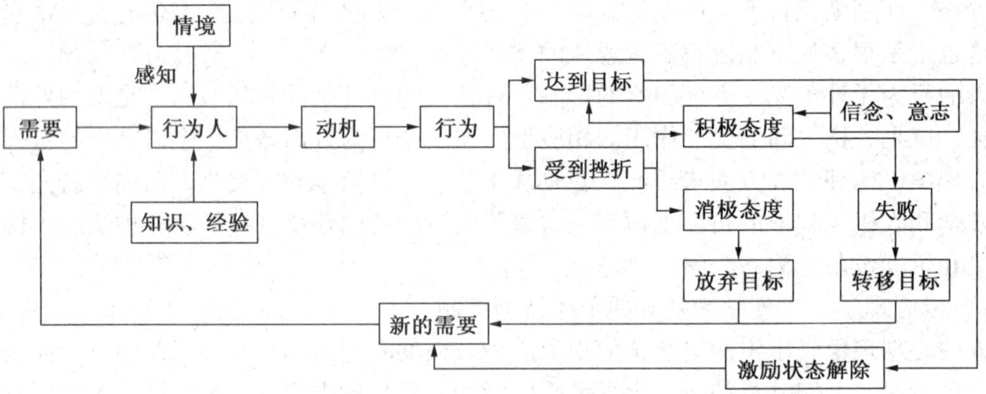

图4-9　人的行为模型

行为人首先需要对周围的情境进行感知，然后根据自己的经验和知识进行判断，如果判断的结果是：在这个情境下，能够完成某项行为，且行为的结果能满足自己的需要，那么行为人就会产生实施该项行为的动机，从而实施这一行为。相反，如果判断的结果是：现在的情境不能通过实施可能的行为而达到某个目标，最终满足自己需要的话，则不会采取行动。

从图4-9中可以看到，人的行为是受需要驱使的。按照马斯洛需要层次理论，人的需要是多层次的，由低到高是生理需要、安全需要、社交需要、尊重需要和自我实现需要。概括这几种需要后发现，生理和安全需要其实就是人不希望自己的生理受到伤害的需要，而社交、尊重和自我实现即是不希望自己的心理受到伤害的需要，始终保持一种平衡的心理状态。企业中的行为人同样也具有多重需要。例如，在生理需要方面，他们需要完成各项工作任务，这样才能有相应的收入，收入可以购买各种需要的商品，同时，由于这种需要一直被工资、奖励所不断强化，因此，一般占企业行为人的主导需要地位，另外，他们还希望通过更少的体力成本获取更大的收入，这正是行为人图省事、偷懒的原因；在安全需要方面，尽管也比较强，但还是占据不了主导地位，特别是当行为人很少经历事故时，这种需要就会被进一步弱化；在社交、尊重需要方面，行为人会做一些从众性行为，以期得到同伴的认同，例如，在周围人都不系安全带的情况下，行为人可能也不系（如果系则需要很强的心理调节动力）；在自我实现需要方面，行为人可能会做一些分外的工作，将模糊的责任范围向外扩展和落实，同时也实现自我价值。这些额外的工作有时候对安全是有利的，有时候是不利的，如吉林三妇女拦火车防止了重大交通事故的发生，而煤矿井下工人自己拆矿灯维修则可能造成瓦斯爆炸，另外，自我实现的需要在企业生产工作中还表现为工作创新、勇于探索等。马斯洛认为，人的这五种需要是同时存在于每个人思想内的，只是各种需要的水平不同，只有较低层次的需要得到满足后，较高层次的需要水平才有可能上升。在安全生产工作中应该要不断提高安全需要水平，但马斯洛并未就如何提高需要水平做充分说明。

人对周围情境的感知是信息输入过程，具有选择性，人一次感知的信息量是有限的。一般来说，感知的选择性表现为：信号较强的信息、符合行为人需要的信息或者与其他信息有明显区别的信息优先被感知，例如，在一个嘈杂的环境中，最洪亮的声音或者赞美的语句更容易被人感知。另外，当行为人重复同样的工作且同样的情境重复出现的时候，行为人会弱化感知，形成固定思维，这样会使情境中的某种改变被忽略。例如，2012 年 9 月 11 日晚，温州瑞安塘下上潘村西二大街森绿大楼，37 岁的余女士抱着孩子从 6 楼进入刚打开的电梯门，竟然没有注意到里面的情况而一脚踏空坠落死亡，这就是对熟悉情境的感知被弱化的结果。

行为人判断所需要的经验和知识也非常重要，判断时行为人会根据自己已有的经验和知识，确定将要采取行为可能造成的结果，如果这种判断错误将会直接造成任务的失败，甚至导致事故的发生。在对多种可能结果进行选择时，行为人的价值观会对这种选择产生直接的影响，例如，冒险行为可能会带来伤害，但冒险行为同时会带来心理满足或者省力的收益，因此，是否采取冒险行为就看行为人在不受伤害的安全需要和心理满足两个方面哪个更强烈一些。当然，这种判断过程并非每次都非常谨慎和认真的，当行为和结果之间的关系比较简单和明确时，或者当行为的结果对行为人并不重要（与行为人的价值观有关）时，判断的谨慎和认真程度会明显降低。当行为失败后，在信念和意志的作用下行为人根据对任务的难易程度的判断，有可能选择放弃或继续努力，最终使需要得到满足或需要得不到满足而导致精神紧张。

这里的行为人是指决策层、管理层和执行层等各种人员。对于决策层，其行为就是决策，如安全生产投入的决策，安全技术措施是否采用的决策等，这种决策一般都是多种方案的优选。很明显，这种决策与决策者的价值观有非常直接的联系，当然也与决策者“感受”情境的有关信息以及决策者的经验、知识有关，如果决策层具有“以人为本”的价值观，把职工的生命视作高于一切，那么决策者可接受的风险程度就较低，当决策者根据自己的知识、经验对所了解的信息进行加工以后，即可得到当前的风险值，如果风险值高于可接受程度则需要采取相应的对策措施加以改进；对于管理层，是将决策层的最终策略具体化、细节化、方案化，并使之落实，如安排哪些人完成哪些任务，准备哪些材料和设备，各个部门之间如何协调等等，建立有效的控制体系，如对行为进行检查、监督或实时监控，并对行为进行纠偏。管理层需要考虑企业生产中可能遇到的风险，并采取切实可行的措施将风险控制在可接受的范围内，这对管理层的经验、知识及判断能力提出同样的要求。对于执行层，根据管理层指派的任务操作，使任务步骤化并认真执行，将动机最后转化为具体的行为，执行层的行为有可能会发生错误，即人为差错。同时，为了使高层了解底层的信息，底层了解高层的决策，有效的沟通是必不可少的，而这种有效沟通的基础就是底层对高层重视安全的信任程度。

以心理学和生理学为基础的人的不安全行为控制，主要研究人在劳动过程中心理活动的规律和心理状态，探讨人的行为特征、心理过程、个性心理以及生理状况与安全的关系，找出人的不安全行为产生的心理和生理原因，从而有效控制人的不安全行为。如人的生物节律、作业疲劳等对安全行为的影响，还有人的个性心理对不安全行为的影响，最早由格林伍德和伍慈于1919年提出的事故频发倾向理论。该方面的研究进一步扩展到环境对人的安全心理的影响，以及人的不安全行为的一些心理状态，如省能心理、侥幸心理、逆反心理、凑兴心理、群体心理等。

2）以管理学、社会学和人类学为基础的不安全行为控制

以管理学、社会学和人类学为基础研究人的不安全行为控制主要包括4个方面：个体心理与行为、群体心理与行为、领导心理与行为、组织心理与行为。即将组织行为学研究的有关成果应用于组织或企业劳动者不安全行为的控制。

个体心理与行为理论是以激励为核心的，安全管理的“人本原理”正是要求管理模式由强制的“监督”向“动机激发”转化。相关的激励理论还有：双因素理论、目标激励理论、公平理论等，用于激励、强化人的安全意识与安全行为、消除不安全行为，提高安全管理效能的研究。激励是个体行为控制方法之一，是通过研究个体人的需要，并设定能实现需求的场景和任务，从而让置于其中的个体产生行为动机。激励有正激励和负激励之分。同时，人对工作的满意度以及对公司的满意度（即组织承诺度）对人的态度也会产生影响，进而对人的行为激励产生影响。

人并非孤立存在的，是与一定的群体相联系的，群体成员之间会相互作用、相互影响，从而产生相应的群体心理。例如人有情感和归属的需要，有受到尊重的需要。因此，人的行为不仅受个体影响，同时也受到周围人的影响。或者说，个体行为是个体因素与周围人的因素综合作用的结果，当然这并没有改变个体行为受个体需要和动机支配的这一事实，只是将个体需要的范围从个体扩展到群体。在群体行为理论中，对个体行为产生最大影响的是领导者的行为，如领导方式、领导人魅力等。在安全生产工作中，领导者本身对安全工作的态度和重视程度，以及所表现出来的行为，会直接影响到每个员工对安全的态度和重视程度，从而影响每位员工的行为表现。行为科学的领导理论主要有3个方面的成果，即领导特性理论、领导行为理论和领导权变理论。领导特性理论又叫领导特质理论，即研究安全生产工作杰出的企业领导所具有的共同特性和品质；领导行为理论即研究领导行为与领导效率之间的关系，如Hemphill（1941）认为领导行为包括两个相互独立的维度——抓组织和关心人；领导权变理论是将情景因素考虑到领导效率的影响因素中。

组织是完成社会化大生产任务的重要保证，组织都具有相应的目标，其中包括安全目标，如何有效实现组织安全目标就有必要将组织行为学引入安全生产研究当中。组织行为学研究的主要内容有：组织结构和组织设计、工作设计和工作压力、组织文化、组织环境

及组织变革和发展等。组织公民行为（Organizational Citizenship Behaviours，OCB）是组织行为理论的又一重要现象，组织公民行为指的是有益于组织，但在组织正式的薪酬体系中尚未得到明确或直接确认的行为。OCB 至少由 7 个维度构成：助人行为、运动家道德、组织忠诚、组织遵从、个人首创性、公民道德和自我发展。组织公民行为对安全生产的积极参与起着推动作用。

综合来看，上述 4 个行为科学的研究方向是从不同角度和不同的研究对象来研究人的行为规律，对安全生产特别是人的行为控制具有重要的理论指导意义。也有学者将上述 4 种行为科学归并为 3 类：个体行为、群体行为和组织行为，领导行为只是群体行为中的特例。应该说，个体行为是造成事故发生的直接原因，而群体行为和组织行为是造成事故发生的间接原因，是通过对群体（或组织）中个体的影响和作用来体现出来的。

3）基于工效学和人机工程学的人的行为控制

随着科技的发展，各种巨系统（如化工工业、核工业、航空航天等）的复杂化程度越来越高，连续性和自动化程度不断增强，在人 - 机 - 环整个系统中，人为差错成了导致系统失效的最主要原因。人为差错和人的可靠性成为研究的热点问题。在工效学中，人的行为控制主要研究的术语就是人的可靠性或人为差错，它们是一个问题的正反两个方面。人的可靠性分析（Human Reliability Analysis，HRA）是以分析、预测、减少与预防人的失误为研究核心，以行为科学、认知科学、信息处理和系统分析、概率统计等理论为基础，对人的可靠性进行分析和评价的新兴学科。HRA 是一种预测人的行为不发生失误的可能概率的工具，分为定性和定量两个方面。

上述 3 种关于人的不安全行为控制的研究，其研究的出发点、侧重点不同，研究的思路也不一样，适用的范围也略有区别。以心理学、生理学为基础的人的不安全行为控制研究主要侧重于单项任务中的个体操作者，以个体操作者为中心来研究人的不安全行为产生的生理、心理原因，如体质、健康状况、感觉、知觉、需求、动机、性格、情绪、意志、信念、价值观等，从而找出相应的对策措施；而以管理学、社会学和人类学为基础的人的不安全行为控制主要是从宏观的角度去研究组织中人的不安全行为发生原因，如奖惩制度、领导效能、群体士气、组织凝聚力、组织设计、目标设定、安全绩效、人际关系等，进而提出相应的对策措施；以工效学和人机工程学为基础的人的不安全行为控制，主要以系统的观点考察复杂系统中人的行为失误问题，人的行为失误不再是单纯的生理和心理因素（操作者）引起的，还与任务、环境、组织及系统等有关，组织因素中包含安全文化。可以看出，基于工效学和人机工程学的人的行为失误控制研究考虑最为全面，该方法研究的对象也从最初的人的失误向包括人的失误、疏忽等在内的不安全行为扩展。同时，上述 3 种研究又有着千丝万缕的联系，组织的人文环境和物理环境对置于其中的人的心理会产生影响，这种心理影响进而会影响到人的行为，因此人的行为控制可以系统的来研究。

第二节　矿井通风系统抗灾能力分析

矿井通风系统是矿井重要的辅助系统，关系井下人员的生命安全。通风系统性能的优劣与矿井火灾防治、瓦斯防治、粉尘治理、热害治理等的成败关系密切，实践证明，许多煤矿的严重事故都与通风系统不合理或不完善有关。矿井通风系统的抗灾能力是一个综合指标，它是指矿井通风系统在正常时期和灾变时期（如火灾和瓦斯爆炸、突出）所具有的综合能力。

一、矿井通风系统稳定性和可靠性理论

矿井通风系统是矿井通风方式、通风方法和通风网络的总称，主要是为了解决矿井内空气的流通问题，使在井下作业的矿工能够正常工作并使有害气体能够及时地疏散到矿外大气中去。因此，建立合理的矿井通风系统就是提高矿井防灾、抗灾能力，顺利进行安全生产的保证。

1. 通风系统的稳定性与可靠性含义

矿井通风系统的稳定性是指矿井通风系统在运行过程中保持其工作参数值的能力。矿井通风系统风流不稳定表现为井巷中风流方向发生变化或风量大小发生变化，且其变化幅度超过了允许范围。矿井通风系统的可靠性即通风系统在满足通风条件和要求的前提下，维持井下所必需的清洁风量的持续供应的能力。

矿井通风系统的稳定性，其广义的内涵可以归纳为3个方面：①在一定条件下能保证各个采区及矿井的通风安全和创造良好的劳动环境，供风量和其他生产环节（采掘、提升、运输、排水）的能力相适应，即能为合理组织生产提供条件。②通风系统简单、串联风路少，通风设施布置合理、坚固可靠，已采区及其报废的巷道密闭严密，有利于防止自然发火和防尘，并能对矿井及工作面的风流实行连续监测，抗灾能力强。③主要通风机运行稳定，故障少，无喘振，多风井联合系统之间无严重干扰，工况合理，运行平均效率在60%以上。直接的可靠性是要求设计的风量、负压、效率与实际条件基本符合，即应达到预想的效果。

通风系统的可靠性定义为：通风系统在运行过程中保持其工作参数值的能力，以维持井巷中必需的满足要求的风量的供应。具体讲通风系统可靠性应包含以下几方面的内容：①在生产时期利用通风动力，以最经济的方式，向井下各用风地点供给保质保量的新鲜风流；②保证作业空间有良好的气候条件；③冲淡或稀释有毒有害气体和矿尘；④在发生灾变时，能有效及时地控制风向及风量，并与其他措施结合，防止灾害的扩大，进而消灭事故。

2. 通风系统的可靠性分析

通风系统包括通风网络、通风动力设施和通风构筑物，这三者之间既相互关联，又相互影响，研究通风系统可靠性应对通风系统的三个组成部分分别进行研究，然后分析其相互关系，最终确定通风系统整体可靠性。

1）通风网络的可靠性

通风网络可靠性，包括风路可靠性和网络可靠性两方面。前人研究矿井通风系统可靠性时，主要的研究参数是风量，其实仅仅某条风路的风量在合理范围内并不能说明该条风路就是可靠的，还应同时考虑该风路的粉尘浓度、温度、有毒有害气体浓度等指标是否在合理范围内，也就是说该风路的所有指标都应在规定的范围内，即该风路风量的数量和质量同时在规定范围内时，才能说该风路是可靠的。风路的破坏、断面变化、堆积杂物等表现为风路风阻的变化，最终会导致该风路或其他风路风量值的变化。

从通风的角度，风路的可靠度可定义如下：在某一稳定状态 $S(t)$ 下，在规定的时间内第 i 条风路的风量值 q_i 能够保持在一个合理区间范围（$q_{i1} \leqslant q_i \leqslant q_{i2}$）之内，且风流的质量满足《煤矿安全规程》要求的概率，称为这一风路的可靠度，记为 R_i。其中 q_{i1}、q_{i2} 的值和风流质量相关参数由约束条件 A 来确定。称第 i 条风路风量 q_i 在任意时刻 t 保持在合理范围［q_{i1}，q_{i2}］之内且风流的质量满足《煤矿安全规程》要求的概率 $P\{q_{i1} \leqslant q_i \leqslant q_{i2}\}$ 为该风路的可靠度，记为 $R_i(t)$。

风路可靠度的约束条件按照《煤矿安全规程》确定。只要风流的数量和质量同时符合《煤矿安全规程》的规定，从通风的角度讲该风路就是可靠的。具体包括 4 个方面：①风速；②有毒有害气体浓度（一氧化碳、氧化氮、二氧化硫、硫化氢、氨）；③温度；④煤尘、粉尘浓度。

根据上述分析，i 风路可靠度 R_i 可表述为

$$R_i = P_r\{q_{i1} \leqslant q_i \leqslant q_{i2}\} \times \prod_{k=1}^{n_C} P_r\{C_i^k \leqslant C_{i2}^k\} \times P_r\{T_{i1} \leqslant T_i \leqslant T_{i2}\} \times \prod_{k=1}^{n_D} P_r\{D_i^k \leqslant D_{i2}^k\} \tag{4-1}$$

式中　q_i——i 风路的风量，m^3/s；

q_{i1}——i 风路所需的最低风量，m^3/s；

q_{i2}——i 风路所允许通过的最大风量，m^3/s；

C_i^k——i 风路中第 k 类有毒有害气体浓度，%；

C_{i2}^k——i 风路中所允许的第 k 类有毒有害气体最高浓度，%；

n_C——可能的有毒有害气体种类，根据《煤矿安全规程》，有毒有害气体包括：一氧化碳、氧化氮、二氧化硫、硫化氢和氨，故 $n_C=5$；

T_i——i 风路的温度，℃；

T_{i1}——i 风路允许的最低温度，℃；

T_{i2}——i 风路的最高允许温度，℃；

D_i^k——i 风路中第 k 类粉尘（煤尘）浓度，mg/m^3；

D_{i2}^k——i 风路中第 k 类粉尘最高允许浓度，mg/m；

n_D——粉尘种类，根据《煤矿安全规程》，粉尘类型包括：含游离二氧化硅 > 10% 的粉尘、含游离二氧化硅 < 10% 的水泥粉尘和含游离二氧化硅 < 10% 的粉尘，故 $n_D=3$。

风路风流不满足约束条件称为该风路风流失效，引起风路风流失效的原因是多种多样的：有可能是自身风阻变化引起的；有可能是其他风路风阻变化引起的；有可能是瓦斯涌出引起的；有可能是自然风压、火风压引起的；有可能是风机工况变化引起的；也有可能是上述原因综合变化引起的。

还存在另一类失效——风阻失效，如巷道冒顶、片帮、底鼓、断面缩小、堆积杂物、过车、行人、通风构筑物破坏等，都体现在其所在巷道的风阻变化上，即其所在巷道风阻发生失效（风阻值偏离巷道断面正常、无杂物时风阻值，规定偏离 10% 为失效）。巷道风阻失效会导致自身甚至其他风路风量的变化乃至风流失效。

2）通风动力设施的可靠性

总的来说，主要通风机的可靠度是比较高的。主要通风机的失效势必导致通风网络的

失效，因此从功能上讲，风机与通风网络是串联关系。利用故障树分析法（也称失效树法）可以对通风机可靠性进行分析。首先建立风机失效树的数学模型，选定失效树的顶事件为“通风机运转不正常停机”。构造失效树时，风机失效树的结构逻辑模型由以下部分组成：①动力部分，包括电机、联轴器、调节部分；②底座机架部分，包括底座、轴承底座、机架；③工作系统，包括叶轮、前后盘、叶片；④管道系统，包括进排气管道、管道上机件；⑤润滑部分，包括齿轮油泵、润滑油、管道机件；⑥冷却系统，包括冷却盘、冷却系统的机件等，共75个基本事件，各个事件间的逻辑为或门。

建立通风机失效树模型后，要进行通风机失效树的定性定量分析，必须研究通风机底事件的失效概率。设通风机失效树由 n 个事件 $x_1, x_2, \cdots, x_n$ 组成，其集合 $X = \{x_1, x_2, \cdots, x_n\}$ 为失效树的底事件，即基本事件。一般有如下规定：失效树的底事件相互独立：底事件和顶事件，中间事件都只考虑两种状态，即发生或不发生（失效或正常），因此有如下定义：

$$x_i = \begin{cases} 1 & \text{底事件发生，即零部件失效} \\ 0 & \text{底事件不发生，即零部件正常} \end{cases} \tag{4-2}$$

每个底事件的失效分析都服从指数分布。根据使用者统计，单机的使用时间为 10×10^5 h。因此，每个底事件的失效率为

$$\lambda_i = \frac{n_i}{T} \tag{4-3}$$

式中 λ_i——第 i 个底事件的失效率；

T——单机使用时间即 10×10^5 h；

n_i——第 i 个事件的失效次数。

根据定性分析原则，找出通风机失效树的全部最小割集，并在底事件发生概率已知的基础上，求顶事件发生（即系统失效）的概率。对关键性部件的故障失效次数做了适当的加权。按严重程度、产生的经济损失和对安全的危险程度，通风机的故障可分为：致命故障、严重故障、一般故障和轻微故障。各级故障的危险系数分别为1，0.1，0.01，0.001，各部件失效次数乘以危险系数即为计算故障系数。该系统只要一个底事件发生，顶事件就发生，只有全部底事件正常，顶事件才正常，因此系统的失效率为

$$\lambda = \sum_{i=1}^{75} \lambda_i$$

可靠度系数为

$$R_{\text{fan}} = e^{-\lambda t} \tag{4-4}$$

在通风系统（网络）可靠度计算时，认为只要有一个回风井主要通风机故障则系统故障，因此，从功能上讲，各处风井口的主要通风机是一种串联关系。

3）通风构筑物的可靠性

通风构筑物的数量和质量对井下生产、安全的影响很大。考虑到通风构筑物的功能，采用漏风率来定义构筑物的可靠度。

$$R_g = 1 - \left| \frac{q_L - q_y}{q} \right| \tag{4-5}$$

式中，q_L 对风门、风窗、风墙而言为相应构筑物的漏风量，对风桥、风障而言为相

应构筑物前的风量，对防爆门、反风门而言为流经相应构筑物的风量；q_y 对风门而言为所在巷道允许通过的风量，对风窗而言为设计要求的风量，对风桥、风障而言为相应构筑物后的风量，对防爆门、风墙、反风门而言为0；q 对风门、风窗、风桥、风障而言等于 q_L，对于风墙而言为其所在巷道的进风节点的流进风量，对防爆门、反风门而言为主要通风机的排风量。风量单位均为 m^3/s。

二、矿井通风系统分析

1. 矿井通风系统的合理性分析

1）矿井通风系统合理性的基本要求

矿井通风系统的合理性表现在通风系统的安全性、有效性、稳定性和经济性等方面，即按照《煤矿安全规程》的规定，矿井通风系统满足基本要求的都属于合理的矿井通风系统，但合理的系统并不一定是最优的系统。

一个合理的通风系统要满足以下基本要求：

（1）能将足够的风量送往需风地点，通风效果好，风质好，有效风量率高。

（2）运行可靠，系统简单，稳定性高。

（3）通风阻力小，分布合理，容易调节。

（4）抗灾能力强，平时易于防灾，灾变时能限制灾害扩大，易于控制，易于救灾，易于尽快恢复生产。

（5）经济合算，基建投资、维修和运转费用低。

2）矿井通风系统不合理特征表现

矿井通风系统不合理的特征主要体现在以下3点：

（1）网络结构不合理。如角联结构过多，增加网络结构的复杂度。角联的不稳定性不仅会导致灾害的发生，而且会在灾害发生后扩大事故的影响范围和救灾难度。

（2）通风方式不合理。没有根据不同矿井的地质特点设置合理的通风方式，没有进行反风系统设置；存在循环风和串联风。

（3）通风构筑物设置不合理。如风门位置的设置，局部通风机的设置不够合理。风门位置的选择有两种境界：一是只考虑控风的目的，只要达到控风的目的即可；二是一种更高水平的标准，即风门的设置不仅满足控风的目的，同时又能减少漏风，减少对生产的影响。

在矿井生产实践中，往往存在非外在原因引起的事故，如风量达不到要求，会造成工作面出现循环风、串联风等不合理的通风方式。对于可控循环风，采取有效的方式可以降低循环风中的瓦斯等有害气体浓度，可以避免事故的发生和扩大；但是出现突发事件时，往往会造成事故可控能力降低，扩大事故影响范围和救灾难度。

2. 矿井通风系统危险性分析

1）可控循环风危险性分析

可控循环风技术，是通过循环利用部分回风流来弥补边远采区供风量不足的一项通风技术，其中最关键的就是回风流必须经过净化除尘、降温降湿处理，基本消除回风流中的有毒有害气体成分和大大降低风流中的粉尘质量浓度，并保证进风流中的瓦斯浓度低于0.5%，从而使可控循环风的风流品质满足采区供风流的要求。可控循环风运行后，回风流的瓦斯浓度不会随着时间的延长而无限制地增加。如图 4 - 10 所示的简单循环系统中，假设：系统的新鲜风量不受风流循环的影响；除进风流携带少量瓦斯外，整个系统的瓦斯均来自工作面煤壁和采空区，且瓦斯绝对涌出量很小，与风量相比，可忽略不计，即 $Q_2 = Q_3$，工作面瓦斯以恒定的速率涌出，不随工作面风量的变化而变化，涌出的瓦斯立即与风流完全混合。

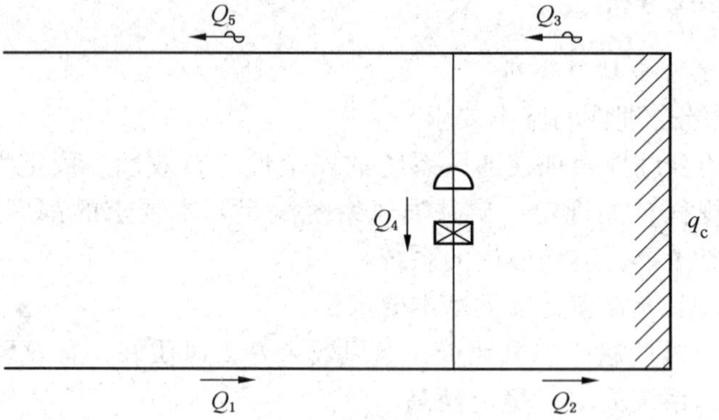

图 4 - 10　可控循环风通风示意图

不难看出，经过一定时间后，通风系统趋于稳定，则

$$C_2 = C_1 + \frac{q_c}{Q_1}F \qquad C_3 = C_1 + \frac{q_c}{Q_1} \qquad F = \frac{Q_4}{Q_1 + Q_4} \tag{4-6}$$

式中　C_1、C_2、C_3——对应风路的瓦斯浓度；

F——循环率；

q_c——工作面瓦斯绝对涌出量。

由以上分析可知，在循环系统中，当风流达到稳定状态后，工作面回风流中瓦斯浓度 C_3 大小与循环率无关，它仅取决于该区内的瓦斯涌出量 q_c 和系统的新鲜风量 Q_1，而且与同等入风量的常规通风时相等。对于循环进风道瓦斯浓度 C_2，由于循环风流又带回一部分瓦斯，进风道中瓦斯浓度要大于常规通风时的瓦斯浓度，其数值与循环率有关。要保证进风流的瓦斯浓度符合《煤矿安全规程》的规定，就必须控制循环率。进风道瓦斯浓度小于回风道瓦斯浓度，但比无循环风时的进风道浓度大。

循环风在一些低瓦斯矿井和矿井通风系统不很完善的矿区仍然存在。从上面的分析可以看出，正常时期的可控循环风，如果控制合理，是不会发生事故的；但是在井下的复杂环境下，任何情况都有可能发生，突发事件的发生不但会影响正常的生产秩序，而且会使“可控”的循环风变成“不可控”，进而引发事故的发生和扩大。比如瓦斯异常涌出、停产复产过程中，瓦斯浓度会出现异常。

2000 年 9 月 27 日 20 时 38 分，贵州省水城矿务局木冲沟煤矿发生瓦斯爆炸事故。事故波及除 +1800 水平大巷以外的所有井下地点。井下作业的 224 名矿工中，160 人遇难，11 人重伤，83 人生还。水城矿务局木冲沟煤矿位于贵州省六盘水市境内。井田走向长 8 km，倾斜宽为 0.9 ~ 1.9 km，面积约 12.65 km^2。矿井可采储量 9946 万 t，设计年生产能力90万t，服务年限为79年，1974年投入生产。该矿为高瓦斯突出矿井，相对瓦斯涌出量为19.9 m^3/t。

如图4－11所示，2个掘进工作面同时作用，4台风机同时向2个掘进工作面供风，总供风200 m^3，由于风量不够，产生50 m^3 的循环风，测得循环风中瓦斯浓度为0.5%，经稀释后浓度为0.05%，符合循环风的管理规定。在停机一段时间后，掘进工作面瓦斯异常涌出，积聚大量瓦斯，瓦斯浓度在70%～80%。按照规定，应该分段对掘进工作面进行供风，但是现场采取了一次供风的方式，造成含高浓度瓦斯的污风排出，同时有50 m^3 被循环，经稀释瓦斯浓度在8%左右，达到瓦斯爆炸极限，同时有工人在风机附近拆换矿灯，满足了瓦斯爆炸的条件，发生瓦斯爆炸。

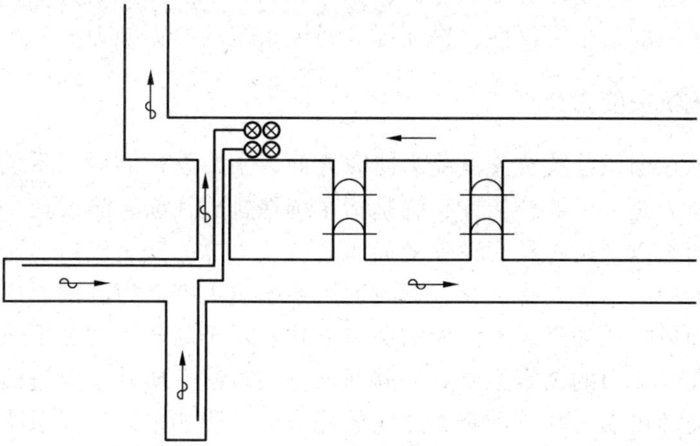

图4－11　木冲沟矿因循环风引起瓦斯爆炸示意图

从事故的发生可以看出：循环风、违规排瓦斯、打开矿灯是引发事故的主要因素，而循环风的存在是引发事故发生的一个重要因素。

2）角联结构通风的危险性分析

《煤矿安全规程》规定：采、掘工作面应当实行独立通风。布置独立通风困难时，制定措施后最多只能串联1次。但是处在同一个角联系统的采掘工作面往往在事故发生后出现工作面串联的情况，而且会扩大事故的波及范围和后果。本文主要针对角联结构在灾变时期演化成串联通风的抗灾能力进行探讨和分析。

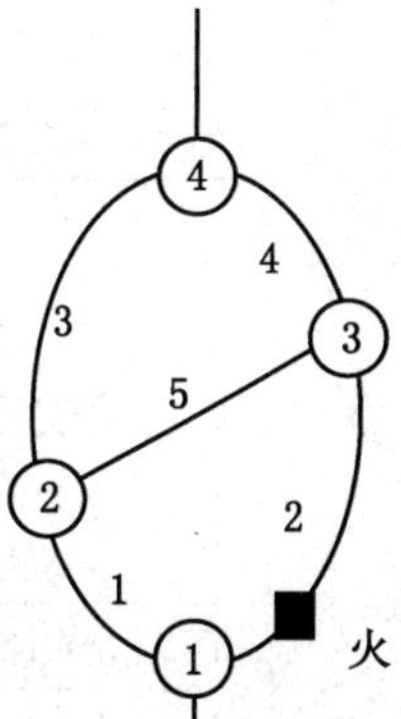

图4－12　发生火灾的角联系统

角联风网是指内部存在角联分支的网络。角联分支（对角分支）是指位于风网的任意两条有向通路之间，且不与两通路的公共节点相连的分支。图4－12中，分支5为角联分支。仅有1条角联分支的风网称为简单角联风网，含有两条或两条以上角联分支的风网称为复杂角联风网。角联分支的风向取决于其始、末节点间的压能值。风流由能位高的节点流向能位低的节点；当两点能位相同时，风流停滞；当始节点能位低于末节点时，风流反向。

对于某一个角联系统，如图4－12所示，分支2和3为工作面，假设正常时期的风向①－②，①－③，②－③，②－④，③－④，即 $K=\frac{R_1R_4}{R_2R_3}>1$。如分支2上发生火灾或瓦斯爆炸事故，即工作面2的进风口附近发生火灾，在火风压的影响下，分支5的风流会发生紊乱，随着火风压作用下的浮力和节流效应，分支5的风流方向会从②－③变成③－②，这样就会出现一个通路①－③－②－④，即工作面2和3出现串联，而且工作面2中火灾产生的大量有毒有害气体会蔓延到工作面3，引起更大的事故，扩大事故的影响范围。

从以上分析可知，角联分支一方面具有容易调节风向的优点，另一方面又有出现风流不稳定的可能性。特别是在发生火灾事故时，由于角联分支的风流反向可能使火灾烟流蔓延范围扩大，因此应掌握角联分支的特性，充分利用其优点而克服其缺点。采取有效的措施，提高在灾变时期的安全可靠性，进而提高通风系统的抗灾能力。

三、通风系统抗灾能力分析

目前，国内外在通风系统抗灾变能力研究方面，主要是依靠通风系统仿真和模糊综合评价方法。抗灾能力是一个综合指标，它是指系统在排放瓦斯、防灭火、降温和救灾方面所具有的综合能力，以及是否具有独立的通风系统、可靠的安全出口、避灾路线和其他安全措施等。在本书中灾变主要指火灾，影响通风系统抗灾变能力的因素主要有：矿井通风方式方法、采区通风方式和采煤工作面的通风方式。对于新建矿井和采区设计来说：影响矿井通风系统抗灾变能力的因素主要有矿井通风方式方法、矿井主要进回风大巷和主要通风机反风装置的灵活可靠、救灾和避灾路线的通行度；影响采区通风系统抗灾变能力的因素主要有采区通风方式、工作面通风方式、采区内反风装置的灵活可靠、救灾和避灾路线的通行度。

抗灾能力是定性指标，采用专家评比打分方法建立隶属函数，对通风系统抗灾变能力进行模糊综合评价。贾进章根据矿井火灾的救灾、防灾具体情况及相关文献，选取了4类共22个指标建立了矿井通风系统抗灾变能力的模糊综合评价指标体系。矿井通风系统抗灾变能力指标体系及分级界定值见表4－2。

表4－2 矿井通风系统抗灾变能力指标体系及分级界定值

二级指标	三级指标	代码	单位	A	B	C	评价对象
防火措施	消防设备合格率	a_{11}	%	99	90	80	全矿井
	火灾监测系统故障率	a_{12}	次	0	1	3	全矿井监测系统
	防火构筑物合格率	a_{13}	%	99	95	90	所有防灾设施
	降温调节系统合格率	a_{14}	%	99	95	90	易发火地点
	避灾路线状态（通行时间）	a_{15}	min	30	40	50	采掘工作面
	开采防火工艺系统	a_{16}	打分	1		0	采区
	防火调风（反风）系统合格度	a_{17}	打分	1		0	所有反风系统
	均压系统合格率	a_{18}	打分				所有均压系统
防火管理	防火管理机构状况	a_{21}	打分	1	0.5	0	防火机构

表4－2（续）

二级指标	三级指标	代码	单位	A	B	C	评价对象
防火管理	防火教育与训练	a_{22}	打分	1	0.5	0	防火机构
	防火预案状况	a_{23}	打分	1		0	防火机构
	避难硐室装备达标率	a_{24}	%	100	90	80	所有避难硐室
	防火检查与监督漏检率	a_{25}	%	0	5	10	全矿井
	防火资金保障状况	a_{26}	打分	1		0	管理机构
	防火计算机仿真	a_{27}	打分	1		0	防火机构
指挥救灾	指挥机构启动能力（时间）	a_{31}	min	10	20	30	防火机构
	火情分析能力	a_{32}	打分	1	0.5	0	防火机构
	火情处理能力	a_{33}	打分	1	0.5	0	防火机构
	消防救护队素质	a_{34}	打分	1	0.5	0	防火机构
	救灾指挥通信系统	a_{35}	打分	1		0	防火机构
井下工人救火素质	井下工人火情识别能力	a_{41}	打分	1	0.5	0	全矿井井下工人
	井下工人火情处理能力	a_{42}	打分		0.5	0	全矿井井下工人

指标等级划分为A合格、B基本合格和C不合格3个级别。各项指标分级界定标准值已列在表4－2中。

矿井通风防灾救灾系统是指为防止矿井重大事故发生、减少事故范围的扩大、减少事故损失和人员伤亡所建立的安全保障系统。

对上述各指标体系采用两两对比法，可以得到相应的权重，再利用层次分析法（AHP）就可以对一个矿井通风系统抵抗火灾的能力进行评价。

第三节　煤矿瓦斯灾害分析及控制

一、煤矿瓦斯概述

矿井瓦斯灾害是煤矿重大灾害之一。它不仅影响矿井的正常生产，还威胁到井下人员的生命安全。什么是矿井瓦斯？矿井瓦斯就是在采掘过程中从煤层、岩层、采空区中放出以及在生产过程中产生的以甲烷为主的各种有害气体的总称，是一种无色、无味、无臭的气体。它混合到空气中占的比例大了，会使空气中的氧气含量降低，造成人员缺氧窒息死亡。每立方米瓦斯的质量为0.716 kg，相对密度是0.554，所以，它经常积聚在巷道的顶部和冒高的空洞中；它难溶于水，但扩散性和渗透性很强。矿井瓦斯和空气混合到一定浓度时，遇火能够发生燃烧或爆炸。

瓦斯涌出有普通涌出和特殊涌出两种形式。普通涌出是煤层和岩层中的瓦斯均匀地、缓慢地、长期地向采掘巷道中涌出，它是矿井瓦斯的主要来源。特殊涌出包括瓦斯喷出和煤（岩）与瓦斯（二氧化碳）突出，这种涌出形式带有突然性，并伴有声响和强大的冲击动力作用，有很大的破坏性，对矿井安全生产威胁很大。

瓦斯涌出量，指的是单位时间内实际涌到采掘空间的瓦斯数量。表示矿井瓦斯涌出量的指标有：绝对瓦斯涌出量和相对瓦斯涌出量。绝对瓦斯涌出量是指单位时间内涌出瓦斯的体积，单位是 m^3/d 或 m^3/min；相对瓦斯涌出量是指正常生产条件下平均日产一吨煤涌出的瓦斯量，单位是 m^3/t。根据《煤矿瓦斯等级鉴定办法》(煤安监技装〔2018〕9号）规定，矿井瓦斯等级划分为以下几种类型。

1. 煤（岩）与瓦斯（二氧化碳）突出矿井（简称突出矿井）

在矿井的开拓、生产范围内有突出煤（岩）层的矿井为突出矿井。

有下列情形之一的煤（岩）层为突出煤（岩）层：

（1）发生过煤（岩）与瓦斯（二氧化碳）突出的；

（2）经鉴定或者认定具有煤（岩）与瓦斯（二氧化碳）突出危险的。

2. 高瓦斯矿井

非突出矿井具备下列情形之一的为高瓦斯矿井：

（1）矿井相对瓦斯涌出量大于 10 m^3/t；

（2）矿井绝对瓦斯涌出量大于 40 m^3/min；

（3）矿井任一掘进工作面绝对瓦斯涌出量大于 3 m^3/min；

（4）矿井任一采煤工作面绝对瓦斯涌出量大于 5 m^3/min。

3. 低瓦斯矿井

同时满足下列条件的矿井为低瓦斯矿井：

（1）矿井相对瓦斯涌出量小于或等于 10 m^3/t；

（2）矿井绝对瓦斯涌出量小于或等于 40 m^3/min；

（3）矿井各掘进工作面绝对瓦斯涌出量均小于或等于 3 m^3/min；

（4）矿井各采煤工作面绝对瓦斯涌出量均小于或等于 5 m^3/min。

低瓦斯矿井每两年进行一次高瓦斯矿井等级鉴定。高瓦斯、突出矿井应当每年测定和计算矿井、采区、工作面瓦斯（二氧化碳）涌出量。并报省级煤炭行业管理部门和煤矿安全监察机构。经鉴定或者认定为突出矿井的，不得改定为非突出矿井。

二、瓦斯事故的危险性分析

煤矿瓦斯是煤矿安全生产的最大威胁。目前，我国煤矿瓦斯事故造成的死亡人数约占煤矿生产事故总死亡人数的1/3，在重特大事故中瓦斯事故所占的起数和死亡人数的比例都在80%以上。煤矿瓦斯被称为矿工的“头号杀手”。煤矿瓦斯有四大危害：①可以燃烧，引起矿井火灾；②会发生爆炸，导致矿毁人亡；③瓦斯浓度过高时会导致人员缺氧窒息，甚至死亡；④会参与发动煤（岩）与瓦斯突出，摧毁、堵塞巷道，造成煤炭掩埋人员。

（一）瓦斯爆炸

煤矿瓦斯的主要成分是甲烷，是一种能燃烧和爆炸的气体。在高温作用下，一定浓度的瓦斯（体积比为5% ~16%）与空气中的氧气会发生激烈复杂的氧化反应，生成二氧化碳和水，并放出大量的热。而这些热量又能够使生成的二氧化碳和水蒸气迅速膨胀，从而形成高温、高压并以极高的速度（每秒可达数百米）向外冲击，同时伴有声响效应，这就形成了瓦斯爆炸。

1. 瓦斯爆炸的危害

（1）爆炸产生高温。试验研究表明，当瓦斯浓度为9.5%时，爆炸时产生的瞬间温度可高达1850～2650 ℃。火焰前沿即沿巷道运动的化学反应带和燃烧的气体，其传播速度为1～2.5 m/s（正常燃烧）至2500 m/s（爆轰速度），一般为500～700 m/s。

（2）爆炸产生高压。经试验和理论计算，瓦斯爆炸后的气体压力是爆炸前气体压力的7～10倍。气体压力的骤然增大，将形成强大的冲击波，其会以极高的速度（每秒几百米或几千米）向前冲击。正向冲击波传播时，其波速的压力达10 kPa～2 MPa，正向冲击波叠加或反射时，可形成高达10 MPa的压力。

有的瓦斯爆炸发生时，爆源附近的气体向外冲出，反应物生成的水蒸气液化凝结成水，在爆源附近形成空气稀薄的低压区，致使爆炸波又会反向冲回爆源处，形成反向冲击波。

正向、反向和斜向冲击波通过时可以推倒支架，损坏设备，使巷道或工作面的顶板坍塌，造成现场人员伤亡，使矿井遭受严重破坏。

（3）爆炸产生大量有毒有害气体。瓦斯爆炸后，不仅会使空气中的氧气大大减少，而且将产生大量有毒有害气体（表4－3）。据分析，瓦斯爆炸后的气体成分中O_2为6%～10%，N_2为82%～88%，CO_2为4%～8%，CO为2%～4%。特别是由于瓦斯爆炸通常会破坏通风系统，使爆炸后的CO和CO_2不易扩散和稀释。统计资料表明，在瓦斯煤尘爆炸事故中，死于一氧化碳中毒的人数要占死亡总人数的70%以上。因此，强调入井人员必须佩戴自救器是非常必要的。

表4－3　瓦斯爆炸最终气体产物

矿井空气成分	爆炸下限时	最佳爆炸浓度时	爆炸上限时
O_2	16%～18%	6%	2%
CO		微量	12%
CO_2	微量	9%	微量
水蒸气	≥10%	≥10%	≥4%
H_2		微量	12%

煤矿瓦斯爆炸事故造成的危害往往是非常严重的，2004年末郑煤集团某煤矿、韩城矿务局某煤矿，2005年初阜新某煤矿相继发生的瓦斯爆炸事故，死亡人数都超过百人甚至达到二百人以上。

2. 瓦斯爆炸事故分类

根据爆炸特点和波及范围，一般可分为局部瓦斯爆炸、大型瓦斯爆炸和瓦斯连续爆炸3类。

1）局部瓦斯爆炸事故

局部瓦斯爆炸仅发生在局部地点，如一个工作面或一条巷道的局部瓦斯积聚点。由于参与爆炸的瓦斯量较少，爆炸后产生的冲击波、爆炸火焰及有毒气体对矿井的影响也较小。局部瓦斯爆炸的特点如下：

（1）矿井通风系统未破坏或破坏程度不严重。

（2）在200～300 m范围以内人员会受到冲击波和爆炸火焰伤害，200～300 m以外伤害不严重。如巷道拐弯多，冲击波和爆炸火焰的威胁降低很快，也常出现人员伤害较轻或无伤害的现象。

（3）巷道支架一般保持良好。但往往由于支架质量差、煤岩松软、顶板破碎，也会产生煤岩垮落和冒顶，甚至造成巷道或工作面堵塞和埋人的情况。

（4）事故发生在采煤工作面或其他利用矿井总风压通风的地点。在爆炸点附近的人，主要受冲击波和爆炸火焰的伤害；在回风侧的人员，主要受有毒气体的毒害。在冲击和爆炸火焰波及不到的入风侧，人员则无伤害。

（5）事故发生在局部通风机通风的独头掘进巷道时，局部通风系统被破坏，爆炸产生的烟雾及有毒有害气体在短时间内不能扩散或排除。在巷道里工作的人员，除受冲击波和爆炸火焰的伤害外，受有毒气体的毒害也很严重。特别是处于回风流工作的人员，会受有毒气体的侵害，造成大量人员中毒死亡。

（6）局部瓦斯爆炸引起的火灾，如果行动迅速，可用直接灭火的方法扑救。

2）大型瓦斯爆炸事故

大型瓦斯爆炸一般发生在瓦斯大量积聚的工作面、巷道或区域。由于参与爆炸的瓦斯量大，爆炸产生的冲击波、爆炸火焰及有害气体可影响一个采区、矿井一翼甚至整个矿井。大型瓦斯爆炸的特点如下：

（1）矿井通风系统遭到破坏，有时破坏很严重，恢复通风困难。

（2）短时间可发生风流逆转和风流紊乱的现象。大量的有毒气体四处蔓延，造成大量人员中毒。

（3）爆炸产生的冲击波、爆炸火焰对人体的伤害以及对矿井各种设备、设施的破坏程度很严重。

（4）巷道支架破坏严重，可出现大面积冒顶区，造成巷道堵塞、埋人，给抢救遇险人员带来极大的困难。

（5）大型瓦斯爆炸，既容易引起煤尘参与爆炸和瓦斯连续爆炸，又容易引起大型火灾事故，处理十分困难。

3）瓦斯连续爆炸事故

矿井发生瓦斯爆炸事故后，紧接着又发生第二次、第三次甚至若干次的瓦斯爆炸，这种事故称为瓦斯连续爆炸事故。发生瓦斯连续爆炸事故的原因主要有以下几种：

（1）瓦斯爆炸产生的正向冲击使大量的未参与爆炸的瓦斯与新鲜空气混合成爆炸气体，这些气体返回爆炸点遇火即可发生连续爆炸。

（2）瓦斯爆炸后，可使灾区内的瓦斯涌出量突然增大，由于通风系统破坏或巷道堵塞，灾区内的瓦斯浓度逐渐升高而达到爆炸界限，不断补给了供爆炸的瓦斯来源。

（3）瓦斯爆炸产生的高温火焰，使各种可燃物发生燃烧及热分解，为引燃、引爆及补充再生爆炸气体提供了连续爆炸的必要条件。

（4）爆炸后，采空区密封墙被摧毁，采空区内瓦斯涌出，补给了供爆炸的瓦斯。

瓦斯连续爆炸的特点如下：

（1）多发生在瓦斯涌出量较大的有自然发火倾向的煤层和矿井。

（2）瓦斯连续爆炸的次数和两次爆炸的间隔时间与灾区的通风情况有直接关系。灾区瓦斯源充足，有大量的空气供给，连续爆炸的次数增加，间隔时间短；灾区瓦斯源不够充足，通风不良时，也可产生连续爆炸，但间隔时间延长。间隔时间一般可分为几分钟、几小时，甚至十几小时。例如，六枝矿务局某矿 1990 年 7 月 25 日在 1170 下运输巷掘进中发生煤和瓦斯突出，因巷道高冒处煤炭自燃引爆了瓦斯，直至 8 月 14 日救灾结束，先后发生瓦斯爆炸 20 次。每两次爆炸间隔的时间，短的 3 ~ 5 min，最长达 42 h，大多数为1 ~ 2 h。

（3）瓦斯连续爆炸还容易扬起煤尘，引起煤尘爆炸。连续爆炸对抢救事故的人员，特别是救护人员威胁最大，使事故的处理更加复杂、困难。

（二）瓦斯燃烧

当瓦斯与氧气的化学反应进行得比较缓慢，没有明显的动力效应时，就形成瓦斯的燃烧。如当空气中的瓦斯浓度低于 5% 时，由于参加化学反应的瓦斯数量较少，不能形成热量积聚，因此只能燃烧，不能爆炸；当瓦斯浓度高于 15% 时，由于空气中的氧气含量相对减少和不足，满足不了氧化反应的全部需要，只能有一部分瓦斯与氧气发生反应，且所生成的热量还会被多余的瓦斯和周围介质吸收而导致降温，所以也不能爆炸。此时如新鲜空气不断供给，在瓦斯混合气体与新鲜空气的接触面上就会发生持续的燃烧。瓦斯燃烧的高温可能烧伤矿工，烧毁设备，引燃支架和煤层，导致更大规模与范围的火灾；瓦斯燃烧产生的有毒有害气体，也会对矿工造成伤害。

（三）煤（岩）与瓦斯突出

煤（岩）与瓦斯突出是一种十分复杂的煤（岩）层瓦斯动力现象，是在地应力和瓦斯的共同作用下，破碎的煤、岩和瓦斯由煤（岩）体内突然向采掘空间抛出的异常动力现象（图 4 – 13）。由于突出发生时，可能在瞬间（几秒钟到几分钟）抛出大量的煤炭和岩石（从几十吨到几千吨），喷出大量的瓦斯（从几千立方米到几十万立方米），往往造成工作面附近未能及时撤离的矿工被煤炭掩埋；而充满工作面空间、回风系统，甚至逆向进入新鲜进风流中的大量高浓度瓦斯，则会使更多的矿工受到窒息伤害。突出的煤和瓦斯同时也会对巷道中的通风设施、支架及其他机电设备造成不同程度的破坏。煤与瓦斯突出时，喷出的大量高浓度瓦斯一旦遇到火源，可能引起瓦斯爆炸并酿成更大的人员伤亡和破坏事故。

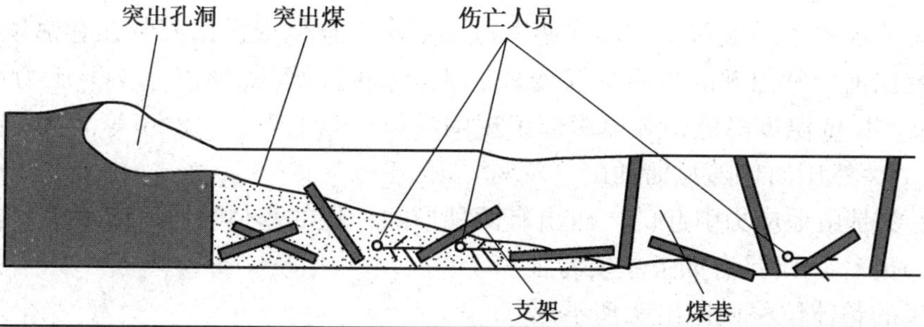

图 4 – 13　煤与瓦斯突出示意图

1. 煤与瓦斯突出的分类

按动力现象的力学特征不同，煤与瓦斯突出可分为突出、压出和倾出 3 类，不同类型的突出其特征有所不同，基本特征主要表现在孔洞位置及形状、抛出煤岩的粒度及其分选性、抛出距离及堆积坡度、强度、瓦斯量及瓦斯流的运行方向、动力效应和预兆等方面。不同类型的突出其特征如下。

1）煤与瓦斯突然喷出（简称“突出”）

突出是在地应力和瓦斯的共同作用下发生的，其主要特征如下：

（1）突出孔洞的位置和形状是各式各样的，大部分位于巷道上方或上隅角，形状为口小腔大的梨形、舌形、倒瓶形及分叉形等，孔洞中心线与水平面的夹角一般小于或大于自然安息角，但很少有水平方向的（图 4－14）。

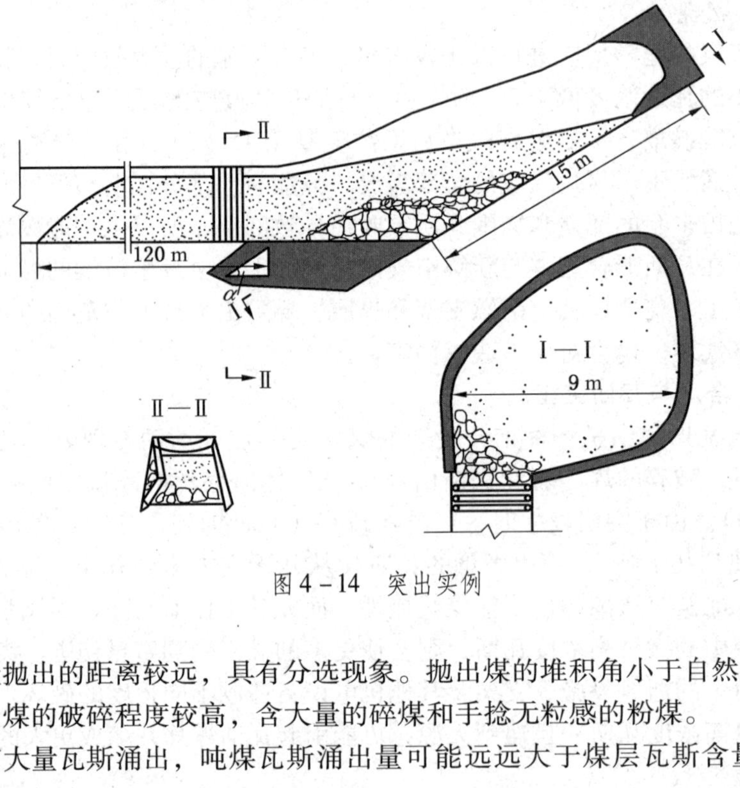

图 4－14　突出实例

（2）煤炭抛出的距离较远，具有分选现象。抛出煤的堆积角小于自然安息角。

（3）抛出煤的破碎程度较高，含大量的碎煤和手捻无粒感的粉煤。

（4）伴有大量瓦斯涌出，吨煤瓦斯涌出量可能远远大于煤层瓦斯含量，有时造成风流逆转。

（5）有明显的动力效应，破坏支架、掀翻矿车、推倒或抛出安装在巷道里的设施。

（6）突出前经常出现的预兆是煤变软、光泽变暗，煤壁掉渣，支架压力增加，瓦斯量忽大忽小，煤壁温度降低，煤体深部出现闷雷声、噼啪声、沙沙声等。

2）煤的突然压出伴随瓦斯涌出（简称“压出”）

压出主要是由地应力引起的。压出有两种形式：煤的整体位移和煤炭有一定距离的抛出（图 4－15）。压出具有如下主要特征：

（1）煤的整体位移或抛出距离不远。

（2）压出发生后可能没有明显孔洞或有口大腔小的楔形孔洞。

（3）压出后煤层和顶板之间的裂隙中常留有细煤粉，整体位移的煤体上有大量的

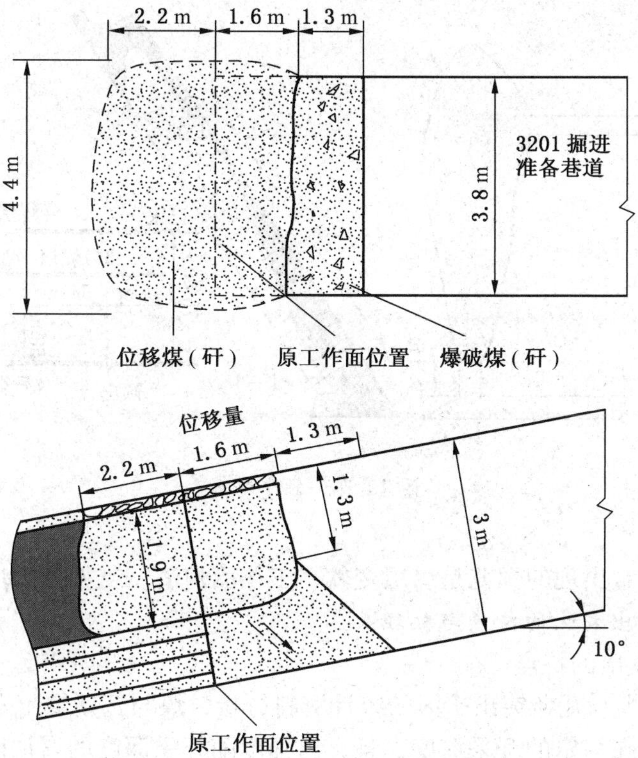

图 4－15 压出实例

裂隙。

（4）压出的煤多呈大块状，无分选现象。

（5）巷道中瓦斯涌出量增大，有时大量的瓦斯涌出会持续较长时间。

（6）抛出的煤可能打倒或折断工作面支架，但动力效应一般不严重。

（7）压出前经常出现的预兆是工作面煤壁掉渣，支架压力增大，煤体内出现劈裂声、雷声等。

3）煤的突然倾出伴随瓦斯涌出（简称“倾出”）

倾出主要是由其自重力引起的，瓦斯在一定程度上也参与了倾出过程，在急斜煤层中较为多见（图 4－16）。倾出具有如下主要特征：

（1）倾出孔洞的形状多呈口大腔小。在上山巷道，孔洞常沿煤层倾斜或铅垂方向（厚煤层）延伸，多呈舌形；在平巷，孔洞多分布在工作面上方及上隅角，形状多为椭圆形，洞的顶部一般呈自然拱形，孔洞中心线与水平面的夹角大于煤的自然安息角。

（2）倾出的煤主要是碎煤，有时也可见到少量粉煤，无分选现象。

（3）倾出的煤量由数吨到数百吨，多数情况下不超过 100 t。煤的抛出距离一般较小，堆积角度一般接近于自然安息角。

（4）倾出后瓦斯涌出量会明显增加，但相对瓦斯涌出量一般少于或接近煤层瓦斯含量。

（5）一般无明显的动力破坏效应。

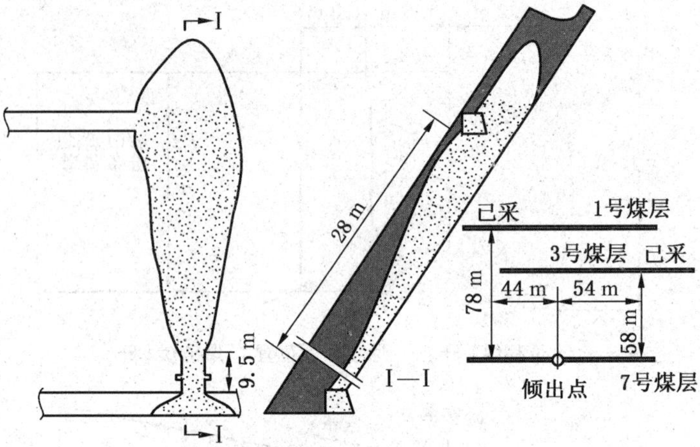

图4-16 倾出实例

（6）倾出前经常出现的预兆是煤层变软、工作面掉渣、支架压力增加等。

2. 煤与瓦斯突出发生的特点与机理

1）煤与瓦斯突出的特点

根据我国主要煤与瓦斯突出矿区的统计资料分析，煤与瓦斯突出发生的特点如下：

（1）突出发生在一定的开采深度，且突出强度随开采深度的增加而增大。

（2）突出频度和强度随着煤层厚度，特别是软煤分层厚度的增加而增大。

（3）突出的气体成分主要是甲烷，只有个别矿井突出的气体是二氧化碳。

（4）突出煤的力学强度低、结构破坏大。

（5）煤的自重有一定参与作用及影响。

（6）突出危险区域多呈区带分布。

（7）落煤时，特别是爆破等震动作业时易诱导突出发生。

（8）大多数突出都有预兆。

2）煤与瓦斯突出的机理

根据国内外对煤与瓦斯突出机理的大量研究与实践，得出的基本认识如下：

（1）地压是发生突出的主要动力。①突出的危险性随着煤层埋藏深度的增加而增大。②采掘工作形成的集中应力区是突出发生的密集区。③突出危险区多集中在地质构造带，并呈带状分布。④产生强烈震动的采掘作业可能诱发突出。⑤煤层突出危险性通常随着倾角的增大而增加。受煤的自重影响，上山掘进工作面发生突出的次数较多，下山掘进工作面发生的次数较少。

（2）瓦斯是抛出煤炭完成突出过程的主要动力。①突出危险煤层的瓦斯压力一般在0.7 MPa以上，同一煤层中瓦斯压力越高的区突出的危险性越大。②突出危险煤层的瓦斯含量多在10 m^3/t以上。突出发生时，相对瓦斯涌出量可能是瓦斯含量的几倍至几十倍。③突出气体的成分主要是甲烷，个别矿井突出气体为二氧化碳，突出瓦斯中有时含少量重烃类气体。

（3）煤的物理力学性质决定突出发生、发展的难易程度。①突出的次数和强度随着煤层厚度，特别是软分层厚度的增加而增多，突出最严重层一般都是突出矿井中最厚的主采煤层。②突出煤层的煤质特点是煤结构受强烈破坏，煤的强度低，手捻能成粉末，具有快速放散煤中瓦斯的能力。

3. 瓦斯突出危险性预测方法

1）煤层突出危险性鉴定

煤层突出危险性鉴定应当首先根据实际发生的瓦斯动力现象进行，瓦斯动力现象特征基本符合煤与瓦斯突出特征或者抛出煤的吨煤瓦斯涌出量大于等于 30 m^3（或者为本区域煤层瓦斯含量 2 倍以上）的，应当确定为煤与瓦斯突出。

瓦斯动力现象特征不明显或者没有动力现象时，应当根据实际测定的原始煤层瓦斯压力 P、煤的破坏类型、煤的瓦斯放散初速度 Δp 和煤的坚固性系数 f 等突出危险性指标进行鉴定。全部指标均符合表 4－4 所列条件，或者钻孔施工过程中发生喷孔、顶钻等明显突出预兆的应确定为突出煤层。

表 4－4 煤层突出危险性鉴定指标

判定指标	煤的破坏类型	煤的瓦斯放散初速度 Δp	煤的坚固性系数 f	原始煤层瓦斯压力(相对) P/MPa
临界值	Ⅲ、Ⅳ、Ⅴ	≥10	≤0.5	≥0.74

2）区域突出危险性预测方法

实践证明，突出煤层中突出危险区大多是分区分带存在的。经过区域预测，突出煤层划分为突出危险区和无突出危险区。目前在突出危险煤层中进行区域突出危险性预测主要有以下方法：

（1）瓦斯风化带划分法。煤层中的瓦斯风化带为无突出危险区域。

（2）瓦斯地质分析方法。根据已开采区域确切掌握的煤层赋存特征、地质构造条件、突出分布的规律和对预测区域煤层地质构造的探测、预测结果，采用瓦斯地质分析的方法划分出突出危险区。当突出点或具有明显突出预兆的位置分布与构造带有直接关系时，则该构造的延伸位置及其两侧一定范围的煤层为突出危险区；否则，在同一地质单元内，突出点和具有明显突出预兆的位置以上 20 m（垂深）及以下的范围为突出危险区（图 4－17）。

（3）在上述两种方法划分出的无突出危险区和突出危险区以外的范围，应当根据煤层瓦斯压力 P 和煤层瓦斯含量 W 进行预测。预测所依据的临界值应当根据试验考察确定，在确定前可暂按表 4－5 预测。

表 4－5 根据煤层瓦斯压力和瓦斯含量进行区域预测的临界值

瓦斯压力 P/MPa	瓦斯含量 W/($m^3 \cdot t^{-1}$)	区域类别
$P<0.74$	$W<8$（构造带 $W<6$）	无突出危险区
除上述情况以外的其他情况		突出危险区

3）工作面突出危险性预测方法

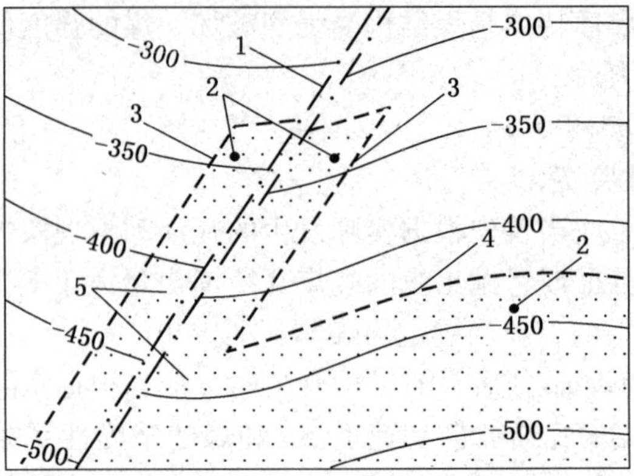

1—断层；2—突出点或者突出预兆位置；3—根据突出点或者突出预兆点；
推测的断层两侧突出危险区边界线；4—推测的下部区域
突出危险区上边界线；5—突出危险区（阴影部分）

图4-17　根据瓦斯地质分析划分突出危险区示意图

预测煤巷掘进工作面或回采工作面的突出危险性的方法通常有钻屑指标法、复合指标法、*R*值指标法及其他经试验证实有效的方法。其中，钻屑指标法应用较广泛。

钻屑指标法预测煤巷掘进工作面突出危险性步骤如下：

（1）在近水平、缓倾斜煤层工作面应当向前方煤体至少施工3个预测钻孔，在倾斜或急倾斜煤层至少施工2个直径42 mm、孔深8～10 m的预测钻孔，用以测定钻屑瓦斯解吸指标和钻屑量（图4-18）。

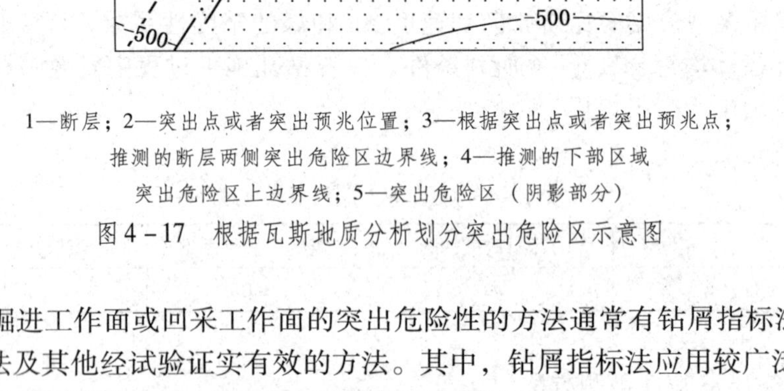

图4-18　煤巷掘进工作面突出预测钻孔布置示意图

（2）钻孔应尽可能布置在软煤分层中，其中1个钻孔位于掘进巷道断面中部，并平行于掘进方向，其他钻孔的终孔点应当位于巷道断面两侧轮廓线外2～4 m处。对于厚度超过5 m的煤层应当向巷道上方或者下方的煤体适当增加预测钻孔。

（3）预测钻孔从第2 m深度开始，每钻进1 m测定该1 m段的全部钻屑量*S*；每钻进

2 m 至少测定 1 次钻屑瓦斯解吸指标 K_1 或 Δh_2 值。

（4）各煤层采用钻屑指标法预测煤巷掘进工作面突出危险性的指标临界值应根据试验考察确定，在确定前可暂按表 4－6 的临界值确定工作面的突出危险性。如果实测得到的 S、K_1 或 Δh_2 的所有测定值均小于临界值，并且未发现其他异常情况，则该工作面为无突出危险工作面；否则，为突出危险工作面。

表 4－6　钻屑指标法预测煤巷掘进工作面突出危险性的参考临界值

钻屑瓦斯解吸指标 Δh_2/Pa	钻屑瓦斯解吸指标 K_1/[mL·(g·min$^{\frac{1}{2}}$)$^{-1}$]	钻屑量 S/	
		(kg·m^{-1})	(L·m^{-1})
200	0.5	6	5.4

（四）瓦斯窒息

煤矿井下个别没有通风或通风不良的场合，如临时因故停工而停风的掘进巷道、局部通风机发生故障停风的巷道、风量不足的煤巷，特别是上山掘进面、盲巷等，可能逐渐积存高浓度的瓦斯。当空气中的瓦斯浓度达到 43% 时，氧气的浓度就会降低到 12%，人就会感到呼吸困难；当瓦斯浓度达到 57% 时，氧气的浓度就会降低到 9%，此时人如果误入其中，短时间内就会因缺氧而死亡。此类事故至今在一些通风条件较差的小煤矿中时有发生。

三、煤矿瓦斯灾害控制

目前，我国建立了“通风可靠、抽采达标、监控有效、管理到位”的瓦斯治理十六字工作体系，大量的实践表明，该体系是煤矿瓦斯治理实践的指导方针，是对瓦斯治理规律认识的集中总结，是治理防范瓦斯灾害的理论基础。

1. 建立完善的通风系统

通风事关矿井安全生产的命脉，完善的通风系统是实现高产高效的先决条件。矿井通风系统必须独立、可靠、稳定，采掘工作面确保有足够的新鲜风流，瓦斯才能不聚积、不超限，瓦斯事故才会被扼杀在萌芽状态。只有在整个矿井的生产中做到系统合理、设施可靠、风量充足、风流稳定，才能实现本质上安全可靠。

2. 矿井瓦斯抽采

随着开采强度、深度的日益增加，瓦斯涌出量也日趋严重。为了降低瓦斯事故，保障生产安全，必须坚持“先抽后采、不抽不采”，必须因地制宜，把采前抽采与边抽边采等措施结合起来，采取综合的瓦斯抽放技术。我国煤层气田构造复杂多变，煤层埋藏较深，70% 的煤田不适宜地面大规模煤层气开发，而应结合实际采矿工程进度，采取井下抽放和地面抽放相结合的策略；充分利用时间与空间实现立体式、多元化的抽放，最大限度地增加瓦斯抽放量、提高瓦斯抽放率；在工艺和方式方面，应采取井下抽放与地面抽放相结合、垂直钻孔抽放与水平长钻孔抽放相结合、短钻孔抽采与长钻孔抽采相结合、常规抽放与强化抽放相结合、邻近层与本煤层抽采相结合的技术措施，综合使用，优势互补。其最终目的是矿井瓦斯抽采能力要与采掘布局相协调、相匹配，使采掘生产活动始终在安全容许的范围内进行。

瓦斯抽采是一种既能解决瓦斯灾害问题，又能体现瓦斯利用价值的有效方法，有3个方面的作用：①降低煤层含量；②提供具有商业价值的煤层气；③实现高瓦斯煤层群煤与瓦斯安全高效开采。

3. 建立完善的监测监控系统

（1）利用先进的技术手段，通过网络，建成集数据、语音、视频于一体的综合信息网络平台，加强监督检查，强化操作培训，统一规范管理，健全责任制，实现全局联网，并安排各级管理人员24 h全程动态监控，实行“分级管理、分级响应”的原则，及时掌控井下瓦斯含量及瓦斯体积分数，在瓦斯超限等异常情况发生时，立刻排查和消除重大瓦斯危险源，及时采取措施，化解危机，杜绝事故，必要时制定相应的瓦斯事故应急预案。做到监控有效，即：装备齐全、数据准确、断电可靠及处置迅速。

（2）监测监控系统的各级站点、传感器等设备要齐全，安装、设置、运行必须符合规定要求。

（3）结合煤矿实际制定相应的瓦斯防治措施，切实做到“一井一法”，确保实现声音、图像、数字三传输，实行动态监控。

（4）定期调校瓦斯传感器，检查其超限断电功能，其设置要符合相关规定要求，目的是真实反映监控场所瓦斯体积分数的大小。

（5）利用瓦斯断电报警仪、三专两闭锁等设施对付瓦斯超限时的断电停机、超限报警等问题。当瓦斯超限报警时，能够及时切断工作面及其控制范围的设备电源，停止采掘生产活动，撤出人员。

4. 完善管理系统

（1）全面加强企业管理，责任明确。要健全本煤矿的瓦斯治理工作责任体制，成立瓦斯治理组织机构；保证瓦斯治理规划、目标、措施的制定和实施情况，细化安全责任，加强对干部和职工的培训，保证对规章制度的切实理解和掌握，提高执行力；尤其要抓紧特殊工种的安全技术培训工作，落实工程、资金、负责人及完成情况，做到规划详细、分期推进，全部走规范化、制度化路线，做到有章可循；严格执行规章制度，严厉惩处违章行为。

建立瓦斯抽采的激励机制、约束机制及监督机制，实行瓦斯抽采与效益挂钩。督促责任人认真对通风系统工程、瓦斯治理工程、监测监控系统、瓦斯抽采与利用系统定期分析总结，对各系统存在的隐患，逐项地分析，逐步地查找原因，排除一切障碍，并积累新经验，使得煤矿的机制更加趋于合理和完善。

（2）更新观念，开展走出去战略。通过走出去参观、学习、培训，参加文化交流，组织本部门有关人员尽可能参加各种会议，引进先进的瓦斯治理的理念、技术，结合本矿的实际，大胆应用并创新，使瓦斯抽采工作由过去的被动抽采变成主动抽采，由应抽尽抽变成能抽尽抽。根据实际情况，做到大孔径、密钻孔、高负压抽采，以提高瓦斯抽采体积分数和瓦斯抽采率。在一些瓦斯治理领域应投入大量的科研力量，与高校联手，加大科技攻关力度，增加科技含量，努力探索瓦斯治理的新方法、新工艺，购置新设备，解决面临的实际问题。积极推广应用先进的瓦斯治理经验、理念和技术，实现科学采矿。

第四节　煤矿火灾分析及控制

一、煤矿火灾概述

1. 煤矿火灾定义

煤矿火灾是指发生在煤矿企业生产范围之内，并造成人员伤亡、资源损失、环境破坏、设备或工程设施毁坏，以及严重威胁正常生产的非控制性燃烧。煤矿火灾是煤矿生产过程中的主要灾害之一，与煤尘、瓦斯爆炸的发生常常互为因果关系，相互扩大灾害范围与灾害程度，是酿成煤矿重大恶性事故的原因之一。

矿井火灾的实质就是氧化反应的高级阶段，即剧烈的氧化过程。足够的氧气是维系这种氧化过程的基础。没有足够的氧气供给，燃烧就不能进行，即使有燃烧也不能持续长久。根据实验证明，在氧气浓度低于3%时，燃烧就不能维持；在氧气浓度为14%以下的空气中，蜡烛就不能点燃。煤矿井下的氧气大都来自于井下空气中。《煤矿安全规程》规定，井下采掘工作面进风流中氧气浓度不得低于20%，因此，在井下空气中的氧气浓度会自然地满足火灾发生的条件。

2. 煤矿火灾的分类

1）按火灾发生的地点分类

按火灾发生的地点不同可将矿井火灾分为地面火灾和井下火灾。

（1）地面火灾。发生在矿井工业广场范围内地面上的火灾称为地面火灾。

（2）井下火灾。发生在井下的火灾及发生在井口附近而威胁到井下安全、影响生产的火灾统称为井下火灾。井下火灾可以发生在井口楼、井筒、井底车场、机电硐室、爆炸材料库、进回风大巷、采区变电硐室、掘进和回采工作面、采空区及煤柱等地点。

2）按热源不同分类

按热源不同可将矿井火灾分为内因火灾和外因火灾。

（1）内因火灾。内因（内源）火灾也叫自燃火灾，是指一些易燃物质（主要指煤炭）在一定条件和环境下（破碎堆积并有空气供给），自身发生物理、化学变化（指吸氧、氧化、发热）聚积热量而导致着火形成的火灾。

内因火灾的主要特点：①一般都有预兆，如有烟、有味。烟雾多呈云丝状，有煤油味、焦油味。井下如发现上述现象，就应该引起注意，察看现场是否有自燃火灾存在。作业现场温度升高，一氧化碳或二氧化碳浓度升高，作业人员感觉头痛、恶心、四肢无力等都是内因火灾的预兆，因此发现早期自燃火灾并不难。②由于内因火灾多发生在人员难以进入的采空区或煤柱内，要想真正找到内因火灾的发火点并不容易。③持续燃烧的时间较长，有的内因火灾范围较大，难以扑灭，可以持续燃烧数月、数年、数十年甚至上百年。④内因火灾频率较高。开采一些容易自燃或自燃煤层时会经常发火，尽管内因火灾不具有突然性、猛烈性，但由于发火次数较多，且较隐蔽，因此，更具有危害性。

内因火灾大多数发生在采空区终采线、遗留的煤柱、破裂的煤壁、煤巷的高冒处、人工顶板下及巷道中任何有浮煤堆积的地方。

（2）外因火灾。外因火灾也叫外源火灾，是指由于明火、爆破、电气、摩擦等外来热源造成的火灾。

外因火灾的主要特点：①发生突然，来势凶猛。外因火灾如发现不及时，处理不当，往往会酿成重大事故。②外因火灾往往在燃烧物的表面进行，因此容易发现，早期的外因火灾较易扑灭。井下作业人员发现外因火灾时，必须及时采取有效措施进行灭火。

外因火灾多数发生在井口楼、井筒、机电硐室、爆炸材料库、安装机电设备的巷道或采掘工作面等地点。

3）按发火地点和对矿井通风的影响分类

按发火地点和对矿井通风的影响煤矿火灾可分为上行风流火灾、下行风流火灾和进风流火灾3类。

（1）上行风流火灾。上行风流是指沿倾斜或垂直井巷、回采工作面自下而上流动的风流，即风流从标高的低点向高点流动，发生在这种风流中的火灾，称为上行风流火灾。当上行风流中发生火灾时，因热力作用而产生的火风压，其作用方向与风流方向一致，亦即与矿井主要通风机风压作用方向一致。在这种情况下，它对矿井通风影响的主要特征：主干风路（从进风井流经火源到回风井）的风流方向一般是稳定的，即具有与原风流相同的方向，烟流将随之排出，而所有其他与主干风路并联或者在主干风路火源后部汇入的旁侧支路风流，其方向将是不稳定的，甚至可能发生逆转，形成风流紊乱事故。因此，所采取的防火措施应力求避免发生旁侧支路风流逆转。

（2）下行风流火灾。下行风流是指沿着倾斜或垂直井巷、回采工作面（如进风井、进风下山以及下行通风的工作面）自上而下流动的风流，即风流由标高的高点向低点流动，发生在这种风流中的火灾，称为下行风流火灾。在下行风流中发生火灾时，火风压的作用方向与矿井主要通风机风压的作用方向相反。因此，随火势的发展，主干风路中的风流很难保持其正常的原有流向。当火风压增大到一定程度，主干风路的风流将会发生反向，烟流随之逆退，从而酿成又一种形式的风流紊乱事故。

在下行风流内发生火灾时，通风系统的风流由于火风压作用所发生的再分配和流动状态的变化，要比上行风流火灾复杂得多，因此，需要采用特殊的救灾灭火技术措施。

（3）进风流火灾。发生在进风井、进风大巷或采区进风风路内的火灾，称为进风流火灾。之所以要区别出这种类别的火灾，主要是由于其发展的特征、对井下职工的危害及可能采取的灭火技术措施，在很大程度上有别于上、下行风流火灾。发生在进风流内的自燃火灾，一般不易在早期发现，发生后又因供氧充分，发展迅猛，不易控制。而井下采掘人员又大都处于下风流中，极易遭受高温火烟的危害，造成中毒伤亡事故。在很多情况下，即使矿井有所准备，如给工人配备自救器等，在这种火灾中还是会发生大量的人员伤亡事故。如1956年，比利时包斯·德·卡赛尔煤矿，进风井筒火灾造成262人死亡，矿井被关闭。

对于这种火灾，除了根据发火风路的结构特性（上行还是下行）采取相应的控制技术措施外，更应根据风流是进风流的特点，使用适应这种火灾防治的技术措施，如全矿反风或局部反风等。

4）其他分类方法

除上述3种常用分类方法外，还可按火源特性分为原生火灾与再生火灾；根据发火地点的不同，分为井筒火灾、巷道火灾、采面火灾、煤柱火灾、采空区火灾及硐室火灾；根据燃烧物的不同，分为机电设备（输送带、电缆、变压器、开关、风筒等）火灾、火药燃烧火灾、油料火灾、坑木火灾、瓦斯燃烧火灾、煤尘燃烧火灾以及煤炭自燃火灾等。

二、矿井火灾危险分析

矿井火灾的危害主要有以下几方面：

（1）井下空间狭小，矿井通风及巷道连通关系复杂，供风量有限，发生火灾时人员避灾会受到井下环境条件的限制。

（2）煤矿井下到处都存在大量的易燃物，火灾极易发展蔓延，高温火焰在巷道流经的路程上，渗入新鲜风流时，将会在渗风地点形成新的火源。

（3）产生大量的高温火焰及有害气体，造成人员伤亡。火灾能产生大量有毒有害气体，如 CO、CO_2 等，这些气体随高温烟气一起流入井下各作业场所，造成人员中毒和窒息。

（4）引起瓦斯、煤尘爆炸。矿井火灾不仅提供了瓦斯、煤尘爆炸的热源，而且由于火的干馏作用，使井下可燃物（煤、木材等）放出 H_2 和其他多种碳氢化合物等爆炸性气体。因此，火灾会引起瓦斯、煤尘爆炸，进一步扩大灾情及伤亡。

（5）火灾烧毁设备和煤炭资源。井下发生火灾，因灭火措施不当或拖延时间，往往错失灭火良机，使火势扩大，这样就会烧毁大量的设备、器材和煤炭资源。有时封闭火区也会导致一些设备长期被封闭在火区而损坏，造成大量煤炭资源呆滞，影响矿井正常生产。

（6）火灾使井下风流逆转，导致灾情扩大。矿井火灾发生后，高温浓烟流经区域的空气发生变化，温度升高，井巷中产生火风压。火风压一方面使矿井总风量发生变化，另一方面造成矿井通风网路风流方向变化，从而使烟气的流动失去控制，造成通风系统紊乱，进一步扩大灾区范围，使更多的井下人员受到火灾烟气的毒害，同时给井下的安全撤退带来极大的困难和危险，增大了事故损失和灭火救灾的困难。

三、矿井火灾监测及防治

（一）外源火灾的预防

尽管外源火灾在矿井火灾中所占的比例并不大，但所造成的人员伤亡、财产损失却比较严重，必须高度重视。

1. 技术对策

技术对策是防止火灾发生的关键对策。它要求从工程设计开始，在生产和管理的各个环节中，针对火灾产生的条件，制定切实可行的技术措施。技术对策包括灾前对策和灾后对策。

1）灾前对策

灾前对策的主要目标是破坏燃烧的充要条件，防止起火；其次是防止已发生的火灾扩大。

（1）防止起火的主要对策：确定发火危险区——潜在火源和可燃物共同存在的地方，加强明火与潜在高温热源的控制与管理，防止火源产生；消除燃烧的物质基础，即井下尽量不用或少用可燃材料，采用不燃或阻燃材料和设备，如使用阻燃风筒、阻燃胶带，支架非木质化；防止火源与可燃物接触和作用，在潜在高温热源与可燃物间留有一定的安全距离；安装可靠的保护设施，防止潜在热源转化为显热源，如变电所安装过电流保护装置，防止电缆短路。

（2）防止火灾扩大的主要对策：有潜在高温热源的前后10 m范围内应使用不燃支架；划分火源危险区，在危险区的两端设防火门，矿井有反风装置，采区有局部反风系统；在有发火危险的地方设置报警、消防装置和设施；在发火危险区内设置避难硐室。

2）灾后对策

灾后对策有：①报警，即采集处于萌芽状态的火灾信息（如温度、烟雾等），发出报警；②控制，即利用已有消防设施控制火势发展，使非灾区与灾区隔离；③灭火，即迅速采取有效措施灭火；④避难，即使灾区受威胁的人员尽快选择安全路线逃离灾区，或撤至灾区内预设的避难硐室等待救援。

2. 管理对策

消除人的不安全行为，对企业员工进行包括火灾知识、技术和态度等内容的教育培训。加强对各种火灾不安全行为的管控，如制定各种规程、规范和标准，并通过检查处罚等措施进行强化。

（二）内源火灾的预测和预报

煤矿应及早地发现矿井火灾征兆，以便及时采取有效的预防和控制措施并给出必要的提示和警报。煤炭自燃预测方法多种多样，按预测源的不同，可分为两大类：一类是从测定危险区域的温度出发；另一类是以自然发火过程中产生的物质及变化特性为出发点，确定煤炭自燃的进程和态势。具体方法有测温法、气体分析法、人体感官预测法、电离法、光电法、烟雾法、气味检验法、磁力预测法等。目前，我国矿井火灾预测预报主要以气体分析法和测温法为主。

1. 测温法

煤炭自燃过程中，在自热期后阶段，由于氧化加剧，产生的热量增加，使煤体及其周围温度升高。因此，测量发热体及其周围温度的变化，对及时准确地预测预报自然发火是十分重要的。测温法是煤矿火灾隐患排查最古老也是最直接的方法，其预测基本分为两种：一种是直接用检测到的温度值进行预报；另一种是通过监测点温度变化特性，即温度变化的快慢进行预报。

2. 气体分析法

煤炭自燃过程中会产生各种气体，因此，可以分析这些气体的组分、浓度及变化速率等特性，从而确定煤炭自燃的进程或预测火灾的发生。煤炭自燃过程中从煤体中所释放出的气体可以分成两部分：一部分是由于煤自身氧化产生的产物，叫煤自燃氧化气体；另一部分是成煤过程中吸附在其孔隙内的气体，是由于煤体温度升高而解吸出来的气体，叫煤自燃吸附气体。煤自燃氧化气体是煤中的碳氧化分解出来的产物，其主要成分有一氧化碳、二氧化碳、甲烷、乙烷、丙烷、丁烷、乙烯、丙烯、乙炔和二氧化硫。煤自燃吸附气体主要成分是甲烷和二氧化碳，其余为存量很少的其他气体，如乙烷、丙烷和丁烷。开始时，各种烷烃气体有较高解吸浓度，并随煤温的升高而逐渐降低，到最低点后又随温度的升高而增大，但增大的速率较小。煤炭自燃氧化过程中气体生成的总体规律是随煤温的上升而逐渐增大。一氧化碳是煤炭氧化过程中最早出现的气体，并且在整个氧化过程中，都会有一氧化碳生成。不同的煤种，一氧化碳生成的临界值有所不同。表4－7为不同煤种自燃过程中一氧化碳产生时的临界温度值。

表4－7　不同煤种自燃过程中放出一氧化碳的临界温度　℃

煤　种	褐　煤	烟　煤	无烟煤
一氧化碳产生时的临界温度值	40	65～95	80

煤自燃氧化气体中烯烃类气体主要有乙烯、丙烯。一般褐煤自燃氧化时温度达90℃、烟煤自燃氧化时温度在100～150℃之间便会产生乙烯。丙烯产生的临界温度要比乙烯的临界温度高20～30℃。炔烃类气体主要是乙炔，它出现的时间最晚，临界温度值较高，与一氧化碳和烯烃气体相比，存在着比较明显的温度差和时间差，一般认为乙炔是煤炭自燃进入第三阶段，即燃烧阶段的产物。

煤炭自燃过程的气体产物中，烯烃类和炔烃类是煤自然发火中碳氧化反应的产物，在煤吸附气体中不存在。一氧化碳在煤体中的吸附气体存在极少，因此，可以把这几种气体作为煤炭自燃氧化过程中的特征气体，分析这几种气体是否存在及变化情况，就可以掌握、了解煤炭自燃的进程。

气体分析法预测煤炭自燃的思路是对测点中的气体进行分析，寻找标志气体，并且对其变化情况进行分析，从而确定煤炭是否自燃。

过去，我国主要把一氧化碳作为标志气体，认为它是煤炭自燃过程中特有的产物，是预测煤炭自燃最灵敏的指标。认定只要在回风流中检测到微量的一氧化碳就表明煤已经进入低温氧化阶段。但是由于煤炭自燃过程中从始至终都有一氧化碳产生，很难找到不同浓度下对应的煤温值。同时井下一氧化碳来源较广，其他产生源对煤炭自燃结果也有一定的影响，这样人们不得不寻找其他标志气体。随着气体分析手段及检测水平的提高，在大量试验的基础上，人们逐渐认识了除一氧化碳之外某些气体组分也可用于判断煤的氧化发展阶段，并且其精度和准确率要好于一氧化碳，这些气体主要包括烷烃、烯烃、炔烃。

1）一氧化碳预测法

一般在回采工作面回风侧设一观测站，在该观测站中测定一氧化碳浓度，通过计算发火系数（H_1）来确定煤炭自燃及早期预报煤炭自燃。

$$H_1 = CQ \tag{4-7}$$

式中　H_1——发火系数，m^3/min；

C——工作面回风侧观测站中一氧化碳的浓度，%；

Q——观测站风量，m^3/min。

采用此种方法预测煤炭自燃时，要根据本矿井的实际条件，在大量的统计中不断地积累资料和数据，提出适合本矿煤炭自然发火系数的临界值。

2）乙烯、丙烯预测法

在煤吸附气体中没有乙烯、丙烯，井下检测到的乙烯、丙烯是煤氧化分解过程中产生的，所以，乙烯、丙烯的出现表明煤的氧化已经进入释放氧化气体阶段。

不同的煤种，乙烯、丙烯发生的临界温度有所不同，同一煤种，丙烯发生的临界温度高于乙烯，也就是说丙烯的发生要晚于乙烯。表4－8为不同煤种乙烯、丙烯生成的临界温度值。

表4－8　乙烯、丙烯生成的临界温度　℃

气体	煤种							
	褐煤	长焰煤	气煤	肥煤	焦煤	瘦煤	贫煤	无烟煤
乙烯	109	119	124	127	148	150	150	148
丙烯	124～134	121～132	121～142	136～147	156～160	151～157	150～168	150～162

只要在监测区内检测到乙烯、丙烯气体，则表明煤温已达到或超过其临界温度。又由于乙烯、丙烯是在不同温度下出现的，因此可以根据它们出现与否判断煤温的大致范围。

可以将乙烯看作煤的氧化已确实进入自热阶段的标志气体，在有一氧化碳的前提下，只要出现乙烯就可以做出煤炭自燃的预报。

3）乙炔预测法

乙炔是煤氧化进入燃烧阶段的产物，它是所有煤炭自燃氧化气体产物中最晚出现的气体，并且出现时临界温度值也较高。因此，在井下一旦检测到乙炔，就表明监测区域内存在已经进入燃烧阶段的明火，要立即采取灭火措施，同时要特别小心，谨防引起瓦斯、煤尘爆炸。

可以将乙炔看作煤的氧化已确实进入燃烧阶段的标志气体，只要检测到乙炔的存在就可断定监测区内存在已经燃烧的明火。所以，乙炔可以作为井下发生明火的报警信号。

4）链烷比预测法

煤炭自燃氧化阶段会放出各种烷烃类气体，主要有甲烷、乙烷、丙烷、丁烷。这些气体一部分来源于煤炭吸附的烷烃气体，一部分来源于煤炭氧化产生的烷烃气体。在煤炭不同的自燃阶段，各烷烃气体产生的浓度之间有一定的联系，可以通过它们之间的比值表示，通常称这些比值为链烷比，据此指标的变化情况可预测煤炭自燃。随着温度的升高，链烷比会出现时升时降的现象，会出现峰值，一般认为到达此峰值温度时是煤氧化进入激烈氧化阶段的前兆和标志。

气体分析预测煤炭自燃主要靠检定管、便携式仪表、色谱分析仪、气体传感器等仪器。受篇幅限制，本书不再对各种仪器的构造和使用进行介绍。

第五节　煤矿水害分析及控制

一、煤矿水害概述

煤矿水害是影响矿井安全生产的重大灾害。矿井一旦发生水灾，轻则淹没巷道、工作面、采区，重则淹没整个矿井，造成重大经济损失或人员伤亡。矿井发生水灾的必要条件是存在一定强度的充水水源和充水途径。充水水源是指矿井水的来源，充水途径就是水源进入矿井的通道。深入研究分析矿井水来源和矿井充水途径，掌握矿区水的来龙去脉及其发生和发展规律是减少和遏制矿井水害事故发生的根本所在。

1. 矿井充水水源

煤矿建设和生产中常见的水源有大气降水、地表水、地下水（潜水、承压水、采空区水、断层水等）。

（1）大气降水。从天空降到地面的雨和雪、冰雹等溶化的水，称为大气降水。大气降水中一部分再蒸发上升到天空，另一部分流入地下（即形成地下水），剩下的部分留在地面（即为地表水）。大气降水、地表水、地下水实为互补，互为来源，形成自然界中水的循环。

（2）地表水。地球表面江、湖、河、海、水池、水库等处的水均为地表水，其主要来源是大气降水，也有的来自地下水。煤矿在开采浅部煤层时，地表水经过有关通道会进入煤矿井下，形成水患，给生产和建设带来灾害。

（3）潜水。埋藏在地表以下第一个隔水层以上的地下水，称为潜水。潜水一般分布在地下浅部第四纪松散沉积层的孔隙和出露地表的岩石裂隙中，主要由大气降水和地表水补给。潜水不能承受压力，只能在重力作用下由高处往低处流动。但潜水进入井下，也可能形成水患。

（4）承压水。处于两个隔水层中间的地下水，称为承压水（或称自流水）。承压水具有压力，能自喷，因而自流井和喷泉都是承压水形成的。煤矿地层中，石灰岩裂隙及溶洞中的水为承压水，它具有很大的压力和水量，对煤矿生产威胁极大。

（5）采空区水。已经采掘过的采空区和废弃的旧巷道或溶洞，由于长期停止排水而积存的地下水，称为采空区水。它很像一个“地下的水库”，一旦巷道或回采工作面接近或沟通了积水老空区，则会发生水灾。一般来说，采空区水往往带有酸臭味，在井下遇到酸臭味涌水时，要警惕采空区水的发生。

（6）断层水。处于断层带（岩石错动形成）中的水，称为断层水。断层带往往是许多含水层的通道，断层水往往水源充足，对矿井的威胁极大。

2. 矿井充水途径

1）断裂构造

一切大小断裂都可能成为充水水源进入矿井的途径。各含水层中的地下水，往往通过断裂带进入矿井，华北型煤田底板奥陶系岩溶裂隙水，一般都是以断裂为导水通道。断裂构造能否成为充水途径，关键在于其透水性。从力学性质上看，张性和张扭性断层可能是导水断层，而压性及压扭性断层可能是阻水断层。导水断层主要是沟通所切穿的各含水层之间或含水层与地表水体之间的水力联系，破坏煤层顶底板隔水层的连续性，沟通其上下充水岩层，使之与矿井发生水力联系，成为地下水或地表水的充水途径。

从水文地质上讲，一些小的正断层，破坏煤层顶底板隔水层的连续性，沟通其上下充水地层，使矿井与含水层发生水力联系，形成充水途径。这类断层降低隔水顶底板的力学强度，形成突水薄弱带。国内外的突水资料表明，突水点主要分布在断裂带及其附近。断层与矿井突水的关系为断层尖灭地段易突水，岩层弯曲处易突水，断层密度大处易突水，断层下降盘的煤层在靠近断层处易突水，断层伴生的裂隙发育区易突水。发生突水的断层有的规模很小，在天然条件下属无水或阻水断层，起隔水作用，但由于岩层遭到破坏，降低了力学性质，当开挖井巷被揭露时，在矿压和水压共同作用下，就会从隔水转变为透水。

我国矿区断裂带导水类型划分见表4－9。

表4－9　断裂带的导水类型

<table>
<tr><th>编　号</th><th>类　型</th><th colspan="2">特　　征</th></tr>
<tr><td rowspan="2">Ⅰ</td><td rowspan="2">隔水断裂</td><td colspan="2">天然隔水，开采后仍隔水</td></tr>
<tr><td colspan="2">天然隔水，开采后导水</td></tr>
<tr><td rowspan="4">Ⅱ</td><td rowspan="4">导水断裂</td><td rowspan="2">与其他水源无联系的</td><td>本身导水</td></tr>
<tr><td>本身及两侧均导水</td></tr>
<tr><td rowspan="2">与其他水源有联系的</td><td>有垂直联系</td></tr>
<tr><td>有水平联系</td></tr>
</table>

表4－10为断层的水文地质特征类型，说明断层的水文地质特征和断裂对矿井充水的作用。

表4－10　断层的水文地质特征类型

<table>
<tr><th>类　型</th><th>水文地质特征</th><th>力学性质</th><th>两盘岩性</th></tr>
<tr><td rowspan="2">富水断层</td><td rowspan="2">1. 断层破碎带具有较大的储水空间，其透水性大于两侧正常岩层的透水性；
2. 主要起汇集两盘含水层中地下水的作用，并有充足的补给水源</td><td>各种力学性质断层</td><td>单一厚层脆性可溶岩</td></tr>
<tr><td>张性及张扭性</td><td>单一厚层硬脆性岩层</td></tr>
<tr><td>导水断层</td><td>1. 透水性强，但本身储水空间不大；
2. 主要起沟通所切穿的各含水层（或含水层与地表水体之间）水力联系作用</td><td>张性及张扭性</td><td>各种岩性岩层的互层</td></tr>
<tr><td>储水断层</td><td>与周围含水层没有水力联系，或联系很弱，自成孤立的脉状含水带，在相对高差大的地段，可具有较高的压力水头</td><td>张性及张扭性</td><td>硬脆性或软柔性岩层</td></tr>
<tr><td rowspan="3">阻水断层</td><td>断盘阻水：一盘不透水，形成天然的地下挡水帷幕；一盘透水，形成富水带</td><td>各种力学性质断层</td><td>一盘为硬脆性岩层
一盘为软柔性岩层</td></tr>
<tr><td rowspan="2">构造岩阻水：起切断两侧地下水联系的作用。
1. 不透水的糜棱岩，断层泥；
2. 后期冲填的岩脉，或被黏土物质胶结的角砾岩</td><td>压性及压扭性</td><td rowspan="2">1. 硬脆性岩层或薄层脆性可溶岩与软柔性岩层交互；
2. 除与1. 相同外，还包括单一的厚层脆性可溶岩</td></tr>
<tr><td>张性及张扭性</td></tr>
<tr><td>无水断层</td><td>仅断裂风化带有少量带状裂隙水，整体为不透水</td><td>各种力学性质断层</td><td>均为软柔性岩层</td></tr>
</table>

据统计，断裂导水造成矿井突水约占突水事故的80%以上。

2）岩溶陷落柱

岩溶陷落柱在我国华北地区的石炭－二叠煤系地层中广泛分布，成因说法不一。华北型煤田岩溶陷落柱的基底主要为奥陶纪灰岩，而顶部则可能位于奥灰顶面以上的任何地层，甚至直达地表。90%以上的陷落柱是不导水不含水的。只有处于现代岩溶强径流带和集中排泄带并隐伏埋藏于地下水位之下者，才有可能构成奥陶系突水的潜在威胁。虽然绝大部分陷落柱不导水，但陷落柱一旦导水，往往是灾难性的。例如，开滦范各庄矿2171采面发生的陷落柱特大突水事故，最大水量达2053 m^3/min，皖北任楼矿突水量达200 m^3/min，邢台东庞矿突水量达1167 m^3/min等，均造成淹井事故。

3）覆岩变形破坏与底板破坏形成的通道

煤层采出后，上覆岩层因失去支撑而发生破坏和位移，自上而下一般出现垮落带、裂隙带和弯曲带。覆岩的破坏，常形成矿井充水的通道，但各带对矿井充水的影响是不同的。垮落带内岩块之间空隙多，连通性强，是水和泥砂溃入井下的可能通道；裂隙带内既有离层裂隙（即层向裂隙），也有垂向裂隙。离层裂隙是储水和导水的通道，垂向裂隙可与层向裂隙连通，尤其在裂隙带下部，垂向裂隙发育，导水性明显增强，裂隙带一旦波及水体，即可将水导入井下；弯曲带一般很少出现离层，其下部出现的离层裂隙仅局部充水，一般不与导水裂隙带导通，弯曲带上方地表一般都出现下沉盆地，盆地边缘往往出现张裂隙，但宽度向下变小，至一定深度即闭合，故弯曲带具有隔水保护层的作用。

采动对底板破坏是造成底板突水通道形成的重要原因，采动底板破坏深度与工作面尺寸、开采方法、采高、煤层倾向、开采深度、顶底板岩性及结构有关。

4）未封堵或封堵质量差的钻孔

这是一种人为生成的充水途径，这类钻孔起沟通煤层上下含水层或地表水的作用。回采揭露时涌水，水量、水压取决于是否贯通强含水层或地表水，以及钻孔孔径和水压差，当矿井排水能力较小时可能造成淹井事故。对已查明的这种钻孔，应通过重新封堵或留设防水煤柱等方法加以防范。

5）岩溶塌陷通道

岩溶矿区，强烈的矿井排水改变了水动力条件，在一定条件下常发生岩溶塌陷，由此成为松散层地下水、岩溶水、地表水，甚至地下水涌入矿井的通道。其特点是岩溶越发育，塌陷越严重，通道越大，涌水和涌砂量也就越大。

二、煤矿水害危险性分析

1. 煤矿水的危害

水灾是煤矿五大灾害之一，在煤矿建设和生产时期，常常会遇到水的危害，发生程度不同的透水事故。轻者造成排水设备增多，成本增加，生产条件恶劣，管理困难，影响生产建设；重者直接危害职工生命安全和国家财产的安全，造成人员伤亡或淹井事故。具体表现在以下几个方面：

（1）如果矿井排水系统不畅通，涌水任意流，巷道到处是泥水，必然恶化井下作业环境，不利于文明生产。

（2）由于矿井水的影响，可能造成顶板淋水，使巷道内空气的湿度增加，影响工人身体健康。

（3）在生产建设过程中，矿井水量越大，安装排水设备和排水用电费用就越高，这不仅增加原煤成本，也给煤炭企业管理工作增加一定的难度。

（4）矿井水的存在，会对金属设备、钢轨和金属支架产生腐蚀作用，缩短生产设备的使用寿命。

（5）矿井水量一旦超过排水能力或突然涌水，轻者会造成矿井巷道或采区被淹，导致停产，重者会矿毁人亡。

（6）由于矿井受到水的威胁，有时需要留设保安防水煤柱，这必然会影响煤炭资源的充分利用，有的甚至难以开采。

2. 煤矿透水危险性评价的主要方法

关于煤矿透水危险性评价，已经提出了许多理论和学说，其中包括斯列萨列夫法、突水系数法、下三带理论、岩水应力说、强渗透通道说、三图一双系数法、基于GIS技术的多因素拟合法、模糊数值法、递进导升高度理论和多参数监测系统等，但是所有这些方法都不能预测预报具体的突水位置和时间。最常用的斯列萨列夫法和突水系数法也只能对某一区域或地段是否存在发生突水的可能性作出判断和对突水危险程度进行分级评价。下面简要介绍预测煤层底板突水的斯列萨列夫公式和突水系数公式。

1）斯列萨列夫公式

$$t=\frac{L\left(\sqrt{\gamma^2L^2+8K_\mathrm{p}p}-\gamma L\right)}{4K_\mathrm{p}} \tag{4-8}$$

式中　t——安全隔水层厚度，m；

L——巷道底板宽度，m；

γ——底板隔水层的平均重度，$\mathrm{MN/m^3}$；

K_p——底板隔水层的平均抗拉强度，MPa；

p——底板隔水层承受的水头压力，MPa。

2）突水系数公式

$$T=\frac{p}{M} \tag{4-9}$$

式中　T——突水系数，MPa/m；

p——底板隔水层承受的水压，MPa；

M——底板隔水层厚度，m。

式（4-8）主要适用于掘进工作面，式（4-9）适用于回采和掘进工作面。按式（4-8）计算，如底板隔水层实际厚度小于计算值时，就是不安全的。按式（4-9）计算，就全国资料看，底板受构造破坏块段突水系数一般不大于0.06 MPa/m，正常块段不大于0.1 MPa/m。

三、煤矿水害的监测与防治

1. 煤矿水害的监测

1）煤矿水害的特征

矿井水害事故发生前一般都会出现一定的透水征兆，有时透水征兆十分明显，只要能够有效识别，就可以避免重特大透水事故的发生或大大减少人员伤亡和财产损失。常见的透水征兆包括：①挂红；②挂汗；③空气变冷；④出现雾气；⑤水叫；⑥顶板淋水增大；⑦顶板来压，底板鼓起；⑧有害气体增加；⑨裂隙出现渗水。

以上预兆不一定会同时出现，有时会出现一个预兆，有时会出现多个预兆，有时征兆不明显甚至无预兆。因此，要留心观察、认真辨别。采掘工作面或者其他地点发现突水征兆时，必须停止作业，采取措施，立即报告调度室，发出警报，撤出所有受水害威胁地点的人员。

2）水害的预警

煤矿企业应准确掌握有关资料和数据，建立矿井水害预警制度。

井下人员发现突水预兆时，应及时向调度室汇报，调度室负责人核实险情报告，按照《煤矿防治水细则》和应急预案规定发布预警，并向矿长、主要技术负责人和矿山救护队等职能部门通报水害灾情，并作出预警响应。

2. 矿井水害防治管理措施

为了减少水害事故的发生，煤矿企业必须做好防治水管理工作，其主要内容包括：

（1）加强领导，健全防治水机构，配备专业技术人员，保障资金来源。

（2）建立健全水害防治岗位责任制、水害防治技术管理制度、水害预测预报制度、水害隐患排查治理制度、探放水制度、重大水患停产撤人制度以及应急处置制度等。要坚持“预测预报、有疑必探、先探后掘、先治后采”的原则。除了编制中长期（5 年）防治水规划外，还应编制年度防治水计划，并组织实施。煤矿防治水应急做到“一矿一策、一面一策”，确保安全技术措施的科学性、针对性和有效性。

（3）完善矿井防治水基础资料。煤矿企业必须具备防治水基础资料，基础资料包括报告、图件和台账。

（4）大水矿区应定期绘制采掘空间（包括井、巷、采空区等空间）和矿井采深标高关系图。

3. 不同类型矿井水害防治

1）暴雨洪水水害防治

建立灾害性天气预警和预防机制。掌握可能危及煤矿安全生产的暴雨洪水灾害信息，汛期开展 24 h 不间断巡查。发现严重暴雨洪水灾害可能引发淹井的情形应立即撤出作业人员到安全地点。

2）地表水体水害防治

（1）留设防隔水煤（岩）柱。

（2）选择控制采高的采煤方法，加强顶板控制。

（3）在河流、沟渠等的漏水和渗水地段铺底、修建人工河床、渡槽，或将河渠部分地段改道。

（4）建闸设站，排除塌陷区和坑塘积水。

（5）严禁在地表水体下开采急倾斜煤层，防止发生“抽冒”透水事故。

3）采空区水害防治

（1）通过调查分析和研究，初步确定采空区水在井田内及其边界附近的空间位置和水压等情况。坚决贯彻“预测预报、有疑必探、先探后掘、先治后采”的原则，采用物探、化探和钻探方法探明采空区水确切位置、分布范围，估算采空区积水量和水压。

（2）采空区水疏放。疏干采空区水是防治采空区水的最好方法，疏放水钻孔应打在采空区的最底部，以便达到彻底疏干的目的。疏干采空区水之前，应当配齐足够的排水设备，预计可能有瓦斯或其他有害气体涌出时，应当随时检查空气成分，根据具体情况及时处理。

在上部煤层已开采完毕且采空区有积水的情况，如果下部煤层开采会影响上部采空区积水时，必须彻底疏干上部的采空区水，严禁顶水作业。

（3）留设防隔水煤（岩）柱。当采空区水补给源充沛或因其他原因不易疏干时，可以留设水平或垂直防隔水煤（岩）柱防治采空区水。

4）孔隙水害防治

（1）留设防隔水煤（岩）柱。在松散孔隙富含水层下采煤，为了防止溃水溃砂事故发生，必须留设纵向防隔水煤（岩）柱。当发现地质条件变化，需要缩小防隔水煤（岩）柱尺寸、提高开采上限时，应当进行可行性研究，并经省级煤炭行业管理部门审查批准。

（2）疏降孔隙含水层中的地下水。目的是减小水力坡度，防止形成流砂。疏降的主要方法是在地面或井下打疏降水钻孔。该法一般与留设防隔水煤（岩）柱同时使用。

5）裂隙水害防治

砂岩和砾岩含水层常常构成煤层的顶板或底板。当水量不大时，随着采煤可以自然疏干；当水量较大影响生产时，应当采用井下打钻预先疏干的方法。在向斜低洼处、断裂构造和裂隙密集带水量可能很大时，应当配备较大排水设备，避免淹工作面水害事故发生。

6）岩溶裂隙水害防治

华北型煤田奥灰和太原组薄层灰岩岩溶裂隙水害防治方法主要有陷落柱和断层探查、陷落柱和断层注浆封堵、奥灰顶部和薄层灰岩注浆改造、不良钻孔的封闭处理、防隔水煤（岩）柱留设、防水闸门和防水间墙设置、分区隔离开采、带压开采和疏水减压、井下排水系统（包括潜水电泵排水系统的建立和完善）、井下突水点封堵和注浆帷幕建造等。

7）岩溶水害防治

留设煤（岩）柱避开大的暗河和溶洞这类地下水体。注浆封堵各种突水口、进水口和突水断层裂隙带。采用疏水巷道和钻孔疏干岩溶水。建立完善的地表防、排水系统。

第六节 煤矿重大事故隐患判定

依据《煤矿重大事故隐患判定标准》（应急管理部令 第4号），煤矿重大事故隐患包括以下15个方面。

1. 超能力、超强度或者超定员组织生产

“超能力、超强度或者超定员组织生产”重大事故隐患，是指有下列情形之一的。

（1）煤矿全年原煤产量超过核定（设计）生产能力幅度在10%以上，或者月原煤产量大于核定（设计）生产能力的10%的。

（2）煤矿或其上级公司超过煤矿核定（设计）生产能力下达生产计划或者经营指标的。

（3）煤矿开拓、准备、回采煤量可采期小于国家规定的最短时间，未主动采取限产或者停产措施，仍然组织生产的（衰老煤矿和地方人民政府计划停产关闭煤矿除外）。

（4）煤矿井下同时生产的水平超过2个，或者一个采（盘）区内同时作业的采煤、煤（半煤岩）巷掘进工作面个数超过《煤矿安全规程》规定的。

（5）瓦斯抽采不达标组织生产的。

（6）煤矿未制定或者未严格执行井下劳动定员制度，或者采掘作业地点单班作业人数超过国家有关限员规定20%以上的。

2. 瓦斯超限作业

“瓦斯超限作业”重大事故隐患，是指有下列情形之一的。

（1）瓦斯检查存在漏检、假检情况且进行作业的。

（2）井下瓦斯超限后继续作业或者未按照国家规定处置继续进行作业的。

（3）井下排放积聚瓦斯未按照国家规定制定并实施安全技术措施进行作业的。

3. 煤与瓦斯突出矿井，未依照规定实施防突出措施

“煤与瓦斯突出矿井，未依照规定实施防突出措施”重大事故隐患，是指有下列情形之一的。

（1）未设立防突机构并配备相应专业人员的。

（2）未建立地面永久瓦斯抽采系统或者系统不能正常运行的。

（3）未按照国家规定进行区域或者工作面突出危险性预测的（直接认定为突出危险区域或者突出危险工作面的除外）。

（4）未按照国家规定采取防治突出措施的。

（5）未按照国家规定进行防突措施效果检验和验证，或者防突措施效果检验和验证不达标仍然组织生产建设，或者防突措施效果检验和验证数据造假的。

（6）未按照国家规定采取安全防护措施的。

（7）使用架线式电机车的。

4. 高瓦斯矿井未建立瓦斯抽采系统和监控系统，或者系统不能正常运行

“高瓦斯矿井未建立瓦斯抽采系统和监控系统，或者系统不能正常运行”重大事故隐患，是指有下列情形之一的。

（1）按照《煤矿安全规程》规定应当建立而未建立瓦斯抽采系统或者系统不正常使用的。

（2）未按照国家规定安设、调校甲烷传感器，人为造成甲烷传感器失效，或者瓦斯超限后不能报警、断电或者断电范围不符合国家规定的。

5. 通风系统不完善、不可靠

“通风系统不完善、不可靠”重大事故隐患，是指有下列情形之一的。

（1）矿井总风量不足或者采掘工作面等主要用风地点风量不足的。

（2）没有备用主要通风机，或者两台主要通风机不具有同等能力的。

（3）违反《煤矿安全规程》规定采用串联通风的。

（4）未按照设计形成通风系统，或者生产水平和采（盘）区未实现分区通风的。

（5）高瓦斯、煤与瓦斯突出矿井的任一采（盘）区，开采容易自燃煤层、低瓦斯矿井开采煤层群和分层开采采用联合布置的采（盘）区，未设置专用回风巷，或者突出煤层工作面没有独立的回风系统的。

（6）进、回风井之间和主要进、回风巷之间联络巷中的风墙、风门不符合《煤矿安全规程》规定，造成风流短路的。

（7）采区进、回风巷未贯穿整个采区，或者虽贯穿整个采区但一段进风、一段回风，或者采用倾斜长壁布置，大巷未超前至少2个区段构成通风系统即开掘其他巷道的。

（8）煤巷、半煤岩巷和有瓦斯涌出的岩巷掘进未按照国家规定装备甲烷电、风电闭锁装置或者有关装置不能正常使用的。

（9）高瓦斯、煤（岩）与瓦斯（二氧化碳）突出矿井的煤巷、半煤岩巷和有瓦斯涌出的岩巷掘进工作面采用局部通风时，不能实现双风机、双电源且自动切换的。

（10）高瓦斯、煤（岩）与瓦斯（二氧化碳）突出建设矿井进入二期工程前，其他建设矿井进入三期工程前，没有形成地面主要通风机供风的全风压通风系统的。

6. 有严重水患，未采取有效措施

"有严重水患，未采取有效措施"重大事故隐患，是指有下列情形之一的。

（1）未查明矿井水文地质条件和井田范围内采空区、废弃老窑积水等情况而组织生产建设的。

（2）水文地质类型复杂、极复杂的矿井未设置专门的防治水机构、未配备专门的探放水作业队伍，或者未配齐专用探放水设备的。

（3）在需要探放水的区域进行采掘作业未按照国家规定进行探放水的。

（4）未按照国家规定留设或者擅自开采（破坏）各种防隔水煤（岩）柱的。

（5）有突（透、溃）水征兆未撤出井下所有受水患威胁地点人员的。

（6）受地表水倒灌威胁的矿井在强降雨天气或其来水上游发生洪水期间未实施停产撤人的。

（7）建设矿井进入三期工程前，未按照设计建成永久排水系统，或者生产矿井延伸到设计水平时，未建成防、排水系统而违规开拓掘进的。

（8）矿井主要排水系统水泵排水能力、管路和水仓容量不符合《煤矿安全规程》规定的。

（9）开采地表水体、老空水淹区域或者强含水层下急倾斜煤层，未按照国家规定消除水患威胁的。

7. 超层越界开采

"超层越界开采"重大事故隐患，是指有下列情形之一的。

（1）超出采矿许可证载明的开采煤层层位或者标高进行开采的。

（2）超出采矿许可证载明的坐标控制范围进行开采的。

（3）擅自开采（破坏）安全煤柱的。

8. 有冲击地压危险未采取有效措施

"有冲击地压危险，未采取有效措施"重大事故隐患，是指有下列情形之一的。

（1）未按照国家规定进行煤层（岩层）冲击倾向性鉴定，或者开采有冲击倾向性煤层未进行冲击危险性评价，或者开采冲击地压煤层，未进行采区、采掘工作面冲击危险性评价的。

（2）有冲击地压危险的矿井未设置专门的防冲机构、未配备专业人员或者未编制专门设计的。

（3）未进行冲击地压危险性预测，或者未进行防冲措施效果检验以及防冲措施效果检验不达标仍组织生产建设的。

(4) 开采冲击地压煤层时，违规开采孤岛煤柱，采掘工作面位置、间距不符合国家规定，或者开采顺序不合理、采掘速度不符合国家规定、违反国家规定布置巷道或者留设煤（岩）柱造成应力集中的。

(5) 未制定或者未严格执行冲击地压危险区域人员准入制度的。

9. 自然发火严重未采取有效措施

“自然发火严重未采取有效措施”重大事故隐患，是指有下列情形之一的。

(1) 开采容易自燃和自燃煤层的矿井，未编制防灭火专项设计或者未采取综合防灭火措施的。

(2) 高瓦斯矿井采用放顶煤采煤法不能有效防治煤层自然发火的。

(3) 有自然发火征兆没有采取相应的安全防范措施继续生产建设的。

(4) 违反《煤矿安全规程》规定启封火区的。

10. 使用明令禁止使用或者淘汰的设备、工艺

“使用明令禁止使用或者淘汰的设备、工艺”重大事故隐患，是指有下列情形之一的。

(1) 使用被列入国家禁止井工煤矿使用的设备及工艺目录的产品或者工艺的。

(2) 井下电气设备、电缆未取得煤矿矿用产品安全标志的。

(3) 井下电气设备选型与矿井瓦斯等级不符，或者采（盘）区内防爆型电气设备存在失爆，或者井下使用非防爆无轨胶轮车的。

(4) 未按照矿井瓦斯等级选用相应的煤矿许用炸药和雷管、未使用专用发爆器，或者裸露爆破的。

(5) 采煤工作面不能保证2个畅通的安全出口的。

(6) 高瓦斯矿井、煤与瓦斯突出矿井、开采容易自燃和自燃煤层（薄煤层除外）矿井，采煤工作面采用前进式采煤方法的。

11. 煤矿没有双回路供电系统

“煤矿没有双回路供电系统”重大事故隐患，是指有下列情形之一的。

(1) 单回路供电的。

(2) 有两回路电源线路但取自一个区域变电所同一母线段的。

(3) 进入二期工程的高瓦斯、煤与瓦斯突出、水文地质类型为复杂和极复杂的建设矿井，以及进入三期工程的其他建设矿井，未形成两回路供电的。

12. 新建煤矿边建设边生产，煤矿改扩建期间，在改扩建的区域生产，或者在其他区域的生产超出安全设施设计规定的范围和规模

“新建煤矿边建设边生产，煤矿改扩建期间，在改扩建的区域生产，或者在其他区域的生产超出安全设施设计规定的范围和规模”重大事故隐患，是指有下列情形之一的。

(1) 建设项目安全设施设计未经审查批准，或者审查批准后作出重大变更未经再次审查批准擅自组织施工的。

(2) 新建煤矿在建设期间组织采煤的（经批准的联合试运转除外）。

(3) 改扩建矿井在改扩建区域生产的。

(4) 改扩建矿井在非改扩建区域超出设计规定范围和规模生产的。

13. 煤矿实行整体承包生产经营后，未重新取得或者及时变更安全生产许可证而从事生产，或者承包方再次转包，以及将井下采掘工作面和井巷维修作业进行劳务承包

“煤矿实行整体承包生产经营后，未重新取得或者及时变更安全生产许可证而从事生产，或者承包方再次转包，以及将井下采掘工作面和井巷维修作业进行劳务承包”重大事故隐患，是指有下列情形之一的。

（1）煤矿未采取整体承包形式进行发包，或者将煤矿整体发包给不具有法人资格或者未取得合法有效营业执照的单位或者个人的。

（2）实行整体承包的煤矿，未签订安全生产管理协议，或者未按照国家规定约定双方安全生产管理职责而进行生产的。

（3）实行整体承包的煤矿，未重新取得或者变更安全生产许可证进行生产的。

（4）实行整体承包的煤矿，承包方再次将煤矿转包给其他单位或者个人的。

（5）井工煤矿将井下采掘作业或者井巷维修作业（井筒及井下新水平延伸的井底车场、主运输、主通风、主排水、主要机电硐室开拓工程除外）作为独立工程发包给其他企业或者个人的，以及转包井下新水平延深开拓工程的。

14. 煤矿改制期间，未明确安全生产责任人和安全管理机构，或者在完成改制后，未重新取得或者变更采矿许可证、安全生产许可证和营业执照

“煤矿改制期间，未明确安全生产责任人和安全管理机构，或者在完成改制后，未重新取得或者变更采矿许可证、安全生产许可证和营业执照”重大事故隐患，是指有下列情形之一的。

（1）改制期间，未明确安全生产责任人进行生产建设的。

（2）改制期间，未健全安全生产管理机构和配备安全管理人员进行生产建设的。

（3）完成改制后，未重新取得或者变更采矿许可证、安全生产许可证、营业执照而进行生产建设的。

15. 其他重大事故隐患

“其他重大事故隐患”，是指有下列情形之一的。

（1）未分别配备专职的矿长、总工程师和分管安全、生产、机电的副矿长，以及负责采煤、掘进、机电运输、通风、地测、防治水工作的专业技术人员的。

（2）未按照国家规定足额提取或者未按照国家规定范围使用安全生产费用的。

（3）未按照国家规定进行瓦斯等级鉴定，或者瓦斯等级鉴定弄虚作假的。

（4）出现瓦斯动力现象，或者相邻矿井开采的同一煤层发生了突出事故，或者被鉴定、认定为突出煤层，以及煤层瓦斯压力达到或者超过0.74 MPa的非突出矿井，未立即按照突出煤层管理并在国家规定期限内进行突出危险性鉴定的（直接认定为突出矿井的除外）。

（5）图纸作假、隐瞒采掘工作面，提供虚假信息、隐瞒下井人数，或者矿长、总工程师（技术负责人）履行安全生产岗位责任制及管理制度时伪造记录，弄虚作假的。

（6）矿井未安装安全监控系统、人员位置监测系统或者系统不能正常运行，以及对系统数据进行修改、删除及屏蔽，或者煤与瓦斯突出矿井存在第七条第二项情形的。

（7）提升（运送）人员的提升机未按照《煤矿安全规程》规定安装保护装置，或者保护装置失效，或者超员运行的。

(8) 带式输送机的输送带入井前未经过第三方阻燃和抗静电性能试验，或者试验不合格入井，或者输送带防打滑、跑偏、堆煤等保护装置或者温度、烟雾监测装置失效的。

(9) 掘进工作面后部巷道或者独头巷道维修（着火点、高温点处理）时，维修（处理）点以里继续掘进或者有人员进入，或者采掘工作面未按照国家规定安设压风、供水、通信线路及装置的。

(10) 露天煤矿边坡角大于设计最大值，或者边坡发生严重变形未及时采取措施进行治理的。

(11) 国家矿山安全监察机构认定的其他重大事故隐患。

第五章　煤矿重大事故处理原则与方法

第一节　瓦斯爆炸事故处理原则与方法

一、瓦斯爆炸事故处理原则

瓦斯爆炸事故是煤矿井下最严重的灾害，它不但会造成大量人员伤亡，还因破坏了通风系统或引起火灾，甚至产生连续爆炸，增加了救灾的难度，容易造成灾情的扩大。由于煤矿井下环境特殊，条件复杂，同时瓦斯爆炸事故发生后其动态变化的不确定性，给这类事故的抢险救灾带来很多困难。因此，当瓦斯爆炸事故发生后，如何采取正确措施、积极抢救遇险遇难人员和处理事故、防止出现连续爆炸，是参加事故救灾的所有人员面临的直接问题。

1. 事故初期救灾处置原则

1）事故汇报

无论任何人，凡发现灾害事故者，不论其灾害程度如何、波及范围大小，都应立即向调度室值班长（员）汇报，其内容应包括事故发生的地点、时间、类别及事故现场情况。

2）事故现场应急处理

事故现场的带班矿领导、区队长、工程技术人员、通风部门和安监部门相关人员，要密切配合，立即组织现场作业人员，采取一切有效措施进行自救和抢险救灾，特别是将继发性灾害（二次爆炸）的危险隐患消除在初发阶段，如发现的明火。在应急处理事故过程中，若不能有效消除危险时，要有组织地带领所有人员，按照“避灾路线”的具体要求，迅速撤离灾区。

3）调度人员应急处置

调度员和值班领导接到事故报告后，应做好以下几个方面的应急处置工作：询问报告人灾害发生地点、时间、类别、波及范围及灾区情况，并做好录音和记录；按照事故发生的现场状况，下达必要的应急处置指令，通知井下所有作业队组迅速撤离，撤退路线、停电范围、注意事项等事项要交代清楚；启动应急预案，召请矿山救护队，赶赴灾区救援；向矿井负责人和上级主管部门汇报灾情及已采取的抢险救灾行动；按照“应急救援预案”的规定，通知有关人员到矿调度室报到，听候指挥。

4）救护队事故处置

救护队接到命令后，应迅速做出如下反应：当日值班、待机的救护小队同时出发，根据事故性质，带齐个人和小队技术装备，迅速赶赴事故现场。第一个到达灾区的小队，应担负起对灾区进行全面侦察的任务，第二个到达的救护小队为其待机。

5）矿领导事故处置

矿领导接到调度事故电话后，必须做到：①立即赶到矿调度室，听取调度长（员）对灾情的汇报。②立即组成事故处理总指挥部。③聘请处理灾害事故有丰富经验的干部、工程技术人员和工人，以及外援救护队长参加组成指挥部。④建立井下救灾基地，任命井下前线指挥部总指挥。

6）人员分工及职责

（1）总指挥（矿长）是处理灾害事故的第一责任者，是处理事故灾害的组织者、决策者，有权对不同意见做出裁定。

（2）副总指挥是总指挥的助手，协助总指挥制订灾害事故处理方案，并组织、检查其实施。总指挥不在场时，行使总指挥的指挥权。

（3）前线指挥是执行救灾计划、实施救灾方案的组织者。如救灾过程中由于情况变化需要变更救灾计划和方案时，应当向总指挥报告请示，经批准后，方可变更，情况特殊时，可在保证安全的前提下采取特殊处理，事后进行汇报。

（4）处理灾害事故计划和方案确定后，要迅速传到前线指挥部，并组织实施。执行中情况如有变化或与实际情况不符，总指挥应迅速作出变更原计划决定，并将变更情况、根据和内容，以及执行的安全措施，注意事项，实施顺序、步骤及时通知前线指挥部。

（5）矿山救护队队长对矿山救护队的行动全权负责，具体指挥现场抢险救灾。要随时掌握战斗力使用情况和救灾的进程。矿山救护队的一切行动，由指挥部统一指挥。

（6）前线指挥部未组建前，矿山救护队队长、通风区（科）长和井下当班矿长担任井下总指挥，承担抢险救灾的任务。

2. 救灾方案的决策要点

瓦斯爆炸是煤矿极其严重的灾害，当爆炸事故发生后，矿领导应利用一切可能的手段了解灾情，然后判断灾情的发展趋势，及时果断地作出决策部署，下达救灾命令。

1）应充分了解瓦斯爆炸的相关情况

（1）爆炸确切地点。

（2）事故波及范围。

（3）爆炸区域内的作业人员分布情况。

（4）瓦斯爆炸造成的人员伤亡情况。

（5）爆炸影响区域范围内的通风情况（风量大小、风流方向、风门等通风构筑物的损坏情况……）。

（6）灾区瓦斯及有害气体情况（瓦斯浓度、烟雾大小、一氧化碳浓度及它的流向）。

（7）主要通风系统、设施的变化情况。

2）应分析判断的内容

（1）通风系统破坏程度。

（2）是否会产生连续爆炸。

（3）是否诱发火灾。

（4）可能的影响范围。

3）应作出的决策

（1）切断灾区电源。

（2）撤出井下所有人员。

（3）向主管单位汇报。

（4）及时召请救护队。

（5）成立抢救指挥部，并制定救灾方案。

（6）保证主要通风机和空气压缩机正常运转。

（7）保证升降人员的井筒正常提升。

（8）清点井下人员、控制入井人员。

（9）命令有关单位准备救灾物资，医院准备抢救伤员。

（10）矿山救护队到矿后，首先应进行灾区侦察，明确事故现场具体情况。

3. 事故救援的具体措施

（1）派救护队沿最短的线路，以最快的速度到达遇险人员最多的地点进行侦察、抢救。

（2）迅速恢复灾区通风。采取一切可能采取的措施，迅速恢复灾区的通风，排除爆炸产生的烟雾和有毒气体，让新鲜空气不断供给灾区，是抢救遇险人员最有效的方法。但在恢复通风前，必须查明有无火源存在。否则会再次引起爆炸。

（3）反风。在紧急抢救遇险人员的特殊情况下，爆炸产生的大量有毒有害气体，严重威胁回风方向的工作人员时，在确认进风方向的人员已安全撤退的情况下，可考虑反风。但对此必须十分慎重。不经过周密分析，盲目行动，往往会造成扩大事故。

（4）清除灾区巷道内的堵塞物。

（5）扑灭爆炸引起的火灾。

（6）发生连续爆炸时，任何人不得进入灾区侦察和救人。

（7）最先到达事故矿井的救护小队，担负抢救遇险人员和灾区的侦察任务，但必须是在确保自身安全的前提下进行。

（8）井下待机地点应选在距灾区最近、有新鲜空气安全可靠的区域。

（9）恢复通风设施时，首先恢复主要的最容易恢复的通风设施。损坏严重，一时难以恢复的通风设施可用临时设施代替。恢复独头通风时，除将局部通风机安在新鲜空气处外，应按排放瓦斯的要求进行。

4. 不同地点瓦斯爆炸事故的处理

当瓦斯爆炸事故发生地点不同、波及范围大小不同、危害不同时，对它们的处理方法和对策也应有区别。

1）瓦斯排放引起瓦斯爆炸事故

瓦斯排放引起瓦斯爆炸事故的处理如图5-1所示。

2）采煤工作面瓦斯爆炸事故

采煤工作面瓦斯爆炸事故的处理如图5-2所示。

3）火区和采空区内瓦斯爆炸事故

火区和采空区内瓦斯爆炸事故的处理如图5-3所示。

5. 爆炸界限及通风系统破坏程度分析

1）混合性可燃气体的爆炸界限

当空气中混入多种可燃气体，且各组分之间不发生化学反应时，爆炸性混合物的爆炸界限可以根据里查特（Le Chatelier）法则计算，计算公式如下：

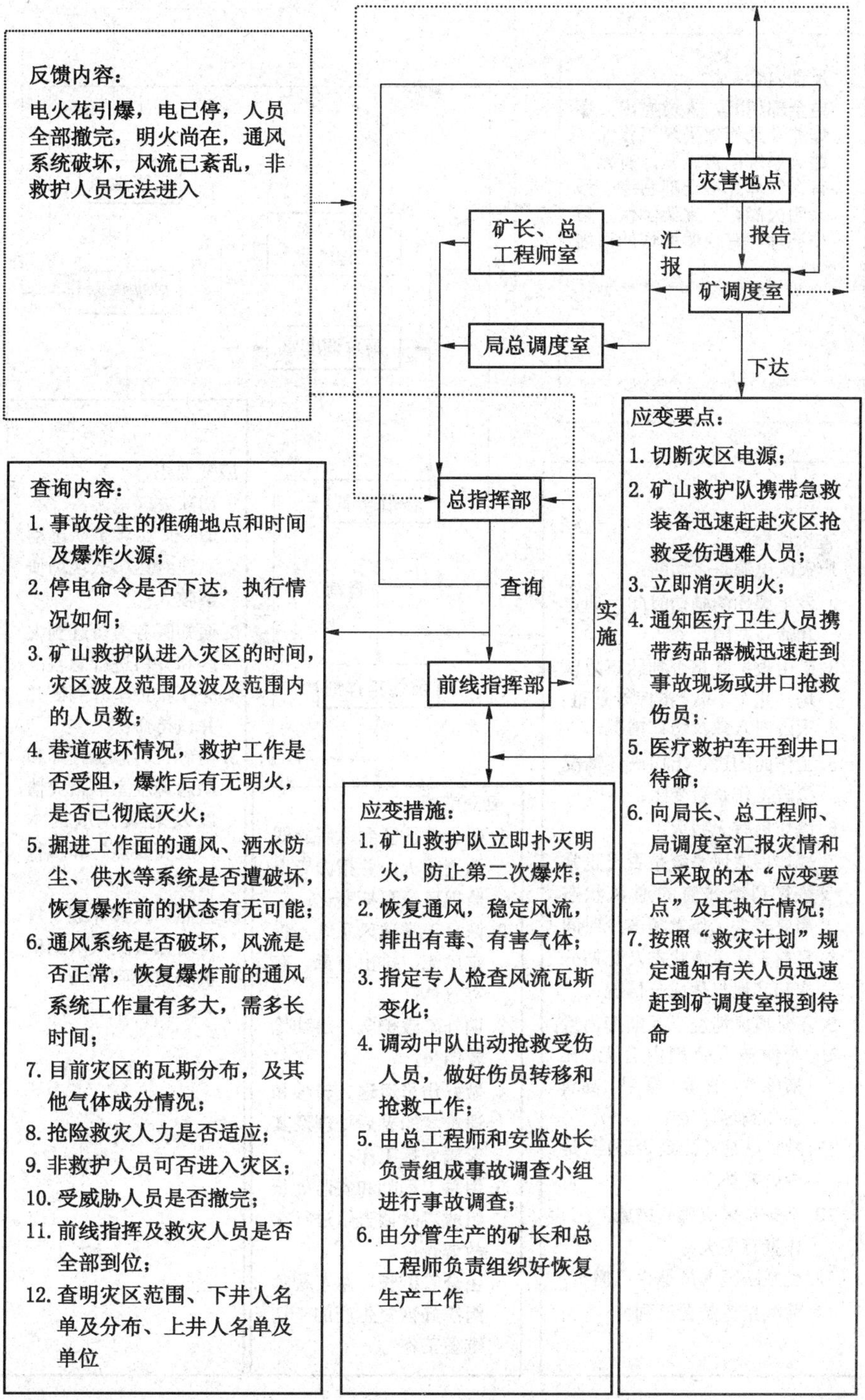

图 5－1　瓦斯排放引起瓦斯爆炸事故的处理

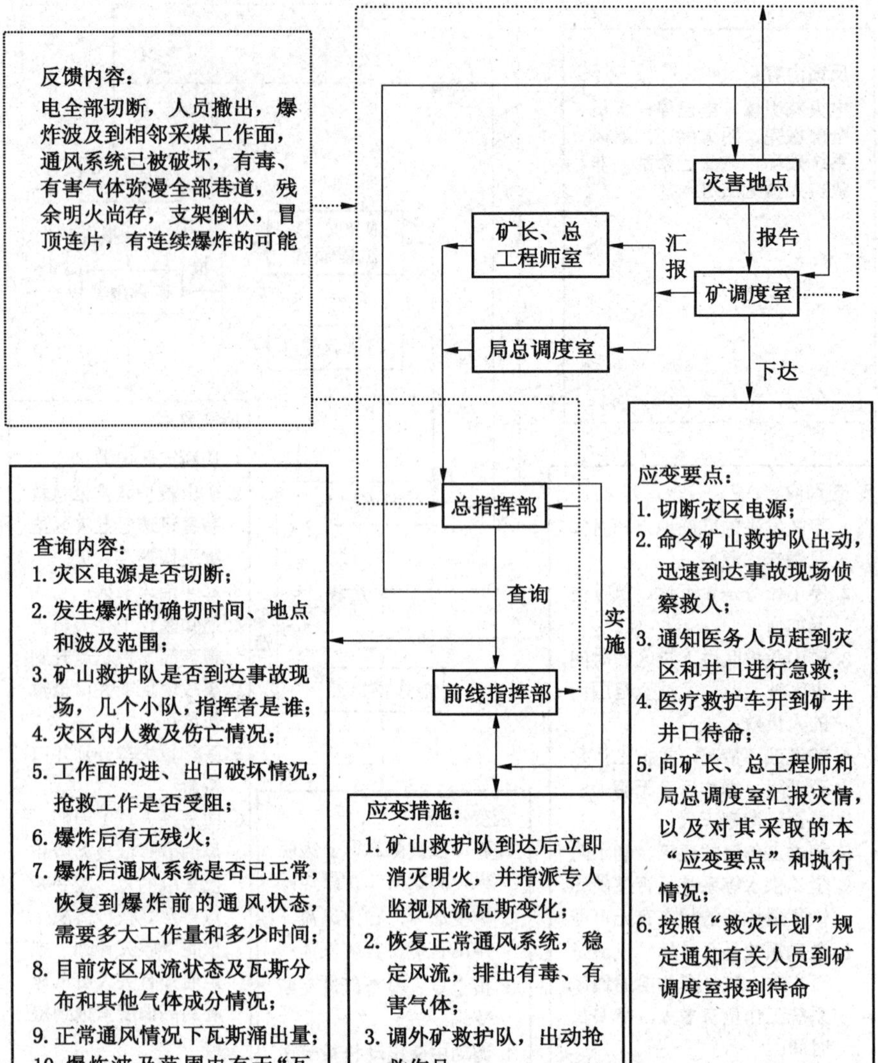

图5-2　采煤工作面瓦斯爆炸事故的处理

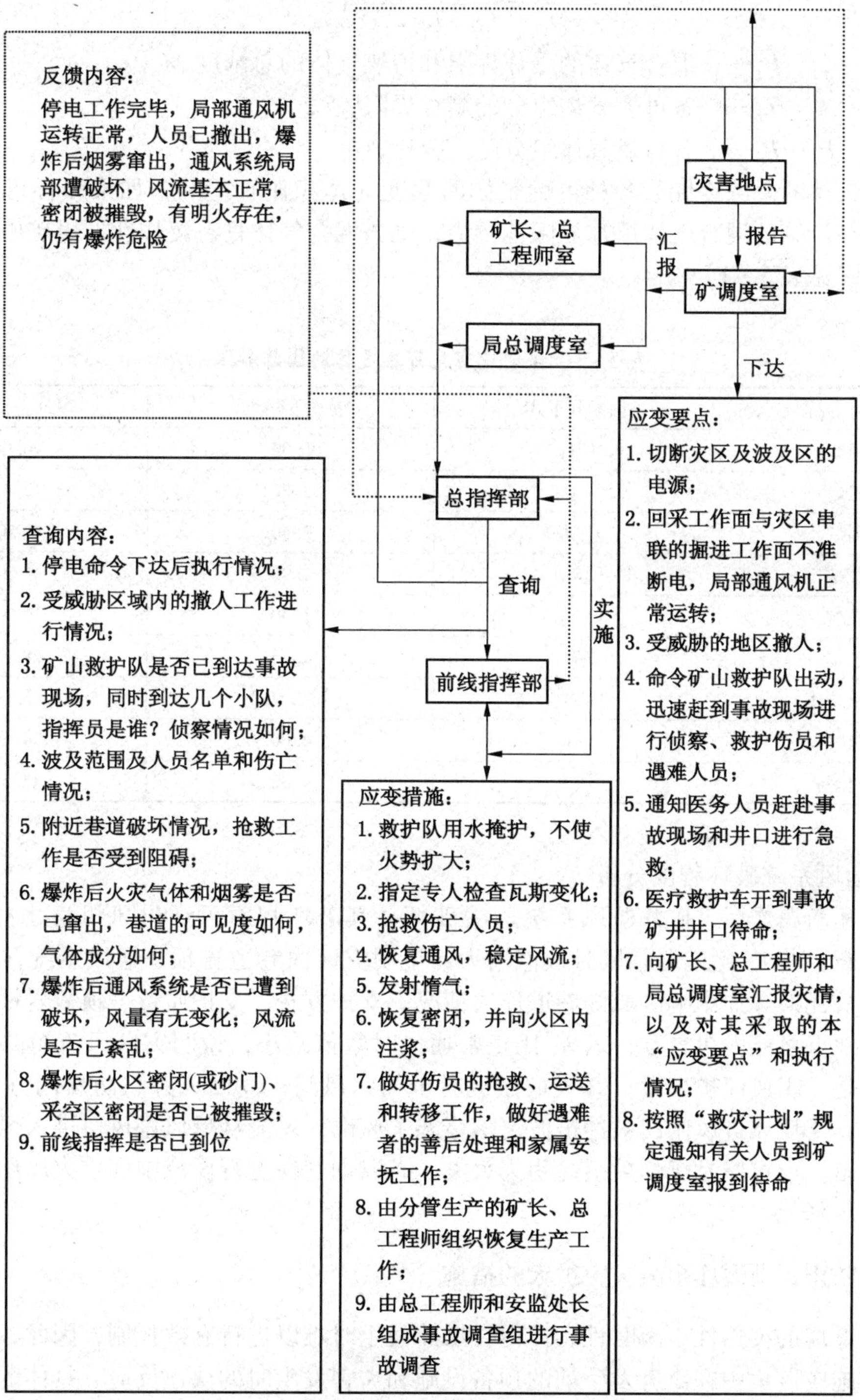

图5-3　火区和采空区内瓦斯爆炸事故的处理

$$\frac{P_T}{L_T}=\frac{P_1}{L_1}+\frac{P_2}{L_2}+\cdots+\frac{P_n}{L_n}$$

式中　L_T、P_T——混合气体的爆炸界限和可燃气体的总浓度,%；

L_1、$L_2\cdots L_n$——各可燃气体组分的爆炸界限,%；

P_1、$P_2\cdots P_n$——各可燃气体组分的百分比,%。

混合气体的总浓度即为各种可燃气体的浓度（体积比）之和，如果多种可燃气体的浓度之和在计算的混合气体爆炸界限范围内，则该混合气体具有爆炸性。煤矿中常见气体的爆炸界限见表5-1。

表5-1　煤矿中常见可燃气体的爆炸界限

气体名称	化学分子式	爆炸下限/%	爆炸上限/%
甲烷	CH_4	5.00	16.00
乙烷	C_2H_6	3.22	12.45
丙烷	C_3H_8	2.40	9.50
丁烷	C_4H_{10}	1.90	8.50
戊烷	C_5H_{12}	1.40	7.80
乙烯	C_2H_4	2.75	28.60
一氧化碳	CO	12.50	75.00
氢气	H_2	4.00	74.20
硫化氢	H_2S	4.32	45.50

2）通风系统破坏程度分析

发生瓦斯爆炸后，矿井通风系统遭受破坏，其破坏程度可通过风机房水柱计（h_s）来分析判断。若h_s比正常通风时数值增大，说明灾区内巷道冒顶，通风系统被堵塞。此时就应分析瓦斯爆炸影响区域内巷道连通情况、支护方式、支护质量、顶板岩性等，进而判断哪些地点可能发生冒顶；若h_s比正常通风时数值减小，说明灾区风流短路。其产生原因可能是：①风门被摧毁；②人员撤退时未关闭风门；③回风井口防爆门（盖）被冲击波冲开；④反风进风闸门被冲击波击落堵塞了风硐，风流从反风进风口进入风硐，然后由风机排出。也可能是爆炸后引起明火火灾，高温烟气在上行风流中产生火风压，使主要通风机风压降低。

二、防止瓦斯爆炸事故灾害扩大的措施

瓦斯爆炸的突然性、瞬时性，使得在爆炸发生时难以进行有效控制，因此，防止灾害扩大的措施应该集中在灾害发生前的预备设施和灾害发生时的快速反应。具体的隔爆阻爆措施有两个方面，即分区管理和利用爆炸产生的高温、冲击波设置自动阻爆装置。

1. 分区管理

（1）分区管理是防止灾害蔓延扩大的有效措施，利用矿井开拓开采的分区布置，在各个采区之间、不同生产水平之间、矿井两翼采用自然分割或保护煤柱，并布置必要的防

止爆炸传播设施，可以实现井下灾害的分区管理，使某一区域发生的灾害难以传播到相邻的区域，从而简化救灾抢险工作，防止灾害的扩大。

（2）要实现分区管理，矿井的通风系统应力求简单，对井下各工作区域实行分区通风，每一生产水平，每一采区都必须布置单独的回风道，严格禁止各采区、水平之间的串联通风，尽量避免采区之间角联风路的存在。采区内回采工作面和掘进工作面应采用独立的通风路线，防止互相影响。对于矿井主要进、回风道之间的联络巷必须构筑永久性挡风墙，生产必须使用的，应安设正、反向两道风门。装有主扇的出风口应安装防爆门。在开采有煤尘爆炸危险的矿井两翼、相邻采区、相邻煤层和相邻工作面时，应安设岩粉棚或水棚隔开。在所有运输巷道和回风巷道中必须撒布岩粉，防止爆炸传播。

（3）对于多进风井、多主要通风机的矿井，应尽量减少各风机所辖风网之间的联络巷道，如果无法避免，则应保证风流的稳定并安设必要的隔爆设施。各主要通风机的特性最好相近，并与负担的通风需求相匹配。进风区域中公共部分应该尽量减少，以防止风速超限和增加矿井总通风阻力。

2. 隔爆、阻爆装置

当瓦斯爆炸发生后，依靠预先设置的隔爆装置可以阻止爆炸的传播，或减弱爆炸的强度、降低爆炸的燃烧温度，以破坏其传播的条件，尽可能地限制火焰的传播范围。主要方法如下所述。

1）用岩粉阻隔爆炸的蔓延

岩粉是不燃性细散粉尘，定期将岩粉撒布在积存煤尘的工作面和巷道中，可以阻碍煤尘爆炸的发生和瓦斯煤尘爆炸的传播。

岩粉棚是安装在巷道靠近顶板处的若干组台板，每块台板上存放大量岩粉。发生爆炸时，冲击波将台板摧垮使岩粉弥漫于巷道中，吸收爆炸火焰的热量及惰化空气，阻碍爆炸的传播。

2）用水预防和阻隔爆炸

在巷道中架设水棚的作用与岩粉棚的作用相同，只是用水槽或水袋代替岩板棚。要求每个水槽的容量为40～75 L，总水量按巷道断面计算大于400 L/m^2，水棚长度小于30 m。岩粉的缺点是易受潮结块，需要经常更换，成本较高，国内外现在都广泛使用水代替岩粉隔爆。水的比热容比岩粉高5倍，汽化时吸热并能降低氧气的浓度，在爆炸的作用下比岩粉飞散快，隔爆效果较好。

3）自动式防爆棚

使用压力或温度传感器，在爆炸发生时探测爆炸波的传播，及时将预先放置的水、岩粉、氮气、二氧化碳、磷酸铵等喷洒到巷道中，从而达到自动、准确、可靠地扑灭爆炸火焰，防止爆炸蔓延的目的，常用的有自动水幕等。

第二节　煤与瓦斯突出事故的处理原则与方法

煤与瓦斯突出是煤矿生产中一种极其复杂的动力现象，它能在极短的时间内由煤体向巷道或采场突然喷出大量的煤炭并涌出大量的瓦斯，是严重威胁煤矿安全生产的主要灾害之一。

一、煤与瓦斯突出事故的处理原则

1. 应急处置原则

（1）矿井发生瓦斯喷出或煤与瓦斯突出（以下简称突出）事故后，应立即通知矿山救护队进入灾区抢救遇难人员，并对充满瓦斯和煤的巷道进行处理。

（2）立即通知灾区和灾区附近受到威胁的人员停止工作，迅速佩戴隔离式自救器撤离灾区和危险地段，或撤至有压气供应的避难硐室，阻止不佩戴氧气呼吸器的人员进入灾区。

（3）迅速采取措施，以最大风量供给灾区，以最短的路线排除瓦斯。

（4）为了防止瓦斯蔓延，应采取措施封堵瓦斯排放源。

（5）对于突出的煤与矸，应先喷洒水雾，在短时间内加以清除。

2. 救护队行动原则

（1）事故发生在采煤工作面时，首先到达事故矿井的小队，为了迅速抢救遇险人员，应从回风侧进入灾区；事故发生在掘进工作面时，首先到达事故矿井的小队应从入风侧进入灾区。救护队进入灾区之前，应携带足够数量的呼吸器和隔离式自救器，以供遇险人员佩戴。

（2）矿山救护队进入灾区抢救众多的遇险人员时，应首先考虑采用压风管等各种手段向遇险人员所在地点进行通风，供给遇险人员新鲜空气。

（3）矿山救护队应派出小队对灾区和灾区附近的巷道进行全面侦察，引导处在危险区域的人员到安全地点。

（4）为了防止瓦斯向有人员工作的地点和火区蔓延，矿山救护队应调整风路和通风设施，迅速排放瓦斯，必要时采取挂风障，建造临时密闭的方法封堵瓦斯排放源。

（5）矿山救护队将灾区的遇险人员救出后，应将灾区内的瓦斯排除，并配合有关人员清除喷出或突出的煤、矸。

3. 关键事项

（1）矿山救护队进入灾区必须首先切断通向灾区的电源，防止人员触电，防止出现电火花引起瓦斯、煤尘爆炸。

（2）每个队员进入灾区之前都应严格进行矿灯的防爆检查，并严禁使用灾区内的电气设备。

（3）矿山救护队进入灾区后，必须认真检查气体和温度的变化。发现空气中出现一氧化碳和温度升高现象时，应提高警惕，并迅速查明原因。

（4）矿山救护队在侦察时发现喷出或突出的瓦斯发生燃烧时，应立即采取直接灭火措施将火源消除。如果是大型瓦斯燃烧事故，应立即撤出人员，对火区进行封闭。

（5）排放瓦斯时，应直接将瓦斯引入回风巷道，严禁经过尚未封闭完毕的火区。

（6）清理喷出或突出的煤矸时，应洒水降尘。为了防止二次突出，要设置防护板，打密集支柱，防止突出孔洞的煤岩垮落伤人。

（7）处理二氧化碳突出事故时，队员进入灾区要戴好防烟眼镜。

二、局部瓦斯积聚的处理方法

当矿井发生突出事故时，短时间内煤矿井下很多区域会充满大量的高浓度瓦斯，并会四处蔓延。因此，正确处理局部瓦斯积聚是突出事故救灾过程中的一项主要工作。

1. 顶板区域层状瓦斯积聚处理

层状瓦斯积聚的处理方法一般是采用增大供风量来冲淡稀释瓦斯，通常为增加巷道风速和增加局部积聚区风量。

当无法保证稀释瓦斯层所需的巷道平均风速时，可采取增大瓦斯积聚地点的风量。如：在支架顶梁下面加导风板，将风流引向顶板附近；沿顶板铺设压风管，每隔一段距离接一分支短管，用压风将瓦斯层吹散；在集中瓦斯源附近装设引射器等。增大顶板局部积聚区风量吹散瓦斯如图 5－4 所示。

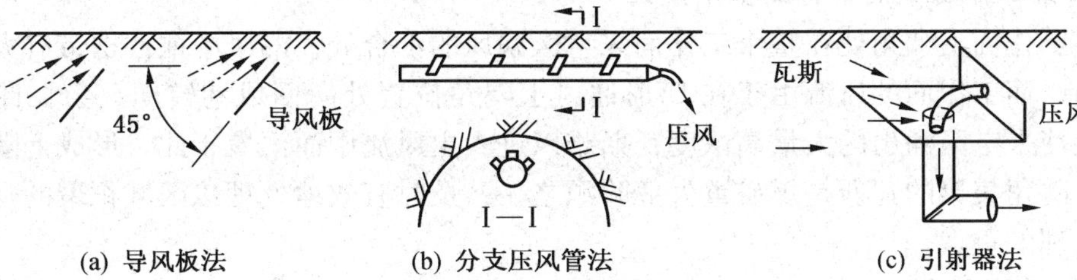

图 5－4　增大顶板局部积聚区风量吹散瓦斯

2. 顶板冒落空洞瓦斯积聚处理

在不稳定的煤、岩层中，无论是掘进巷道还是回采工作面，冒顶是经常出现的，从而在巷道顶部形成空洞，有时可能达到很大的范围。由于冒顶处通风不良，往往积存着高浓度的瓦斯。风流吹散法是处理该处积聚瓦斯的有效方法。风流吹散法是通过加大冒落空洞内的供风量来冲淡稀释瓦斯。其具体实施方法应根据冒高与范围、积聚瓦斯量、瓦斯涌出速度和巷道风速的大小来选择。

1）导风障法

用风障将风引导到巷道冒落高顶处吹散积聚的瓦斯，如图 5－5 所示。

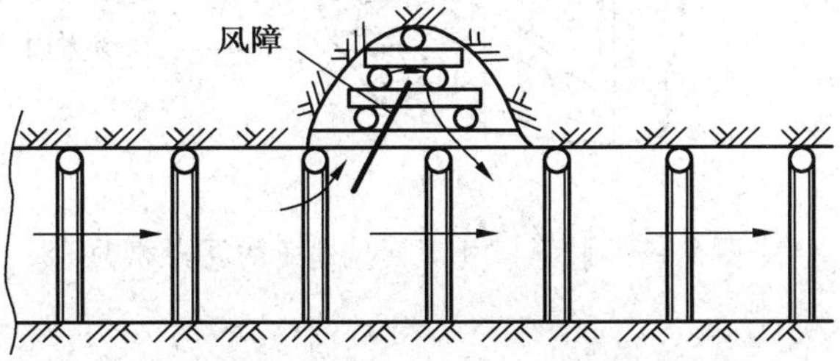

图 5－5　导风障引风吹散法

2）风管法

若巷道中无局部通风机及风筒，但有压风管路，亦可从压风管路上接出一个或多个分支压风管，伸达高顶处，送入压风吹散积聚的瓦斯，如图5-6所示。

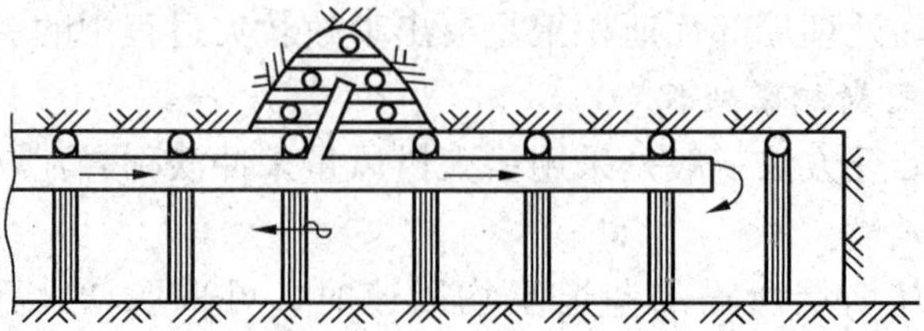

图5-6　分支风管送风吹散法

3. 回采工作面上隅角瓦斯积聚处理

采煤工作面上隅角处在整个工作面采空区漏风的汇合处，漏风中往往携带有大量的采空区瓦斯，而工作面的风流由于在U形通风上隅角位置处向回风巷转向，会在此处形成涡流，致使采空区涌出的大量高浓度瓦斯难以进入主风流中而汇聚于此，形成上隅角瓦斯集聚。上隅角集聚的瓦斯是煤矿重大危险源之一，及时有效地处理该区域积聚的瓦斯是日常瓦斯管理的重点。

1）挂风障引流

该方法是在工作面支柱或支架上悬挂风帘等阻挡风流的物品，改变工作面风流流动的路线，以增大向回风隅角处的供风量，悬挂的方法如图5-7所示。该方法的优点是操作简单、快捷，立即可以发挥一定的作用；缺点是能引流的风量有限，且风流不稳定，增加了工作面的通风阻力和向采空区的漏风，对工作面的作业有一定影响。该方法可以作为一种临时措施在井下采用，对于瓦斯涌出量较大、回风隅角长期超限的工作面，应该采用更为可靠的方法进行处理。

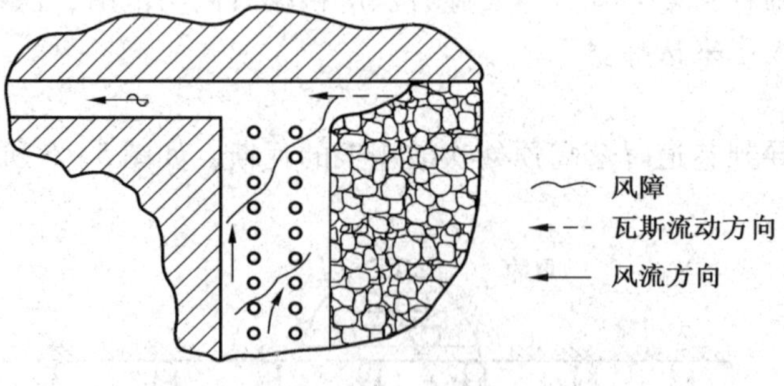

图5-7　挂风障处理回风隅角的瓦斯积聚

2）专用回风巷排放瓦斯法

专用回风巷排放瓦斯是利用与工作面回风巷平行的专门瓦斯排放巷道，通过其与采空区相连的联络巷排放瓦斯的方法，巷道的布置如图5-8所示。

该方法的优点是不需要增加设备，易于实施，且风流较稳定，可以长期使用。缺点是

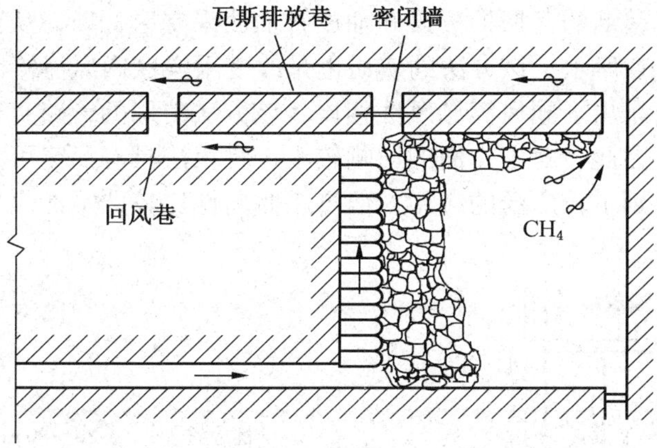

图5-8　专用回风巷排放法处理回风隅角瓦斯积聚

增加了向采空区的漏风，对于自然发火的工作面不宜采用，专用回风巷的管理十分重要，必须保证其中的安全。

3）风筒导风法

该方法是利用铁风筒和专门的排放管路引排回风隅角积聚的瓦斯，为了增加管路中高瓦斯风流的流量，一般附加其他动力以促使回风隅角处的风流流入风筒中。如图5-9所示，利用的是水力引射器，其他动力还可以是局部通风机、井下压气泵等。该方法的优点是适应性强，可应用于所有矿井，且排放能力大，安全可靠。缺点是需要在回风巷道布置管路等设备，影响工作面的作业。该方法使用的动力设备必须是防爆的，且引排风筒内的瓦斯浓度要加以限制，一般应小于3%。

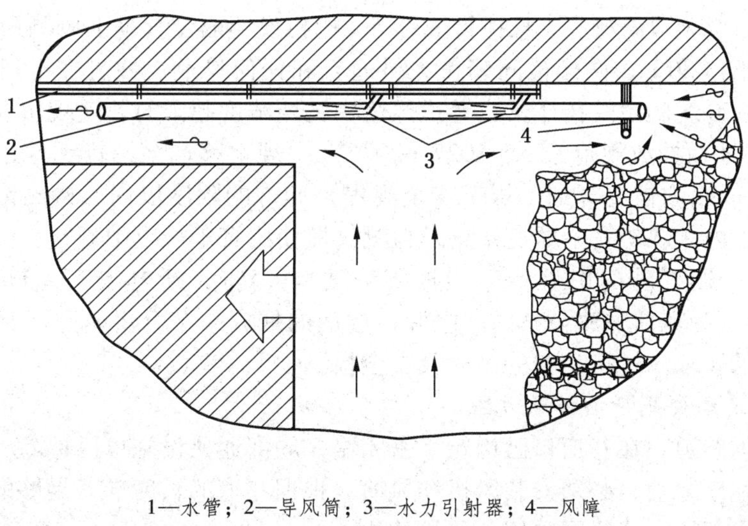

1—水管；2—导风筒；3—水力引射器；4—风障

图5-9　风筒导风法处理回风隅角积聚的瓦斯

4）移动泵站抽放法

该方法是利用可移动的瓦斯抽放泵和抽放管抽放采空区瓦斯，从而减小回风隅角处的瓦斯涌出，如图5-10所示。该方法的实质也是改变采空区内风流流动的线路，使高浓度的瓦斯通过抽放管路排出。同风筒导风法相比，该方法使用的管路直径较小，抽放泵也不布置在回风巷道中，因此，对工作面的影响较小，且该法具有稳定可靠、排放量大、适应性强的优点，当前得到了较广泛的应用，但自燃倾向性比较严重的煤层不宜采用。

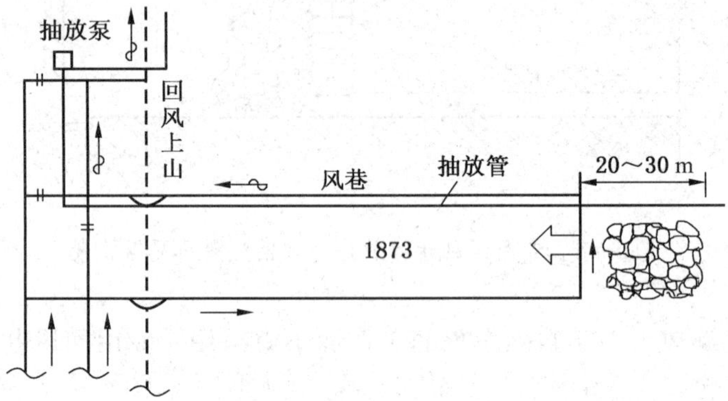

图5-10　移动泵站抽放上隅角瓦斯

根据上隅角处抽放管路特性不同，又可分为插管抽放和埋管抽放。插管抽放采用铠装软管插入上隅角；埋管抽放将抽放铁管随工作面推进而埋入采空区。抽放法治理上隅角瓦斯时，上隅角支管要不断换位，确保吸口处于高浓度瓦斯区。对易燃采面实施采空区瓦斯抽放时，应根据实际情况合理确定抽放混合气体中CO浓度的安全临界值。若上隅角附近出现发火预兆时，必须先将高温点彻底消灭后再进行抽放。抽出的瓦斯排入回风巷时，在排瓦斯管路出口必须设置栅栏、悬挂警戒牌等。栅栏设置的位置是上风侧距管路出口5 m、下风侧距管路出口30 m，两栅栏间禁止人员通行和任何作业。并且在下风侧栅栏外必须设矿井安全监控系统的甲烷传感器，巷道风流中瓦斯浓度超限时，实现报警、断电，并进行处理；《煤矿瓦斯抽放规范》（AQ 1027—2006）中规定移动泵站排到巷道内的瓦斯，其浓度必须在30 m以内被混合到《煤矿安全规程》允许的限度以内。检测传感器的位置设在栅栏外1 m以内；煤矿安全监控系统及检测仪器使用管理规定中规定，井下临时瓦斯抽放泵站内下风侧栅栏外的甲烷传感器报警浓度≥0.5%，断电浓度≥1%，复电浓度<0.5%。断电范围为瓦斯抽放泵站内的电源；选用的抽放泵符合煤矿井下瓦斯移动泵站技术条件中规定的要求，进行相关的试验及安全检测。

4. 密闭巷道积聚瓦斯的排放方法

长期停掘的巷道，在巷道口已构筑了密闭墙，局部通风设施也已拆除，其内积存瓦斯甚多。在排除瓦斯之前，必须安装风机和风筒。根据巷道的长度准备足够的风筒。排除这类巷道中的积聚瓦斯，一般是采用分段排放法。

（1）密闭拆除后，工作人员进入巷道检查瓦斯，随之延长风筒和排放瓦斯。一人在风流混合处检查瓦斯含量，在不超标的情况下，延接下一节风筒，直至工作面迎头。

（2）在排完巷道瓦斯后，应全面检查巷道各处的瓦斯浓度，如局部地点仍有瓦斯超限，可采用断开风筒接头的方法，排除该区段的瓦斯。

5. 盲巷瓦斯排放方法

1）分段排放法

分段排放法是从掘进巷道口起，逐段向里排放瓦斯的方法。如果是停风较久而风筒已经拆除的盲巷，在排放瓦斯前，需将局部通风机置于全风压通风的新鲜风流内，开动局部通风机，先接一节风筒向独头巷道供风，使用风袋等方法控制风量，待排除该段区域瓦斯后再接下一节风筒，风筒依次向里延伸，分段排放巷道内积聚的瓦斯。如果是临时停风，巷道中的风筒应从巷道口一节一节地断开供风，即断开下一个接头后再接通前一个已被断开的接头，这样逐段向里延伸。在分段排放时，必须注意限量，应由瓦斯检查员在风流混合处检查瓦斯浓度。

2）三通卸流排放法

卸流排放法是在巷道口的风筒上接一个三通风筒，其布置如图 5－11 所示。局部通风机送入独头巷道的风流分两部分：一路流向瓦斯积聚巷道以冲淡积聚的瓦斯；另一路风流由 T 形三通风筒的另一端排出。调节 T 形三通两端的风量可以控制风流混合处的瓦斯浓度，以达到安全排放。这种方法安全可靠，操作方便。

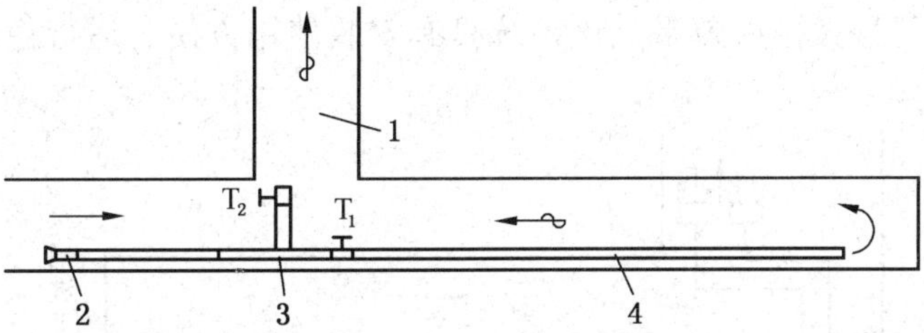

1—瓦斯测点；2—局部通风机；3—T 形风筒；4—风筒

图 5－11　T 形风筒排放瓦斯示意

3）盲巷外风筒接头断开调风法

采用局部通风机和柔性风筒送风的掘进工作面，排除盲巷积聚瓦斯时可用此法，因为柔性风筒移位、接头断开与接合均比较方便，如图 5－12 所示。排放瓦斯时，起初送入盲巷的风量要小，大部分风量从风筒断开处涌入巷道内，之后根据排出瓦斯量的大小，逐渐加大送入盲巷的风量。在缓慢地排放瓦斯过程中，随着两个风筒接头由错开而逐渐对合，直至全部接合，送入盲巷的风量亦由小到大，直到局部通风机排出全部风量。如果排至盲巷口的瓦斯浓度不超限，且能较长时间稳定下来，即可结束排放瓦斯工作。经检查确认安全可靠时即可送电恢复掘进。

4）自动排放瓦斯装置

GDS－1 型瓦斯自动排放系统排放盲巷积聚瓦斯时的工作原理和安装示意如图 5－13 所示。局部通风机为积聚瓦斯的排放提供动力。控制装置 D 接收到测点瓦斯传感器 T_1、T_2 处瓦斯浓度值，经控制装置 D 中单片微机运行计算，确定调节风门的开或关以及开关

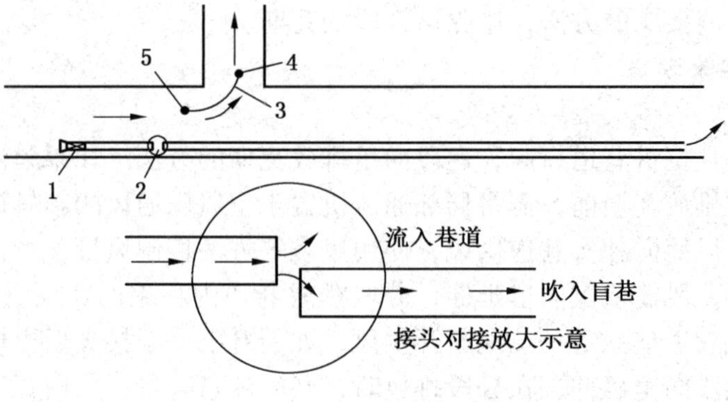

1—局部通风机；2—风筒接头断开地点；3—测瓦斯浓度胶管；
4—瓦斯检查点；5—瓦斯检查员位置

图5-12　风筒接头断开调风法

角度的大小，并给出控制指令到控制装置D中驱动器，驱动器驱动电机转动，调控风门的开关大小，从而调控调节风门K的漏风量大小，确保独头巷道中排出的风流和全风压风流混合处的瓦斯浓度在规定安全值以下。整套系统检测、调节、控制、安全排放全部实现智能化，并保证了最大排放效果。该系统具有安装使用方便、运行稳定可靠等优点。

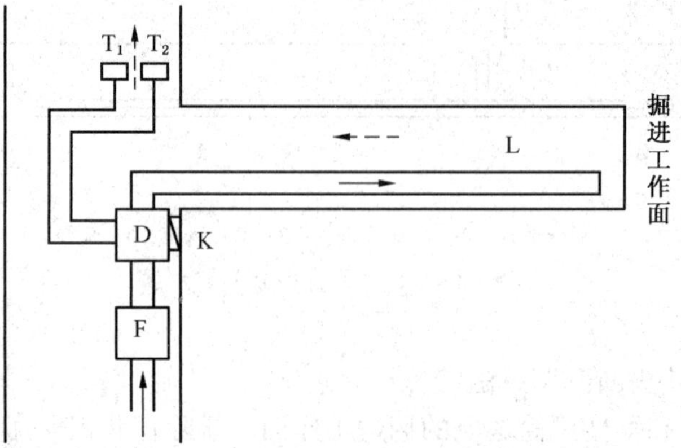

T_1、T_2—风流混合处瓦斯传感器；K—调节风门；
L—软风筒；D—控制装置；F—局部通风机

图5-13　GDS-1型瓦斯自动引排系统排放盲巷积聚瓦斯示意

三、技术措施及实施的评测

为了保障瓦斯排放过程的安全可靠，对技术措施及实施过程应进行如下方面的评测。

（1）技术措施中是否明确瓦斯积聚的地点或区域（瓦斯排放地点的局部通风系统图）。

（2）技术措施中有无瓦斯积聚原因的阐述，如果系统停风引起的瓦斯积聚，有无停风的具体时间。

（3）技术措施中瓦斯积聚量的估算和排放时间的估算是否合理。

（4）技术措施中瓦斯排放路线、排放方法、停电撤人范围是否明确，是否文图齐全。

（5）技术措施中各主要岗位是否责任到人，主要岗位有：现场指挥、瓦斯检查员、负责停电人、防止他人误入的站岗人员、联络员（或联络方法）。

（6）技术措施的审批是否符合规定。

（7）实施过程中是否坚决执行“三个坚持”（停电、撤人和限量），是否有瓦斯浓度测量记录。

（8）实施过程中所使用的仪器、设备是否正常、可靠。

第三节　外因火灾事故处理方法

外因火灾是指非煤炭自然发火而引发的所有火灾，如井下使用电、气焊时的残火引发的火灾，机械摩擦引燃油脂火灾，输送机胶带摩擦引燃胶带和煤炭火灾，五小电器使用管理不当、线路短路引燃可燃物火灾，爆破孔堵塞不严爆破引燃可燃物火灾，工作人员违章井下吸烟引发的火灾以及瓦斯煤尘爆炸事故引发的煤炭着火等都属于外因火灾。

一、外因火灾的处置方法

1. 用砂子、岩粉和干粉灭火器灭火

主要用于扑灭油料和带电电气设备火灾，只适用于火势较小，人员可接近的火源。

2. 用水灭火

用水直接灭火经济、有效、方便，水具有较大的比热和汽化热，1 kg 水可转化为 1.73 m^3 的水蒸气、吸热 2256.7 kJ。用水直接灭火适用于火势较小，范围不大，特别是处于发火初始阶段，风流畅通，水蒸气易于排放，巷道支护牢固，火源附近瓦斯浓度低于 2% 的地方。用水灭火的注意事项如下。

（1）水量充足。直接灭火时，要保证火源附近有充足供水。许多矿井火灾常因水量或水压不够或供水管网布置不合理，致使直接灭火失败，而不得不封闭火区。

（2）水流方向。供水管中水流与风流应在同一方向流动。当流动方向相反时，若火源下风侧高温烟流破坏巷道支护，引起片帮或巷道垮塌，可能破坏供水管或管接头橡胶垫圈，引起漏水，从而断绝直接灭火的水源。另外，在火源下风侧进行接支管分水等作业也很危险。在供水和风流流向不得不反向的地区应在管线上风侧备有其他水源，以备不测。

（3）线路、水管和阀门布置。为避免水管冻结，一些寒冷地区矿井布置水管系统由回风巷进入。若出现火灾，供水可能被破坏。应由各进风井筒的管道提供稳定的消防供水，仅依靠井下供水池是危险的，不仅水泵消耗电能，而且也会出现风水反向流动的问题。

二、直接灭火时的风流调控

实践证明，外因火灾发生时风流调度正确与否，对灭火救灾的效果起着决定性的作用。因此，在处理明火火灾事故时，弄清火灾性质、发火位置、火势大小、火灾蔓延方向和速度、遇险人员的分布及其伤亡情况、灾区风流（风量大小及其流向）及瓦斯等情况后，要正确地进行风流调控。

处理火灾时常用的风流调控方法有：正常通风，增减风量，反风，火烟短路，停止主要通风机运转等。

1. 保持正常通风

保持火灾时期正常通风是以抢救遇险人员、防止发生爆炸事故和创造直接灭火条件为前提，在没有充分理由对矿井通风系统进行调整的情况下，一般都应采取正常通风，特别在以下情况下更应如此。

（1）当矿井火灾的具体位置、范围、火势、受威胁地区等在还没有完全了解清楚时，要保持正常通风。

在火区情况不清楚的情况下，盲目地实施控风措施，很有可能造成火灾气体向其他区域扩散，使那些本不应受到火区威胁的区域出现有害气体甚至出现火患。因此，必须在保持正常通风的情况下尽快查明火源，以便于科学地组织抢救遇险人员和组织灭火。

（2）当火源的下风侧有遇险人员尚未撤出或不能确认遇险人员是否已牺牲，且矿井又不具备反风和改变烟流流向的条件时，应保持正常通风。

矿井火灾尽管发展迅速，但其也有一个变化过程。在此过程中，火源点下风侧 CO 气体、烟雾逐渐增大，氧含量逐渐下降。单纯从灭火角度讲，减少向火区的供风量可以起到抑制火势的作用，但不可避免地将造成火源下风侧有害气体浓度增高、氧含量降低。因此，在火源下风侧人员尚未完全撤出或者还没有确认该区域人员是否已牺牲的情况下，至少应保证正常通风，以确保在一定时间内火源下风侧有一个温度、有害气体、氧气都能满足遇险人员生存或佩用自救器生存的环境，以便于其自行撤出，或救护人员进入回风侧抢救。

（3）当火灾发生在比较复杂的通风网络中，改变通风方法可能会造成风流紊乱、增加人员撤退的困难、可能出现瓦斯积聚等后果时，应采取正常通风。

矿井通风系统是由各种不同巷道连接成的复杂网络，各用风地点的配风量都是按冲淡有毒有害气体，供人员呼吸等来设计的。在矿井总回风巷和复杂的通风网络中发生火灾时，如随意改变通风方法，必然会导致系统中有些巷道风量增加，有些巷道风量减少，特别是在火区内附加热风压的作用下极有可能使火区以外的其他支路发生烟流逆转，使受灾范围扩大。在高瓦斯矿井更有可能引起瓦斯局部积聚，引发瓦斯爆炸事故。因此，在这种情况下也应保持正常通风。

（4）当采煤、掘进工作面发生火灾，并且实施直接灭火时要采取正常通风。其目的是维持工作面通风系统的稳定性，以确保工作面内的瓦斯正常排放，并使灭火过程中所产生的水蒸气和火灾气体得以顺利排除，为直接灭火人员创造安全的工作环境。

（5）当减少火区供风量有可能造成火灾从富氧燃烧向富燃料燃烧转化时，应保持正常通风。

富燃料燃烧下风侧烟流常为高温预混可燃气体，与旁侧新鲜风流交汇后易形成再生火源或发生爆炸。特别是下风侧高温烟气产生节流效应使着火巷道发生风流紊乱，上风侧出现烟流逆退与新鲜空气混合形成预混气体，当再次进入火源时可发生爆炸。因此富燃料火灾危险性更大，应尽量避免发生。富燃料火灾的基本特性为：①火源点燃烧温度足够高，炽热烟气使下风侧可燃物分解出大量挥发性可燃气体（碳氢化合物）和煤焦油等，以保持燃烧迅速发展。②下风侧烟气中的氧浓度低于维持燃烧所需要的最小助燃浓度。③由于巷道下风侧不同程度的阻塞，造成了热量和炽热气体、煤焦油等有积存条件，且出于烟气膨胀产生节流效应，使高温烟流有向上风侧逆退的趋势。④回风流中 CO_2、CO 气体连续增大，且速度很快。当出现以上富燃料燃烧征兆时，除非有十分可靠的减风、停风理由，否则必须维持火区正常通风或增大风量。

2. 减少风量

当采用正常通风方法会使火势扩大，而隔断风流又会使火区瓦斯浓度上升时，应采取减少风量的办法。这样既有利于控制火势，又不使瓦斯浓度很快达到爆炸界限。在使用此法进行救灾时，灾区范围必须撤人，并严密监视瓦斯情况。当灾区内人员尚未撤出的情况下，为了避免出现缺氧现象，或瓦斯上升到爆炸界限，不利于人员撤退，不能减少灾区风量。在减少灾区风量的救灾过程中，若发现瓦斯浓度在上升，特别是瓦斯浓度上升到达2% 左右时，应立即停止使用此法，恢复正常通风，甚至增加灾区风量，以冲淡和排出瓦斯。

【例】某高瓦斯矿 -20 m 回风石门，因电器着火形成火灾（图 5 - 14）。该发火地点在采区总回风道，火势蔓延很快，在 30 min 内燃烧了木棚支架，使该矿井南部总回风道和地面主要通风机处在十分危险的状态中。救护队到达后，首先将工作面 B_7、B_8 和 B_9 全部停工，并撤出人员。为了减弱火势，使人员能接近火源，就将风门 E_1 和 E_2 打开 1/3，减少了灾区风量。但是，打开后发现 D 点的瓦斯浓度很快增加到 2. 2% 。所以只好关闭风门 E_1 和 E_2，恢复正常通风以冲淡瓦斯，在较短时间内瓦斯就降到了 0. 7% 。然后采用减风法并直接灭火，扑灭了火灾。

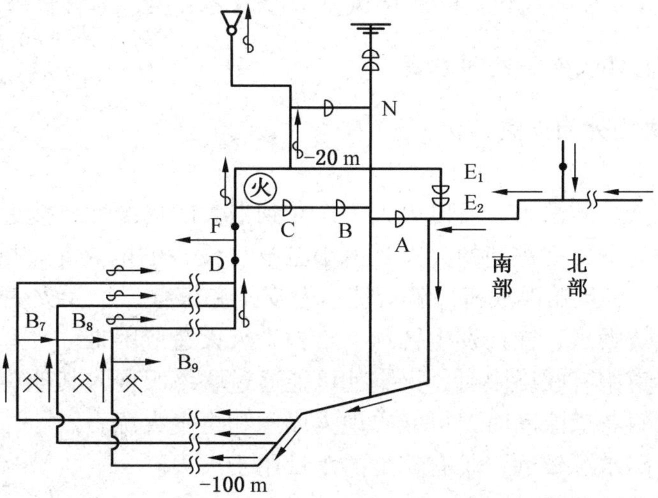

图 5 - 14　某矿火灾事故示意

3. 增大风量

在处理火灾过程中，如发现火区内及其回风侧瓦斯浓度升高，则应增风，使瓦斯浓度降至1%以下；若火区出现火风压，呈现风流可能发生逆转现象时，应立即增加火区风量，避免风流逆转；在处理火灾过程中，发生瓦斯爆炸后，灾区内遇险人员未撤出时，也应增加灾区风量，及时吹散爆炸产物、火灾气体及烟雾，以利人员撤退。

4. 火烟短路

火烟短路是救灾过程中常用的方法。它是利用现有的通风设施（如打开进、回风间的风门）进行风量调节，把烟雾和CO直接引入回风，减少人员伤亡。例如河南省某煤矿北翼六采区胶带下山发生明火火灾，滚滚浓烟随着风流涌向采掘面，威胁着65名工人的生命安全。这一情况被检查人员发现后，冒着烟雾打开正副下山之间的四道风门，让烟雾直接进入回风，使采掘面人员安全脱险。又如，淮南某高瓦斯矿井，进风井口发生明火火灾，淮南救护队打开了该井与回风井之间的风门，使火烟短路，同时直接灭火，避免了井下人员的伤亡。

5. 反风

反风分全矿性反风和局部反风。由于矿井通风网络的复杂性、火源出现的偶然性、火势发展的不均衡性，采用什么方式反风，应根据具体情况确定。反风是一项技术性很强的决定，应慎重考虑反风后果。

6. 停止主要通风机运转

停止主要通风机运转的方法适用条件是：①火灾发生在回风井筒及其车场时，可停主要通风机，同时打开井口防爆盖，依靠火风压和自然风压排烟；②火源发生在进风井筒内或进风井底，限于条件不能反风（如：无反风设备或反风设备动作不灵），又不能让火灾气体短路进入回风时，可尽快停止主要通风机运转，并打开回风井口防爆盖（门）。即使在上述情况下使用，还有可能造成人员伤亡。因为主要通风机停转后，井下风量减少，高浓度的瓦斯可能由自然通风风流带入火源引起瓦斯爆炸。因此，停止主要通风机的时间一定要短，各项准备工作必须提前做好准备，一旦主要通风机停止运转立即进行灭火，然后正常开启风机。停止主要通风机运转的调风方法应慎之又慎，不宜轻率决定。

三、煤巷掘进面外因火灾处理方法

（一）煤巷掘进面外因火灾

1. 火灾特点

（1）由于巷道长、断面小，所以灭火工作受到很大的局限性，接近火源十分困难。

（2）在多数情况下，掘进巷的火灾是由小型电气设备的电火花、爆破等原因引起的，在初始阶段易扑灭，一旦贻误战机，就可能引燃支架和煤壁，扩大灾变。

（3）巷道支架烧毁后，往往发生冒顶，给救人灭火造成困难。

（4）当掘进巷道中有联络眼时，火灾就可能通过联络眼侵入其他巷道，造成蔓延。

（5）火烟沿倾斜巷道流动时，可能出现火风压和再生火源。

（6）掘进巷道距水源较远，难有充足的水量用于灭火。

2. 火灾处理的注意事项

1）局部通风机的控制是关键

首先，掘进巷道发生火灾后，任何人员不准停止局部通风机运转。并且在救灾过程中应派专人守住局部通风机，保证其正常运转。假若发火后局部通风机已停转，则不要立即开动，应经过详细侦察判明情况后，再决定局部通风机的停启和其他救灾措施。如果局部通风机已经停转，则应派救护队员佩戴呼吸器进入巷内侦察，然后根据瓦斯浓度和烟雾多少、温度高低，决定是否启动风机。当瓦斯浓度小于 2% 时，可启动风机，以排烟降温，创造良好的救护环境。当瓦斯浓度高于 16% 时，不论烟雾多少和气温高低，均不准启动风机，以免供氧引起瓦斯爆炸。这就是“保持独头巷道通风原状”的原则。

2）掘进巷道的连通状况

掘进巷道发生火灾时，要注意发生火灾的巷道周围是不是一个实的煤体，即掘进巷道是否和其他采空区、小窑老巷等有连通情况。若为实体则可直接灭火；若存在连通，采用直接灭火要特别慎重，防止灭火过程中高温烟流进入充满高浓度瓦斯的连通地点而引发瓦斯爆炸或燃烧。

3）附近是否有盲巷

注意查清发火巷道入口处进、回风侧有无积存瓦斯的地点（如盲巷）。若有，应先行封闭，避免引起瓦斯爆炸。特别是在发火巷道回风侧有积存瓦斯的地点时，产生爆炸的可能性较大，应先予封闭。

4）火灾发生的位置

查清火灾发生的具体位置极为重要，不同部位的火灾，有不同的特点，处理措施不尽相同。其中迎头火灾最易处理，中部火灾最难处理，入口火灾易形成大火。

5）用水灭火

在掘进巷道中用水灭火，要特别注意防止水蒸气伤人或发生水煤气爆炸。我国矿山救护队处理矿井火灾时，由于灭火措施不当等原因，曾多次发生水煤气爆炸，或膨胀的水煤气伤人事故。如开滦赵各庄矿、辽宁烟台煤矿、广州西村矿、焦作王封矿都曾发生过类似事故。防止水煤气爆炸伤人的措施包括：水源水量充足，有足够的风量，有畅通的风流回路，人员在火源上风侧，水从火源四周喷向中心等。

（二）煤巷迎头火灾

1. 火灾特点

（1）此处火灾往往是由于爆破或电火花引起的，在火灾初期抓住时机直接灭火，成功率较高。

（2）工人易于发现，也易于撤退。在没有发生瓦斯爆炸的情况下，几乎没有人员伤亡。

（3）在发火初始没有引起爆炸的情况下，若瓦斯正常涌出，只要保持正常通风（工人撤退时不要停掉局部通风机），是不易构成爆炸条件的。这是因为迎头的瓦斯涌出后，随着火焰的燃烧而耗失，不易达到爆炸浓度。但迎头附近有积存瓦斯的断层或旧巷时，因火灾烧毁支架造成冒顶，沟通了断层或旧巷，瓦斯大量涌入发火迎头，此时有发生瓦斯爆炸的可能。

2. 处理方法

（1）救护队到达事故地点时，若局部通风机正常运转，爆炸性气体浓度不高，巷道内的主要危害是高温和浓烟。这时，只要救护队员敢于冲破高温浓烟，使用工作面的洒水设备和轻型灭火装备（灭火器等）就能很容易地扑灭火灾。

（2）若烟雾太大或温度过高，或灭火材料不足等原因，为保证救援人员安全，只有封闭。

（3）当局部通风机已经停转，救护队要首先测定瓦斯浓度和氧浓度，然后根据有无爆炸可能确定行动对策。

（三）煤巷中部火灾

处理这类火灾比处理迎头火灾要复杂得多。

1. 火灾特点

（1）火灾发生后最易烧断风筒，火焰点以里容易造成瓦斯积聚。

（2）难于测定火焰点以里巷道中的瓦斯浓度及其变化情况。

（3）火焰的燃烧最易发生冒顶，既堵塞了人员通道，又堵塞了风流回路。

（4）当掘进巷道较长时，巷道中部发生火灾后，工人不易发现，也难于撤出。

2. 处理方法

（1）着火点以里的作业人员即使冒着烧伤的危险也一定要尽量撤出。

（2）设法直接灭火。采用水灭火时，水量要充足，要防止水蒸气伤人和水煤气爆炸。在救人灭火过程中要严密监视瓦斯情况，并分析判断发生爆炸的可能性。

（3）火焰点以里有遇险人员待救时，在灭火的同时可打开压气管阀门加大压气量或将水管改送压气，以延长遇险人员的待救时间，降低瓦斯浓度。但供气量不能过大，以免把高浓度瓦斯吹向火焰点引爆。

（4）如有可能（火势不大、未产生冒顶等），救护队员可穿过火区救人，同时在火源以里打上风障，阻止瓦斯向外涌向火源；也可打开水源，甚至拆除几架木支架，以阻止火灾蔓延。

（5）火源以里无人时，可用惰气或氮气灭火。

（6）因人力、物力不足或火势太大，在短期内不能扑灭火灾时；或火区瓦斯浓度已超过2%并继续上升，火源以里瓦斯情况不明时，应在巷道口附近封闭火区。

（7）在救灾过程中，火源点至巷道口之间可用风流吹散烟雾、排除瓦斯、降低气温，以创造良好的救灾条件，但风筒出风口距火源点应保持一段距离为宜。

（四）煤巷入口火灾

此处的火灾引起瓦斯爆炸的可能性低于巷道中部火灾，而又高于迎头火灾。

1. 火灾特点

（1）着火地点距扩散风流近，供氧充足，因此火焰沿进风蔓延燃烧，易酿成大火。

（2）烧断了风筒，断绝了掘进巷道的正常通风。

（3）生成的高温浓烟会向巷道内扩散20～30 m，此后的巷道内缺氧。

因此，发生这类火灾若人员被困在巷内，加强灭火，保证人员安全是可能的。

2. 处理方法

采取各种措施直接灭火。

四、矿井反风

1. 矿井反风的目的

矿井反风的目的是为了防止灾害扩大和满足抢救人员的需要。矿井火灾时期，由于火灾烟流将进入采掘工作面造成人员重大伤亡，采取全矿或局部反风等风向控制措施是矿井火灾救灾的一个重要特点。

2. 矿井反风类型

（1）全矿性反风：各主要风道风流全部反向的反风。

在矿井进风井、井底车场、主要进风大巷或中央石门发生火灾时常采用全矿性反风，避免火灾烟流进入人员密集的采掘工作面。

（2）局部反风：采区内部发生灾害时，维持主要通风机正常运转，主要进风风道风向不变，调节风门使采区内部风流反向。

在采区内部区域发生火灾采用局部反风。用以避免火灾烟流影响人员撤退和救灾工作。

3. 主要通风机反风方式

主要通风机的反风方式主要有反风道反风和风机反转反风。

（1）反风道反风：设置专用反风道和闸门，使通风机排风口与反风道相连（有时也可利用备用风机的风道作为反风道），风流由风硐压入总回风实现反风。轴流式和离心式风机均可采用该方式。优点是反风量较大；缺点是建设费用高，装置多，管理维护困难。

（2）反转反风：通过风机反转实现反风。轴流式风机常用该方式。优点是反风方便、易于管理；缺点是反风量小。

4. 反风要求

（1）生产矿井主要通风机必须装有反风设施，并能在 10 min 内改变巷道中的风流方向；

（2）风流方向改变后，主要通风机的供给风量不应小于正常风量的 40%；

（3）每季度至少检查 1 次反风设施，每年应进行 1 次反风演习；

（4）矿井通风系统有较大变化时，应进行 1 次反风演习。

5. 反风注意事项

（1）多风机联合运转的矿井，在总进风区域发生火灾时，应力求采用多台风机同时反风，这样才能确保矿井总进风道的风流反向。如果只对某一台风机实施反风，其余正常运行，则总进风道风流未必能反向。

（2）在实施多风机同时反风时，如果 2 台风机能力差距较大，则操作顺序必须是在 2 台风机都停运后，先启动能力较小的风机实施反风，然后再启动能力较大的风机反风；如果相反，小风机可能开不起来。

（3）反风时，风机的反风风压比正常通风时的风压要小得多，此时，某区段的自然风压占优势时就达不到反风目的。因此，分析时要考虑自然风压的影响。如抚顺胜利矿东、西风井各自一停一反的反风演习都不能使立井大风井的风流反向，其主要原因就是自然风压的作用。据当时的测算，立井的风温比中央斜井的风温低得多，使立井向中央斜井的自然风压达 10^8 Pa；而反风时，作用于立井的风压很小，故立井达不到风流反向的目的。

（4）如果决定反风，应首先撤出原进风系统人员。并让指挥部成员、救护队长、全体救灾人员知道，同时，设法通知井下人员。井口要设安全岗哨，控制入井人员。

第四节 煤层自然发火事故的处理方法

破碎的煤炭及采空区中的遗煤，接触空气后即会发生氧化生热反应，当生成的热量大于散失的热量时会产生热量积聚，使得煤体的温度缓慢而持续上升，达到煤的自热临界温度后氧化升温速度加快，最终达到煤的着火温度而燃烧起来，此种现象称为煤的自燃。在煤矿井下，煤层自燃主要发生在断层附近、采空区、冒顶区、煤壁破碎区、停采线附近、溜煤眼及浮煤堆积点。

一、煤层自燃的条件及发展过程

1. 煤的自燃条件

煤的自燃主要取决于三大因素，即煤自身的氧化放热性能、自燃所需的供养条件及自燃所需的蓄热条件，煤的自燃是这三大因素有机结合和相互作用的结果。因此，煤炭自燃必须具备以下3个条件。

（1）煤具有自燃倾向性（即在常温下有较高的氧化活性）。

（2）有连续的供氧条件。

（3）热量易于积聚。

煤的自燃倾向性是煤自然发火的内部条件，它取决于成煤物质和成煤条件；连续不断的供氧和热量易于积聚的客观环境是煤自燃的外部条件，取定于矿井的地质、开采条件。各种煤都有其自燃倾向性，有的虽然没有自然发火，只是外部条件还没有达到促使其发展成火灾而已。因此，煤矿井下任何采煤地点都有可能发生内因火灾。

2. 煤的自燃过程

煤的自燃过程是极其复杂的，此过程的发生、发展与化学热力学（表面现象、热效应、相平衡等）、化学动力学（反应速度与反应机理）、物质结构（内部结构及其性质和变化）等理论有关，煤炭自燃大体上可以分为3个主要阶段。

1）低温氧化阶段

煤的低温氧化阶段亦称煤的自燃潜伏阶段。煤在低温下存在一种类似物理吸附作用的吸附氧气现象，通常称为吸附作用。有自燃倾向性的煤炭与空气接触后，吸附氧而形成不稳定的氧化物或称含氧的游离基，在封闭的采空区中氧气大部分是被煤的吸附作用所消耗。由于煤对氧气的吸附非常迅速，煤在常温下就可以被氧化，并在氧化过程中被放热加速氧化。此阶段的特点是：氧化发生发展过程比较平缓，着火温度降低，化学活性增强。煤的氧化程度越高，化学活性越强，越易自燃。

2）氧化自热阶段

煤氧化的速度增加，不稳定的氧化物开始分解成水（H_2O）、二氧化碳（CO_2）和一氧化碳（CO）。这时若产生的热量未散发或传导出去，则积聚起来的热量便会使煤体逐渐升温，达到某一临界值（一般认为60～80℃），此时开始出现煤的干馏，生成芳香族的碳氢化合物（C_mH_n）、氢（H_2）及一氧化碳（CO）等可燃气体，这种现象称煤的氧化自热。这个阶段的明显征兆是空气湿度增加，在通风不良的巷道与场所，由于温差的影响会出现雾气，附近巷道帮壁上、支架上出现水珠，说明煤的干馏现象开始了。这个阶段煤的热反应比较明显，使用常规的检测仪表就能测量出来，甚至被人的感官感觉到。此阶段对于自燃火灾的防治来说是极为重要的阶段，在此阶段可以检测到各种自燃产生的化学反应物质，因而可以有针对性地采取各种措施，改变供氧和散热条件，煤的增温过程就自行放慢，而进入冷却阶段，煤逐渐冷却并继续缓慢氧化至惰性的风化状态。已经风化了的煤炭，也就不再能自燃了。

3）着火阶段

随着煤的氧化自热过程的发展，蓄热增加，水蒸气消散，煤进入干馏过程，氧含量进一步降低，一氧化碳和二氧化碳含量逐渐增加，同时散发出大量可燃性气体（CH_4、C_XH_Y）。这个阶段，二氧化碳含量增加还不明显，火源附近的空气温度和煤岩体温度明显升高，同时散发出一种煤焦油的特殊气味。当温度增加至煤的燃点，便出现明火、烟雾。当煤温达到着火温度（无烟煤大于 400 ℃、烟煤 320～380 ℃、褐煤小于 300 ℃）后就着火燃烧起来。煤进入燃烧期就出现了一般的着火现象：明火、烟雾、CO、CO_2 以及各种可燃气体，火源中心处的煤温可高达 1000～2000 ℃。

二、煤层自燃的早期识别

煤矿井下煤层自燃的早期发现，对探清火源，组织灭火，防止灾害扩大具有十分重要意义。煤的自燃是一种复杂的化学和物理变化，并有大量的伴生产物，可使矿井空气成分发生变化，如氧的含量减少，二氧化碳含量增加，并出现一氧化碳和各种烷系与烯系的碳氢化合物，空气气味也会发生改变等。这种矿井空气成分的变化和某些异常现象都可以作为判断煤自燃的重要依据。煤自燃的早期识别方法很多，归纳起来可以分为两大类：一是人的直观感觉进行识别；二是用仪表检测矿井空气成分或用计算控制的监控系统测定矿井空气成分。

1. 人直观感觉识别法

（1）观察井下空气湿度变化和煤体表面水分变化。煤氧化初期会生成大量水分，往往会使附近巷道中空气湿度增加，出现雾气或巷道壁出现水珠（或称出汗）。当煤自燃发展到一定程度，火区内的热气外逸，遇到冷空气后水蒸气会凝集成水珠，附着于巷道顶壁或侧壁上；而浅部开采的煤层或近距开采的煤层，塌陷区地面裂缝会有水蒸气或有害气体逸出等。根据这些现象可分析判断自燃火灾情况。

（2）根据煤焦油气味判断。煤氧化自热过程要产生各种碳氢化合物，这些碳氢化合物会散发出类似煤焦油、煤油、汽油、松节油的气味。当闻到这些气味时，要注意寻找气味的来向，分析判断煤炭自燃可能发生的地点。

（3）人的不舒适感。煤氧化自热过程要产生一氧化碳等有害气体，井下空气中有害气体浓度增加，会使人产生不舒服感，如头痛、头昏、闷热、精神疲乏等感觉。遇到这些情况应及时查找原因，采取对策。

（4）感受井下巷道风流温度。感受巷道顶底板及巷帮和封闭区密闭等处的温度变化，或通过感受采空区流出水的温度变化发现自然发火。

2. 仪表检测法

目前大多数煤矿主要是采用气体分析法进行矿井自燃火灾的早期预报。通过采集井下空气样品，在地面化验室进行气样分析，根据 CO 增量来预报自燃火灾的危险性。煤在氧化自热过程中，除了使附近区域空气中氧的含量减少、二氧化碳含量增加外，还会产生一氧化碳和各种碳氢化合物气体，可通过分析矿井空气成分的变化来判断煤自然发火，进行早期预报。由于影响煤矿井下空气中二氧化碳含量变化的因素较多，如采空区面积扩大必然导致空气中二氧化碳含量增加、生产落煤过程中煤层也会涌出二氧化碳、井下爆破也会产生二氧化碳等，因此，不能单纯地用空气中二氧化碳含量的变化作为煤炭自然发火早期预报指标。一般通过分析煤矿井下空气中一氧化碳含量的变化，可早期识别煤自然发火。在煤矿井下，除了煤氧化自热产生一氧化碳外，井下爆破也会产生一氧化碳，但由于爆破后经过通风一氧化碳很快便会消失，不可能经常性的存在。如果井下空气中长时间出现微量的一氧化碳气体，并且其浓度随时间逐渐增加，便能预测煤已经自燃。

三、煤层自燃事故的处理程序

1. 自然发火预兆

1）矿井火灾的一般预兆

（1）巷道内温度增加，出现雾气或巷壁“挂汗”，支架上挂水珠。这种雾气要同井下两股不同温度风流交汇处出现的雾气相区别。

（2）煤在从聚热到自燃的过程中，将产生低温干馏产物（芳香烃），释放出煤油味、汽油味、松节油味或焦油味气体（烃类气体），当闻到焦油味时，说明自燃已经发展到一定程度。

（3）从煤炭聚热或自燃处流出的水或空气，其温度较正常时高。

（4）由于煤从聚热到自燃要放出有害气体二氧化碳和一氧化碳等，并使空气中氧含量减少，当人接近火源时，会感到头痛、闷热、目眩、恶心、四肢无力、精神不振等不舒适感。

2）采空区的发火预兆

（1）工作面或其上隅角空气温度高于30 ℃，或连续5天内每天上升1 ℃。

（2）放落煤的温度高于34 ℃。

（3）工作面上隅角，液压支架尾梁后及架顶出现CO，其浓度已达到40 ppm，且仍呈上升趋势，或CO浓度已达到60 ppm。

（4）采空区的出水温度超过25 ℃。

（5）工作面有挂汗或雾气。

（6）工作面或上隅角有芳香味、煤油味、松节油味、焦油味或烟气。

（7）工作面停止推进达3～5天以上，或推进速度慢，平均每天不足2 m。

3）工作面两巷道及掘进煤巷与裸露煤巷的发火预兆

（1）冒落或破碎带的下部或下风侧出现雾气、烟气。

（2）上风侧CO浓度正常，而下风侧CO浓度有上升现象。

（3）顶板掉碎煤，且掉下煤的温度超过30 ℃。

（4）巷道周壁的温度明显高于该巷正常温度，或人在此处有灼热感。

（5）冒顶区出现CO，其浓度达到40 ppm，且仍呈上升趋势或CO浓度达到60 ppm。

（6）冒顶区内部煤体温度高于34 ℃。

（7）破碎带或冒顶区内注入水的出水温度超过30 ℃。

2. 自然发火事故的处理程序

（1）井下工作人员发现自燃征兆后，必须立即向调度室汇报，自燃程度严重或危及人员安全时要立即组织人员撤离灾区。

（2）调度室及时通知通风部门及有关领导，自燃程度严重时及时组织救护队抢险救灾。

（3）通风部门必须及时采取措施，防止火灾的进一步扩大，并根据现场的实际情况，利用气体分析、红外探测、钻孔探测等手段，判断确定火源位置，然后采取针对性的措施进行处理。

（4）发现煤炭自燃征兆后，应及时分析发火地点的气体成分和温度的变化情况，以便采取相应的灭火措施。

（5）煤炭自燃达到冒烟程度时，要有专人检查瓦斯情况，并要有防止瓦斯爆炸的措施。

（6）当发现工作面密闭区和采空区有火灾时，要立即进行大流量的注氮和灌浆工作，采空区的火灾主要采用加快工作面的推进度和小放煤量的方法将火灾区域消除，同时要加强监测和检查；当冒落区出现火灾时，要立即撤出所有涉及的人员，同时编制措施进行打钻注水、注凝胶或插管黄泥灌浆等进行处理；斜巷灭火时要注意火灾的程度，先调整好系统内的风流和压差，保证不因火风压而产生风流逆转。另外灭火前必须编制专门的安全技术措施。

（7）所有参与防灭火的人员必须佩戴完好的隔离式自救器，否则，严禁入井。

（8）当采用直接灭火方法无法熄灭火灾时，应及时将火区封闭。

四、煤层自燃事故的处理措施

（一）加强漏风封堵

完全杜绝漏风固然可以消除自燃，但实际上很难做到。通常只能根据矿井的实际情况，尽量减少漏风量。通风网路中产生漏风的条件是有漏风通道存在，且此通道的两端存在风压差。漏风量随漏风风阻增大或漏风风路两端风压差的降低而减少。因此，为了减少漏风就必须尽可能地从这两方面采取恰当的技术措施。在井下安设通风构筑物（风窗、风门、密闭墙）时，应注意其位置的选择。如果位置选择不当，则会增大煤柱裂隙或采空区的漏风量，促进自燃。

（二）灌浆灭火

灌浆灭火是将水、浆材按适当的比例混合制成一定浓度的浆液，借助输浆管路送往发生自燃的地点，以熄灭煤体的自燃。其作用一是浆液中的固体物沉淀，充填于浮煤缝隙之间，包裹浮煤，隔绝氧气与煤体的接触，杜绝漏风，防止氧化；二是浆液中的水分有助于增加煤的外在水分，抑制煤自热氧化的发展，同时有利于已自热的煤体的散热。灌浆灭火是防止和处理煤炭自然发火的一项传统措施，也是目前使用比较成功、稳定性好的措施。预防性灌浆效果的好坏及经济性，主要取决于灌浆材料的选取、浆液的制备、输送浆液和灌注的方法及工艺。

（三）阻化剂防灭火

阻化剂防火技术是利用某些能够抑制煤炭氧化的无机盐类化合物如氯化钙（$CaCl_2$ ·

$6H_2O$）、氯化镁（$MgCl_2 \cdot 6H_2O$）、氯化铵（NH_4Cl）、水玻璃（$xNa_2O \cdot ySiO_2$）以及某些工厂的废液、副产品（如酿造厂的废液、造纸厂的废液、炼镁糟渣、化工厂硼酸废液等）喷洒于采空区或压注入煤体之内以抑制或延缓煤炭的氧化，达到防止自燃的目的。阻化剂是一些吸水性很强的有机盐类，当它们附着在煤粒的表面时，吸收空气中的水分，在煤的表面形成含水液膜，从而阻止了煤和氧的接触，起到了隔氧阻化作用。同时，这些吸水性能很强的盐类能使煤体长期处于含水潮湿状态，水在蒸发时的吸热降温作用使煤体在低温氧化过程中温度不能升高，也起到了抑制煤炭自然发火的作用。煤的外在水分是一种良好的阻化剂，随着煤外在水分的增加，阻化效果也随着增加；当煤中的外在水分蒸发，减少到某一限度之后，阻化作用将转变为催化作用，能够促进煤的氧化自燃。由于水分的蒸发，在煤体上阻化液形成的液膜因失水而破裂，将起不到隔氧、降温的作用。所以，唯有吸收大量水分的阻化剂在煤体上形成液膜才能起到阻化作用。

（四）风压调节法防火

风压调节法又称“均压法”，实质是设置调压装置或调整通风系统，以降低漏风通道两端的风压差，减少漏风量，达到抑制自燃的目的。

均压方法对于防灭火来说是一项行之有效的方法，但若要做好均压防灭火工作，需要做大量细致的工作：一是要掌握矿井风压分布的特点，矿井风压的分布往往是随着风网的变化、主要通风机的运行而变动的，在均压过程中应密切注意其变化；二是要了解矿井可能造成自然发火的漏风通道与漏风带，还要按照一定的调压法则，制定相应的均压方案，才能使均压成为防灭火的有效手段。目前国内外检测漏风通道的方法主要是采用示踪气体法，所使用的示踪气体是六氟化硫（SF_6），SF_6 是无色、无臭、无毒的不燃性惰气，物理活性大，在有扰动的空气中可以有效地迅速混合而充满于检测空间内。大气中的 SF_6 含量极低，仅约 $10^{-15} \sim 10^{-14}$ g/mL。SF_6 也很容易检测，使用带电子捕获器的气相色谱仪或 LF－1 型 SF_6 检漏仪就可以检测出。

均压法分开区均压和闭区均压两类。我国淮南、开滦、平庄等矿区先后采用开区均压抑制采空区内煤的自燃，保证工作面连续生产取得了较好效果。开区均压应用较普遍，效果较好，其具体方式如下。

1. 调节风窗调压

当并联风路间存在对角漏风带时，如邻近煤层开采时上、下煤层采空区沟通所形成的漏风，或厚煤层分层开采时上、下分层工作面的采空区构成的漏风，为降低漏风通道两端的压差可采用风窗调压。风窗调压法的使用条件是工作面风量有富余，可以适当降低它们的风量。当低风压工作面允许减少风量时，可在其回风道设风窗；当低风压工作面不允许减少风量，而高风压工作面允许减少风量时，可在高风压工作面的进风巷道设置风窗。

2. 调压风机调压

当工作面不允许减少风量，要求调压值又不大时，可以采用调压风机调压。

（1）带风门的调压风机调压：在风路中安设带风门的调压风机后，可使调压风机进风侧巷道的风压降低，出风侧巷道的风压升高。因此，在需要升高风压的风路（工作面）前端，或需要降低风压的风路（工作面）的后端安设带风门的调压风机都可降低对角漏风风路的风压差，减少漏风。必须强调指出，不允许在高瓦斯和突出瓦斯矿的工作面回风道安装带风门的调压风机。调压风机调压与风窗调压相反，将增加调压风路（工作面）

的风量。

（2）无风门调压风机调压：当需要升压的数值很小时，可用不带风门的调压风机调压。在这里，调压风机的作用是利用它出口动能（动压）中的一部分，增加风流的能量，使风路中风量增加。出口动能的另一部分用于克服风流进入巷道时因突然扩大而产生的冲击损失。为了提高无风门调压风机的升压值，可在调压风机出口安一段直径逐渐缩小的风筒（引射器）。无风门调压风机应安设在断面较小的巷道平直段。当靠巷道一帮安设时，出口应扭向巷道中心线，使出风流轴线与巷道内风流的中心线在较远处（一般取 15 m 左右）相交，以减少风流的冲击损失。

3. 风窗－调压风机联合调压

在需要增压的工作面回风巷设调节风窗，进风巷设带风门的调压风机，可以既升高工作面风压，又保证工作面必需的风量。风窗－调压风机联合增压常有两种方式：维持原风量或减少风量。超过原风量的方式一般不宜采用，因为它将增加采空区并联漏风带的漏风。

（五）凝胶灭火

基料和促凝剂按一定比例混合配成水溶液后，发生了絮凝作用，形成凝胶。胶体内部充满水分子和一部分 NH_4OH、NaCl，硅胶起框架作用，把易流动的水分子都固定在硅胶内部。成胶过程是个吸热过程，吸热量与胶体浓度及原材料有关。同时，NH_4OH 中有一小部分分解成氨气和水，氨气成气态逸出，氨有微毒，对人感官有刺激性，但生成量少，在卫生标准允许范围内。煤对氨有很好的吸附性，由于煤对氨的吸附，可降低煤对氧的吸附量，从而降低煤与氧的接触概率，使煤的自燃倾向性减弱。因此在正常温度下，用铵盐做促凝剂，风流中几乎闻不到氨味。成胶过程中的另一个副产物是 NaCl，而 NaCl 本身也具有阻化性。

（六）火区封闭、管理及启封

当防治火灾的措施失败或因火势迅猛来不及采取直接灭火措施时，就需要及时封闭火区，防止火灾势态扩大。火区封闭以后，虽然可以认为火势已经得到了控制，但是对矿井防灭火工作来说，这仅仅是个开始，在火区没有彻底熄灭之前，应加强火区的管理。当封闭的火区内达到规定条件时就需要启封火区，启封火区是一项复杂而又危险的工作，必须结合矿井实际制定完备的启封方案，并有可靠的安全技术措施。

1. 火区封闭

1）防火墙构筑前的准备工作

（1）封闭区取样：在火区管理和启封火区时，对封闭状况的了解和决策依据来自封闭火区的取样。所以在进回风侧每一座防火墙均应设置取样管。取样管应在防火墙内向火源位置延伸至尽可能近的距离，用以减少防火墙附近漏风的影响，减少火源生成气体在进入取样管前移动过程中因环境影响造成气体组分、浓度的增减。每一气样至少应该在巷顶、中部和巷底三点提取，用以反映封闭区内的气体成分，在倾斜巷道尤应如此。为了使取样管尽量接近着火带，可以利用原有风、水铁管，在着火带附近将其锯断作为取样管。管线上要装设隔离阀以防止爆炸经管传至防火墙以外。

（2）气体监测：在火区主要风流流经的区域，CH_4 和 CO 的监测可以提供较可靠的信息。如果火灾风流流经几条分支，仅在其中一条回风道监测就会造成误判，因为各回风流中烟流的稀释程度不一样。在回风区域监测时，警告发布不能仅根据某一时刻 CH_4 和 CO 的浓度，而应结合它们的增加速率综合考虑，用以排除环境对浓度增减的影响。若它们浓度增加愈来愈快和速率连续增加，就应发出撤退命令。

2）防火墙的封闭顺序

首先应封闭所有其他防火墙，留下进回风主要防火墙最后封闭。若需要构筑多个防火墙，进回风主要防火墙封闭顺序不仅影响火势的有效控制，而且关系到救护人员的安全。为便于说明不同封闭顺序导致火区内绝对气压的不同变化，图5-15为封闭期间相关压力坡线示意图。图5-15中，纵坐标为压力，横坐标为火区由进风至回风的位置变化，D线表示未封闭时压力坡线。

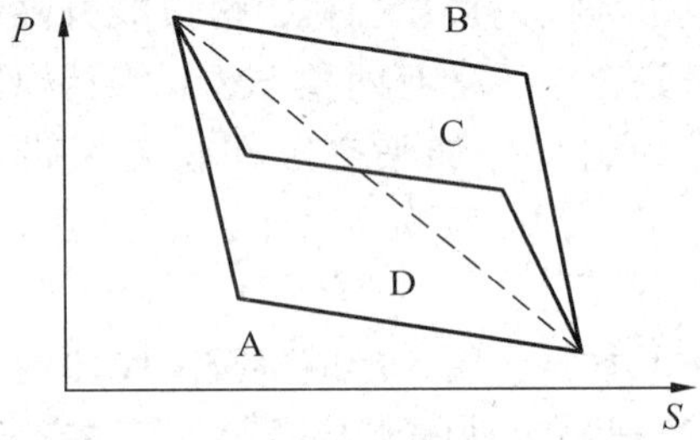

A—先进后回；B—先回后进；
C—同时封闭；D—未封闭时

图5-15 不同封闭顺序的压力坡线

（1）先进后回。优点：迅速减少火区流向回风侧的烟流量，使火势减弱，为建造回风侧防火墙创造安全条件。缺点：进风侧构筑防火墙将导致火区内风流压力急剧降低。如图5-15中A线所示，A线开始急剧下降系因进风防火墙风阻所致。火区大气压力降低，与回风端负压值相近，造成火区内瓦斯涌出量增大。特别是可能从通往采空区及高瓦斯积存区的旧巷或裂隙中“抽吸”大量瓦斯，并因进风侧封闭隔断机械风压的影响，使自燃风压（火风压）起主要作用，引起风流紊乱流动，有助于涌入火区瓦斯与风流充分混合并流入着火带，引起瓦斯爆炸或“二次”爆炸事故。

（2）先回后进。优点：燃烧生成物 CO_2 等惰性气体可反转流回火区，可能使火区大气惰化，且有助于灭火。如图5-15中B线所示，火区内大气气压升高，减小火区内瓦斯涌出量，同时对相连采空区或高瓦斯积存区内瓦斯涌入火区有一定阻隔作用。缺点：回风侧构筑密闭艰苦、危险；在火区壁墙构筑过程中，火区内瓦斯涌出量仍较大，致使截断风流前，瓦斯浓度上升速度快，氧浓度下降慢，火区中易形成爆炸性气体，可能早于燃烧产生的惰性气体流入火源而引起爆炸。

（3）同时封闭。优点：火区封闭期间短，能迅速切断供氧条件；防火墙完全封闭前还可保持火区通风，使火区不易达到爆炸危险程度，如图5-15中C线所示。缺点：同时封闭法的安全性与火区进回风端确实保证同时封闭有密切联系。但由于井下移动通信的困难和井下条件的复杂性，较难按预定时间完成同时封闭的工作。

主要进回风巷道的防火墙同时封闭，必须在建造防火墙时预留门孔，以保证门孔封堵前的火区通风。封堵门孔时，必须统一指挥，保证按预定时间同时封闭。在“同时封闭”过程中注入 CO_2 或 N_2 等惰气有利于保证火区封闭的安全。

在多风路的火区建造密闭时，应根据火区范围、火势大小、瓦斯涌出量及火区内是否有瓦斯积聚区和采空区等情况来决定封闭顺序。“先回后进”给回风侧构筑防火墙带来很大困难，在瓦斯涌出量大的火区爆炸危险性大，一般不宜采用，仅在火势不大，温度不高，无瓦斯存在时为截断火源蔓延时采用。“先进后回”对回风侧构筑防火墙减少火烟影响有利，在国内外均有采用，但瓦斯爆炸危险性仍然较大，不宜在火区内与采空区或高瓦斯积聚区相连的情况下采用。“同时封闭”安全性较高，但应注意保证封闭的同时性。只要在火区中，氧气浓度下降到12%之前瓦斯浓度已升高到5% ~16%的范围内，再加上自燃风压（含火风压）作用下，火区风流紊乱流动的影响，火区爆炸的可能性是存在的。

3）火区封闭效果分析

火区封闭旨在减少火区的供氧，但防火墙内外压差仍造成不同程度的漏风。2.8 m^3/min 的漏风，在一周内就会造成近30000 m^3 的气体交换量。在248 Pa 的内外压差下，一般防火墙漏风率约为4.25 m^3/min，有时会达到28 m^3/min，所以，漏风对火区内大气状况有很大影响。防火墙内外压差主要是由于通风压差、火风压以及大气压力的变化造成的。大气压力的变化是造成封闭火区“呼吸”的重要原因。判断封闭火区有效性的最好方法是监测其大气变化趋势。要监测大气变化的趋势，就是在半对数坐标图上显示封闭区内 CH_4、O_2 和空气压力随时间的变化，如图5－16所示。

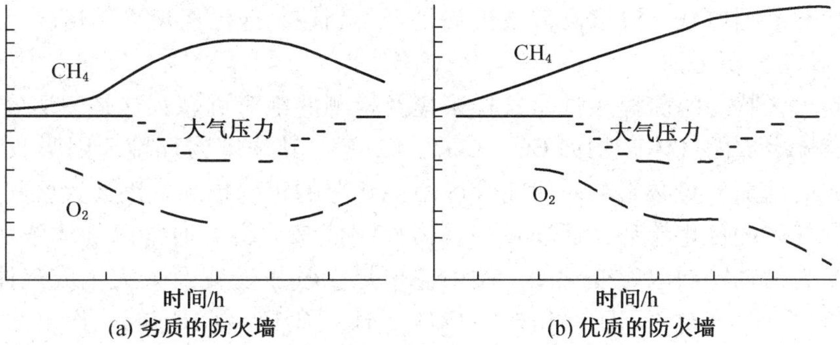

图5－16　大气压力变化对火区内 CH_4 和 O_2 浓度的影响

（1）封闭效果不良。图5－16a 中，大气压力增加时，CH_4 浓度降低，O_2 浓度升高，这意味着大气压力变化对火区气体浓度影响大，外部空气漏入封闭区。CH_4 和 O_2 浓度这种变化趋势表示封闭效果不良。

（2）封闭效果良好。图5－16b 中，大气压力增加时，CH_4 浓度持续增加，O_2 浓度持续下降，表明火区封闭严密，大气压力增加并未增加漏风。但是，当封闭区域内 CH_4 浓度足够高时，若大气压力增加，因少量空气流入火区，会导致 CH_4 被挤出，火区内 CH_4 浓度减小，并致使 O_2 浓度增加，这种情况在防火墙质量较好时也可能发生。

2. 火区管理

1）日常管理

火区封闭后，应加强管理，促使火灾及早熄灭，同时需经常观测火区情况，以判断火区是否熄灭。

（1）建立火区卡片。卡片上详细记录发火日期、原因、位置、范围、防火墙厚度，建筑材料、灭火处理过程、灌浆量以及空气成分、温度、气压变化等情况，并且要附有火区位置图，由矿井通风部门永久保存。

（2）井下所有永久性防火墙都要编号管理。防火墙前要设栅栏悬挂警标，禁止人员进入，并悬挂检查木牌，写明防火墙内、外的瓦斯浓度、温度及测定日期和测定人员姓名。

(3) 加强检查工作。对墙内的温度和空气成分，要定期进行测定和化验分析，封闭火区的防火墙必须每天检查一次，瓦斯急剧变化时，每班至少检查一次。所有检查结果，都要记入防火记录簿中。如果发现防火墙封闭不严或有其他缺陷及火区内有异常变化时，要采取措施及时处理，并及时汇报调度。

(4) 检查内容。检查防火墙上测压计数值的变化，分析封闭区内空气压力变化情况；从回风侧防火墙上的观测管内取气样进行气体成分分析，并用温度计测温，观察封闭区内的火情变化；检查密闭有无裂缝，有无漏风现象。

2）火区检测

火区自封闭之日起，就应定期检查防火墙及附近围岩稳定状况，采取气样分析并作图，分析各种气体变化趋势。火区检测主要目的是通过了解火区大气组分、浓度的变化来判断火区的燃烧状况并及时采取措施。判断火源状态包括判断主要可燃物的种类、火势强弱、发展趋势和范围增减、温度高低及火势是否得到控制或已经熄灭等情况。

3）火区状态分析方法

正确判断火区状态的前提条件是气样采集及检测的绝对可靠，这是一切分析工作的基础。火区内燃烧生成的气体产物如 CO、CO_2、H_2 等，其浓度因环境原因吸收而减少或因其他原因生成而增加，势必影响对封闭火区燃烧状况的正确推断。因此火区状态的判断方法应按照各种气体的变化趋势，而非每一具体检测值来分析。通常以气体浓度值为纵轴，以时间或日期为横轴绘制浓度变化图，图中应包括大气压变化及火灾生成气体浓度变化，如 $N_2(N_2+Ar)$、O_2、CO_2、$CH_4+C_2H_6+C_3H_8$、H_2、$C_2H_4+C_3H_6$ 等。作出浓度变化曲线之后，由下式分别计算各气体浓度（百分比）变化速率，即浓度变化曲线的斜率。

$$R=\frac{\lg\gamma'-\lg\gamma''}{X'-X''}$$

式中 X'、X''——时间的初、末值；

γ'、γ''——对应于时间 X'、X''的该气体的浓度的百分比。

由气体浓度变化速率的计算公式可知，当气体浓度变化呈减少趋势时，R 为负；气体浓度变化呈增加趋势时，R 为正。

4）火区状态判断准则

判断准则 1 N_2 浓度变化速率。由煤层涌入封闭火区的 CH_4 会稀释火区内 N_2，CH_4 浓度增加速率大致和 N_2 浓度降低速率相等。

判断准则 2 O_2 浓度变化速率。若火区继续燃烧，由于燃烧会消耗大量 O_2，因此 O_2 浓度的减少速率较快；若火区熄灭没有燃烧消耗，也没有或仅有少量 O_2 吸收的情况下，O_2 的变化速率 R_{O_2} 近似等于 N_2 的变化速率 R_{N2}；若火区内存在吸收现象，则应进一步分析其他气体如 CO_2 浓度、CO 浓度、H_2 浓度的变化速率，综合分析火区状态。

判断准则 3 其他气体浓度变化速率。如果火灾熄灭或主要的吸收反应停止，则 $R_{CO_2}=R_{CO}=R_{O_2}=R_{N_2}$，且浓度值将减少（$R$ 为负值），而 R_{CH_4} 为正；若只存在自燃现象，开始时 R_{CO_2} 应与 R_{CO} 相近，随自燃强度的增加，$R_{CO}>R_{CO_2}$；若燃烧停止，吸附作用占主导地位，由于 CO_2 比 CO 更容易吸附，CO_2 浓度的减少速率应大于 CO 浓度的减少速率；若煤岩中 CO_2 富集带涌出 CO_2，会致 CO_2 浓度变化速率曲线急剧而短暂的升高。

判断准则4 火势发展。当 O_2 浓度减少速率近似于 CO_2 浓度和 CO 浓度的增加速率时，火势发展。

判断准则5 火势稳定。当 O_2 浓度、CO_2 浓度和 CO 浓度以稳定速率降低或其速率近似为零时，火势处于稳定状态。当火势维持稳定状态时，若火区尚未封闭，此时则是建立防火墙、阻塞漏风通道的适当时刻。

3. 火区启封

1）火区启封条件

《煤矿安全规程》规定，火区同时具备下列条件时，方可启封：①火区内空气温度下降到 30 ℃以下，或与火灾发生前该区的日常空气温度相同；②火区内空气中的氧气浓度下降到 5% 以下；③火区内空气中不含有乙烯、乙炔，一氧化碳浓度在封闭期间内逐渐下降，并稳定在 0.001% 以下；④火区的出水温度低于 25 ℃，或与火灾发生前该区的日常出水温度相同；⑤上述 4 项指标持续稳定的时间在 1 个月以上。应该注意的是，由于火区内外环境影响的复杂性，取样点与着火带状态可能存在差异，按上述规定启封火区时，必须谨慎从事，不能认定火区已熄灭而大意。只有当火区启封后，原火源点回风侧的气温、水温和 CO 浓度都无上升趋势，并保持 3 天以上，方可认定火区确已完全熄灭。火区启封必须制订周密的火区启封安全措施。

2）火区启封条件分析

（1）火区封闭后风流中断，但不能完全停止封闭区内空气流动，因为火区内热风压起作用，致使区内空气缓慢而紊乱地流动。流动状态取决于与热风压有关的参数，如封闭区域范围、巷道联结形式、标高差、炽热燃烧物质的体积、着火带及下风侧岩温等因素。如果风流流向着火带供氧，并造成可燃性炽热烟流再次进入火源，很可能引起爆炸。

（2）封闭区内氧浓度低于 5% 时，火焰燃烧将逐渐减弱乃至熄灭。氧浓度在 1% 以下时，火焰燃烧完全熄灭。即使在空气中氧浓度为零的条件下，着火带可燃物的阴燃仍可持续相当长的一段时间，这是启封火区应该特别注意的。其原因是煤层特别是特厚煤层具有很强的吸附氧的能力，而有的煤层含有一定的氧气，足以支持阴燃。因此，火区内大气的含氧浓度并不能完全代表火源燃烧的供氧状况。

（3）在岩温或可燃物阴燃温度超过 150 ℃左右时，若空气中氧浓度大于 5% 可能导致复燃。若可燃物是木材，特别是承受压力的木柱、木垛、木隔墙的情况下，复燃的可能性更大。由于火区内空气温度与着火带阴燃可燃物温度的差异，无法估计着火带阴燃可燃物的实际温度。在火区巷道垮塌，断面减小的情况下，也创造了储热和复燃的有利条件。

（4）由于焦炭对 CO 的吸附作用，着火带燃烧生成的 CO 可能为焦炭所吸附，所以大气中 CO 浓度即使降为零，也不能就此认定火源燃烧已熄灭。

（5）在盲巷火区或因均压措施杜绝漏风的火区 CO 不能散失，即使火源熄灭不再生成 CO，也可能因煤层及木材的缓慢氧化产生 CO 而长期存在。因此，存在 CO 也并不绝对意味火源尚未熄灭。

（6）在漏风较大的火区，即使 CO、CH_4、H_2、C_mH_n 和 CO_2 浓度下降，由于存在漏风通道 O_2 浓度也可能增加。当火区位于地层裂缝较大，特别是煤层之间和浅部采空区附近（距离小于 30 倍采高），火区空气中 O_2 浓度不易下降。

（7）当火区内煤层瓦斯涌出量较大时，可能将火区内火源生成的气体挤出，造成这些气体浓度下降，但不意味着火源已熄灭。

(8) 分析封闭区内大气中各种气体浓度的变化趋势，可以提高火区状态判断的正确性。在启封火区时分析获取的气体浓度变化趋势信息，有助于了解启封时的状态变化，以便及时采取措施防止事故发生。

综上所述，由于采样所测得的火区内大气温度、CO浓度、O_2浓度不能准确反映着火带的燃烧状态，特别是阴燃状况，而着火带的阴燃状况在防火墙外是难以了解的。所以，无法确定可靠的、实践可行的准确指标来判定火源是否熄灭。《煤矿安全规程》所规定的几项指标只能是在实践可行的前提下提供火区启封作业的相对安全保障，在火区启封时仍需制定安全措施，而不能麻痹大意。

3) 火区启封方法

(1) 通风启封火区法。通风启封密闭的步骤简单，启封前预先确定有害气体的排放路线，并撤出路线上的人员。首先打开一个出风侧防火墙（先打开1个小孔并逐渐扩大），过一段时间打开一进风侧防火墙，待有害气体排放一段时间无异常现象，相继打开其余防火墙。进风侧防火墙一般处于火区下部，容易有CO_2积存。启封前和启封时要注意检查，防止CO_2逆风流流动造成危害。打开进回风防火墙的短期内要采取强力通风，并要求工作人员撤离一段时间，待1~2 h后再进入火区进行火区恢复工作。

通风启封火区法若应用恰当，是一种最迅速、最方便、最安全也最经济的方法。通风启封法可以用于全矿井地面封闭的火区启封中，因为人员在初期不用下井，可以保证人身安全。但是在井下局部范围的火区启封时，它只能用于火区范围小，着火带附近无顶板大量垮塌，火区内可燃气体浓度低于爆炸界限以下的情况。通风启封火区不恰当，会造成火区复燃、火势扩大甚至爆炸事故，而成为最缓慢、最困难、最危险而最不经济的方法。

(2) 锁风启封火区法。锁风启封火区法适用于火区范围大，难以确认火源是否完全熄灭，或适用于高瓦斯涌出火区防止瓦斯爆炸等情况。锁风启封火区法就是沿着原封闭区内的巷道，由外向里向火源逐段移动密闭位置，逐渐缩小火区范围而最后在封闭状况下进入着火带，实现火区全部启封的方法。

第五节 煤矿水害事故的处理方法

矿井在建设和生产过程中，地面水和地下水通过各种通道涌入矿井，当矿井涌水超过正常排水能力时，就造成矿井水灾。我国煤田地质条件复杂，受水害威胁的煤炭储量占探明储量的27%。矿井水灾（通常称为透水）是煤矿常见的主要灾害之一。一旦发生透水，不但影响矿井正常生产，而且有时还会造成人员伤亡，淹没采区和矿井，危害十分严重。所以做好矿井防水工作，是保证矿井安全生产的重要内容之一。

一、矿井涌水的水源

采矿过程中，一方面揭露破坏了含水层、隔水层和导水断层，另一方面引起围岩岩层移动和地表塌陷，从而产生地下水或地表水向井筒或巷道涌水的现象，称为矿井涌水。矿井涌水的水源分为地面水源和地下水源。

1. 地面水源

1）大气降水

大气降水（主要形式是降雨和降雪）是矿井充水的经常性补给水源之一。在开采埋藏深度较小的煤层时，若煤矿区地形较低洼，大气降水往往是矿井水的主要来源。尤其是洪水季节，大气降水严重威胁矿井的安全。大气降水的渗入量，与煤矿区的气候、地形、岩石性质、地质构造等因素有关。

当大气降水成为矿井涌水水源时，有以下规律：

（1）矿井涌水程度与矿区降雨量的大小、强度、延续时间有密切关系，降雨量大或长时间降雨，矿井涌水量就大。

（2）矿井涌水量具有明显的季节性变化，但涌水量的高峰往往比雨季滞后。

（3）随开采深度的增加，大气降水对矿井涌水量的影响减小。

大气降水可以通过含水层露头的各种裂隙补给含水层，然后再由含水层进入矿井；也可以通过地表塌陷坑的裂隙进入矿井；或者直接由井口流入矿井。

2）地表水

地表水是指位于地球表面的河流、湖泊、沼泽、池塘、洼地和水库等积聚的水体。

开采位于河流、湖泊、沼泽和水库等水体影响范围内的煤层时，在适当条件下这些地表水便会进入坑道，成为矿井涌水的水源。地表多数季节性河流，虽然旱季时地表断流，但冲积层中地下径流仍然存在，仍能起到补给地下水的作用。地表水能否进入地下，主要取决于巷道距水体的远近、巷道与水体之间有无隔水层及其隔水性能、巷道与水体之间有无导水构造，其次取决于开采方法。

地表水进入井下有多种途径：

（1）地表水通过第四纪松散砂、砾层及基岩露头，先是渗入补给地下水，然后在一定条件下进入巷道。

（2）地表水通过构造破碎带或枯井直接溃入地下。

（3）洪水期，洪水通过地势低洼处的井口或冲破围堤直接灌入井下。

（4）在水体下采煤时，煤层采动后，顶板岩层垮落并产生断裂，地表水可沿此导水断裂带进入井下。

在地表水体附近采煤时，要测准地表积水区的位置及大小，准确地掌握开采煤层与地表水体之间的位置关系，弄清开采煤层与水体间隔水层的性质，认真研究开采可能造成的破坏，事先采取有效措施，留设足够的防水煤柱，以保证安全生产。

2. 地下水源

1）含水层（带）水

地下的砾岩层、流沙层和具有岩溶的石灰岩层，都含有大量积水，称为含水层。煤层本身通常不含水，但邻近的围岩往往含水。当含水围岩有通道与采掘空间相连时就会成为矿井涌水水源。含水层水是矿井涌水最常见、最直接的水源。

成为矿井充水水源的含水层水可以是孔隙水、裂隙水和喀斯特水。在开采松散沉积物下的煤层时，常遇到孔隙水，此时不但有水流入矿井，而且还往往伴有流沙溃入。当采掘工作面揭露含裂隙水的围岩时，裂隙水就会流入工作面，虽然水量很小，但水压往往很大。裂隙水如果与其他水源无水力联系，多数情况下涌水量会越来越小，终至干涸；若与其他含水层发生水力联系，涌水量会越来越大，若不采取措施，将威胁煤矿安全。喀斯特水的特点是水压高，水量大，来势猛，涌水量稳定，不易疏干，一旦成为矿井充水水源，对矿井的危害性极大。

2）断层水

断层破碎带内的积水叫断层水。断层及其附近的岩层均比较破碎，在这种破碎带内有时含水或与地表水、含水层沟通，掘进时，碰到这种情况容易造成突水事故。

3）老窑（空）水

积存于废弃老窑、采空区或巷道中的地下水，称为老窑（空）水。当采掘工作面接近或触及这些废弃的老窑（空）水时，积水就会成为矿井的涌水水源。老窑（空）水通常是煤矿下部开采的重要充水水源。

老窑（空）水的特点如下：

（1）在极短的时间内有大量的水涌入矿井，来势凶猛，具有极大的破坏性。

（2）常为酸性水，具有腐蚀性，易损坏井下设备。

（3）老窑（空）水与其他水源无水力联系时容易疏干，若与其他水源发生水力联系，则可造成量大而稳定的涌水，危害较大。

二、透水预兆及不同水源的特点

采掘工作面发生透水前，一般都有预兆。因此，当发现采掘工作面有透水预兆时，必须停止工作，采取有效措施，防止透水事故的发生。

1. 透水一般预兆

（1）发潮。煤本身是不透水的东西，但当受到一定压力的水的作用，仍会有部分的水分浸到煤体里去。因此，当采掘工作面临近积水区时，就会发现局部的或大面积的发潮现象。这种发潮现象不完全是由于接近水区的缘故，遇到底板岩层为透水岩层时，也常使煤体有发潮现象。

（2）巷道壁或煤壁“挂汗”（“发汗”）。这是由于压力水渗过煤、岩微小裂隙后，凝聚于煤层和岩石表面形成的。

（3）煤壁“挂红”，水的酸度大，水味发涩。这是由于积水时间久，水中溶解多种杂质，水中含有铁的氧化物所致。这是老空水的主要特点。

（4）空气变冷。工作面接近大量积水区，气温降低，煤壁变凉，人进入后感觉阴凉，且时间越长越明显。

（5）出现雾气。含水煤、岩层温度较低，当温度较高的风流经过时，便产生冷热交换现象，使巷道中湿度增加，出现雾气。

（6）工作面有害气体增加。一般积水区都存在有害气体，这些有害气体主要是CH_4、CO_2、H_2S。

（7）顶板来压，淋水加大。受积水区静水压力和矿山压力的影响所致，尤其是接近断层积水区时更为明显。

（8）水叫。一般有两种声音：一种是高压水向煤岩裂隙挤压发出“嘶嘶”的声音；另一种声音很像低沉的雷鸣声或水开锅的声音，这是因为水位有了变动或受滚动岩石撞击影响的结果。

(9) 煤层发暗。干燥、光亮的煤，由于水的渗入而变得潮湿暗淡。若挖去表面还是这样，说明附近有积水。

(10) 出现压力水线。高压积水通过煤、岩缝隙向外涌出时的摩擦声，这是距水源很近的征兆。若涌水清净，表明距水源稍远，若涌水混浊，表明已迫近水源。这是透水的危险征兆，应立即发出警报，撤出所有受水威胁地点的人员。

2. 不同类型水源的透水特点

(1) 冲积层水。松散的冲积层中储有大量的水，在浅部掘进井筒，或煤层回采后顶板冒落塌陷裂隙与冲积层沟通时，常常会遇到冲积层水。冲积层水一般具有开始涌水量较小，夹带泥砂，水色发黄，以后水量急剧增大的特点。冲积层水一般不至于构成对人体的伤害。

(2) 老窑（空）水。一般积存时间长，水量补给差，属于“死水”，所以有“挂红”、酸度大、水味发涩的特点。小窑、老空水多以静储量为主，犹如地下水库，一旦突水，来势凶猛，涌水量大，破坏性强。但涌水持续时间短，易疏干。老空水酸度大，不能饮用，而且对井下轨道、金属支架、钢丝绳等金属设备有腐蚀作用。老空水透出一般伴有有害气体的涌出。

(3) 断层水。由于断层附近岩石破碎，当采掘工作面与其接近时，常常出现工作面来压，淋水增加，有时还可在岩缝中见到淤泥。由于断层及破碎带中积存大量水，且断层沟通各含水层成为通道，因此，断层水多属“活水”，补给充分，一旦突水，来势猛，涌水量大，持续时间长，在不封堵水源的情况下不易疏干。断层水混浊，多为黄色，很少“挂红”，水无涩味。

(4) 岩溶水。由于岩溶长期受水侵蚀，水多为灰色，带有臭味，有时也有“挂红”现象。当采掘巷道与其接近时，可出现顶板来压、柱窝和裂缝渗水现象。当岩溶范围较小，与其他水源没有联系时，属于“死水”，透水时虽然来势猛，破坏性强，但持续时间短，易于疏干。

(5) 大气降水。大气降水是地下水的主要补给来源，它首先渗入地下各含水层，然后再涌入矿井。因此，由于大气降水造成矿井的涌水具有明显的季节变化，最大涌水量都出现在雨季，且涌水高峰滞后降雨高峰一定时间。大气降水对矿井涌水的影响，取决于降水量的大小和含水层接受大气降水的条件。

三、煤矿水害事故原因分析

1. 直接原因

1）矿井水文地质条件不清盲目开采

一些矿井在水文地质条件没有查明的情况下，盲目开采，引发透水事故。如福建龙岩市新罗区赤坑煤矿掘进巷道遇断层时，由于条件不清，违章爆破后发生断层带突水，导致“5·28”事故发生，造成10人死亡。再如2005年12月28日山西省大同市左云县店湾镇范家寺煤矿由于地质资料和采空区积水不清，在有突水征兆时，发现煤壁有渗水、挂红现象后，仍没有引起矿方管理人员的高度重视，也未组织采取相应的探放水措施，盲目爆破掘进，导致透水事故发生，造成20人死亡。

2）在水体下采煤措施不落实

一些煤矿违反《煤矿安全规程》规定，在防隔水煤柱中进行采掘活动；有些在水体下开采急倾斜煤层的煤矿，未按“三下”采煤的规定进行试采，超强度开采，煤层连续冒落，导致透水事故。如广东省梅州市兴宁市大兴煤矿，井下共布置46个采掘工作面，超强度开采，导致煤层严重抽冒，破坏了上部留设的安全防隔水煤柱，使上部老空积水迅速溃入井下，造成121人死亡。

3）未留设或破坏防隔水煤柱

部分乡镇煤矿经过多年的开采，资源基本枯竭，为维持生产，违法超（深）层越界开采甚至开采防隔水煤柱。由于不清楚相邻矿井的地质资料，也不进行探放水，盲目进入积水老空区，发生突水；有的乡镇煤矿超层越界开采受奥灰水严重威胁的煤层，导致淹井和伤亡事故发生；还有一些矿井，在采掘工程平面图上弄虚作假，将井下超层越界开采区域和存在水患的采掘工作面进行封闭伪装，掩盖真实采掘活动，逃避监管。如湖南郴州市桂阳县荷叶镇贵达-石灰窑井（无证）因暴雨导致贵达井溶洞透水，井筒大量积水后突破只有3 m的防水岩柱瞬间溃入相邻石灰窑井的二级暗斜井，使正在作业的20人遇难；又如吉林省吉林市蛟河市吉安煤矿非法越界开采防水煤柱引发透水，使老空水溃入相邻的腾达煤矿，造成腾达煤矿30人死亡。2005年12月2日河南省洛阳市新安县石寺镇寺沟煤矿非法开采防水煤柱，在具有明显的突水征兆时，矿负责人到现场检查后仍组织生产，使邻近废弃矿井老空水及其连通的松散孔隙水和地表河水溃入井下，导致42人死亡。

4）防治水技术力量及从业人员相关知识匮乏

多数老空透水在事故发生前，均有明显的透水预兆，但由于煤矿地质和水文地质人员缺乏，矿井没有防治水害的专业知识，不能识别明显的透水预兆，使本可避免的重特大透水事故在同一地区或不同地区重复发生。如山西省大同市左云县店湾镇范家寺煤矿由于地质资料和采空区积水不清，在有突水征兆时，发现煤壁有渗水、挂红现象后，仍没有引起矿方管理人员的高度重视，也未组织采取相应的探放水措施，盲目爆破掘进，导致透水事故发生，造成20人死亡。

5）对已有水患未采取措施

有的矿井在水体下或冲积层下采煤留设的防水安全煤柱不合理；有的煤矿对地面的塌陷坑、废弃的小煤矿充填不实，使地表水溃入井下，导致事故发生。如吉林省舒兰矿务局五井2005年发生的“8·19”透水事故就是由于地面连河泡水体通过未充填实的小井灌入井下所致，造成16人死亡。如河北省邢台市内丘县远大煤矿在工作面切眼贯通时，未排查上风巷的积水情况，也未按规定进行探放水，在爆破、水压、煤体自重等作用下引起上部老空透水，造成14人死亡。

6）雨季暴雨期井上下水情监测不够

有的煤矿井口标高低于历史最高洪水位，雨季前也没有认真检修防水堤坝，掌握矿区附近地面水系的汇水和渗漏情况，雨季“三防”（防洪、防排水、防雷电）不到位。2007年8月17日，山东省新泰市华源矿业公司因柴汶河河岸决口，引发溃水淹井，181人遇难。

7）未进行或者违章探放水

我国乡镇煤矿经多次治理整顿、资源整合和关闭，许多废弃老窑没有留下详细的地质资料，其开采边界、分布范围、积水空间不清楚，已成为正在开采煤矿的主要水害隐患。大多数乡镇煤矿没有防治水专业人员、设备和探放水队伍，在掘进和采煤过程中，不进行探放水，或者违章用煤电钻代替专用探水钻机进行探放，导致事故发生。吉林省舒兰矿务局五井地表水在暴雨期溃入未充填实的废弃立井，通过采空区透入正在生产的井下，造成16人死亡；又如贵州省天柱县凤城镇大豪煤矿，发现有透水预兆时，违章用煤电钻探水，导致老空水突然涌出，造成10人死亡。

2. 管理原因

1）防治水工作管理滑坡

企业受经济利益驱动、技术力量限制等，对防治水工作管理松懈、投入不足，没有认真落实水害防治责任制。主管部门或者监管部门疏于对煤矿水害的日常监管工作以及重大水害隐患的跟踪督促和落实。广东省梅州市兴宁市罗岗镇福胜煤矿在先后两次遇到断层破碎带涌水的情况下，违章指挥继续向前掘进，爆破后即发生透水事故。

2）防治水措施针对性不强

随着北方下组煤的开采，采深的不断加大，奥灰水成为制约解放下组煤的关键因素，随之带来许多大采深、高承压的带压开采新问题，如果认识不清，仍然沿用原有的理论方法解决这些问题，必将带来严重后果。如福建龙岩市新罗区赤坑煤矿掘进巷道遇断层时，由于条件不清，违章爆破后发生断层带突水，导致“5·28”事故发生，造成10人死亡。如山西省大同市左云县店湾镇范家寺煤矿由于地质资料和采空区积水不清，在有突水征兆时，也未组织采取相应的探放水措施，盲目爆破掘进，导致透水事故发生，造成20人死亡。

3）煤矿水害防治监管监察制度不落实

煤矿超层越界和非法开采活动，未按照规程落实水害防治措施，没有建立水害隐患排查制度、制订水害防治应急预案，等等，都是造成重大水害事故的原因。

4）部分企业被动进行矿井防治水害工作

主要表现在防治水投入不足，防治水措施不到位不落实。没有主动安排防治水工作。如吉林省舒兰矿务局五井发生的“8·19”透水事故就是由于地面连河泡水体通过未充填实的小井灌入井下所致，造成16人死亡。

5）部分企业“三违”现象时有发生

部分企业没有处理好安全生产与经济利益的关系，为获得利润不惜违法或违规生产，导致水害事故时有发生。

四、水害事故处理

采掘工作面或其他地点发现有挂红、挂汗、空气变冷、出现雾气、水叫、顶板淋水加大、顶板来压、底板鼓起或产生裂隙出现渗水、水色发浑、有臭味等突水预兆时，必须停止作业，采取措施，立即报告矿调度室，发出警报，撤出所有受水威胁地点的人员。

1. 救灾原则

矿井发生突水事故后，应立即成立救灾指挥部，制订抢险救灾方案，积极组织救灾，指挥决策应遵循以下几个原则。

（1）加强水文地质调查监测工作，掌握落实水情，并且对水情的发展变化趋势做出预测，这样才能根据水情变化，有针对性地制订方案，采取适当措施。

（2）抢险救灾要本着积极抢救的原则和主导思想，应立足于一个“快”字，争取一秒时间，就能减少一分损失。

（3）救灾治理方案必须因地制宜，符合现场实际。有条件时尽量采用比较成熟的新设备新技术。

（4）应根据水灾变化情况随时调整实施方案。在矿井突水救灾中，没有固定的模式可遵循，只有治水复矿完成后，其抢险救灾和治水复矿才形成了比较完整的方案，方案实施过程中调整是必然的。

（5）在制订抢险救灾方案的同时，应该提前考虑矿井恢复问题，应尽量避免给后期矿井恢复工作留下后遗症或困难。

（6）采取综合方法抢险救灾时，各方法间必须协调联动，互相配合，互相创造条件。强排水与注浆堵水同时进行时，应以强排水为前提，调整注浆工艺，以适应大动水条件下注浆；当以强排水控制水情最终打闸封堵突水点时，强排水应为构筑水闸墙创造条件，尽量采取多种方式降低水位。关键是使抢险救灾方案形成一个整体，以最快的速度实现治水复矿目标。

2. 救灾要点

（1）了解突水情况、影响范围，查清事故前后人员分布，撤出受灾害威胁区域的人员。

（2）采用呼叫、敲击管路、轨道、支架等方法与遇险人员联系，安排专人倾听、观察来自灾区内的信息，确定遇险人员所在位置、人数及生存条件。

（3）分析区域地质、水文地质条件，收集出水前后水量变化、各长观孔水位变化资料，必要时做水质化验，判断直接水源及补给水源，推测、判断水量变化趋势。

（4）根据突水量与排水能力的大小，选用排、疏、堵、截及开掘小巷等措施，营救遇险人员。

（5）采用压风管、水管、打钻孔等方法，向遇险人员输送新鲜空气，给遇险人员创造生存条件。

（6）加强通风，防止瓦斯和其他有害气体聚集。

（7）采取措施，侦察、抢险时防止巷道溃垮、冒顶、掉底和二次出水。

（8）抢救和运送长期被困井下人员时，防止环境和生存条件突然改变造成意外。

3. 救灾任务

矿井发生突水时，无论其水量大小，危害程度如何，现场管理人员都必须在保证自身安全的条件下迅速组织抢险工作。如停止工作面施工、组织抢救遇险（难）者、有序撤离无关人员，有条件时，组织进行加固巷道等防止事故扩大的技术处理，组织水情观测，并报告矿调度室。灾情严重时，现场管理人员有权指挥或带领工人主动撤离现场。由于矿井突水有一个逐步恶化的演变过程，所以现场工作人员，特别是班组长、区队长和技术人员，在处理突水事故的初始阶段起着非常重要的作用。他们既是直接指挥者，又是现场紧急处理操作者。因此，对他们进行经常性的防水、治水技术知识和安全操作规程培训，提高现场紧急处理突水事故的技能是十分必要的。根据矿井突水事故的特点，应急救援队伍分成现场抢险救灾组、水情观测及资料分析组、注浆堵水组、专家决策组等几个部分，各组的任务有所侧重。

1）现场抢险救灾组任务

（1）快速运送水泵和排水管路。

（2）快速安装水泵，包括水泵固定、接通电源。

（3）快速接排水管路。

（4）掘进头突水时，积极用袋装水泥封堵巷道，构筑临时水闸墙控制水情，利用袋装水泥码砌水闸墙，应留设泄水管路，以便大部分涌水由管路泄出，避免闸墙即刻受压；码砌长度视涌水对巷道可能造成破坏的范围而定，袋装水泥闸墙码砌一定高度后（0.5～1.0 m），闸墙中部的水泥袋划破，在有少量涌水条件下形成水泥浓浆，其扩散性能好，对闸墙有充填作用。

（5）在中央水泵房安装好备用水泵，做好随时开泵的准备。

2）水情观测及资料分析组任务

（1）在保证安全的前提下，井下观测人员每小时观测一次涌水量，并量测水温，测量数据及时报告调度室和专家组。

（2）刚出水时，立即派人到地面各水文长期观测孔量测水位，刚开始时每4 h量测1次；水位变化快时，每2 h量测1次。

（3）有人员被困时，分析人员被困的地点及可能淹没的时间。

（4）采水样进行水质分析，结合水位观测情况进行水源判别。

（5）涌水通道分析。

（6）提供各种技术图件，如井巷布置图、水文地质图、充水性图等。

（7）及时把收集到的资料和初步分析结果告知专家组或同专家组共同分析。

3）注浆堵水组任务

（1）根据专家组的意见，需要进行注浆堵水时，召集专业注浆公司制订施工方案。

（2）确定施工方案，经专家组审定，签订合同后，注浆公司开始施工。

（3）监督注浆公司的钻探进展和浆液配比、泵压记录等。

（4）及时汇总注浆的相关资料，并把资料分送资料分析组和专家组。

4）专家决策组任务

（1）根据现场抢险救灾组、水情观测及资料分析组提供的资料，初步确定水源和涌水通道。

（2）制订治水方案，选择排水、堵水或者排堵相结合方法。

（3）方案审定。

（4）给总指挥提供决策方案。

五、矿井突水量测算与被困人员生存时间的估算

1. 矿井突水量测定

矿井突水量是制定抢险救灾方案的依据，是指挥部抢险救灾决策指挥的基础。因此测定应做到准确快速可靠，掌握突水量的发展变化规律并做出必要的预测。突水量测定方法很多，可根据不同条件选用。

1）实际现场测定

用流速仪或浮标在流水巷道中实测，方法简单，测量速度快，数据也基本可靠。但工作人员必须进入突水点附近水流必经的巷道，水深不能过膝，流速不能过急。有些突水量呈跳跃式增加，一旦水量突增，测水人员应迅速撤至安全地点，所以当突水量较大时，难以使用此法。

2）用矿井的总排水量计算突水量

在排水与突水大致平衡阶段，也就是水位保持恒定时，每一个排水泵的额定流量乘以一个系数计算求得实际流量，累加所有排水泵的实际流量即为总突水量。这种方法测量精度较差。

3）用淹没法计算突水量

淹没法是特大突水时常采用的一种方法，只要能测量矿井淹没水位，对采掘情况基础资料清楚就可用淹没法计算突水量，若井巷工程底数不清或采空区充水系数选择不准，突水量的计算精度就会降低。用淹没法计算突水量的关键是确定井巷及采空区充水系数，它与采煤方法、开采时间、煤层倾角、工作面回收率等因素有关，很难准确确定。一般情况下，被淹的岩巷、硐室充水系数可按100%计算；煤巷可按80%计算；水仓一般按50%～80%计算。倾角小于30°的走向长壁采空区充水系数，10年以上的最大不超过20%，10年以内的最大不超过30%。淹没体积的计算比较复杂，也很费时间，按照《矿井灾害预防及处理计划》要求，凡有突水危险的矿井，每年的第一季度内都要对上一年度末的井巷硐室、采空区可能存水的容积进行全面统计，比较确切地计算出分水平、分阶段垂高可能的积水空间，以及每升降1 m的平均积水空间。

2. 被困人员生存时间估算

1）被困人员生存基本条件

发生透水事故后，在分析遇险人员生存条件时，要认真分析避难场所的空气质量，并以此估算遇险人员在该空间中能生存的最长时间。一般来讲，在下列空气质量条件下，避险人员就有生存的可能：$\varphi(O_2) \geqslant 10\%$，$\varphi(CO_2) \leqslant 10\%$，$\varphi(CO) \leqslant 0.04\%$，$\varphi(H_2S) < 0.02\%$，$\varphi(NO_2) < 0.01\%$，$\varphi(SO_2) < 0.02\%$。透水后，若避难地点中没有或含很少$CH_4$及其他有害气体，往往只按$O_2$降到10%和$CO_2$增到10%所需的时间（取两者中最小值）估计人员能生存的最长时间。

人的生存除空气外，还需要食物。突水后遇险人员的食物缺乏，靠喝水，啃坑木、棉衣、煤块等维持生命。事实上坑木、煤块、棉衣等毫无营养价值，不能被人体吸收，也根本消化不了，吃下去只能把胃撑起来，减少饥饿痛苦而已。这些东西吃多了，只会破坏消化系统，有害无益，在井下吃腐烂的动物肉（老鼠、骡马肉），有可能造成食物中毒，也应不吃。

水是人体的重要组成部分，人体有78%是由水组成的。水虽无营养价值，但人在断食情况下，喝水可以促进人体内新陈代谢的进行，消耗体内自身储存的糖、蛋白质，以维持人体能源的供给。一旦缺食物，又缺水，人体内的酸碱平衡就不能维持，体内废物就无法排出，而导致人体中毒甚至死亡。被困人员只要有空气、喝水，就可以生存一段时间。不吃不喝，生命只能维持7～8天。医学界分析，一个体重65 kg的正常男子，体内储存的可供使用的热量为2.9×10^5 kJ。人在空腹静卧情况下，每24 h消耗5858～7531 kJ，即其储存的能量（热量）理论上可供38天的消耗。当然，即使在长期饥饿情况下，体内储存的能量也不可能完全耗竭后人才死去，即被困人员依靠体内储存的能量维持生命要比 38 天短。据目前掌握的实际资料，在井下绝食 16 天、23 天、32 天和 34 天的遇险人员，经医治后可完全恢复。

2）生存时间估算

估算时按避难地点中原有 $\varphi(O_2)=20\%$、$\varphi(CO_2)=1\%$，平卧不动时每人耗氧量为 0. 237 L/min，呼出 CO_2 量为 0. 197 L/min 计算。

（1）当 O_2 降至 10% 时，人员能生存的最长时间 T_1 的估算公式为

$$T_1=\frac{V\times(20\%-10\%)\times10^3}{0.237\times n}\times\frac{1}{60}=\frac{7V}{n}$$

式中　n——同一地点的避难人数，人；

V——避难地点（上山）突水前的体积，m^3；

T_1——O_2 降至 10% 时，人员能生存的最长时间，h。

（2）当 CO_2 增至 10% 时，人员能生存的最长时间 T_2 的估算公式为

$$T_2=\frac{V\times(10\%-1\%)\times10^3}{0.197\times n}\times\frac{1}{60}=\frac{7.64V}{n}$$

式中　n——同一地点的避难人数，人；

V——避难地点（上山）突水前的体积，m^3；

T_2——CO_2 增至 10% 时，人员能生存的最长时间，h。

救灾时选取 T_1、T_2 中最小者为允许的最长排水时间，否则需采取其他补救措施（如送 O_2、食品）。

3）被困人员生存可能性分析

（1）被困地点高于外部水位。当躲避地点比外部水位高时，遇险人员有生存的可能，应利用一切可能的方法（如快速钻进或掘进一段巷道等）向他们输送新鲜空气、饮料和食物。当积水不能排除，且不具备打钻条件时，为保障他们的生命安全，可考虑进行潜水救护。即由潜水救护队员潜水进入灾区，将携带的氧气瓶、饮料、食物、药品等送给遇险人员，以维持起码的生存条件。

（2）被困地点低于外部水位。当避难地点比外部最高水位的标高低时，有两种情况发生。一种是突水时水能直接涌入位于突水点下部的巷道（如平巷，下山等），并把它们淹没，一般情况下，这些地点不会有空气存在，也就不具备人员生存条件，误入这些地点避灾的人员，将无生还可能。然而现场多次出现过人员躲在水位下平巷或下山高冒处获救的案例。另一种情况是当突水点下部巷道全断面被水淹没后，与该巷相通的独头上山等上部独头巷道，如不漏气，即使低于外部最高洪水位时，也不会全部被水淹没，仍有空气存在。在这些地点躲避的人员具备生存的首要条件，如果避灾方法正确（如：心情平静、适量喝水、躺卧待救等），是能生还的。这在矿井水灾实例中并不罕见。

4）营救被困人员的注意事项

实践证明，抢救长期被困在井下的人员时，如不采取相应措施，幸存的人员也会因为他们长时间生活在有限空间，呼吸的空气污浊，呼吸系统遭到损伤。他们长期饥饿，消化机能衰退、血压下降、脉搏慢、神志不清。他们长时间生活在黑暗中，瞳孔放大，靠人的意识去识别物体，视觉系统遭损。因此，在抢救被长期围困的人员时，禁止用灯光直接照

射他们的眼睛（可使光束避开他们的眼睛；或用红布、衣片罩住灯头，使光线减弱；或用布蒙住他们的眼睛）；应保持体温、进行体检并给予必要的治疗（包扎、输液等）；不能立即抬送出井口，应分段搬运到安全地点，让其逐渐适应环境；不能吃硬食和过量食物，以免损坏消化系统；短期内不要让其亲友探视，以免过度兴奋造成血管破裂。

六、煤矿水害的预防

1. 防治地表水害的措施

（1）留设防水煤柱。矿井上方有江、河、湖、海、水库等，对矿井有危害，有透水的可能，而且不能排干，可留设防水煤柱。

（2）河流、沟渠改道。河流、沟渠压在煤层及岩层的露头部分，大量向井下漏水，对采矿有透水的威胁，可以对河流、沟渠改道。河流向井下漏水时，还可以采取对河床铺底的措施进行防漏。

（3）积水排干。对于塌陷坑积水、池塘积水等，只要有突水的可能就必须将积水排干方能生产，且在生产过程中要定期查看地面积水。特别是急倾斜煤层采煤工作面出现漏斗形塌陷坑，透水威胁更大。因此，急倾斜煤层开采时，必须降低开采上限，留设防水煤柱，确保安全。

（4）水力充填。采煤工作面不用垮落法控制顶板，而采用水砂灌注采空区，把采空区顶板支撑起来，降低下沉量，降低对地表下沉的影响，避免水流进入井下。

（5）抬高主井、副井、风井的井口标高。为确保雨季安全，要调查矿井周围最高洪水位及山洪暴发的影响，抬高主井、副井、风井的井口标高。

2. 防治井下水害的措施

1）老窑水的防治

（1）成立清查老窑情况的组织机构。

（2）询访在老窑工作过的老同志，弄清开采年限、开采煤层位置、开采距离和深度以及涌水量大小等。

（3）查找已有老窑的图纸和资料。认真分析判断后，制订防治老窑水的方案，并认真实施。

（4）在情况不明的情况下，坚持“有疑必探”的原则向前掘进。打超前探水钻时，如有透水征兆，不能起钻，要尽快汇报，处理险情。

在探放水时，要安装水泵和排水管路，建立好水仓，以保证万一探出水之后不会影响生产或导致事故发生。

特别注意的是，若老窑水是开采上层煤形成的采空区积水，而新开的矿井或者新采区是开采的下层煤，这种顶着老窑水的采煤，随时都有发生突水事故的可能。因此，在未弄清情况、上层煤采空区水未疏干之前，禁止顶水采煤。

2）矿井采空区积水和老巷道积水的防治

矿井的采空区及老巷道天长日久必然存在积水。防治工作要求测量部门测量填图要及时准确，不能漏填，当掘进工作面接近采空区和老巷道时要先探后掘。采煤工作面回采时，对生产有威胁，要打钻把水疏干。掘进工作面需要掘透老巷道时，一定要先把老巷道水排干后，才能掘透老巷道。

3）钻孔水防治

钻孔虽小，但水涌出来却可以淹井。钻孔水害防治措施是：先查钻孔的平面位置是在采掘工作面的什么位置，然后查钻孔的封孔质量。如果钻孔穿透富水层，封孔质量不好，为确保安全则需请专业队伍用钻机重新封孔。另外，还可以留保护煤柱保护钻孔。

4）断层水的防治

断层分为透水断层和不透水断层。防治断层水的措施是：查阅地质报告或水文地质报告，较大的断层可查出是透水断层还是不透水断层。如果断层含水丰富，可用留设断层防水煤柱的办法，防止断层面出水发生透水事故。断层位置不清、不知道是透水断层还是不透水断层时，可用井下钻探的办法探清断层位置及断层面透水情况。如果断层含水丰富与奥陶纪灰岩连通或与其他厚层状石灰岩溶洞、含水砂岩连通，断层面水大，不易疏干，最好留设断层防水煤柱保护断层。在井下用钻探的办法探断层时，事先要建立好排水基地。在逆断层下开采，断层的上盘压在煤层之上，留设断层防水煤柱。

5）陷落柱水的防治

陷落柱是指埋藏在煤系地层下部的巨厚可溶岩体，在地下水溶蚀的作用下，形成巨大的岩溶空洞，上覆岩体在重力作用下向下垮落，充填于溶洞中，形态是一柱体，故称岩溶陷落柱。陷落柱按其充水特征分导水陷落柱和不导水陷落柱两大类型。导水陷落柱水量大且稳定，易造成淹井事故。

防治陷落柱水的措施是：根据地质资料查清陷落柱的位置，用井下钻探的办法探清陷落柱是否导水，如水量大不好疏干，可留设陷落柱防水煤柱；如水量小，可以采用疏干的办法，确保开采安全。

6）石灰岩溶洞水的防治

石灰岩被水溶蚀后，产生的空隙称为岩溶。存在岩溶中的水称为岩溶水。岩溶的形态多样，大小不一，小到溶隙，大到溶洞，而且溶洞之间互相连通可成为暗河。

防治岩溶水的措施：石灰岩的露头部分位于地面河流之下，井下岩溶水由地面河流补给，为切断岩溶水补给来源，可以将河流铺底防漏水或河流改道。也可采用地面打钻用水泥注浆的办法堵水。

为了开采安全，可采用降压疏干的办法：一般是采用巷道及钻孔来疏干岩溶水。疏干时，在井下适当位置建立防水闸门，确保分系、分采区、分水平隔离、疏水，与其他地区生产两不误。

当石灰岩溶洞水太大且与奥陶纪灰岩连通时，采取疏堵可能都无效，需慎重考虑，决定是否继续开采。

7）砂岩水和砾岩水的防治

砂岩、砾岩多数位于煤层的顶板和底板。砂岩从表面上看很致密无孔隙，实际含水量不小，富含裂隙水。因此，当顶板有厚层状砂岩时，在工作面回采之前要用钻机探水。有水时须在回采之前将顶板砂岩水疏干，疏干方法可用钻机打眼。急倾斜煤层回采之前也要疏干底板砂岩水，防止采空区放顶引起突水。

8）冲积层水的防治

冲积层水俗称地表浅水，层内有流沙、砂浆、泥浆等。防治冲积层水，应当正确地确定矿井开采上限。开采上限标高要保证冲积层水和地表水不能流入井下。有些地区小煤窑乱采滥挖，专采露头煤，有的专采大矿开采上限以上的煤柱，往往对大矿安全生产造成威胁。

第六节 顶板事故的处理原则与方法

顶板事故是煤矿不容忽视的灾害之一，它不同于瓦斯煤尘爆炸事故，发生群死群伤的重特大事故通常比较少见，而零散事故却频繁发生，有作业人员工作的地点，都有可能发生这类事故，因此分布范围特别广泛。正因为顶板事故一次死亡人数不多，人们往往重视不够，管理不细，忽视了其累计的恶果。

一、采煤工作面顶板事故

（一）顶板事故分类

1. 按事故的动力源分类

按动力源可将采煤工作面事故分为漏冒型、压垮型和推垮型三大类。

（1）压垮型冒顶。由垂直于层面方向的顶板力压坏采煤工作面支架而导致的冒顶。包括基本顶来压时的压垮型冒顶、厚层难冒顶板的大面积冒顶、直接顶导致的压垮型冒顶。

（2）漏冒型冒顶。由已破碎的顶板没有得到有效预防而冒落导致的冒顶。包括大面积漏冒型冒顶、局部漏冒型冒顶、靠煤壁附近的局部冒顶、工作面上下出口的局部冒顶、地质破坏带附近的局部冒顶、放顶线及其附近的局部冒顶。

（3）推垮型冒顶。由平行于层面方向的顶板力推倒采煤工作面支架而导致的冒顶。包括复合顶板推垮型冒顶、金属网下推垮型冒顶、大块游离顶板旋转推垮型冒顶、采空区冒矸冲入采煤工作面的推垮型冒顶。

2. 按事故的大小分类

按事故的大小或严重程度，煤矿中常习惯于将采煤工作面冒顶事故分为局部冒顶和大型冒顶两大类。

（1）局部冒顶。指范围不大，伤亡人数不多（每次死亡1~2人）的冒顶。常发生在靠煤壁附近、采煤工作面两端以及放顶线附近。局部冒顶压、漏、推三种类型都有，靠煤壁附近以漏为主，采煤工作面两端有漏、有压，放顶线附近有漏、有推。煤矿中局部冒顶的次数比大型冒顶多得多，危害比较大。

（2）大型冒顶。指冒顶范围较大，伤亡人数较多（每次死亡人数3人以上）的冒顶。它包括两端来压时的压垮型冒顶、厚层难冒落的大面积冒顶、直接顶导致的压垮型冒顶、大面积漏冒型冒顶、复合顶板推垮型冒顶、金属网下推垮型冒顶、大块游离顶板旋转推垮型冒顶、采空区冒矸冲入采煤工作面的推垮型冒顶等。

（二）采煤工作面局部冒顶

煤矿顶板事故80%发生在采煤工作面，而局部冒顶约占70%。局部冒顶事故的特点是范围小，一次死亡1~2人。分析该类事故表明，绝大多数局部冒顶事故的发生是有条件的，具有一定规律性。局部冒顶实质上是控顶区内已破碎的直接顶失去有效的支护而造成的。从工序与发生的地点看，局部冒顶可分为4类：煤壁附近局部冒顶、上下出口局部冒顶、放顶线附近局部冒顶和地质破坏带附近局部冒顶。

1. 煤壁附近局部冒顶

这类事故的发生是由于裸露的破碎顶板得不到及时支护或支护不当、支护质量不好造成的。

1）原因分析

（1）由于原生构造及采动等原因，在一些煤层的直接顶中，存在着许多原生裂隙，这就很容易形成具有“人字劈”“升斗劈”等游离岩块的镶嵌型顶板，在采煤或爆破落煤后，如果得不到及时支护或支柱打得不紧，这类游离岩块受采动影响后，就会逐渐脱离岩体，无约束的自由下移、冒落，以致造成局部冒顶事故。

（2）当采用爆破法采煤时，如果炮眼布置不恰当或装药量过多，也可能在爆破时崩倒支架而导致局部冒顶。

（3）当基本顶来压时，煤壁附近的直接顶可能破碎，如果煤层本身强度较低，则容易片帮，从而扩大了无支护空间，也会造成局部冒顶。

2）防治措施

（1）采取正确的支护方法。对采煤后露出的顶板要采用及时支护、超前支护的支护方式。

（2）炮采时，炮眼布置及装药量要适度、合理，采用小范围爆破方式，尽量避免崩倒支架。

（3）对易片帮的煤层，尽量使工作面与煤层的主要节理方向垂直或斜交，一旦片帮，易掏梁窝超前支护，防止冒顶。

2. 上下出口局部冒顶

1）原因分析

（1）上下出口位于采煤工作面与平巷的交接处，控顶范围比较大，也是应力叠加的区域。另外，掘进平巷时由于巷道支护初撑力一般都很小，很难控制直接顶不下沉、不松动、不破碎。当直接顶是由薄层软弱岩层组成时更是如此，易造成冒顶事故。

（2）在上下出口处经常要进行工作面输送机头、机尾的拆卸工作，这时难免要替换原来的支护，有时还会碰到本不该替换的棚子，就在老柱拆下或碰倒而新支柱未支上时，已破碎的直接顶可能局部冒落而造成事故。

（3）工作面不断前移，往往要用工作面支护替换原来巷道的支护，出口处始终处于反复支撑状态，在一拆一支间隙中，已破碎的直接顶也可能局部冒落。

（4）上下出口处的支护还受到基本顶来压的影响，如果直接顶中存在与层面斜交的裂隙组，在基本顶积聚下沉的作用下，直接顶施加给支柱的不仅是垂直压力，还有侧压力，可能推倒部分支柱而造成局部冒顶。

（5）平巷和工作面连接处，顶板和底板有时会出现台阶下沉，使得此处难以支护，造成局部冒顶事故。

2）防治措施

（1）合理布置平巷，尽可能将平巷布置在受地质影响比较小的地段。

（2）合理设计平巷断面，平巷断面尽量不破坏顶板，不留顶煤，保持巷道顶板的完整性。

（3）适当加大工作面上下出口的支护密度，增加特殊支架，在机头机尾处各应用四对一梁三柱的钢梁抬棚支护，每对抬棚随机头机尾的推移逐步前移；或在机头机尾处采用双楔铰接顶梁支护。在工作面与巷道相连处，宜用一对抬棚逐步前移，托住原巷道直接的棚架。

（4）支架系统必定具有一定的侧向抗力，以防基本顶来压时推倒支架。推广使用十字铰接顶梁端头支架来提高支架的稳定性，这是防治上下出口局部冒顶比较理想的措施。超前工作面 20 m 内的巷道因受工作面前方支承压力的影响，支架由于支撑力不足，易被压坏而导致局部冒顶，因此，在超前工作面 10 m 以内，巷道支架应加双中心柱；超前工作面 10 ~ 20 m，巷道支架应加单中心柱以防冒顶。

3. 放顶线附近局部冒顶

1）原因分析

（1）回柱操作不合理，由于先回“吃劲”的柱子时，引起周围破碎顶板的冒落，回柱工人来不及退到安全地点，就可能被砸着而造成事故。

（2）当顶板中存在由断层、裂隙、层理等切割而成的大块游离岩块时，回柱后游离岩块就会旋转，从而推倒支架导致冒顶。

（3）金属网假顶下回柱放顶时，网上有大块游离岩块，也会发生上述的因游离岩块旋转而推倒支架的局部冒顶。

2）防治措施

（1）采用正确的回柱方法，防止顶板压力向局部支柱集中，造成局部顶板破碎及回柱工作的困难。

（2）为保证人工回拆“吃劲”的柱子及分段回拆最后一棵柱子时的安全，如果工作面用的是摩擦支柱，可以先在这些柱子的上下多支一棵木支柱作替柱，然后回拆金属支柱，最后用绞车回木替柱。如果工作面用的是木支柱，就直接用绞车回柱。回拆柱子最理想的方法是工人在有支护的空间进行远距离回柱。例如：用弹簧枪或长柄锤退楔，用绞车回拆摩擦支柱，都是较为理想的方法。有些矿采用这种方法回拆采空区的柱子，一直没有发生过伤人事故。采用单体液压支柱的工作面，由于可远距离回柱（远距离让支柱卸载，远距离拉柱子），一般回柱时不会发生伤人事故。

（3）为防止直接顶中或金属网上大块游离岩块在回柱时旋转推倒采煤工作面支架的冒顶事故，应采取的措施有：①加强地质观察工作，记载大块岩石的位置及尺寸；②在大块岩石范围内用木垛等办法加强支护；③当大岩块沿走向尺寸超过一次放顶步距时，在大岩块的局部范围要延长控顶距；④如果工作面使用的是单体金属支柱，要采用木支柱替换金属支柱；⑤待大岩块全部都处于放顶线以外的采空区再用绞车回柱。

4. 地质破坏带附近局部冒顶

采煤工作面如果遇到垂直或斜交工作面的断层时，在顶板活动过程中，断层附近的岩块可能顺断层面下滑，从而推倒工作面支架，造成局部冒顶。为预防这类顶板事故，应在断层面两侧加设木垛加强支护，并迎着岩块可能滑下的方向支设戗棚或斜柱。

（三）采煤工作面推垮型冒顶事故

1. 复合顶板推垮型冒顶

从本质上讲，复合顶板就是离层性顶板，由下软上硬的岩层构成。典型的复合顶板有如下三种特征：煤层顶板由下“软”上“硬”不同岩性的岩层组成；“软”“硬”岩层间夹有煤线或薄层软弱岩层；下部“软”岩层的厚度通常情况下不小于0.5 m，且不大于3.0 m。

1）原因分析

由于支柱的初撑力小，在顶板下位软岩层的重力作用下支柱下缩或下沉，顶板上位硬岩层未下沉或下沉缓慢，也就是软硬岩层下沉不同步，从而导致软岩层与其上部硬岩层离层。由于多种原因，在顶板下位岩层中断裂出一个六面体，此六面体上面不挨硬岩层，四周或是已与原岩层断开或是以采空区为邻，下面由单体支架支撑，如果周围没有约束，此六面体连同支撑它的单体支柱就是一个不稳定的结构。当其受力状态失衡时，就会发生冒顶事故。

2）易发地点

（1）开切眼附近。在这个区域顶板上部硬岩层两侧都有煤柱支撑，不容易下沉，给下部软岩层的下沉离层创造了条件。

（2）地质破碎带（断层、裂隙等）附近。这些地点顶板下部软岩层容易形成六面体。

（3）尖灭构造附近。采煤工作面顶板存在尖灭构造，容易形成六面体，又可能给六面体提供去路。

（4）老巷（走向或倾向的）附近。由于老巷顶板已破坏，增加了在顶板岩层中形成六面体的可能性。

（5）掘进上区段运输巷时破坏了复合顶板的地点。破坏区段运输巷的复合顶板，可能给六面体一个去路；破坏区段回风巷的复合顶板，既增加产生六面体的可能性，又减小已产生六面体下推时的阻力。

（6）局部冒顶区附近。这些地点也存在“去路”，增加产生六面体的可能性，减小已产生六面体下推时的阻力。

（7）倾角大的地段。在这些地段，由重力作用使六面体沿倾斜方向的下推力增大。

（8）顶板岩层含水的地段。这些地段由于摩擦系数降低，总阻力将大为减小。

3）预防措施

（1）应用伪俯斜工作面并使垂直工作面向下倾角达4°~6°。其目的是限定六面体只能沿工作面下侧推移，而且阻止推移的摩擦力较大。

（2）工作面区段运输巷不挑复合顶板掘进。

（3）工作面始采时不要反推。

（4）控制采高，即使软岩层冒落后超过采高。其目的是：堵住六面体向采空区的去路；在六面体要向工作面下方推移时，增加防止六面体下推的摩擦力。

（5）尽量避免区段回风巷与工作面斜交。

（6）灵活地应用戗柱或戗棚，使它们迎着六面体可能移动的方向。

（7）采用“整体支架”。在使用摩擦支柱和金属铰接梁的采煤工作面中，用拉钩式连接器把每排支柱从工作面上端至工作面下端都连接起来。

（8）提高单体支柱的初撑力及其刚度。

2. 游离岩块旋转推垮型冒顶

1）原因分析

当煤层顶板存在由断层、裂隙、层理或薄弱岩层切割成大块游离顶板时，这个游离顶板可能旋转落下，把工作面支柱向煤壁推倒，造成推垮型冒顶事故，这种情况与回柱时顶板中游离岩块旋转下落推倒支架相似，只是范围更大、危害性更大。大块游离岩块的厚度可达6 m，长度可达20 m左右，宽度可以自煤帮到采空区顶板悬顶处。岩性一般是中等稳定及以上，在采空区往往出现悬顶。

2）预防措施

（1）加强地质及观察工作，准确分析顶板破碎、节理裂隙发育程度及地质变化情况，判断游离顶板的范围。

（2）在游离顶板范围内加强支护，不要进行回柱作业，特别要注意爆破震动的影响。

（3）如果工作面使用的是金属支柱，要用木支架代替金属支架。

（4）待游离顶板全部都处在放顶线以外的采空区时，再用绞车回柱。

3. 采空区冒矸冲入采煤工作面的推垮型冒顶

1）原因分析

在煤层上直接是石灰岩等较硬岩层，当其大块在采空区垮落时，可能顺着已垮落的矸石堆冲入采煤工作面，推倒支架（从根部推倒采煤工作面支柱而不是从顶板），从而导致推垮型冒顶，如图5－17所示。

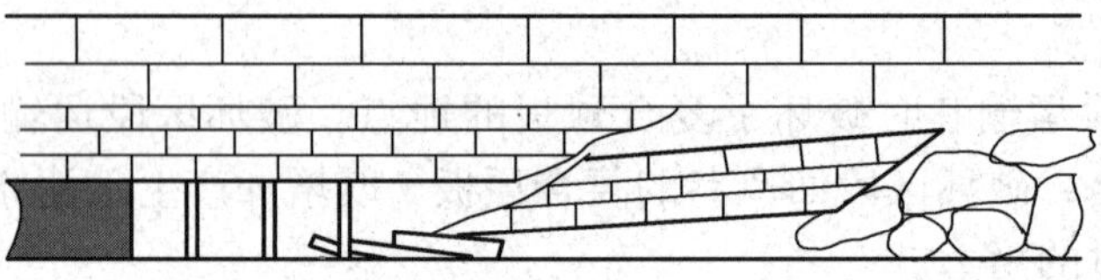

图5－17　大块冒矸冲入采煤工作面推倒支架

2）预防措施

（1）用挑顶等办法使采空区小块冒矸超过采高，从而使大块冒矸无法冲入采煤工作面。

（2）用切顶墩柱或特种支护切断顶板，一方面减少冒矸面积，另一方面阻挡冒矸使其不能冲入采煤工作面。急斜煤层工作面，如果密集支柱初撑力不足，稳定性不好，采空区冒矸也可能冲倒支柱，冲入采煤工作面，造成顶板事故。

（四）采煤工作面压垮型冒顶事故

1. 基本顶来压时压垮型冒顶

1）原因分析

通常，煤层之上既有直接顶，又有基本顶。采煤工作面从开切眼开始到采煤后采到一定距离，首先要经历直接顶的初次垮落过程。如果直接顶厚度不大，随着采煤工作的进行，除了直接顶初次垮落外，工作面还要经历基本顶初次来压和周期来压等顶板来压过程。对于单体支柱工作面，基本顶来压时，由于支柱的初撑力较低，基本顶往往断裂在煤壁内，支柱工作阻力不足以平衡煤壁后方基本顶岩层的重力，必须与煤体一起来支撑基本顶岩层，这就导致基本顶岩梁剪应力为零的点在煤壁内，与剪应力为零的点相对应的基本顶岩梁弯矩最大的点，也在煤壁之内，随着采煤工作面的推进，基本顶岩梁悬露越长，弯矩值就越大。当弯矩最大值所决定的拉应力超过基本顶岩层的拉伸强度时，基本顶就断裂。可见，基本顶是在岩层剪应力为零的点即弯矩最大点处断裂的。实践表明，随着基本顶及其支撑条件的不同，基本顶在煤壁内的断裂点距煤壁的距离由一两米至十几米不等。

2）预防措施

为预防基本顶压垮型冒顶事故，应采取下列措施：①加强地质工作。搞清直接顶及基本顶的强度、厚度、分层情况及断层、裂隙情况，搞清直接底的厚度及比压。②进行矿压观测，求出工作面的初次来压步距，周期来压步距，以及支柱工作阻力及其变化情况，顶板下沉量和下沉速度及其变化情况，支柱下缩量和下缩速度及其变化情况。这些观测数据不仅对本工作面有用，而且对类似条件的工作面都有用。③按实测数据进行合理的控顶设计。④当遇到平行工作面的断层，且断层刚露出煤壁时，就要及时加强工作面的支护，不得采用正常的回柱方法，并要扩大工作面的控顶距，待断层进入到采空区后再回柱。

2. 厚煤层难冒顶板大面积冒顶

当煤层顶板是整体厚层硬岩层（如砂岩、砂砾岩、砾岩等，其分层厚度大于 5 ~6 m）时，它们悬露面积很大才能冒落。这样大面积的顶板在极短的时间内冒落下来，不仅由于重力的作用会产生严重的冲击破坏力，而且更严重的是把已采空空间的空气瞬时挤出，形成巨大的暴风，破坏力极强。

1）原因分析

厚煤层难冒顶板大面积冒顶是当煤层顶板由砂岩、砂砾岩、砾岩等整体厚硬岩层构成时才会发生。因为砂岩、砾岩等强度很大，其单向抗压强度可达 80 ~ 160 MPa，甚至达 200 MPa；另外，这些岩层一般为厚岩层整体构造，岩体中的层理、节理和裂隙都不发育。因此，它们只有在大面积悬露时才会冒落。具有这种类型顶板的工作面，在其回采初期，基本顶初次来压步距可达 50 ~ 70 m，甚至达 100 m 以上。大面积冒顶的原因是在一定的支撑条件下顶板岩层的受力超过了其极限强度。一般认为，由于开采，顶板大面积悬而不冒，在岩层自重应力的作用下，当弯曲应力超过其极限强度时，岩层将出现断裂或使原生的细微裂隙扩展，一旦这些裂缝贯穿坚硬岩层时，则发生断裂，从而导致冒顶。

2）冒顶预兆

厚煤层难冒顶板大面积冒顶的预兆包括：①顶板断裂声响的频率和音响增大；②煤帮有明显受压与片帮现象；③底板出现底鼓或沿煤柱附近的底板产生裂缝；④巷道（上下平巷）超前压力较明显；⑤工作面中支柱载荷和顶板下沉速度明显增大；⑥有时采空区顶板发生裂缝和淋水加大，向顶板中打的钻孔原先流清水，后为流白糊状的液体。这是断裂岩块互相间摩擦形成的岩粉与水的混合物。

3）预防措施

厚煤层难冒顶板大面积冒顶造成的灾害，是由顶板冒落时形成的冲击载荷和暴风引起的，防止和减弱大面积冒顶灾害的原则是：改变岩体的物理力学性质，以减小顶板悬露及冒落面积；减小顶板冒落高度，并降低空气排放速度。具体的做法有以下几种。

（1）顶板高压注水，即从工作面平巷向顶板打深孔，进行高压注水。不同岩石注水后强度的变化是不一样的，有的强度降低得多，有的强度降低得少。因此，在决定对顶板岩层采用注水弱化前，要对顶板岩层的弱化性做试验。

（2）强制放顶，即用爆破的方法将顶板切断，使顶板冒落一定厚度形成矸石垫层。切断顶板，可以控制顶板冒落面积，减弱顶板冒落时产生的冲击波；形成矸石垫层则可以缓和顶板冒落时产生的冲击力及暴风。

3. 直接顶导致的压垮型冒顶

1）原因分析

由于构造运动，采动影响等原因，使工作空间上方部分直接顶与其周围岩体产生断裂，当这部分直接顶整体向下运动时，有可能造成压垮型冒顶事故。

2）预防措施

（1）采煤工作面支护要能自始至终平衡直接顶或垮落带岩层的重力。底板软时必须穿鞋，力求使支柱的初撑力能平衡直接顶或垮落带的岩层重量，以避免直接顶或垮落带岩层离层。

（2）在开采下分层时不留煤皮，以免增加支架的载荷。如因条件限制非留煤皮不可，要相应增加支柱的初撑力和支柱的密度。

（3）在工作面收尾时，对因构造或采动破坏严重的区域，除应缩小控顶距及加强放顶支柱的初撑力之外，还应用绞车远距离回柱。

以上压垮型冒顶事故大都发生在单体支柱工作面，尤其是使用木支架的工作面。对综采工作面，当基本顶来压时，可能导致支架支柱的油缸炸裂，平衡千斤顶被拉坏，甚至将支架压入顶板。

二、巷道顶板事故

1. 掘进工作面冒顶的原因及防治

1）冒顶原因

掘进工作面冒顶的原因有两类：①掘进后，顶部存在与岩体失去联系的岩块，如果支护不及时，该岩块可能与岩体完全失去联系而冒落；②掘进工作面附近已支护部分的顶板存在与岩体完全失去联系的岩块，一旦支护失效，就会冒落造成事故。在断层、褶曲等地质构造破坏带掘进巷道时顶部浮石的冒落，在层理裂隙发育的岩层中掘进巷道时顶板冒落等，都属于第一类型的冒顶；因爆破不慎崩倒附近支架而导致的冒顶，因接顶不严实而导致岩块砸坏支架的冒顶，则属于第二类型的冒顶。此外，第一类型的冒顶也可能同时引起第二类型冒顶，如掘进头无支护部分片帮冒顶推倒附近棚子导致更大范围的冒顶等。

2）预防措施

（1）严格控制控顶距。当掘进工作面遇到断层褶曲等地质构造破坏带或层理裂隙发育的岩层时，棚子应紧靠掘进工作面。

（2）严格执行敲帮问顶制度，危石必须挑下，无法挑下时应采取临时支护措施，严禁空顶作业。

（3）在地质破坏带或层理裂隙发育区掘进巷道时要缩小棚距；在掘进工作面附近应采用拉条等把棚子连成一体防止棚子被推垮，必要时还要打中柱以抗突然来压。

（4）掘进工作面冒顶区及破碎带必须背严结实，必要时挂金属网防止漏空。

（5）掘进工作面炮眼布置及装药量必须与岩石性质、支架与掘进头距离相适应，防止爆破崩倒棚子。

（6）采用“前探梁掩护支架”，使工人在顶板有防护的条件下出矸、支棚腿、防止冒顶伤人。

2. 巷道交叉处冒顶的原因及防治

1）冒顶原因

巷道交叉处冒顶事故往往发生在巷道开叉的时候。因为开岔口需要架设抬棚替换原巷道棚子的棚腿，如果开叉处巷道顶部存在与岩体失去联系的岩块，并且围岩正向巷道挤压，而新支设抬棚或强度不够，或稳定性不够，就可能造成冒顶事故。

当巷道围岩强度不是很大时，顶部存在与岩体失去联系的岩块以及围岩向巷道挤压在所难免，如果开叉处正好是掘巷的冒顶处，则情况更为严重。新支设抬棚的稳定性与两方面因素有关：①抬棚架设一段时间后才能稳定，过早拆除原巷道棚腿容易造成抬棚不稳。②开口处围岩尖角如果被压碎，抬棚柱失去依靠也会失稳。至于棚的强度，那是与选用的支护材料及其强度有关。

2）防治措施

（1）开岔口应避开原来巷道冒顶的范围。

（2）必须在开口抬棚支设稳定后再拆除原巷道棚柱，不能过早拆除，切忌先拆棚柱后支抬棚。

（3）注意选用抬棚材料的质量与规格，保证抬棚有足够的强度。

（4）当开口处围岩尖角被压坏时，应及时采取加强抬棚稳定性的措施。

3. 掘进巷道过断层等构造变化带时的防治措施

掘进巷道在通过断层、褶曲等构造变动剧烈、围岩松软、节理裂隙发育地带，以及顶板岩性变化带时，由于围岩强度低，稳定性差，帮顶压力大，在安全技术方面应做好以下工作。

（1）加强巷道掘进地点的地质调查工作，根据所掌握的地质资料，及时制订具体的、有针对性的施工方法与安全措施。

（2）巷道在破碎带中掘进，应做到一次成巷，尽可能缩短围岩暴露时间，减少顶板出露后的挠曲离层。

（3）施工中严格执行操作规程和交接班制度、安全检查制度，随时注意观察围岩稳定状况的变化，及时掌握断层等构造出露时间，一旦发现预兆要及时处理，防患于未然。

（4）掘进工作面临近断层或穿断层带时，巷道支护应尽量采用砌碹或 U 形钢可缩性支架支护，棚距要缩小。

（5）减少爆破装药量，降低因爆破对断层带附近破碎顶板的震动。

（6）减小空顶距，及时支设临时支架，永久支架要跟上，滞后距离不能大于 2 ~ 4 m。

（7）巷道支架背板要严实，一方面提高支架对围岩的支护能力；另一方面防止掘进中漏顶或漏帮。

（8）当断层处顶板特别松软、破碎时，要采用超前支护的办法管理断面不稳定顶板。例如：利用前撑梁超前支护，或利用速凝剂在超前掘进工作面打眼注入，使其尽快速凝破碎顶板等。

（9）在顶板岩性突变地段，要及时打点柱支护突变顶板。

三、冲击地压事故

（一）冲击地压及其影响因素

1. 冲击地压

冲击地压是矿山压力的一种特殊显现形式，是矿山井巷和采煤工作面周围岩体，由变形能的释放而产生的以突然、猛烈的破坏为特征的动力现象。冲击地压就是煤岩体的突然破坏现象，如同装在煤岩体中的大量炸药爆破一样，煤和岩石突然被抛出，造成支架折损、片帮冒顶、巷道堵塞、伤及人员，并伴有巨大声响和岩体震动，监测到的最大震级在3.8级以上，有时在几公里范围内的地面都能感觉到，形成大量煤尘和强烈的冲击波。在煤层发生冲击地压，往往还伴有大量瓦斯涌出。冲击地压发生前一般没有明显的宏观前兆。相当多的冲击地压是由爆破触发的，发生过程短暂，持续震动时间不超过几十秒。在某些情况下，冲击的同时还发生底鼓和煤岩压入巷道等现象。

2. 冲击地压的影响因素

我国发生冲击地压的条件极为复杂，就煤层本身来说也是多种多样。从形成的地质年代来看，目前主要开采的侏罗纪、第三纪、石炭二叠纪的煤层都有冲击地压发生；从发生冲击地压的煤层来看，除了褐煤以外，其他煤种都有冲击地压现象的记录；从煤层赋存状况来看，从0.5 m厚的薄煤层到几十米的特厚煤层，倾角可以从近水平到急倾斜，煤层的走向变化有单斜的，有褶曲的；从煤层的瓦斯等级来看，有高瓦斯的，有低瓦斯的，等等。另外，冲击地压的发生还受其外部条件的影响。与冲击地压密切相关的因素可概括如下。

1）煤层的物理力学性质

该因素为冲击地压发生的本质内在因素。通常，具有冲击危险的煤层的特点为：①煤层的煤质较硬，普氏系数$f \geqslant 1$，易发生脆性破坏。②煤体在达到强度极限之前的变形主要表现为弹性变形。③煤层自然含水率低，一般不超过3%。④煤层厚度较大和厚度变化较大。

2）开采深度

该因素为冲击地压发生的外在因素。是否发生冲击地压，外在因素是导火索。在外在因素中，煤体所处的应力水平为主要因素之一。虽然煤体本身具有冲击倾向，但内部应力未达到临界值是不会发生冲击地压的，而开采深度与煤体内的应力成正比，即开采深度越大，煤体内的应力越高，煤体变形和积聚的弹性潜能也越大，发生冲击的可能性也就越大。视冲击地压的类型不同，一般发生冲击地压的临界深度为200 m以上。

3）煤层顶底板强度

因为冲击地压是一种能量突然释放的过程，因此，具有冲击倾向的煤体，单位体积积聚的能量越高，冲击的可能性越大。在顶底板强度较高的情况下，一方面，开采后的悬露面积较大，顶底板的相对运动对煤体形成夹持作用，在煤体一定深度范围内形成较高支撑压力，促使煤体进一步变形；另一方面，由于顶底板强度较高，变形量小，煤体中积聚的能量不易被顶底板因破碎而吸收，因此，容易发生冲击地压。相反，顶底板强度较低，以上两方面就不成立，冲击倾向性也相应减小。

4）地质构造

地质构造对冲击地压的发生具有较大的影响。构造应力的作用可以使发生冲击地压的临界深度明显减小。在构造应力集中的地带，构造应力也促使冲击地压的发生。一般来说，大量冲击地压发生在煤田的次一级向背斜构造地带，而不是在主向背斜翼部宽缓的部分。因为次一级向背斜转折部位因构造应力集中，危险性较大。如门头沟煤矿各构造区发生的冲击地压中，发生在次级向斜和盆地中的占72.3%。就断裂构造而论，小断裂发育的部位由于破坏了顶板的完整性和坚固性，冲击地压很少发生。但当采掘接近大断层时，常常会发生强度较大的冲击地压，其原因是：顶板岩梁被折断后，失去或减少了传递力的联系，易于产生应力集中和大范围内的顶板活动，此时发生冲击地压的强度亦较大。冲击地压的发生受构造因素的影响非常严重，特别对构造型的冲击地压更是如此。

5）采煤方法

采煤方法对矿山压力的大小及其分布规律有明显的影响，一般来说，短壁式采煤方法，巷道交叉多，容易形成多处支承压力叠加，而导致冲击地压。因此，具有冲击危险的煤层最好采用直线长壁式开采。

6）采掘程序

采掘程序对于矿山压力的大小和分布影响很大。巷道相向掘进，采煤工作面相向推进，以及在采煤工作面前方的支承压力带内开掘巷道，都会使支承压力叠加而可能发生冲击地压。因此，应当避免同区段上两翼的工作面同时接近上山。

7）顶板管理方法

顶板管理方法的不同会引起煤体内支承压力的大小和分布的不同，从而影响冲击地压的发生。

8）煤柱

煤柱是开采中形成的孤立体。孤岛形或半岛形煤柱可能承受多个采空区方向引起的支承压力，如图5－18所示。

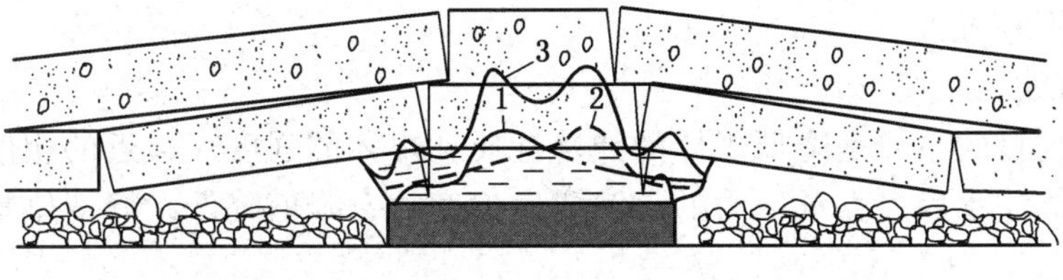

1—煤柱左上方集中应力包络线；2—煤柱右上方集中应力包络线；3—叠加后集中应力包络线

图5－18　煤柱剖面与支承压力分布示意

因此，不仅煤柱本身易发生冲击地压，而且上层煤柱的集中压力会传递到下层，从而在下层的相应部位也容易发生冲击地压。例如：陶庄矿发生的134次冲击地压统计结果表明，有40次是在煤柱中发生的，占29.8%。

9）爆破

爆破引起冲击地压的事例很多，究其原因主要包括以下两方面：①爆破产生的强烈振动和冲击波，在煤体内产生动态应力，与原有应力的叠加使煤体原来的平衡状态破坏，迅速释放弹性潜能，造成冲击。②爆破后原高应力区煤体的侧向约束迅速解除，其受力状态由三向变为双向甚至单向，强度降低，以致迅速破坏造成冲击。这种爆破诱发的冲击地压可能在爆破的瞬间发生，但更多是在爆破后几分钟至半小时内发生。因此，适当加长躲炮的时间对防止因冲击地压造成的人员伤亡是有利的。

（二）冲击地压的防治

1. 区域性的防治措施

这类措施的目的在于消除产生地压的条件，杜绝冲击危险。

1）合理确定开拓部署和开采方法

合理开拓部署与正确的开采方法对于避免形成高应力区（冲击源），防止冲击地压极为重要。大量实践表明，许多冲击地压是由不合理的开采造成的。不正确的开拓部署和开采方法就如孕育冲击地压的温床，一经形成，则难以改变，往往会形成长时期的被动局面。为了防止冲击地压，只能采取某些临时性的局部措施。除了大量消耗人力、物力外，其效果也很有限。因此，就防止冲击地压而言，开采技术措施是带有根本性和先导性的措施，应当首先采用。

（1）开采保护层。开采煤层体时，为了降低潜在危险层的应力，首先应当开采保护层。在全部煤层都是危险层的情况下，应首先开采危险性较小的煤层。当危险层的顶底板都赋有保护层时，建议先开采顶板保护层。

（2）避免形成孤立煤柱。划分井田和采区时，应保证有计划的合理开采，避免形成应力集中的孤立煤柱和不规则的井巷几何形状。

（3）顶板管理方法。对于具有冲击危险的煤层，应尽量采用长壁式开采，全部垮落法管理顶板。

（4）巷道布置原则。开采有冲击危险的煤层时，应尽量将主要巷道和硐室布置在底板中。回采巷道采用宽幅掘进。

（5）开采程序。当有断层和采空区时，应尽量采取由断层或采空区开始回采的程序。此外，还要避免相向采煤；回采线应尽量成直线，而且有规律地按正确的推进速度开采，一般推进速度不宜过大。

2）煤层注水

煤层注水的目的主要是降低煤体的弹性性质和煤体的强度。最近的相似材料模拟试验结果表明，煤体注水后，支承压力的分解要发生变化，峰值降低，峰值位置到煤壁的距离增加。

煤层注水通常是以小流量和尽可能低的压力向煤体长时间注水。注水可在预先掘好的巷道内进行，超前注水距离不应小于20 m。

3）顶板注水

顶板注水的作用主要有两点：①降低顶板的强度，使原来不易冒落的顶板在采空区冒落，转化成随采随冒顶板，从而达到降低煤体应力的目的。②顶板预注水后，本身的弹性性质减弱，因而减少了顶板内的弹性潜能；顶板注水后，煤体的支承压力高峰也要向深部转移。

2. 战术性或局部性的防治措施

这类措施的目的是对已形成危险或具有潜在危险的地段进行解危处理，主要有以下几种。

（1）卸载钻孔。卸载钻孔就是在具有冲击危险的煤体中钻大直径（约 100 mm）钻孔。钻孔后，钻孔周围的煤体受压状态发生了变化，使煤体内应力降低，支承压力的分布发生变化，峰值位置向煤体深部转移。

（2）卸载爆破。卸载爆破就是在应力区附近打钻，在钻孔中装药爆破。其目的也是改变支承压力带的形状或减小峰值，炮眼布置应尽量接近支承压力带的峰值位置。

（3）诱发爆破。诱发爆破就是在具有冲击危险的地段进行大药量的爆破，人为地在人员撤出后诱发冲击地压。门头沟煤矿和天池煤矿都有这方面的经验。

（4）煤层高压注水。煤层高压注水就是在工作面前方用高压水注入煤体。一般开始注入水压力为 12 MPa，以后保持在 4 ~ 6 MPa 之间。注水面时间必须保证连续注水 5 ~ 7 天，使煤体含水量达到 3% 以上。高压注水的作用效果是压裂煤体，使煤体结构破坏，从而降低承载能力，降低压力，另外还能降低煤体的弹性性质。实践表明，这种方法是有效的，其缺点是对生产有干扰。

一般来说，防治冲击地压，可能需要多种方法结合，但其重点应当放在开拓部署上和开采方法上。

（三）冲击地压事故处理

（1）当井下发生事故时，附近在场人员应尽量了解和判断事故性质、地点和危害程度，并迅速利用井下电话或其他方式通知井口值班人员。

（2）根据事故的性质和蔓延趋势，以最迅速有效的方式，向可能受威胁的人员发出警报通知。

（3）值班人员接到井下灾情报告后，应详细了解事故发生的时间、地点、性质、区域范围、严重程度、受威胁的人员数、受伤人员数、可能影响的范围是否扩大的情况等，然后立即向矿领导及上级主管部门汇报。

（4）井下发生重大事故后，必须立即在井口成立救灾指挥部，矿长任总指挥，矿长未到之前，由值班领导代行总指挥职责。矿长接到事故报告后，一方面立即组织技术副矿长及相关人员赶到现场组织抢救，另一方面立即将所了解的事故情况向上级主管部门汇报。

（5）冲击地压发生后，巷道发生冒顶、底鼓、两帮位移变形，或大量的煤（矸）涌出，造成巷道堵塞。若巷道堵塞严重，救护队员在短时间内不能清除时，应考虑其他能尽快恢复通风救人的可行办法，一旦通路打开，立即进入灾区抢救遇险人员。

（6）采取一切可能采取的措施，迅速恢复灾区的通风，让新鲜空气不断供给灾区。恢复通风设施时，首先恢复主要的最容易恢复的通风设施。损坏严重，一时难以恢复的通风设施可用临时设施代替。恢复独头通风时，除将局部通风机安在新鲜空气处外，还应按照排放瓦斯的要求进行通风。

（7）巷道发生冒顶后，判断冒顶的范围、大小，分析巷道顶板岩性，根据现场情况和分析结果采取有效的支护措施。抢救人员根据救灾指挥部制定的方案和安全措施，采取各种可能的方法，尽快抢救遇险人员。搜救人员时，要用呼喊、敲击等方法确定遇难人员位置、人数。大块矸石可用千斤顶、撬棍等工具掀开。顶板如有冒落危险时，必须采取临时支护，防止二次冒落。

（8）处理冒顶时，必须在可靠的临时支护下作业，严禁空顶作业。处理冒顶前，应先加固好冒顶区前后的支护。应急救援使用棚子支护时，应根据围岩压力大小加密棚距，把棚子扶正扶稳。棚子之间要安装好拉杆等，使支架形成一个联合体，棚子顶帮要背严背实。处理冒顶事故必须由有经验的工人进行，同时有专人观察顶板。

（9）现场抢救一定要保持头脑清醒、行动沉着、处理果断，对事故的发生和可能导致的后果做出正确的判断和分析。在保证安全的前提下，积极采取有效的方法和措施，及时进行现场抢救，将事故消灭在初始状态或控制在最小范围，最大限度地减少事故造成的损失。

（10）遇险人员要正视已发生的灾害，切忌惊慌失措。遇险人员应迅速组织起来，主动听从领导和班组长的指挥（若现场无跟班领导或班组长，要听从有经验的老工人的指挥），尽量保存体力和减少隔堵空间的氧气消耗。如果被堵地点有电话，应立即向调度汇报灾情、遇险地点、遇险人数，否则应采用敲击钢轨、管路等方法尽快发出有规律的呼救信号，以便营救人员了解灾情，组织力量进行抢救。

（11）尽快加固冒顶地点和人员躲避处，以防冒顶事故进一步扩大。如果被困地点有压风管，应打开压风管输送新鲜空气，以稀释隔堵空间的瓦斯含量。对伤及头部、内脏、腰、颈椎和严重骨折及其他伤势较重的伤员，采取急救措施后，必须迅速到医院救治。

四、顶板事故处理的基本原则与方法

1. 基本原则

（1）及时汇报。事故发生后，现场人员及时通过电话等方式向矿调度室、区队值班人员汇报事故的基本情况（事故发生的单位、时间、地点、人员情况、事故性质、影响范围及发生原因等）。

（2）以人为本的原则。应急处理要把保障职工的生命安全和身体健康放在首位，采取的方案措施必须以最大限度地减少人员伤亡为出发点，既要考虑被救人员的安全，又要保证救援人员的安全。遇险人员被营救出后，先在现场进行急救再升井，防止贻误最佳抢救时间。

（3）统一指挥原则。应急救援必须在指挥部的统一指挥下进行，避免盲目采取行动影响事故救援工作的开展和造成事故的扩大。

（4）自救互救原则。应急救援过程中，被困人员根据现场条件积极开展自救、互救工作。

抢救遇险人员时，首先应直接与遇险人员联络（呼叫、敲打、使用地音探听器等），来确定遇险人员所在位置和人数。如果遇险人员所在地点通风不好，必须设法加强通风。若因冒顶遇险人员被堵在里面，应利用压风管、水管及开掘巷道、打钻孔等方法，向遇险人员输送新鲜空气、饮料和食物。在抢救中，必须时刻注意救护人员的安全。如果觉察到有再次冒顶危险时，首先应加强支护，有准备地做好安全退路。在冒落区工作时，要派专人观察周围顶板变化，注意检查瓦斯变化情况。在处理冒落矸石时，要小心地使用工具，以免伤害遇险人员。

2. 基本方法

在处理顶板事故时，应根据顶板事故的范围大小、地压情况等，采取不同的抢救方法。

（1）工作面冒落范围较小，矸石块度小，比较破碎，并且继续下落，矸石扒一点漏一点时，救护人员可采用撞楔法处理，控制住顶板。

（2）如果底板是岩石，掏不动，遇险者位置在金属网或荆条假顶下面时，可沿煤壁掏小洞找遇险人员。

（3）如果工作面两头冒落，把人堵在中间，采用掏小洞和撞楔法穿不过去，可采用另开巷道的方法，绕过冒落区或危险区将遇险人员救出。

（4）冒顶范围较大，不适应整巷处理法时，根据冒顶区在工作面所处位置不同，采取补巷绕过冒顶区的方法，有以下 3 种情况。

一是冒顶发生工作面机尾。沿工作面煤帮，从回风巷重开一条补巷绕过冒顶区（图 5 – 19），到达未冒顶的工作面，将机尾缩至工作面完整支架处继续回采（指没有人员被埋的情况下），当工作面补巷采成一线时，再接长运输机恢复正常回采。冒顶区埋压的设备、支架，用整小巷的办法或从新开的补巷中，直接扒开矸石回收。

二是冒顶发生在工作面机头。在煤帮退出 3 ~ 5 m，从刮板机边向上掘进一条斜上山（图 5 – 20）通到冒顶区的上部，在斜上山内另装一部临时运输机或将老工作面的刮板机头移过来安装，逐步接长溜槽。掘通补巷以后，随着工作面的推进，逐步延长工作面运输机，缩短补巷内的运输机，直到工作面采直，搬走临时运输机。埋压的设备、支柱和材料的回收方法与冒顶发生在运输机机尾附近的方法相同。

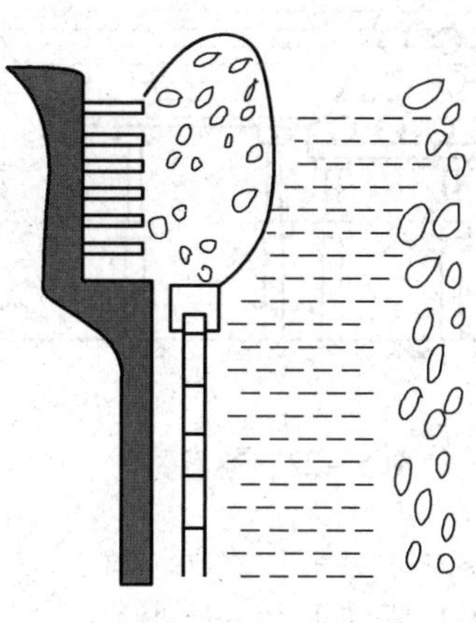

图 5 – 19　开补巷法

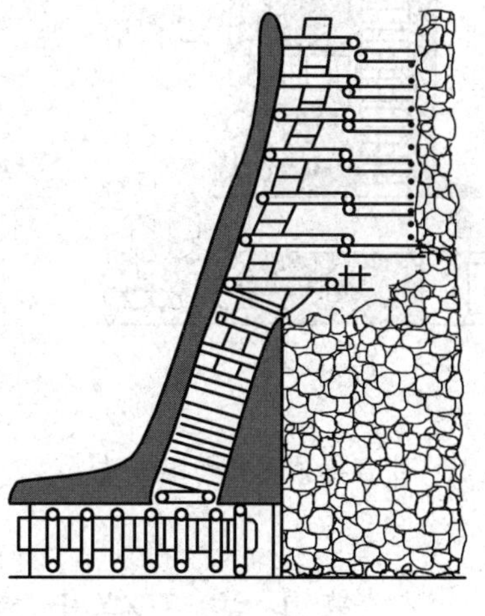

图 5 – 20　机头冒顶开补巷绕过

三是冒顶发生在工作面的中部。平行工作面留 3 ~ 5 m 煤柱，如图 5 – 21 所示，重开一条切眼，对埋压在冒顶区的设备和支护材料等在新开切眼内每隔 10 ~ 15 m 向冒顶区掘小洞，用掘小巷的方法，分段回收设备。

（5）顶板冒落范围不大时，如果遇险人员被大块矸石压住，可采用千斤顶等工具把大块岩石顶起，将人迅速救出。

（6）当冒顶事故发生在掘进工作面，处理垮落巷道的方法有：木垛法、搭凉棚法、撞楔法、打绕道法等。

（7）如果遇险者位置靠近放顶区时，可采用沿放顶区由外向里掏小洞，架设梯形棚子，木板背带背顶，或用前棚边支护边掏洞，把遇险人员救出。

（8）工作面冒落范围很大时，遇险者的位置在冒落工作面的中间，采用掏小洞和撞楔法处理时间长，不安全，可沿煤层重开切眼的方法处理。新开切眼与原工作面距离一般为3～5 m左右，边支护边掘进。也可以沿煤壁用掏洞法处理，但靠冒落区的一帮必须用木板背好，防止漏矸石。

（9）顶板沿煤壁冒落，矸石块度比较破碎，遇险人员又靠近煤壁位置时，可采用沿煤壁由冒顶区从外向里掏小洞，架设梯形棚维护顶板，边支护边掏洞，直到把遇险人员救出。

（10）采煤工作面发生局部冒顶时，一般采用掏梁窝，使用单腿或悬挂金属顶梁处理。当顶板沿煤壁垮落，抽槽（顶）矸石冒落块度较大，在短时间内不再冒落时，清理出一部分塌冒矸石，进行掏梁窝架单腿棚子或金属悬臂梁，棚梁上的空隙要用木料架设小木垛接顶并插紧背实。然后清理浮煤矸石，打上靠帮支柱，防止片帮，如图5－22所示。

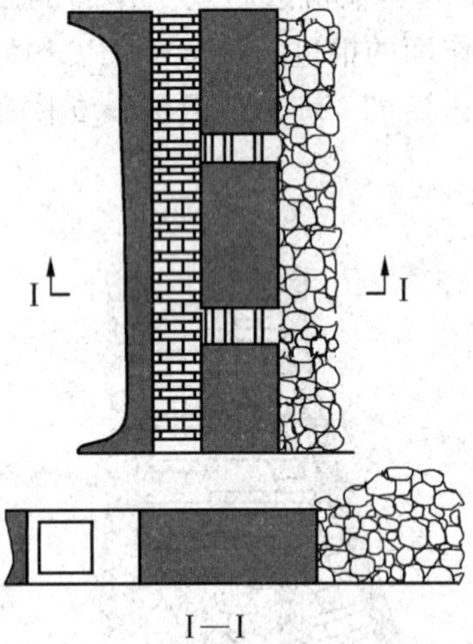

图5－21　中部冒顶重开切眼方法

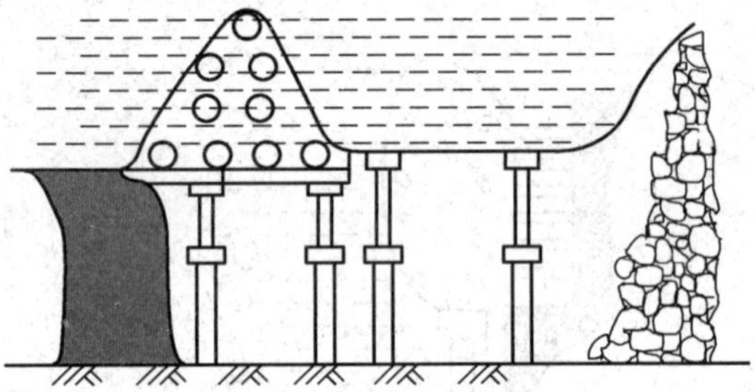

图5－22　梁窝法

第七节　停电事故的处理原则与方法

供电系统在矿井生产中涉及面广、影响大，在大风、雷电、雨雪等恶劣天气容易发生矿井大范围停电事故。煤矿五大灾害中虽然不包括全矿井突然停电事故，但这类事故如不及时、正确地处理，往往会酿成重大灾害。由于停电会使主要通风机停转，井下无风造成瓦斯积聚。一旦送电后遇有火源，则可能造成瓦斯爆炸；一旦停电，水泵不能排水，时间较长可能造成淹井事故；压入式通风的矿井停电后，可能从封闭火区或采空区涌出CO、CO_2和CH_4，造成中毒或窒息事故等。因此，必须把全矿突然停电看作可能产生重大事故的前奏，或者作为重大隐患，认真对待。全矿突然停电，还会直接影响生产，造成巨大的经济损失。

一、事故处理基本原则

（1）抢险救援中坚持以人为本和安全第一的原则。

（2）电力保证顺序为：先高压，后低压；先保矿井，后保地面；先保矿井通风、排水、提升等涉及人身安全的供电，后保生产及服务性供电。

（3）事故发生后，干部职工要沉着、冷静，迅速判断事故性质，科学合理调度，最大限度地避免事故扩大、减少事故损失，并迅速查清事故原因，组织抢险排除故障。

（4）故障排除后，按程序恢复正常供电。

二、事故处理方法

矿领导获悉全矿突然停电消息后，应查询停电原因、停电范围、主要通风机运转情况、井下风流和瓦斯情况、提升罐笼内有无人员、泵房水情等。同时，应预计复电时间和制订应急措施。应急措施包括以下内容。

（1）通知主要通风机房人员打开回风井口防爆盖（门）实现自然通风。

（2）切断井下电源，防止复电时出现意外事故。

（3）如停电在10 min以内，则应通知井下人员就地待命；如停电在30 min以内，则通知井下人员撤至进风巷待命；若停电30 min以上，应立即通知井下人员尽快从安全出口撤至地面。

（4）制订营救滞留在悬吊罐笼中人员的措施。

（5）排除故障复电和制订复电时的安全措施。

（6）要求中央水泵房测量水仓水位，在水位超过警戒线时，若井下人员已撤离的情况下，可关闭水泵房、变电所的防水门及水仓门与配水道之间的闸门。命令司泵工只有在淹没泵座时才能从管子道撤离，否则必须坚守在工作岗位。

（7）召请救护队待命，以便应付紧急情况的出现。

三、现场人员的应急处置

（1）作业地点班组长或队长，要立即与矿井调度室联系，确认停电原因和来电时间，并将停电情况通知给所属生产区域的作业人员。

（2）如暂时突然停电（停电时间在30 min内），井下作业人员关闭作业面使用的机械设备开关，并寻找安全位置等待来电。不准随意在作业场所走动，严禁到危险地段或附近躲避。

（3）如停电超过30 min或确认停电在短时间内无法来电时，井下作业人员关闭作业面使用的机械设备开关后，在班组长或队长的组织下，清点人数，互相照应、互相监护，从作业场所安全撤至地面。

第六章　煤矿事故调查

第一节　事故调查概述

一、事故调查的目的

事故调查的目的是查清事故的原因和性质，分清事故责任，为事故预防提供技术和管理上的措施。具体地说，事故调查的目的包括以下5个方面。

1. 执行法律

事故调查所执行的法律目的有两层意思：一是根据法律规定对事故进行调查，以维护法律的严肃性；二是通过事故调查检查相关法律法规是否存在缺陷。

2. 描述事故过程及相关事件

描述事故过程及相关事件的目的是通过识别与事故有关的一系列情况，通过事故中一连串事件的调查，达到描述事故过程的目的。详细描述事故案例过程，对于调查结论的可靠性至关重要，而数据资料的可靠性对于成功的事故调查必不可少。要达到这个目的，一定要力求客观，不带偏见。

3. 查清事故原因

事故原因鉴别是一个推断问题的过程，可能产生种种偏差。具体方式有两种：一种方式是短浅的，把最直接的事件设为事故的起因；另一种方式是寻找促成条件，使用“倘没有”判断准则。基于因果推断，利用统计学的推论是调查事故起因的最佳方法。

4. 预防事故

事故调查的目的是识别一些条件，假如这些条件处于相反状况，事故就不会发生。通过改变这些条件，类似的事故就能预防。事故预防措施常常包括增加防护、改变工艺、建立新的安全规程等。

5. 研究事故

事故调查是一项重要而且包含多项知识的复杂技术过程，为了保证事故调查的质量和水平，开展相关研究是必要的，研究的内容包括：确定事故调查需要的一套连贯的数据采集、分析方法，并且确保所获得的数据资料完整可靠；事故调查报告的起草；确定事故共性起因及相关因素，并找出事故的共同预防措施；事故的分类方法。一个典型的事故调查实际上就是一次典型的事故分析研究过程。

二、事故调查的证据和资料

事故发生后，事故调查人员，根据法律授权，对发生事故场所及其周围环境，依照法定程序进行调查，获得以下证据和资料。

（1）事故所在单位的基本生产活动情况，尤其是与事故相关的图纸、生产作业活动记录等原始资料。

（2）事故现场有关人员对事故及其相关情况的描述、证言、证词。

（3）事故现场收集的物品、拍摄的表征事故痕迹的图片。

（4）事故现场收集的有关材料的分析、化验结果。

（5）事故现场环境参数测试分析的结果。

（6）事故中死伤人员，死亡、受伤原理的病理解剖、分析结果。

事故调查人员根据以上材料，首先确定事故类型，根据某一事故类型，进而确定事故发生机理。在此基础上，确定事故形成的四要素的具体形式和变化特征。由于这些过程是在推理的基础上进行的，加之可能的证据缺乏，不可避免地使调查人员的主观判断影响调查结果的科学性和准确性，因此，上述过程是需要反复进行讨论的。

事故调查较之于一般的社会调查，其困难在于：

（1）调查在事故发生后进行，很多情况下，事故发生时出现的物理特征在调查时已经变化或消失，如瓦斯爆炸事故和火灾事故。

（2）事故发生后，首先要进行抢险救灾，因此，事故现场的痕迹特征被破坏，难以保持原貌；事故现场的有关人员在事故中很多已经遇难。这些情况给事故取证带来很多困难。

（3）由于科学技术水平的限制，事故中很多现象难以得到解释，为事故原因的判定、事故性质的确定等工作带来很大困难。

三、事故调查和处理的法律规定

1. 事故调查和处理的法律属性

事故调查和处理的法律属性是随着国家安全监督管理体制的建立和完善逐步明确的。《安全生产法》明确规定了企业生产工伤事故调查和处理的法律制度，并规定安全监管部门作为事故调查的主体；《煤矿安全监察条例》对煤矿事故的调查和处理进行了相应的规定，并规定煤矿安全监察机构作为煤矿事故调查和处理的主体。

（1）《生产安全事故报告和调查处理条例》《国家安全监管总局关于修改〈生产安全事故报告和调查处理条例〉罚款处罚暂行规定等四部规章的决定》《国家安全监管总局印发关于生产安全事故调查处理中有关问题规定的通知》规定了事故调查的程序和标准。

（2）《安全生产法》《煤矿安全监察条例》《国务院关于特大安全事故行政责任追究的规定》和《安全生产违法行为行政处罚办法》等法律法规规定了安全生产事故有关责任人员对事故应承担的法律责任。

2. 煤矿事故调查相关的法律法规

事故调查中涉及的主要法律有《安全生产法》《矿山安全法》《煤炭法》《刑法》《刑事诉讼法》《行政诉讼法》《民事诉讼法》《国家赔偿法》和《劳动法》《公务员法》等。

涉及的法规主要有《安全生产许可证条例》《生产安全事故报告和调查处理条例》《煤矿安全监察条例》《行政机关公务员处分条例》《煤矿安全规程》等。

3. 事故调查的国家标准

主要包括《企业职工伤亡事故分类》《企业职工伤亡事故经济损失统计标准》《事故伤害损失工作日标准》。

4. 事故调查的其他规定

主要包括《国务院关于特大安全事故行政责任追究的规定》《安全生产领域违法违纪行为政纪处分暂行规定》《安全生产领域违纪行为适用〈中国共产党纪律处分条例〉若干问题的解释》《安全生产监管监察职责和行政执法责任追究的暂行规定》等。

第二节　煤矿事故调查程序

一、组成事故调查组

按照《安全生产法》《煤矿安全监察条例》和《煤矿生产安全事故报告和调查处理规定》等有关法律法规规定，根据事故等级，遵循精简、效能的原则组成事故调查组。特别重大事故由国务院或者经国务院授权由国务院有关部门（如应急管理部）、国家矿山安全监察局、监察部等有关部门，全国总工会和事故发生地省级人民政府派员组成国务院事故调查组，并邀请最高人民检察院派员参加。特别重大事故以下等级的事故，根据事故的具体情况，由矿山安全监察机构、有关地方人民政府及其安全生产监督管理部门、负责煤矿安全生产监督管理的部门、行业主管部门、监察机关、公安机关以及工会派人组成事故调查组，并应当邀请人民检察院派人参加。事故调查组可以聘请有关专家参与调查，成员应具有事故调查所需要的知识和专长，并与事故发生单位和所调查的事故没有直接利害关系。事故调查组应坚持实事求是、依法依规、注重实效的三项基本要求和“四不放过”的原则开展事故调查工作。

二、调查组内部分组、明确职责

事故调查组设组长1名，重大、较大和一般事故的事故调查组组长由负责煤矿事故调查的矿山安全监察机构负责人担任；委托调查的一般事故，事故调查组组长由矿山安全监察机构商事故发生地人民政府确定。事故调查组下设技术组、管理组、综合组等若干小组，各小组职责按照事故具体情况制订。如果事故调查需要，可根据情况成立领导组，领导组下设事故调查组。一般的顺序是：领导组、事故调查组、各小组。

三、调查事故原因

各小组按照各自职责分头开展相应调查工作，并建立定期碰头和联系制度。各小组应每天汇总和交流一次当天的调查结果，并制订和安排次日的调查计划。调查组定期召开协调会议听取各工作小组的工作汇报，交流各组取得的调查成果，及时调整和指导事故调查工作。

四、确认技术和管理组的调查报告

事故调查组听取技术和管理组的报告和工作汇报，技术和管理组按照提出的意见修改完善或做补充调查，最后调查组通过技术鉴定报告和管理原因分析报告。一般技术组先确定造成事故的直接原因，管理组根据技术组确定的事故直接原因调查事故的主要或间接原因；按照事故的原因和岗位责任分清有关人员的责任并与责任人进行谈话确认事故责任。在通过的事故管理原因调查报告上暂不提出对责任人的处分意见（由领导组或事故调查组领导成员最后确定）。

五、综合组起草事故调查报告

综合组负责起草事故调查报告，经事故调查组全体讨论确定事故原因和分清有关人员的责任。事故调查报告可不包括对责任人的处分意见。

六、事故原因

事故调查组向事故单位通报事故调查结果和事故发生的原因。

七、责任人处分建议

事故调查组领导成员研究讨论对事故责任人的处理建议。煤矿监察、纪检监察、工会分别向各自单位的主要领导汇报事故调查情况和责任人的处理建议，并将意见反馈给事故调查组。调查组内部确定事故责任人的处理意见。事故调查组向负责事故调查的机构通报事故调查有关责任人的处理情况，并征求他们的意见。

八、确定事故调查报告

煤矿监察、纪检监察部门提交办公会议研究决定，最终确定事故调查报告。

九、下达事故调查决定

行文对象为政府，同时抄煤矿监察部门，由煤矿监察部门监督监察事故责任人处理意见和防范措施的落实情况。

十、事故调查报告公布

煤矿监察部门定期组织对事故处理决定和批复意见会同纪检监察和人事部门进行监察，并公布执行情况。

第三节　煤矿事故现场勘察

一、事故现场勘察的概念及目的

1. 事故现场勘察的概念

事故现场勘察是调查人员为了查明事故的性质、经过及原因，利用现代科学技术手段，对与事故有关的地点、场所、物品、人身、尸体等进行的实地勘察、现场访问和分析研究活动的总称。事故现场勘察是一项综合性的工作，包括现场访问、实地勘察、模拟实验以及事故分析等工作。由于其主要关注人（People）、部件（Part）、位置（Position）和文件（Paper）4 个方面的信息，且表述这 4 个方面的英文单词均以字母 P 开头，故也称之为“4P”技术。

（1）人。以事故的当事人和目击者为主，但也考虑维修、医疗人员，基层管理、技术人员，朋友、亲属和任何能够为事故调查工作提供帮助的人员。

（2）部件。指失效的机器设备、通信系统、不适用的保障设备、燃料、润滑剂和现场各类碎片等。

（3）位置。指事故发生时的位置，包括天气、道路、操作位置、运行方向和残骸位置等。

（4）文件。指有关记录、公告、指令、监控、图纸、计划和报告等。

2. 事故现场勘察的目的

（1）查清事故发生的原因。现场勘察是收集证据的重要途径。事故一旦发生，现场必然会留下某些痕迹物证，痕迹物证具有变动性、易逝性。这些宝贵的证据一旦从现场消失，将无法再获取，其损失是无法弥补的。通过现场勘察收集的证据多、价值大，有些证据唯独现场才有。这就要求调查人员及时勘察，对现场痕迹物证予以固定、提取，经过技术检验和鉴定，为确定事故原因提供证据。现场勘察是确定事故性质的手段。事故发生后，首先要解决的是事故原因，事故原因只有通过现场勘察才能加以确认。

（2）查清事故发生经过。事故过程分析是事故现场勘察工作的中心环节，事故现场勘察过程就是对造成事故的各种因素进行综合分析，客观地揭示与事故密切关联的各种因素及其相互作用、相互关联的内在关系，查清事故发生经过，确定事故性质。

（3）确定事故性质，认定事故责任。通过现场勘察，认定有关责任人应承担的刑事责任、行政责任和民事责任，并给予相应的刑事处罚、行政处罚和民事处罚。

（4）研究事故发生规律，从宏观上预防事故的发生。通过事故现场勘察，可以建立事故档案资料，利用档案资料进行科学研究和综合分析，研究事故发生规律，从宏观上预防事故的发生。

现场勘察获取的证据是事故调查的客观依据。现场勘察所获取的资料作为证明事故的性质、原因、损失结果、事故责任人等的重要证据，具有客观性和直接性。事故现场是事故发生的客观反映，行为人的违章行为，不可避免地会引起现场上某些客体的变化，会留下宏观和微观的痕迹物证。这些痕迹物证可以通过现场勘察来获取，这些是调查人员研究分析事故的重要证据；反之，如果在现场上没有获取到任何有价值的资料，就难以对事故做出科学的、准确的分析判断，给调查事故带来困难。

二、事故现场勘察的任务

1. 确定事故性质

调查人员只有经过认真地现场访问、实地勘察和综合分析，才能确定事故的性质。

2. 核定事故结果

通过现场勘察可以查清事故所造成的实际后果，为正确及时立案提供依据。

3. 查明行为人生产作业的具体行为

事故早期报告对事故情况（如发生时间、地点、违章方式等内容）一般不是很清楚。只有通过现场勘察，科学分析，才能对上述问题有一个基本了解，从而为查清事故性质和原因提供充分依据。

4. 发现提取现场遗留的痕迹物证

现场勘察的中心任务就是运用各种科学技术手段，发现提取事故现场的痕迹物证。

5. 记录现场情况

现场勘察记录是事故现场的客观反映，是一种重要的法律文书。现场勘察的任务之一是通过文字、图、声、像等手段把现场情况客观地固定和记录下来，形成完备的现场勘察记录，以供研究分析事故，必要时根据现场记录恢复现场原始状态，为事故调查提供客观、形象、生动的证据。对于分析事故、印证其他证据、认定事故性质和责任都具有重要的作用。

6. 分析事故原因

调查人员要根据事故调查和分析情况，找出事故原点，分析事故原因。

三、事故现场勘察的要求

1. 及时

及时，就是抓住有利时机。调查人员接到事故报告后，要以最快的速度赶赴现场。这是因为：①事故具有突发性，要求现场勘察工作必须强调“快”；②由于现场总是不停地变化，痕迹物证也因人为的、自然的因素在变化；③现场的知情人对事故发生的记忆也会随着时间的推移而变得模糊乃至消失；④有些责任人可能相互串通，订立攻守同盟，毁灭证据；⑤事故发生后往往影响正常的生产生活，有必要及时清理现场，以备恢复生产。因此，一旦接到事故报告，调查人员要以最快的速度赶赴现场，尽可能缩短从接警到赶到现场的第一反应时间。

2. 全面

事故现场的复杂性给现场勘察带来认识上的困难，应该全面勘察。全面勘察就是要对现场进行周密勘验，对知情人进行详细的访问，凡是与事故有关的场所都要勘验，凡是与事故有关的人和事都应当调查，凡是能够为事故定性、对调查工作有价值的材料都要全面搜集，凡是与事故有关的事实都要全面分析。要达到这一要求，有些事故现场尤其是重大事故现场，要反复勘察，对事故现场的认识必须经过实践、认识、再实践、再认识的循环往复的过程，才能查清事故原因，正确定性。

3. 细致

细致，就是要精心、仔细、认真。勘察人员不仅要注意明显的痕迹物证，而且要注意发现、搜集与事故有关的各种蛛丝马迹；不仅要注意勘察易接触、易破坏的部位，还要注意易忽视的边角部位；不仅要注意发现和提取清晰、完整的痕迹物证，还要主要发现和提取模糊的、不完整的痕迹物证，尤其是微量痕迹物证。现场访问时，要耐心而详细地询问对方所知晓的与事故有关的所有情况。在现场勘察工作中，细致与全面密不可分，细致是全面的基础，全面是细致的前提，没有细致就谈不上全面，在全面的过程中一定要细，二者不可偏废。

4. 客观

客观，就是一定要有实事求是的科学态度，无论是发现、提取痕迹物证，还是进行现场访问，制作勘验记录，进行现场分析均要坚持客观态度。

5. 合法

合法，就是要按照《安全生产法》《煤矿安全监察条例》和《刑事诉讼法》等有关法律法规的要求进行现场勘察。在现场勘察中，调查人员应持有有效证件，依照规定程序和原则进行勘验检查，并邀请见证人参加。

四、事故现场勘察的纪律

1. 服从命令、听从指挥

现场勘察的所有人员均应服从现场勘察指挥员的命令，不论是勘验、访问，还是保护现场，都应当服从统一指挥，绝不允许各行其是、擅自行动，以免贻误现场勘察工作。特别是处置塌方冒顶、中毒、火灾、爆炸等事故现场时要特别注意在指挥员指令下开展工作，必要时应采取适当的保护措施，绝对禁止蛮干，以免造成二次事故。

2. 保护现场公私财物

在勘察现场中接触到的公私财物，不得无故损坏或丢失，更不准私自带走。要注意保护现场原物，确因工作需要必须带走或损坏物品的，需经领导批准，并向单位说明情况，征得同意，并应把损坏程度降至最低。

3. 严格遵守现场勘察秘密

现场勘察所获取的各种痕迹物证和线索，是分析事故的重要依据，有些甚至是认定犯罪嫌疑人的重要证据。因此，现场勘察人员要严格保守获取证据、调查进展及责任认定情况的秘密，不得向任何无关人员泄露。

4. 尊重当地群众的风俗习惯和宗教信仰

我国是一个多民族的国家，各地风俗习惯有所不同，宗教信仰各异，特别是在少数民族区域或多民族聚居地区进行现场勘察，要严格执行党的民族政策，尊重当地群众的风俗习惯，遵守宗教信仰自由的法律规定，取得群众的支持和谅解，做好现场勘察工作。

五、事故现场勘察的组织和指挥

1. 指挥员的职责

指挥员是整个现场勘察活动的组织者与指挥者，因此，指挥员应当明确自己作为指挥员的职责，努力完成指挥员的任务，绝不能使自己陷入寻找痕迹物证、现场访问等具体调查活动中去。指挥员的主要职责：

（1）了解、掌握重大责任事故发生、发展的基本情况。指挥员率领调查人员赶到现场后，应当通过听取先期到达现场人员的汇报和事故单位领导、生产作业人员的陈述，了解掌握事故发生经过和现场保护等情况，以便有效地组织与实施调查。

（2）对调查人员进行合理分工。指挥员应根据事故调查组成员的特长、业务水平，扬长避短，合理地进行分工，要求各个调查组成员明确各自的职责。

（3）巡视现场，确定勘验范围和顺序。指挥员到达现场后应抓紧时间巡视现场，查明现场的位置、环境和现场的大致情况，确定勘察范围和顺序。在巡视现场过程中，要注意检查现场保护情况，发现保护范围不当，要及时调整和纠正。

（4）掌握调查进展情况，做好组织协调工作。为了使现场勘察工作有条不紊地进行，指挥员必须全面掌握现场勘察情况，并根据现场勘察的需要和进展，协调参加现场勘察活动的各个部门之间关系，解决勘察中出现的困难和问题。

（5）组织现场分析讨论。现场勘察结束后，指挥员应组织调查人员进行临场讨论，汇集现场调查资料，对案情做出初步分析判断，确定侦查方向和范围，制订侦查措施。

（6）决定对事故现场的处理。现场勘察结束后，指挥员应根据临场讨论中对现场勘察工作的总结和检查，就勘察后的事故现场是否需要保留，尸体、痕迹物证如何处理等问题做出决定。

2. 现场勘察的组织要领

指挥员是现场勘察的组织者和领导者，指挥员临场的情绪、意志、精神状态和一言一行，对调查人员影响极大。指挥员对关键性问题的分析判断和决策，在一定程度上决定了现场勘察工作的成败。因此，指挥员要沉着、冷静，充分发挥每一个调查人员的聪明才智，做好现场勘察工作。

需要指出的是，重特大事故现场勘察时往往到场的领导较多，在这种情况下必须明确指挥关系，指挥员仍应按上述原则确定，而不能以到达现场的领导谁的职务最高就是当然的现场指挥员，更不能把指挥责任推给到场的当地党政领导或上级业务部门的领导。指挥员不能只忙于接待上级领导和汇报现场情况而忽略了指挥职责。一般可以设领导小组、指挥部等临时领导机构，安排1位领导小组成员向到场的当地党政领导或上级领导介绍案情，汇报情况，征询他们的意见，并请他们对指挥员权限以外的重大问题做出决策。

指挥员不仅要掌握事故现场情况，制订调查计划，部署调查工作，还要进行督促检查，了解勘验检查中是否发现了重要线索和痕迹物证，随时掌握现场勘察的进度，协调各项工作顺利进行，及时妥善地解决工作中遇到的各种问题，切实担负起指挥责任。

在职责范围内，指挥员有权下达行动命令，对于正确的指令，调查人员必须严格执行。如有不同意见，可以当场提出。指挥员在未改变行动指令前，调查人员必须按指令执行，不得任意改变行动方案。另外，指挥员要善于听取和集中有关人员的正确意见，充分发挥每一名调查人员的主观能动性。

六、事故现场勘察的方法

1. 事故痕迹勘察

事故痕迹勘察主要有生产工具破坏痕迹勘察，车辆痕迹勘察，物体分离痕迹勘察，爆炸、燃烧、腐蚀痕迹勘察以及其他能够用来说明事故发生真实情况的痕迹勘察等。事故现场遗留的痕迹一般有机械裂痕、压痕、划痕、擦痕、断离痕、工具痕、捻痕、挤痕、电火花痕、烧熄痕、腐蚀痕、肤纹痕、足迹等。事故痕迹的勘察主要解决以下问题：

（1）痕迹在现场中的位置、状态，承受客体的情况以及同周围其他痕迹、物体的关系。

（2）形成痕迹的物质成分及痕迹上附着物质的情况。

（3）痕迹形成的过程、新旧程度、原因和造成客体的情况。

（4）痕迹与事故的关系。如根据痕迹判断事故的性质、过程及原因等。

2. 事故物证勘察

这里所指的物证主要是指现场的遗留物，如分离脱落物、生产工具等。对于现场发现的可疑物品，都应看成是潜在的证据，都应认真细致地勘察。事故物证的勘察主要解决以下问题：

（1）物证在现场的位置、状态以及同其他痕迹、物体的关系。

（2）物质、物品的名称、种类和特征。

（3）遗留的时间、形成的过程和原因，以及物品上有无附着的痕迹和微量物质。

3. 事故书证勘察

书证的勘察主要包括各类承包转包合同、规章制度、安全交接、派工记录等。通过勘察主要解决生产操作有无规章制度、安全交底和派工记录及其具体内容等。

4. 事故现场上相对位置的测量

在事故现场，对与事故原因与结果有关的各物体之间的相对位置测量，测得数据本身就是证据。这些数据往往有助于确定事故的直接原因。

5. 事故现场物理量的测量

事故现场物理量的测量是指在触电事故现场上，对电压、对地电阻、相对间电阻、电流的测试，对因静电所造成的事故现场上的温度、湿度和绝缘情况的测试等。

6. 尸体检验

对事故现场的尸体均应进行尸体外表检验。如果死因不明，还必须依法对尸体进行解剖检验。通过尸体检验主要解决以下问题：

（1）尸体在现场上的位置、姿势以及与其他痕迹、物体的关系。

（2）死亡的时间、性质和致死原因。

（3）尸体外部损伤的形状、性质及原因。

7. 人身检查

人身检查是指查明受伤者的伤势、受伤部位、生理情况及是否饮酒、服药、吸入毒气等情况。

七、事故勘察的程序和步骤

1. 事故勘察的阶段

事故勘察大体上可分为以下3个阶段。

（1）准备阶段。准备阶段是指从发现事故到进行事故勘察的这段时间。准备阶段的主要任务是现场保护，初访知情人，组成勘察组，邀请勘察见证人和准备各种勘察器材。

（2）勘察阶段。勘察阶段是指勘察的具体实施阶段，总的要求是由浅入深、循序渐进。具体工作步骤是观察现场、初步勘察、细项勘察或专项勘察。在勘察过程中，要随时做好勘察记录，提取物证，并根据情况决定是否将痕迹物证提交有关部门做技术鉴定。

（3）综合整理阶段。该阶段主要是整理现场勘察记录，依据整理后的资料和痕迹物证的鉴定结果做出勘察结论，写出现场勘察报告。

2. 事故勘察的步骤

（1）观察现场，划定勘察范围。在观察现场内部、外部及其周围环境的基础上，确定勘察检查的范围和重点部位，使勘察检查工作既有重点，又在一定范围内进行。首先，要观察外围情况，弄清现场所在的方位、周围环境等。其次，要观察现场内部情况。划定勘察范围力求做到全面、准确。但是，由于事故的种类不同，现场所处的地点、环境不同，发现的时间早晚不同，情况比较复杂，要求一次划定得非常准确比较困难。在勘察过程中，应根据新发现的痕迹物证和调查访问获得的线索，随时扩大或缩小勘察范围，既能抓住重点，又要防止遗漏。

（2）初步勘察。对现场进行重点观察后，要进行初步勘察。初步勘察是一种静态勘察方法，初步勘察时仍不挪动现场上的任何物体。初步勘察要弄清以下问题：有无故意制造事故的可疑迹象，现场表面残存物的构成，构筑物倒塌、倾斜的方向，现场物体的变形、熔化、燃烧、飞溅情况以及设备的异常现象等。初步勘察与观察现场的不同之处在于：观察现场仅局限于在某些制高点上或现场四周进行，初步勘察要深入现场的各个部位和角落，对现场上的各种痕迹及不同位置的同类痕迹进行分析、比较、鉴别，发现规律，找出疑点，确定起始部位，为细项勘察划定勘察范围。

（3）细项勘察。细项勘察又称动态勘察，它是事故勘察中的一个关键环节。细项勘察可以有目的地挪动或清除现场残留物。

（4）专项勘察。专项勘察是指围绕某一独立系统、生产设备或工艺流程进行的专门勘察。这是重大责任事故现场事故勘察的特点之一。在勘察中，如果发现事故原因可能与某一系统、某一生产设备或某一工艺流程有关联，且只有对该系统、设备及工艺流程进行勘察才能获取可靠的证据时，就要采取专项勘察的方法。专项勘察是一项技术性很强的工作，要求勘察人员具有一定的专业技术知识，必要时可邀请有关工程技术人员协助进行。

3. 事故勘察的方法

（1）剖面勘察法。火灾、爆炸等事故现场的事故勘察工作往往运用剖面勘察法。以火灾事故为例，剖面勘察法可以搜集、发掘火灾垂直蔓延的燃烧痕迹和起火物证，并根据燃烧痕迹、起火物证寻找起火点所在的立面层次。做剖面勘察时，把火灾现场的剖面看作若干个与地面垂直的立面，并将各个立面分成若干层次，从各个立面的不同层次上搜集、发掘燃烧痕迹，根据燃烧痕迹的种类、差异、特征，找出起火点所在的层次。所谓立面层次：一是指火场内暴露着的建筑构件和物品在立面上的不同部位。在火场勘察中一般把立面分为上、中、下三层。二是指火灾后残留堆积物的层次。堆积物是建筑材料构件的储存物品经过燃烧造成塌落形成的。由于起火点所处的层次不同，燃烧垂直发展蔓延的顺序也不同；建筑材料、构件和物品塌落的先后不同，堆积物的层次也不同，燃烧痕迹也不同。这些差异就使燃烧痕迹常常在同一剖面的不同层次上表现出各自明显的特征，为找出起火点所在的立面层次提供痕迹物证。根据现场情况，剖面勘察可分为重点部位剖面勘察和多处剖面勘察两种。重点部位剖面勘察就是在可能是起火部位处做剖面。多处剖面勘察是在起火部位不太明显的情况下，选择几个不同的部位对堆积物做剖切。在对堆积物切剖时，要从堆积物的部位切剖到地面，并要注意观察堆积物的立面层次及各层次物质的燃烧痕迹和特征。如果在某一部位中发现了有价值的痕迹物证，还可利用逐层勘察的方法，将这个部位全部清理出来。

（2）逐层勘察法。逐层勘察法是搜集、发掘事故水平蔓延的痕迹物证，并根据痕迹物证找出事故原因的一种勘察方法。逐层勘察法主要是把事物现场划出若干个平行于地面的平面，通过对各层次平面上各个不同部位的痕迹进行比较和鉴别，分析研究事故的过程，发现提取能证实事故原因的痕迹物证。

（3）复原勘察法。由于抢险、救人等原因，事故现场往往非常混乱。为此，找到知情人，在鉴别的基础上，将一些残存的构件、物品恢复到原来位置，以便分析事故发生发展的过程，这种勘察方法称为复原勘察法。复原勘察法操作起来比较困难，有的现场能基本复原，有的不能复原，凡能基本复原的现场，一般都能较快查清事故原因。复原勘察法在现场勘察中经常运用，具体有以下两种方法：

一是残骸复原法。残骸复原法就是将被破坏或在抢险救灾时被疏散抢救出来的建筑构件或其他物品，恢复到事故前所在的位置，再根据各种痕迹来分析研究事故发生的过程，查清事故原因的方法。

二是绘图复原法。绘图复原法是在火灾事故现场的可燃物几乎全部被烧尽，难以实现残骸复原的情况下，根据知情人的回忆，利用绘图的方法，将起火部位的原貌复原。采用绘图复原法，要真实准确地反映火灾前现场建筑及物品种类、数量以及相互距离，然后根据现场留下的燃烧痕迹，借助绘图复原来推测火灾过程，查清起火原因。对电气系统、管路系统、传动系统等一些专业技术性较强的事故，要采用专项绘图的方法来解决现场勘察中遇到的疑难问题。特别是对于间接触电事故，人没有直接接触电点，而是接触了与漏电点相连的导体，为此，必须绘制出整个线路图，找到漏电点，查清事故原因。

第四节　煤矿事故调查报告

事故调查报告是事故调查分析研究成果的文字归纳和总结，其结论对事故处理及预防都起着非常重要的作用。因而，调查报告的撰写一定要在掌握大量实际调查材料并对其进行深入研究的基础上完成。报告内容要实在、具体，文字要生动，较能真实客观地反映事故的真相及其实质。对于人们能够起到启示、教育和参考作用，有益于搞好事故的预防工作。

一、事故调查报告的写作要求

1. 深入调查，掌握大量的具体材料

这是调查报告的写作基础。调查报告主要靠实际材料反映内容，所以要凭事实说话，这是衡量事故调查报告写得是否成功的关键要求。从写作方法上来讲，要以客观叙述为主，分析议论要少而精，点到为止。能否做到这一点，取决于调查工作是否深入，了解情况是否全面，掌握材料是否充分。

2. 反映全面，揭示本质，不做表面或片面文章

事故调查报告不能满足于罗列情况、列举事实，而要对情况和事实加以分析，得出令人信服、给人启示的相应结论。为此，要对调查材料认真鉴别分析，力求去粗取精、去伪存真、由此及彼、由表及里，从中归纳出若干规律性的东西。

3. 善于选用和安排材料，力求内容精练，富有吸引力

只有选用最关键、最能说明问题、最能揭示事故本质的典型材料，才能使报告内容精练，具有说服力。写作调查报告要以客观叙述为主，不能对事实和情况进行文学加工不等于不能运用对比、衬托等修辞方法，关键要看作者如何运用。某一事实、某个数据，放在哪里叙述、从什么角度叙述、何处详细叙述、何处简略叙述，都是需要仔细考虑的。

二、事故调查报告的格式

1. 标题

作为事故调查报告，其标题一般都采用公文式，即“……事故调查报告”或“关于……事故的调查报告”。如“××省××市××矿业（集团）有限责任公司××煤矿‘9·11’重大透水事故调查报告”。

2. 正文

正文一般可分为前言、主体和结尾三部分。

（1）前言 前言部分一般要写明调查简况，包括调查对象、问题、时间、地点、方法、目的和调查结果等，一般不设子标题或以“事故概况”等为子标题。如××年××月××日××时××分，某煤矿发生一起特别重大火灾事故，死亡××人，伤××人，直接经济损失××万元。

（2）主体 主体是调查报告的主要部分，这一部分应详细介绍调查的情况和事实，以及对这些情况和事实所做出的分析。

事故调查报告的主体一般采用纵式结构，即按矿井基本情况、事故发生经过和抢险救援过程、事故原因和性质、对事故有关责任人员和事故单位处理建议、行政处罚建议、防范措施的顺序编写。这种写法使阅读人员对事故发展过程有清楚地了解后再阅读和领会所得出的相应结论，感到顺畅自然。

（3）结尾 调查报告的结尾也有多种写法。一般是在写完主体部分之后，总结全文，得出结论。这种写法能够深化主题，加深人们对全篇内容的印象。当然，也有的事故调查报告没有单独的结尾，主体部分写完就自然地结束。

3. 附件

事故调查报告的最后一部分内容是附件。在事故调查报告中，为了保证正文叙述的完整性、连贯性及有关证明材料的完整性，一般采用附件的形式将有关照片、鉴定报告、各种图表附在事故调查报告后；也有的将事故调查组成员名单、特别重大事故死亡人员名单等作为附件列于正文之后，供有关人员查阅。

三、事故资料的归档

事故资料归档是伤亡事故处理的最后一个环节。事故档案是记载事故的发生、调查、登记、处理全过程的全部文字材料的总和，对于了解情况、总结经验、吸取教训，对事故进行统计分析，改进安全工作及开展科研工作都非常重要，也是进行事故复查、工伤保险待遇资格认定的重要依据，还是对职工进行安全教育最生动的教材。

一般情况下，事故处理结案后，应归档的事故资料如下。

（1）职工伤亡事故登记表。

（2）职工死亡、重伤事故调查报告书及批复。

（3）现场调查记录、图纸和照片。

（4）技术鉴定和试验报告。

（5）物证、人证材料。

（6）直接经济损失和间接经济损失材料。

（7）事故责任者的自述材料。

（8）医疗部门对伤亡人员的诊断书。

（9）发生事故时的工艺条件、操作情况和设计资料。

（10）处分决定和受处分人员的检查材料。

（11）有关事故的通报、简报及文件。

（12）调查组成员的姓名、职务及单位。

第七章　煤矿事故责任追究

第一节　煤矿事故责任追究依据

事故调查处理必须贯彻落实国务院反复强调的“四不放过”和“科学严谨、依法依规、实事求是、注重实效”要求，坚持“政府统一领导、分级负责”的原则。在各级人民政府的统一领导下，按事故等级大小分级负责。煤矿事故责任追究的依据主要包括法律法规、国家标准以及政策规定等几个方面。

一、法律法规

1. 综合法律法规

主要包括《刑法》《安全生产法》《生产安全事故报告和调查处理条例》《工伤保险条例》等。

2. 专业法律法规

主要包括《矿山安全法》《煤矿安全监察条例》《煤矿生产安全事故报告和调查处理规定》《特种设备安全监察条例》《特种设备安全法》。

3. 纪律规定

主要包括《公务员法》《国务院关于特大安全事故行政责任追究的规定》《行政机关公务员处分条例》《安全生产领域违法违纪行为政纪处分暂行规定》《安全生产领域违纪行为适用〈中国共产党纪律处分条例〉若干问题的解释》《安全生产监管监察职责和行政执法责任追究的暂行规定》等。

二、国家标准

《企业职工伤亡事故分类》(GB 6441—1986)、《企业职工伤亡事故经济损失统计标准》(GB 6721—1986)、《事故伤害损失工作日标准》(GB/T 15499—1995)。

三、政策规定

《国务院关于进一步加强安全生产工作的决定》(国发〔2004〕2 号)、《国务院关于进一步加强企业安全生产工作的通知》(国发〔2010〕23 号)、《国务院关于坚持科学发展安全发展促进安全生产形势持续稳定好转的意见》(国发〔2011〕40 号)、《国务院办公厅关于进一步加强煤矿安全生产工作的意见》（国办发〔2013〕99 号)、《中共中央　国务院关于推进安全生产领域改革发展的意见》《生产安全事故统计调查制度》《安全生产行政执法统计调查制度》。

第二节　煤矿事故行政责任追究

一、行政责任的特点及内容

违反行政法规规定的行为所承担的法律责任称为行政责任。事故的行政责任具有以下特点：

（1）行政责任产生于违反行政法，承担行政责任必须以违反行政法的行为为前提，只有行为人违反了行政法规定的义务，才能让其承担行政责任。

（2）行政责任只适用于特定人员。行政责任只适用于接受行政管辖的国家工作人员和企事业单位的职工，而且不同的行政法规、命令，适用于不同范围的特定人员。

（3）行政处分与行政处罚不同。行政责任的形式分为行政处分与行政处罚，但两者有明显的不同。行政处罚是由特定的行政机关对实施违法的直接责任者所做的行政制裁或法律制裁措施；行政处分则是由直接责任者所在的单位或上级行政机关根据有关行政法规和单位内部的行政命令对其做出的制裁措施。责任事故的行政责任处罚方式主要是指行政处分。行政处分只适用于国家机关、企事业单位所属的人员，实施行政处分的机关必须是被处分人员所在单位的行政领导机关。

行政处分的形式主要有：警告、记过、记大过、降级、降职、开除留用察看、开除。

《国务院关于特大安全事故行政责任追究的规定》（国务院令　第302号）对地方各级人民政府在防范特大安全事故的责任和义务进行了明确规定。其主要内容有：

（1）定期召开防范特大安全事故会议制度。规定由政府主要责人和领导人委托分管领导人来召集有关部门的正职负责人参加。其目的就是分析、布置、督促、检查本地区防范特大安全事故的工作。规定各级人民政府必须组织有关部门按照职责分工对本市（区）容易发生安全事故的单位进行安全事故的防范，要明确责任和采取有关措施并组织有关部门进行检查。

（2）制定特大安全事故的应急处置预案。

（3）要求地方各级人民政府组织有关部门对事故的隐患进行查处，如果发现特大安全事故的隐患要立即排除。在排除过程中，如遇难题应采取相应措施进行处理。其次，对政府有关部门明确其责任规定，为了明确事故由谁负责，规定地方各级人民政府及相关部门要严格履行涉及安全的行政审批和监督检查的职责。

（4）对未取得涉及安全的行政审批的单位，擅自从事经营活动的要及时进行查处。

《国务院关于特大安全事故行政责任追究的规定》（国务院令　第302号）对各级人民政府主要负责人对特大安全事故的追究规定：

（1）对于市、县人民政府依照本规定未履行职责而发生特大安全事故的领导人要受到降级或其他惩罚。

（2）对负责行政审批和监督管理部门的责任追究规定，如果未履行职责，正职负责人也要受到责任追究。

（3）对于发生特大安全事故之后，影响比较恶劣的，国务院对相应省级负责人和国务院有关部门正职负责人进行处分。

二、煤矿安全生产行政问责主体

行政问责的主体是指行政问责的发起者，也就是由谁来问责，包括同体问责主体与异体问责主体。我国当前主要实行同体问责制，行政问责的发起者主要是党委和上级行政机关，同时法律也规定了异体问责主体，包括人民代表大会及司法机关。同体问责是系统内部问责，是行政机关对自身内部监督的体现，主要包括上级行政机关对下级行政机关的问责及主司监察职能的部门对行政机关的专门问责。在我国，同体问责主体主要包括上级行政机关和各级党委，行政机关对其内部的行政干部发起问责，党政系统则是对其党员干部进行问责。在煤矿安全生产领域，同体问责主体亦为行政问责的主导，主要包括监察部、应急管理部、矿山安全监察局、上级行政机关。同体问责方式有以下几个优势，一是行政机构以科层制为基础，机构的职责采用自下而上的层级负责制，机构的权力采用自上而下的垂直指挥系统，这种层级结构使得上级机关能够依职权直接对下级进行问责，从而保证了问责的高效性；二是权力和程序居于主导地位，被问责对象服从于问责主体的领导，其无论自觉与否，都要无条件接受上级机关的问责；三是行政机构的目的与任务被逐一分工，上级领导依职权要求下级人员完成工作任务，询问其工作人员的任务进展情况，以完成工作任务为主要义务的下级人员要回应上级领导的质询，失职者则要承担相应的处罚结果。

三、煤矿安全生产行政问责客体

1. 对行政首长的行政问责

行政问责的客体是指行政责任的承担者，即“向谁问责”，在我国的行政问责实践中，行政问责客体主要为行政首长，在煤矿安全生产领域，这种“行政首长问责制”的运用更为常见，发生重特大煤矿安全事故后，常见的处理方式便是一名或几名行政首长被问责，而对煤炭行业主管人员及其他直接责任人员的行政问责则较为少见。我国宪法规定，各级行政机关实行首长负责制，那么在煤矿安全事故发生后，所在地政府的行政首长理所应当成为行政问责的首要对象，但实际上，在政府实际工作中实行一名“一把手”负责全面工作，若干副职负责数项专门工作，如果一味地对“一把手”进行问责，难免发生权责不一的现象。近年来，随着我国安全生产法治的不断完善，煤矿事故行政问责已由过去的地方政府行政首长单一问责，扩展到分管负责人和相关负责人多重问责，更加体现出“权责一致”的特点。

2. 对其他直接责任人员问责

在煤矿安全生产领域，行政问责的客体不仅包括各级政府的行政首长、地方政府相关部门负责人，还包括所有承担安全监督检查职责、煤矿行业管理职责的公务人员。行政机关公务员在行使职权的时候便代表了行政机关的名义，那么他的行为就应该成为行政问责的客体。另外，煤矿安全生产的行政问责客体还应包括更广泛的政府管理部门，如煤矿开采技术保障部门、采矿审批部门及应急事件管理部门的工作人员。

四、煤矿安全生产行政问责范围

1. 重大矿难责任事故问责

行政问责的范围是指启动行政问责机制的事由，也即“针对什么问责”，最直接的体现便是各个领域发生的重大安全事故，行政机关及其工作人员的错误行政行为以及行政决策的失误也往往在某些重大安全事故发生后才体现出来。我国的行政问责实践中，行政问责的范围多局限于重大安全事故，且行政问责的启动往往迫于上级机关的领导意志以及社会公众的舆论压力。目前，在我国的煤矿安全生产行政问责实践中，行政问责的范围还仅限于重特大矿难责任事故，着重对非法生产、超标生产、管理不善以及安全监察部门的疏于监管进行问责。

2. 其他违法违规行为问责

根据权责统一的原则，行政机关被赋予了义务和责任，就必须积极地履行职责和承担义务，不履行、怠于履行职责或不当行使职权，都应当承担相应的法律责任。我国的行政问责范围不应仅限于重大事故问责，问责的范围还应扩大。目前我国海南省等地方政府制定的行政问责规范对行政问责的范围界定较宽，值得推广。以个别地方政府行政规章为例，行政问责的具体问责范围相当宽泛，一是行政等级问责，包括下级政府对上级政府指派的任务执行乏力、效果不佳以及行政管理中的政治松懈、效率过低；二是职业问责，包含缺乏行政责任意识，在公开场合的言论有损政府形象或行为不端；三是法律问责，主要表现形式是不依法行政以及行政不作为；四是政治问责，主要包括行政决策错误以及行政主体存在以权谋私行为，涉及问责主体自身利益的、问责主体企求行政机关解决的事项，以及对于政府部门及其工作人员的决策及行为产生的合理质疑，要求行政机关给予答复。

五、煤矿安全生产行政问责程序

行政问责的程序指的是行政问责实施过程中所依据的方法和步骤，也就是“怎么问”。程序的公正是实体公正的保障，一套完整的行政问责制度应同时包括实体规范与程序规范，有合理、透明的行政问责程序以及问责救济程序作为基础，行政问责制度在运行过程中才能准确客观认定责任归属及责任轻重，严格追究相关人员责任，同时避免因责任追究偏差而产生的“替罪羊”现象。目前我国并未制定统一的全国性行政问责程序规范，学者对于行政问责程序的观点比较一致，主要包括：行政问责的启动、调查、决定、执行和救济这几个步骤，同时，制定行政问责程序也应坚持行政问责主体回避和保证行政问责客体申辩权利的原则。在程序一致的前提下，为了保证个案的公平，应允许根据问责主体与客体的特点而在具体步骤的实施方式上存在差异，如人大问责的启动程序可以通过质询案和罢免案来实现。

六、煤矿安全生产行政问责结果

行政问责的结果是被问责人员承担相应的责任。承担责任的种类和方式如下。

1. 责任承担的种类

由于行政问责过程中，行政问责客体、行政问责事由不尽相同，责任承担的种类也会不同。关于行政问责中的责任承担种类，国内外学者进行了大量研究，结合中外学者观点，认为行政问责的责任承担分为五类：一是因损害社会公序良俗而产生的道义责任；二是因行政机关及其工作人员的行为违反法律规定而产生的法律责任；三是因行政机关的行为不符合公众的意愿而产生的民主责任；四是行政机关及其工作人员对上级部署的工作任务执行不力、效能低下和在内部管理中治政不严、效率低下而产生的行政责任；五是因政策失误和以权谋私而产生的政治责任。

2. 责任承担的方式

责任承担的方式是上述五类责任承担种类在实施过程中的具体表现，根据责任种类不同，责任承担的方式也有多种：道义责任最常见的承担方式是引咎辞职，也有程度较轻的公开道歉；法律责任则是承担相应的法律后果，如行政赔偿、民事赔偿，如果涉及刑事犯罪，则要负相应的刑事责任；民主责任是因为行为损害了公共利益并违反公众意愿，因此要向人大和选民负责；承担行政责任的方式主要为接受上级机关及党委的行为纠正、批评以及督察通报；政治责任的承担方式则是弹劾罢免、质询案等。值得一提的是，我国行政问责实践中关于道德责任的承担比较少见，行政机关对自身行政道德的认识和公众对于行政道德的意识还很不足。

第三节　煤矿事故刑事责任追究

一、刑事责任追究的依据

煤矿事故责任追究遵循《安全生产法》《煤炭法》《矿山安全法》等法律规定，而刑事责任追究主要依照《刑法》《刑法修正案（十一）》及相关司法解释，如《最高人民法院、最高人民检察院关于办理危害生产安全刑事案件适用法律若干问题的解释》（法释〔2015〕22号）、《最高人民法院关于进一步加强危害生产安全刑事案件审判工作的意见》（法发〔2011〕20号）、《最高人民法院、最高人民检察院关于办理危害矿山生产安全刑事案件具体应用法律若干问题的解释》（法释〔2007〕5号）。

二、刑事处罚的主刑和附加刑

根据《刑法》的规定，刑事处罚包括主刑和附加刑两部分。主刑包括：管制、拘役、有期徒刑、无期徒刑和死刑；附加刑包括：罚金、剥夺政治权利、没收财产。

三、煤矿事故刑事处罚

根据煤矿事故的特点，《刑法》中适用于煤矿事故刑事责任追究的罪责主要有以下几种。

1. 非法制造、买卖、运输、邮寄、储存爆炸物罪

第一百二十五条第一款规定，非法制造、买卖、运输、邮寄、储存枪支、弹药、爆炸物的，处三年以上十年以下有期徒刑；情节严重的，处十年以上有期徒刑、无期徒刑或者死刑。单位犯前款罪的，对单位判处罚金，并对其直接负责的主管人员和其他直接责任人员，依照第一款的规定处罚。

2. 重大责任事故罪

第一百三十四条第一款规定，在生产、作业中违反有关安全管理的规定，因而发生重大伤亡事故或者造成其他严重后果的，处三年以下有期徒刑或者拘役；情节特别恶劣的，处三年以上七年以下有期徒刑。

3. 强令违章冒险作业罪

第一百三十四条第二款规定，强令他人违章冒险作业，或者明知存在重大事故隐患而不排除，仍冒险组织作业，因而发生重大伤亡事故或者造成其他严重后果的，处五年以下有期徒刑或者拘役；情节特别恶劣的，处五年以上有期徒刑。

4. 关闭破坏生产安全设备设施和篡改、隐瞒、销毁数据信息罪

第一百三十四条之一规定，在生产、作业中违反有关安全管理的规定，有下列情形之一，具有发生重大伤亡事故或者其他严重后果的现实危险的，处一年以下有期徒刑、拘役或者管制："（一）关闭、破坏直接关系生产安全的监控、报警、防护、救生设备、设施，或者篡改、隐瞒、销毁其相关数据、信息的；"

5. 拒不整改重大事故隐患罪

第一百三十四条之一规定，在生产、作业中违反有关安全管理的规定，有下列情形之一，具有发生重大伤亡事故或者其他严重后果的现实危险的，处一年以下有期徒刑、拘役或者管制："（二）因存在重大事故隐患被依法责令停产停业、停止施工、停止使用有关设备、设施、场所或者立即采取排除危险的整改措施，而拒不执行的；"

6. 擅自从事高危生产作业活动罪

第一百三十四条之一规定，在生产、作业中违反有关安全管理的规定，有下列情形之一，具有发生重大伤亡事故或者其他严重后果的现实危险的，处一年以下有期徒刑、拘役或者管制："（三）涉及安全生产的事项未经依法批准或者许可，擅自从事矿山开采、金属冶炼、建筑施工，以及危险物品生产、经营、储存等高度危险的生产作业活动的。"

7. 重大劳动安全事故罪

第一百三十五条第一款规定，安全生产设施或者安全生产条件不符合国家规定，因而发生重大伤亡事故或者造成其他严重后果的，对直接负责的主管人员和其他直接责任人员，处三年以下有期徒刑或者拘役；情节特别恶劣的，处三年以上七年以下有期徒刑。

8. 危险物品肇事罪

第一百三十六条规定，违反爆炸性、易燃性、放射性、毒害性、腐蚀性物品的管理规定，在生产、储存、运输、使用中发生重大事故，造成严重后果的，处三年以下有期徒刑或者拘役；后果特别严重的，处三年以上七年以下有期徒刑。

9. 工程重大安全事故罪

第一百三十七条规定，建设单位、设计单位、施工单位、工程监理单位违反国家规定，降低工程质量标准，造成重大安全事故的，对直接责任人员，处五年以下有期徒刑或者拘役，并处罚金；后果特别严重的，处五年以上十年以下有期徒刑，并处罚金。

10. 不报、谎报安全事故罪

第一百三十九条第二款规定，在安全事故发生后，负有报告职责的人员不报或者谎报事故情况，贻误事故抢救，情节严重的，处三年以下有期徒刑或者拘役；情节特别严重的，处三年以上七年以下有期徒刑。

11. 提供虚假证明文件罪

第二百二十九条，承担资产评估、验资、验证、会计、审计、法律服务、保荐、安全评价、环境影响评价、环境监测等职责的中介组织的人员故意提供虚假证明文件，情节严重的，处五年以下有期徒刑或者拘役，并处罚金；有下列情形之一的，处五年以上十年以下有期徒刑，并处罚金："（三）在涉及公共安全的重大工程、项目中提供虚假的安全评价、环境影响评价等证明文件，致使公共财产、国家和人民利益遭受特别重大损失的。”

12. 出具证明文件重大失实罪

第二百二十九条规定，承担资产评估、验资、验证、会计、审计、法律服务、保荐、安全评价、环境影响评价、环境监测等职责的中介组织的人员，严重不负责任，出具的证明文件有重大失实，造成严重后果的，处三年以下有期徒刑或者拘役，并处或者单处罚金。

13. 滥用职权罪

第三百九十七条第一款规定，国家机关工作人员滥用职权或者玩忽职守，致使公共财产、国家和人民利益遭受重大损失的，处三年以下有期徒刑或者拘役；情节特别严重的，处三年以上七年以下有期徒刑。本法另有规定的，依照规定。

14. 玩忽职守罪

第三百九十七条第二款规定，国家机关工作人员徇私舞弊，犯前款罪的，处五年以下有期徒刑或者拘役；情节特别严重的，处五年以上十年以下有期徒刑。本法另有规定的，依照规定。

15. 徇私舞弊不移交刑事案件罪

第四百零二条规定，行政执法人员徇私舞弊，对依法应当移交司法机关追究刑事责任的不移交，情节严重的，处三年以下有期徒刑或者拘役；造成严重后果的，处三年以上七年以下有期徒刑。

第四节　《国务院关于预防煤矿生产安全事故的特别规定》有关责任追究的条款

2005 年 9 月 3 日，国务院总理温家宝签发国务院令第 446 号，公布《国务院关于预防煤矿生产安全事故的特别规定》(以下简称《特别规定》)，其中包含若干责任追究的内容。2013 年 7 月 26 日，国务院总理李克强签署国务院令第 638 号，公布《国务院关于废止和修改部分行政法规的决定》，对其部分内容进行了修改。《特别规定》的主要内容分述如下：

第二条　煤矿企业是预防煤矿生产安全事故的责任主体。煤矿企业负责人（包括一些煤矿企业的实际控制人，下同）对预防煤矿生产安全事故负主要责任。

第三条　国务院有关部门和地方各级人民政府应当建立并落实预防煤矿生产安全事故的责任制，监督检查煤矿企业预防煤矿生产安全事故的情况，及时解决煤矿生产安全事故预防工作中的重大问题。

第四条　县级以上地方人民政府负责煤矿安全生产监督管理的部门、国家煤矿安全监察机构设在省、自治区、直辖市的煤矿安全监察机构（以下简称煤矿安全监察机构），对所辖区域的煤矿重大安全生产隐患和违法行为负有检查和依法查处的职责。

县级以上地方人民政府负责煤矿安全生产监督管理的部门、煤矿安全监察机构不依法履行职责，不及时查处所辖区域的煤矿重大安全生产隐患和违法行为的，对直接责任人和主要负责人，根据情节轻重，给予记过、记大过、降级、撤职或者开除的行政处分；构成犯罪的，依法追究刑事责任。

第五条　煤矿未依法取得采矿许可证、安全生产许可证、营业执照和矿长未依法取得矿长资格证、矿长安全资格证的，煤矿不得从事生产。擅自从事生产的，属非法煤矿。

负责颁发前款规定证照的部门，一经发现煤矿无证照或者证照不全从事生产的，应当责令该煤矿立即停止生产，没收违法所得和开采出的煤炭以及采掘设备，并处违法所得1倍以上5倍以下的罚款；构成犯罪的，依法追究刑事责任；同时于2日内提请当地县级以上地方人民政府予以关闭，并可以向上一级地方人民政府报告。

第六条　负责颁发采矿许可证、安全生产许可证、营业执照和矿长资格证、矿长安全资格证的部门，向不符合法定条件的煤矿或者矿长颁发有关证照的，对直接责任人，根据情节轻重，给予降级、撤职或者开除的行政处分；对主要负责人，根据情节轻重，给予记大过、降级、撤职或者开除的行政处分；构成犯罪的，依法追究刑事责任。

前款规定颁发证照的部门，应当加强对取得证照煤矿的日常监督管理，促使煤矿持续符合取得证照应当具备的条件。不依法履行日常监督管理职责的，对主要负责人，根据情节轻重，给予记过、记大过、降级、撤职或者开除的行政处分；构成犯罪的，依法追究刑事责任。

第七条　在乡、镇人民政府所辖区域内发现有非法煤矿并且没有采取有效制止措施的，对乡、镇人民政府的主要负责人以及负有责任的相关负责人，根据情节轻重，给予降级、撤职或者开除的行政处分；在县级人民政府所辖区域内1个月内发现有2处或者2处以上非法煤矿并且没有采取有效制止措施的，对县级人民政府的主要负责人以及负有责任的相关负责人，根据情节轻重，给予降级、撤职或者开除的行政处分；构成犯罪的，依法追究刑事责任。

其他有关机关和部门对存在非法煤矿负有责任的，对主要负责人，属于行政机关工作人员的，根据情节轻重，给予记过、记大过、降级或者撤职的行政处分；不属于行政机关工作人员的，建议有关机关和部门给予相应的处分。

第八条　煤矿的通风、防瓦斯、防水、防火、防煤尘、防冒顶等安全设备、设施和条件应当符合国家标准、行业标准，并有防范生产安全事故发生的措施和完善的应急处理预案。

煤矿有下列重大安全生产隐患和行为的，应当立即停止生产，排除隐患：

（一）超能力、超强度或者超定员组织生产的；

（二）瓦斯超限作业的；

（三）煤与瓦斯突出矿井，未依照规定实施防突出措施的；

（四）高瓦斯矿井未建立瓦斯抽放系统和监控系统，或者瓦斯监控系统不能正常运行的；

（五）通风系统不完善、不可靠的；

（六）有严重水患，未采取有效措施的；

（七）超层越界开采的；

（八）有冲击地压危险，未采取有效措施的；

（九）自然发火严重，未采取有效措施的；

（十）使用明令禁止使用或者淘汰的设备、工艺的；

（十一）年产6万吨以上的煤矿没有双回路供电系统的；

（十二）新建煤矿边建设边生产，煤矿改扩建期间，在改扩建的区域生产，或者在其他区域的生产超出安全设计规定的范围和规模的；

（十三）煤矿实行整体承包生产经营后，未重新取得安全生产许可证，从事生产的，或者承包方再次转包的，以及煤矿将井下采掘工作面和井巷维修作业进行劳务承包的；

（十四）煤矿改制期间，未明确安全生产责任人和安全管理机构的，或者在完成改制后，未重新取得或者变更采矿许可证、安全生产许可证和营业执照的；

（十五）有其他重大安全生产隐患的。

第九条　煤矿企业应当建立健全安全生产隐患排查、治理和报告制度。煤矿企业应当对本规定第八条第二款所列情形定期组织排查，并将排查情况每季度向县级以上地方人民政府负责煤矿安全生产监督管理的部门、煤矿安全监察机构写出书面报告。报告应当经煤矿企业负责人签字。

煤矿企业未依照前款规定排查和报告的，由县级以上地方人民政府负责煤矿安全生产监督管理的部门或者煤矿安全监察机构责令限期改正；逾期未改正的，责令停产整顿，并对煤矿企业负责人处3万元以上15万元以下的罚款。

第十条　煤矿有本规定第八条第二款所列情形之一，仍然进行生产的，由县级以上地方人民政府负责煤矿安全生产监督管理的部门或者煤矿安全监察机构责令停产整顿，提出整顿的内容、时间等具体要求，处50万元以上200万元以下的罚款；对煤矿企业负责人处3万元以上15万元以下的罚款。

对3个月内2次或者2次以上发现有重大安全生产隐患，仍然进行生产的煤矿，县级以上地方人民政府负责煤矿安全生产监督管理的部门、煤矿安全监察机构应当提请有关地方人民政府关闭该煤矿，并由颁发证照的部门立即吊销矿长资格证和矿长安全资格证，该煤矿的法定代表人和矿长5年内不得再担任任何煤矿的法定代表人或者矿长。

第十一条　对被责令停产整顿的煤矿，颁发证照的部门应当暂扣采矿许可证、安全生产许可证、营业执照和矿长资格证、矿长安全资格证。

被责令停产整顿的煤矿应当制订整改方案，落实整改措施和安全技术规定；整改结束后要求恢复生产的，应当由县级以上地方人民政府负责煤矿安全生产监督管理的部门自收到恢复生产申请之日起60日内组织验收完毕；验收合格的，经组织验收的地方人民政府负责煤矿安全生产监督管理的部门的主要负责人签字，并经有关煤矿安全监察机构审核同意，报请有关地方人民政府主要负责人签字批准，颁发证照的部门发还证照，煤矿方可恢复生产；验收不合格的，由有关地方人民政府予以关闭。

被责令停产整顿的煤矿擅自从事生产的，县级以上地方人民政府负责煤矿安全生产监督管理的部门、煤矿安全监察机构应当提请有关地方人民政府予以关闭，没收违法所得，并处违法所得1倍以上5倍以下的罚款；构成犯罪的，依法追究刑事责任。

第十二条　对被责令停产整顿的煤矿，在停产整顿期间，由有关地方人民政府采取有效措施进行监督检查。因监督检查不力，煤矿在停产整顿期间继续生产的，对直接责任人，根据情节轻重，给予降级、撤职或者开除的行政处分；对有关负责人，根据情节轻重，给予记大过、降级、撤职或者开除的行政处分；构成犯罪的，依法追究刑事责任。

第十三条　对提请关闭的煤矿，县级以上地方人民政府负责煤矿安全生产监督管理的部门或者煤矿安全监察机构应当责令立即停止生产；有关地方人民政府应当在7日内作出关闭或者不予关闭的决定，并由其主要负责人签字存档。对决定关闭的，有关地方人民政府应当立即组织实施。

关闭煤矿应当达到下列要求：

（一）吊销相关证照；

（二）停止供应并处理火工用品；

（三）停止供电，拆除矿井生产设备、供电、通信线路；

（四）封闭、填实矿井井筒，平整井口场地，恢复地貌；

（五）妥善遣散从业人员。

关闭煤矿未达到前款规定要求的，对组织实施关闭的地方人民政府及其有关部门的负责人和直接责任人给予记过、记大过、降级、撤职或者开除的行政处分；构成犯罪的，依法追究刑事责任。

依照本条第一款规定决定关闭的煤矿，仍有开采价值的，经依法批准可以进行拍卖。

关闭的煤矿擅自恢复生产的，依照本规定第五条第二款规定予以处罚；构成犯罪的，依法追究刑事责任。

第十四条　县级以上地方人民政府负责煤矿安全生产监督管理的部门或者煤矿安全监察机构，发现煤矿有本规定第八条第二款所列情形之一的，应当将情况报送有关地方人民政府。

第十五条　煤矿存在瓦斯突出、自然发火、冲击地压、水害威胁等重大安全生产隐患，该煤矿在现有技术条件下难以有效防治的，县级以上地方人民政府负责煤矿安全生产监督管理的部门、煤矿安全监察机构应当责令其立即停止生产，并提请有关地方人民政府组织专家进行论证。专家论证应当客观、公正、科学。有关地方人民政府应当根据论证结论，作出是否关闭煤矿的决定，并组织实施。

第十六条　煤矿企业应当依照国家有关规定对井下作业人员进行安全生产教育和培训，保证井下作业人员具有必要的安全生产知识，熟悉有关安全生产规章制度和安全操作规程，掌握本岗位的安全操作技能，并建立培训档案。未进行安全生产教育和培训或者经教育和培训不合格的人员不得下井作业。

县级以上地方人民政府负责煤矿安全生产监督管理的部门应当对煤矿井下作业人员的安全生产教育和培训情况进行监督检查；煤矿安全监察机构应当对煤矿特种作业人员持证上岗情况进行监督检查。发现煤矿企业未依照国家有关规定对井下作业人员进行安全生产教育和培训或者特种作业人员无证上岗的，应当责令限期改正，处10万元以上50万元以下的罚款；逾期未改正的，责令停产整顿。

县级以上地方人民政府负责煤矿安全生产监督管理的部门、煤矿安全监察机构未履行前款规定的监督检查职责的，对主要负责人，根据情节轻重，给予警告、记过或者记大过的行政处分。

第十七条　县级以上地方人民政府负责煤矿安全生产监督管理的部门、煤矿安全监察机构在监督检查中，1个月内3次或者3次以上发现煤矿企业未依照国家有关规定对井下作业人员进行安全生产教育和培训或者特种作业人员无证上岗的，应当提请有关地方人民政府对该煤矿予以关闭。

第十八条　煤矿拒不执行县级以上地方人民政府负责煤矿安全生产监督管理的部门或

者煤矿安全监察机构依法下达的执法指令的，由颁发证照的部门吊销矿长资格证和矿长安全资格证；构成违反治安管理行为的，由公安机关依照治安管理的法律、行政法规的规定处罚；构成犯罪的，依法追究刑事责任。

第十九条　县级以上地方人民政府负责煤矿安全生产监督管理的部门、煤矿安全监察机构对被责令停产整顿或者关闭的煤矿，应当自煤矿被责令停产整顿或者关闭之日起3日内在当地主要媒体公告。

被责令停产整顿的煤矿经验收合格恢复生产的，县级以上地方人民政府负责煤矿安全生产监督管理的部门、煤矿安全监察机构应当自煤矿验收合格恢复生产之日起3日内在同一媒体公告。

县级以上地方人民政府负责煤矿安全生产监督管理的部门、煤矿安全监察机构未依照本条第一款、第二款规定进行公告的，对有关负责人，根据情节轻重，给予警告、记过、记大过或者降级的行政处分。

公告所需费用由同级财政列支。

第二十条　国家机关工作人员和国有企业负责人不得违反国家规定投资入股煤矿（依法取得上市公司股票的除外），不得对煤矿的违法行为予以纵容、包庇。

国家行政机关工作人员和国有企业负责人违反前款规定的，根据情节轻重，给予降级、撤职或者开除的处分；构成犯罪的，依法追究刑事责任。

第二十一条　煤矿企业负责人和生产经营管理人员应当按照国家规定轮流带班下井，并建立下井登记档案。

县级以上地方人民政府负责煤矿安全生产监督管理的部门或者煤矿安全监察机构发现煤矿企业在生产过程中，1周内其负责人或者生产经营管理人员没有按照国家规定带班下井，或者下井登记档案虚假的，责令改正，并对该煤矿企业处3万元以上15万元以下的罚款。

第二十二条　煤矿企业应当免费为每位职工发放煤矿职工安全手册。

煤矿职工安全手册应当载明职工的权利、义务，煤矿重大安全生产隐患的情形和应急保护措施、方法以及安全生产隐患和违法行为的举报电话、受理部门。

煤矿企业没有为每位职工发放符合要求的职工安全手册的，由县级以上地方人民政府负责煤矿安全生产监督管理的部门或者煤矿安全监察机构责令限期改正；逾期未改正的，处5万元以下的罚款。

第二十三条　任何单位和个人发现煤矿有本规定第五条第一款和第八条第二款所列情形之一的，都有权向县级以上地方人民政府负责煤矿安全生产监督管理的部门或者煤矿安全监察机构举报。

受理的举报经调查属实的，受理举报的部门或者机构应当给予最先举报人1000元至1万元的奖励，所需费用由同级财政列支。

县级以上地方人民政府负责煤矿安全生产监督管理的部门或者煤矿安全监察机构接到举报后，应当及时调查处理；不及时调查处理的，对有关责任人，根据情节轻重，给予警告、记过、记大过或者降级的行政处分。

第二十四条　煤矿有违反本规定的违法行为，法律规定由有关部门查处的，有关部门应当依法进行查处。但是，对同一违法行为不得给予两次以上罚款的行政处罚。

第二十五条　国家行政机关工作人员、国有企业负责人有违反本规定的行为，依照本规定应当给予处分的，由监察机关或者任免机关依法作出处分决定。

国家行政机关工作人员、国有企业负责人对处分决定不服的，可以依法提出申诉。

第二十六条　当事人对行政处罚决定不服的，可以依法申请行政复议，或者依法直接向人民法院提起行政诉讼。

需要特别指出的是，随着我国煤炭工业的发展进步和煤矿安全法制的不断健全完善，《特别规定》一些条款中的部分内容需要做相应的调整，如第八条规定的煤矿重大安全生产隐患和行为应参照《煤矿重大事故隐患判定标准》（中华人民共和国应急管理部令　第4号）；另外，随着2020年应急管理部机构的进一步调整，《特别规定》中的“煤矿安全监察机构”应视为“矿山安全监察机构”。

第八章　煤矿应急救援

第一节　煤矿应急救援概述

一、煤矿应急管理的过程

煤矿应急管理是一个动态的过程，包括预防、准备、响应和恢复4个阶段。尽管在实际情况中，这些阶段往往是交叉的，但每个阶段都有自己明确的目标，而且每一阶段又构筑在前一阶段的基础之上。因而，预防、准备、响应和恢复的相互关联，构成了重大事故应急管理的循环过程。

1. 事故预防

在应急管理中事故预防包含两层含义：一是事故发生前的预防工作，即通过安全管理和安全技术等手段，尽可能地预防事故的发生，实现本质安全；二是在假定事故必然发生的前提下，通过预先采取的预防措施，来达到降低或减缓事故的影响或后果严重程度，如建立瓦斯抽采系统、设置隔爆水袋、优化通风系统、开展应急管理专题培训等。从长远观点看，低成本、高效率的预防措施，是减少事故损失的关键。

2. 应急准备

应急准备是应急管理过程中一个重要过程，它是针对可能发生的事故，为迅速有效地开展应急行动而预先所做的各种准备，包括应急体系的建立，有关部门和人员职责的落实，预案的编制，应急队伍的建设，应急设备（施）、物资的准备和维护，预案的演习，与外部应急力量的衔接等，其目标是保持重大事故应急救援所需的应急能力。

3. 应急响应

应急响应是事故发生后立即采取的应急与救援行动，包括事故的报警与通报、人员的紧急疏散、急救与医疗、工程抢险措施、信息收集与应急决策和外部救援等，其目标是尽可能地抢救受害人员、保护可能受威胁的人群，尽可能控制并消除事故。应急响应可划分为两个阶段，即初级响应和扩大应急。初级响应是在事故初期，企业应用自己的救援力量，使事故得到有效控制。但如果事故的规模和性质超出本单位的应急能力，则应请求增援和扩大应急救援活动的强度，以便最终控制事故。

4. 应急恢复

应急恢复工作应该在事故发生后立即进行，目的是使事故状态逐步恢复到正常状态。恢复工作包括事故损失评估、原因调查、防范措施的落实、事故教训总结、生产系统恢复等。在恢复工作中，应特别注意吸取事故和应急救援的经验教训，开展进一步的预防工作和减灾行动。

二、煤矿应急管理的基本任务

1. 构建应急救援体系

建立应急救援体制，如应急救援领导决策机构、协调指挥机构、专家支持系统及应急救援队伍等；建立应急救援机制，如统一指挥机制、分级响应机制及属地为主协调救援机制等；建立应急救援支持保障系统，如通信信息系统、技术支持系统、物资与装备保障、经费保障及制度保障等。

2. 应急救援预案的编制、演练、培训及管理

应按照现行规定进行应急预案的编制、演练、培训及管理。应急预案必须符合科学规律，能充分体现实用性，全面覆盖煤矿应急救援的方方面面，同时要求层次结构清晰，各预案间及与地方政府预案能够相互衔接。

3. 完善各项应急保障系统

煤矿企业必须储备各类应急救灾物资，建立并完善矿井紧急避险系统、安全监控系统、井下人员定位系统、井下压风自救系统、供水施救系统、信息通信系统、生产调度系统，确保应急救援的科学性和有效性。

4. 应急救援行动

事故发生时，及时调动并合理利用应急资源，包括人力资源和物质资源，从而能及时有效地使灾害损失降到最低程度。同时应立即根据实际情况对灾害现场继续恢复，争取尽快恢复生产，做好各项善后处理工作。

5. 事故原因分析

事故救援行动结束后，煤矿企业应积极配合事故调查组分析事故原因，其中一个重要方面是总结应急救援经验教训，提出改进应急救援工作的建议。

三、《煤矿安全规程》对应急救援的一般规定

（1）煤矿企业应当落实应急管理主体责任，建立健全事故预警、应急值守、信息报告、现场处置、应急投入、救援装备和物资储备、安全避险设施管理和使用等规章制度，主要负责人是应急管理和事故救援工作的第一责任人。

该规定包括两方面的内容：

一方面，主要负责人包括有限责任公司、股份有限公司的董事长或者总经理或者个人经营的投资人，其他生产经营单位的厂长、经理、局长、矿长（含实际控制人）等人员。主要负责人是煤矿企业安全生产第一责任者，当然也是应急管理和事故救援工作的第一责任人。

另一方面，煤矿企业应当落实应急管理主体责任，体现在建立相关应急管理各项规章制度并确保各项制度的落实。

（2）矿井必须根据险情或者事故情况下矿工避险的实际需要，建立井下紧急撤离和避险设施，并与监测监控、人员位置监测、通信联络等系统结合，构成井下安全避险系统。安全避险系统应当随采掘工作面的变化及时调整和完善，每年由矿总工程师组织开展有效性评估。

该规定包含两方面的内容：

一方面，安全是相对的，事故是绝对的，依靠目前的安全理论和技术手段想从根本上控制事故是不可能的。所以，煤矿安全避险系统十分必要。安全避险“六大系统”建设是提高矿井应急救援能力和灾害处置能力、保障矿井人员生命安全的重要手段，是全面提升矿山保障能力的技术保障。

另一方面，由于煤矿生产是动态过程，不同区域的地质条件、煤层赋存状况、安全技术措施、安全管理模式可能存在较大变化，因此安全避险系统应当随采掘工作面的变化及时调整和完善。为了科学分析安全避险系统的有效性，要求每年由矿总工程师组织开展有效性评估。

（3）煤矿企业必须编制应急救援预案并组织评审，由本单位主要负责人批准后实施；应急救援预案应当与所在地县级以上地方人民政府组织制定的生产安全事故应急救援预案相衔接。应急救援预案的主要内容发生变化，或者在事故处置和应急演练中发现存在重大问题时，及时修订完善。

该规定包括以下内容：

一是应急救援预案是企业应急管理的主线，也是企业开展应急救援工作的重要保障。应急预案的编制、评审、备案、演练、修订及管理必须符合现行国家相关规定和标准。

二是煤矿应急救援预案经评审后，由企业主要负责人签署发布，并付诸实施。应急救援预案经批准后，应当发放给有关部门，并登记造册，发放日期、份数、接受部门、签收人等有关信息均要如实记录。

三是有下列情形的，应急预案应当及时修订并归档：①依据的法律、法规、规章、标准及上位预案中的有关规定发生重大变化的；②应急指挥机构及其职责发生调整的；安全生产面临的风险发生重大变化的；③重要应急资源发生重大变化的；④在应急演练和事故应急救援中发现需要修订预案的重大问题的；⑤编制单位认为应当修订的其他情况。

（4）煤矿企业必须建立应急演练制度。应急演练计划、方案、记录和总结评估报告等资料保存期限不少于 2 年。

该规定包含以下内容：

一是煤矿企业应当至少每半年组织一次生产安全事故应急预案演练，并将演练情况报送所在地县级以上地方人民政府负有安全生产监督管理职责的部门。

二是应急预案演练结束后，煤矿企业应当对应急预案演练效果进行评估，撰写应急预案演练评估报告，分析存在的问题，并对应急预案提出修订意见。

三是应急预案编制单位应当建立应急预案定期评估制度，对预案内容的针对性和实用性进行分析，并对应急预案是否需要修订作出结论。煤矿企业应当每三年进行一次应急预案评估。生产安全事故应急处置和应急救援结束后，事故发生单位应当对应急预案实施情况进行总结评估。

四是所有应急预案相关资料的保存期限均不能少于 2 年。

（5）所有煤矿必须有矿山救护队为其服务。井工煤矿企业应当设立矿山救护队，不具备设立矿山救护队条件的煤矿企业，所属煤矿应当设立兼职救护队，并与就近的救护队签订救护协议；否则，不得生产。矿山救护队到达服务煤矿的时间应当不超过 30 min。

该规定包含两方面内容：

一方面，所有煤矿应设立矿山救护队，不具备单独设立救护队条件的煤矿企业，应设置兼职救护队，并与就近的救护队签订救护协议或联合建立矿山救护队。否则，不得生产。

另一方面，矿山救护队至服务矿井的时间不超过30 min，这是从救险实践中总结出来的，时间就是生命，争取时间及时抢救，就会减少生命伤亡和财产损失。如存在多个煤矿和多个救护队时，应就地签订，不应交叉，舍近求远。30 min时限应充分考虑路况变化、天气变化、救护车型等制约条件，行车距离一般不应超过20 km。

（6）任何人不得调动矿山救护队、救援装备和救护车辆从事与应急救援无关的工作，不得挪用紧急避险设施内的设备和物品。

该规定包括以下内容：

一是为了保证矿山救护队战时做到“闻警即到，速战能胜”，必须做到严格管理。矿山救护队要有严密的组织、严明的纪律、严格的要求，确保战斗准备状态。任何人不得以任何理由调动救护队做与救护无关的工作，否则不能保证闻警即到。

二是矿山救护车必须专车专用，并制定车辆管理制度。

三是紧急避险设施内的设备和物品专门用于紧急避险，从事与应急救援无关的工作时不得挪用。

（7）井工煤矿应当向矿山救护队提供采掘工程平面图、矿井通风系统图、井上下对照图、井下避灾路线图、灾害预防和处理计划，以及应急救援预案；露天煤矿应当向矿山救护队提供采剥、排土工程平面图和运输系统图、防排水系统图及排水设备布置图、井工老空区与露天矿平面对照图，以及应急救援预案。提供的上述图纸和资料应当真实、准确，且至少每季度为救护队更新一次。

该规定包括以下内容：

一是煤矿图纸和资料。煤矿各类图纸既是煤矿正常安全生产的技术资料，又是应急救援的重要依据。如采掘工程平面图能确定事故发生的地点；矿井通风系统图可明确进风与回风的区域；井上下对照图可确定井下工程与地面建筑相应位置，为地面钻孔施救方案提供依据；井下避灾路线图可以安全迅速地将灾区人员撤离到安全地点。因此，煤矿应向矿山救护队提供以上图纸。

二是煤矿灾害预防和处理计划及应急救援预案。它们是矿山救护队应急救援时重要的基础资料，能提高救援效率，减少盲目性。

三是为了正确指导应急救援，图纸和资料应是准确反映当前实际情况的，所以每季度至少根据变化的情况做一次修改、完善。

四是矿山救护队应定期对服务煤矿进行预防性安全检查，熟悉井下巷道或露天采场及排土场情况，并根据服务煤矿的灾害类型进行演习训练。同时，通过预防性检查可排查矿井隐患。

（8）煤矿作业人员必须熟悉应急救援预案和避灾路线，具有自救互救和安全避险知识。井下作业人员必须熟练掌握自救器和紧急避险设施的使用方法。班组长应当具备兼职救护队员的知识和能力，能够在发生险情后第一时间组织作业人员自救互救和安全避险。外来人员必须经过安全和应急基本知识培训，掌握自救器使用方法，并签字确认后方可入井。

该规定包括以下内容：

一是井下作业人员必须熟悉煤矿灾害预防和处理计划及应急救援预案，掌握所在区域的避灾路线，一旦发生灾害事故，能够实施自救互救和安全避险。

二是自救器和紧急避险设施不可缺少，井下作业人员必须熟练掌握自救器和紧急避险设施的使用方法。

三是班组长是企业安全生产的参与者、组织者、管理者和指挥者，是本班组安全生产的第一责任人，对管辖范围内的现场安全管理全面负责。在生产过程中，班组长应严格落实各项安全责任制，执行安全法律、法规、规程和技术措施，实现全员、全过程、全方位的动态安全生产管理。因此，班组长应具备兼职救援人员的知识和能力，能够在发生险情后第一时间引导和救助遇险人员脱离灾区，协助专职救护队员抢救遇险遇难人员，组织作业人员自救互救和安全避险。

四是外来人员对本矿井情况不熟悉，如果不了解自救互救和安全避险基本知识，当发生事故时很难保证自身人身安全。所以，入井外来人员必须经过安全和应急基本知识培训，掌握自救器使用方法，并签字确认后方可入井。

（9）煤矿发生险情或者事故后，现场人员应当进行自救、互救，并报矿调度室；煤矿应当立即按照应急救援预案启动应急响应，组织涉险人员撤离险区，通知应急指挥人员、矿山救护队和医疗救护人员等到现场救援，并上报事故信息。

该规定包括以下内容：

一是事故发生时，现场作业人员主要处理好两个方面的事情：一方面及时向调度室汇报，另一方面开展自救互救。

二是在事故初期，现场作业人员应在保证自身安全的前提下，采取积极有效的措施和方法，及时投入现场抢险救灾，将事故消灭在初始阶段或控制在最小范围，最大限度地减少事故造成的损失。

三是煤矿调度部门接到报告后，应立即启动应急预案，按规定通知受灾害影响和威胁地区的涉险人员迅速撤离灾区，向应急指挥人员进行灾情汇报，按灾害情况通知矿山救护队下井进行救援和医疗救护人员做好创伤急救准备等。

四是煤矿负责人接到报告后，应在 1 h 内向事故发生地县级以上人民政府安全生产监督管理部门、负责煤矿安全生产监督管理的部门和煤矿安全监察机构。情况紧急时，事故现场有关人员可以直接向上述部门进行报告。

（10）矿山救护队在接到事故报告电话、值班人员发出警报后，必须在 1 min 内出动救援。

该规定包含以下内容：

一是矿山救护队值班员必须 24 h 值班。值班员接听事故报告电话时，应当问清和记录事故地点、时间、类别、遇险遇难人员数量、通知人姓名及单位后，立即发出警报，并向指挥员报告。

二是事故报告电话必须设专人看守，严禁任何人使用事故报告电话向外拨打或接听与事故召请无关的电话。每天矿山救护队值班员接班后，都必须立即检验事故报告电话与服务矿井调度室连通情况。

三是矿山救护队值班员接听事故报告电话时要沉着冷静，通知人通知完事故报告后，电话值班员要向通知人重复一遍进行确认，确保接听电话准确无误。因为接听事故报告电话是抢险救灾的第一步，所以电话值班员只有接听清楚事故报告电话内容，准确传达无误，才能为抢险救灾赢得宝贵的时间。

四是矿山救护队每天都有值班小队、待机小队、工作小队和休息队。闻警紧急出动时，值班小队为第一小队，待机小队是值班小队的预备队。当值班小队出动后待机小队立即转入值班而成为值班小队，当需要2个小队同时出动时，待机小队随同值班小队一起出动。工作小队员负责非紧急出动的井下一般日常工作。当矿井发生重大事故后，不论是工作小队还是休息队，得到消息后都必须归队，接收救灾任务。

五是听到警报后，矿山救护队必须在1 min内出动；对于火灾、瓦斯或煤尘爆炸及煤（岩）与瓦斯（二氧化碳）突出等事故，由于事故发生后波及范围广，人员伤亡多，事故处理难度大，发生这类事故后要立即通知工作小队及休息小队回队待命，同时根据现场具体情况准备好及时召请外援，实行联合作战。

（11）发生事故的煤矿必须全力做好事故应急救援及相关工作，并报请当地政府和主管部门在通信、交通运输、医疗、电力、现场秩序维护等方面提供保障。

该规定包括以下内容：

一是救援组织方面：矿长是处理灾害事故的全权指挥者，在矿总工程师和救护队长的协助下，制定营救遇险人员和事故处理方案。矿总工程师是矿长处理灾害事故的第一助手，在矿长的领导下组织制定营救遇难人员和事故处理方案。救护队长领导矿山救护队安全迅速地完成灾区遇险人员的救援和事故处理工作。

二是人员撤离方面：确定撤离人员路线，确定通知灾区和受威胁区域人员的联系方法、手段，确定风流控制方法，统计撤离人员信息，确定向被困人员提供新鲜空气、食品和水的方法等。

三是按照不同事故类型确定事故处理的技术措施。如对爆炸事故，重点是快速恢复通风，消除火源防止连续爆炸；对火灾事故，重点是控制风流，探明火源及波及范围，预防引发爆炸事故；对水灾事故，重点是查清透水位置及巷道连通状况，加快排水进度，抢救被困人员。

四是后勤保障工作方面：主要做好遇难人员家属的安抚、矿山秩序维护、职工思想情绪稳定、食堂供应、车辆调配和接待等工作。

五是外部支持方面：要及时报请当地政府和主管部门在通信、交通运输、医疗、电力、现场秩序维护等方面提供保障，以取得上级的支持。

第二节 煤矿安全避险系统

我国煤矿约80%以上是井工矿山，具有灾害因素集中、人员活动与逃生空间受限、多种致灾条件共存的特点。为提高矿山安全生产保障能力，国家强制要求全国煤矿及非煤矿山都必须建立和完善监测监控、人员定位、供水施救、压风自救、通信联络、紧急避险等安全避险六大系统。“六大系统”对保障矿山安全生产发挥重大作用，将为地下矿山安全生产提供良好的条件。《煤矿安全规程》对安全避险作了规定。

一、安全避险“六大系统”建设目标和组织管理

事故统计和安全救援经验证明，煤矿井下第一现场因爆炸、火灾等瞬间死亡人员比例只有10%左右，而超过80%的人员是由于得不到及时救援或没有有效的避险处所，因中毒、窒息和高温而导致伤亡的。2010年7月19日，国务院出台《关于进一步加强企业安全生产工作的通知》，这是指导全国安全生产工作的纲领性文件。按照该通知要求，国家煤矿安监局于2010年8月24日下发了《关于建设完善煤矿井下安全避险“六大系统”的通知》，拟建设完善煤矿井下监测监控、人员定位、紧急避险、压风自救、供水施救和通信联络等安全避险系统（以下简称安全避险“六大系统”）。为进一步提高煤矿企业的安全生产保障能力，国家煤矿安监局组织制定了《煤矿井下安全避险“六大系统”建设完善基本规范（试行）》和《煤矿井下安全避险“六大系统”建设完善基本要求及检查验收暂行办法》，以指导煤矿企业进行安全避险系统的建设。

（一）建设目标

1. 建设完善矿井监测监控系统

煤矿企业必须按照《煤矿安全监控系统及检测仪器使用管理规范》（AQ 1029—2007）的要求，建设完善安全监控系统，实现对煤矿井下瓦斯、一氧化碳浓度、温度、风速等的动态监控，为煤矿安全管理提供决策依据。要加强系统设备维护，定期进行调试、校正，及时升级、拓展系统功能和监控范围，确保设备性能完好，系统灵敏可靠。要健全完善规章制度和事故应急预案，明确值班、带班人员责任，矿井监测监控系统中心站实行24 h值班制度，当系统发出报警、断电、馈电异常信息时，能够迅速采取断电、撤人、停工等应急处置措施，充分发挥其安全避险的预警作用。

2. 建设完善煤矿井下人员定位系统

煤矿企业必须按照《煤矿井下作业人员管理系统使用规范》（AQ 1048—2007）的要求，建设完善井下人员定位系统，并做好系统维护和升级改造工作，保障系统安全可靠运行。所有入井人员必须携带识别卡（或具备定位功能的无线通信设备），确保能够实时掌握井下各个作业区域人员的动态分布及变化情况。要进一步建立健全制度，发挥人员定位系统在定员管理和应急救援中的作用。

3. 建设完善井下紧急避险系统

煤矿企业必须按照《煤矿安全规程》的要求，为入井人员配备额定防护时间不低于30 min的自救器。煤与瓦斯突出矿井应建设采区避难硐室，突出煤层的掘进巷道长度及采煤工作面走向长度超过500 m时，必须在距离工作面500 m范围内建设避难硐室或设置救生舱。煤与瓦斯突出矿井以外的其他矿井，从采掘工作面步行，凡在自救器所能提供的额定防护时间内不能安全撤到地面的，必须在距离采掘工作面1000 m范围内建设避难硐室或救生舱。

4. 建设完善矿井压风自救系统

煤矿企业必须在按照《煤矿安全规程》要求建立压风系统的基础上，按照所有采掘作业地点在灾变期间能够提供压风供气的要求，进一步建设完善压风自救系统。空气压缩机应设置在地面；深部多水平开采的矿井，空气压缩机安装在地面难以保证对井下作业点有效供风时，可在其供风水平以上两个水平的进风井井底车场安全可靠的位置安装，但不

得使用滑片式空气压缩机。井下压风管路要采取保护措施，防止灾变破坏。突出矿井的采掘工作面要按照《防治煤与瓦斯突出规定》(国家安全监管总局令第19号）要求设置压风自救装置。其他矿井掘进工作面要安设压风管路，并设置供气阀门。

5. 建设完善矿井供水施救系统

煤矿企业必须按照《煤矿安全规程》的要求，建设完善的防尘供水系统；除按照《煤矿安全规程》要求设置三通及阀门外，还要在所有采掘工作面和其他人员较集中的地点设置供水阀门，保证各采掘作业地点在灾变期间能够实现提供应急供水的要求。要加强供水管路维护，不得出现跑、冒、滴、漏现象，保证阀门开关灵活。

6. 建设完善矿井通信联络系统

煤矿企业必须按照《煤矿安全规程》的要求，建设井下通信系统，并按照在灾变期间能够及时通知人员撤离和实现与避险人员通话的要求，进一步建设完善通信联络系统。在主副井绞车房、井底车场、运输调度室、采区变电所、水泵房等主要机电设备硐室和采掘工作面以及采区、水平最高点，应安设电话。井下避难硐室（救生舱)、井下主要水泵房、井下中央变电所和突出煤层采掘工作面、爆破时撤离人员集中地点等，必须设有直通矿调度室的电话。要积极推广使用井下无线通信系统、井下广播系统。发生险情时，要及时通知井下人员撤离。

（二）组织管理

1. 煤矿企业

各煤矿企业是建设完善安全避险“六大系统”的责任主体，煤矿企业主要负责人要高度重视，落实分管负责人和具体分管部门，明确工作职责，组织做好安全避险“六大系统”的建设完善工作。要根据各矿实际，制订切实可行的工作规划和方案，明确安全避险“六大系统”建设完善的目标、任务、措施及进度安排。要建立投入保障制度，提足用好煤炭生产安全费用，加大安全投入，从人、财、物等各方面保证建设进度。要建立定期检查制度，针对存在的问题，研究有针对性的措施，从设计、施工、验收等环节严格把关，科学组织施工，保证建设工程质量。各煤矿企业要按规定的时限和要求全面完成安全避险“六大系统”建设完善工作，并将安全避险“六大系统”建设进展情况每季度向省级煤矿安全监管部门报告。

各煤矿企业要建立安全避险“六大系统”的管理制度。要加强安全避险“六大系统”的日常管理，整理完善各系统图纸等基础资料，并根据井下采掘系统变化情况，及时补充建设完善安全避险“六大系统”。要定期对各系统完好情况进行检查，加强系统维护，保证系统灵敏可靠。要建立应急演练制度，科学确定避灾路线，编制应急预案，每年开展一次安全避险“六大系统”的联合应急演练。要赋予企业生产现场带班人员、班组长和调度人员在遇到险情时第一时间下达停产撤人命令的直接决策权和指挥权；加强入井人员培训，使其熟悉各种灾害情况的避灾路线，并能正确使用安全避险设施，充分发挥其作用。

2. 煤矿安全监管、监察及行业管理部门

各地煤炭行业管理、煤矿安全监管部门和驻地煤矿安全监察机构要按照职责分工，明确分管领导和业务部门，扎实推进安全避险“六大系统”建设完善工作。要坚持分类指导、稳步推进的原则，由煤矿安全监管部门牵头，会同煤炭行业管理部门和驻地煤矿安全监察机构组织制订本地区安全避险“六大系统”建设规划，并率先建成一批安全避险示范矿井；要组织专家开展技术指导，督促煤矿企业落实建设完善“六大系统”的工作措施，确保工作落实到位；要及时总结推广安全避险“六大系统”建设完善工作经验，并对进展较好的煤矿企业给予表彰。

各地煤矿安全监管、煤炭行业管理部门要加强日常监管，强化监督检查，推动各煤矿企业按照规划和方案加快建设进度。驻各地煤矿安全监察机构要把安全避险“六大系统”的建设纳入监察工作重点，依照相关法律法规标准，严格监察执法，严厉处罚违法违规行为，对不能按期完成建设要求的，依法暂扣安全生产许可证。要结合安全生产许可证的颁发管理，督促基建、整合技改矿井在投入生产前完成安全避险“六大系统”建设。各地要由省级煤矿安全监管部门牵头，会同省级煤炭行业管理部门和驻地煤矿安全监察机构，每半年开展一次安全避险“六大系统”建设进展情况的检查，并将进展情况及时报国家煤矿安监局。

二、安全避险“六大系统”建设要求

所有井工煤矿必须按规定建设完善“六大系统”，达到“系统可靠、设施完善、管理到位、运转有效”的要求。煤矿企业是建设完善“六大系统”的责任主体，煤矿企业主要负责人是建设完善“六大系统”的第一责任人。煤矿企业要落实建设完善“六大系统”分管负责人和具体分管部门，明确工作职责，完善工作制度，组织做好“六大系统”的建设完善工作。地方各级负有煤矿安全监管职责的部门会同煤炭行业管理部门负责本行政区域内“六大系统”建设完善工作的日常监管。驻地各级煤矿安全监察机构负责对辖区内“六大系统”建设完善工作的监察执法。

1. 监测监控系统

1）系统功能

监测监控系统是针对矿山地面、井下有毒有害气体、环境参数、通风设施及机电设备运行状况，进行监测监控的综合性监测监控系统，包括通风系统监测、视频监控和地压监测。其功能：一是“测”，即检测各种环境安全参数、设备工况参数、过程控制参数等；二是“控”，即根据检测参数去控制安全装置、报警装置、生产设备、执行机构等。系统一般由环网交换机、后备电源、通信线路及避雷器、监控分站、防爆摄像仪、矿用隔爆兼本质安全型多路电源、声光报警器等设备组成。若系统仅用于生产过程的监测，当安全参数达到极限值时提醒显示及发出声、光报警等，此类系统一般称为监测系统；除监测外，还参与开关量控制，如断电、闭锁等，此类系统一般称为监测监控系统。

2）基本要求

（1）煤矿企业必须按照《煤矿安全监控系统及检测仪器使用管理规范》（AQ 1029—2007）的要求，建设完善监测监控系统，实现对煤矿井下甲烷和一氧化碳的浓度、温度、风速等的动态监控。

（2）煤矿安装的监测监控系统必须符合《煤矿安全监控系统通用技术要求》（AQ 6201—2006）的规定，并取得煤矿矿用产品安全标志。监测监控系统各配套设备应与安全标志证书中所列产品一致。

（3）甲烷、馈电、设备开停、风压、风速、一氧化碳、烟雾、温度、风门、风筒等传感器的安装数量、地点和位置必须符合《煤矿安全监控系统及检测仪器使用管理规范》

（AQ 1029—2007）要求。监测监控系统地面中心站要装备 2 套主机，1 套使用、1 套备用，确保系统 24 h 不间断运行。

（4）煤矿企业应按规定对传感器定期调校，保证监测数据准确可靠。

（5）监测监控系统在瓦斯超限后应能迅速自动切断被控设备的电源，并保持闭锁状态。

（6）监测监控系统地面中心站执行 24 h 值班制度，值班人员应在矿井调度室或地面中心站，以确保及时做好应急处置工作。

（7）监测监控系统应能对紧急避险设施内外的甲烷和一氧化碳浓度等环境参数进行实时监测。

2. 人员定位系统

1）系统功能

井下人员定位系统是集井下人员考勤、跟踪定位、灾后急救、日常管理等为一体的综合性应用系统，能够及时、准确地将井下各个区域人员动态情况反映到地面计算机系统，便于管理人员进行管理。当事故发生时，救援人员也可根据井下人员及设备定位系统所提供的数据、图形，迅速了解有关人员的位置情况，及时采取相应的救援措施，提高应急救援工作的效率。系统一般由环网平台系统、读卡分站、人员定位分站、识别卡、电源箱等设备组成。

2）基本要求

（1）煤矿企业必须按照《煤矿井下作业人员管理系统使用与管理规范》（AQ 1048—2007）的要求，建设完善井下人员定位系统。应优先选择技术先进、性能稳定、定位精度高的产品，并做好系统维护和升级改造工作，保障系统安全可靠运行。

（2）安装井下人员定位系统时，应按规定设置井下分站和基站，确保准确掌握井下人员动态分布情况和采掘工作面人员数量。矿井人员定位系统必须满足《煤矿井下作业人员管理系统通用技术条件》（AQ 6210—2007）的要求，并取得煤矿矿用产品安全标志。定位分站、基站等相关设备应符合相应的标准。

（3）所有入井人员必须携带识别卡（或具备定位功能的无线通信设备）。

（4）矿井各个人员出入井口、重点区域出入口、限制区域等地点均应设置分站，并能满足监测携卡人员出入井、出入重点区域、出入限制区域的要求；巷道分支处应设置分站，并能满足监测携卡人员出入方向的要求。

（5）煤矿紧急避险设施入口和出口应分别设置人员定位系统分站，对出、入紧急避险设施的人员进行实时监测。

（6）矿井调度室应设人员定位系统地面中心站，配备显示设备，执行 24 h 值班制度。

3. 供水施救系统

1）系统功能

供水施救系统主要用于矿工在井下安全作业中日常用水和紧急避险时救灾防护，安装在井下避难硐室，工作面的机巷、风巷，掘进工作面，以及运输巷和回风巷，井底车场，各种站房的适当位置。供水自救系统是矿山井下紧急避难“六大系统”之一，确保井下受灾人员在灾变时能喝到安全卫生的饮用水。一般包括供水施救装置、监测供水管网系统、阀门等。井下供水管路应采用钢管材料，并加强维护，保证正常供水。

2）基本要求

（1）煤矿企业必须结合自身安全避险的需求，建设完善供水施救系统。

（2）供水水源应引自消防水池或专用水池。有井下水源的，井下水源应与地面供水管网形成系统。地面水池应采取防冻和防护措施。

（3）所有矿井采区避灾路线上应铺设供水管路，压风自救装置处和供压气阀门附近应安装供水阀门。

（4）矿井供水管路应接入紧急避险设施，并设置供水阀，水量和水压应满足额定数量人员避险时的需要，接入避难硐室和救生舱前的20 m供水管路要采取保护措施。

（5）供水施救系统应能在紧急情况下为避险人员供水、输送营养液提供条件。

4. 压风自救系统

1）系统功能

压风自救系统主要用于具有煤与瓦斯突出的煤矿井下救灾防护。它安装在煤矿井下硐室或采煤工作面的机（风）巷掘进头的适当位置或流动人员较多的地点，以及刮板输送机机头、井底车场、运输和回风巷道、各种站房等地。当发生巷道冒顶、煤与瓦斯突出或有突出预兆时，工作人员跑步进入附近安装有呼吸器的地点和场所避灾，戴上呼吸器，等待救援。它的气源来自于生产动力系统——压缩空气管路系统。由于管路内的压缩空气具有较高的压力和流量，不能直接用于呼吸，必须经过减压、节流使其达到适宜人体呼吸的压力和流量值，并要同时解决消声（由于减压引起）和空气净化问题。通过可调式气流阀调节节流面积，以适应不同供风压力下的流量要求，按健康人在静止状态吸气20 L/min，在剧烈运动和紧张状态下吸气60～80 L/min的标准，确定压风自救装置的供风量应≥100 L/min。压风自救系统一般涉及压风自救装置、空气压缩机、汽水分离器、阀门等。

2）基本要求

（1）煤矿企业在按照《煤矿安全规程》要求建立压风系统的基础上，必须满足在灾变期间能够向所有采掘作业地点提供压风供气的要求，进一步建设完善压风自救系统。

（2）空气压缩机应设置在地面。对深部多水平开采的矿井，空气压缩机安装在地面难以保证对井下作业点有效供风时，可在其供风水平以上2个水平的进风井井底车场安全可靠的位置安装，并取得煤矿矿用产品安全标志，但不得选用滑片式空气压缩机。

（3）压风自救系统的管路规格应按矿井需风量、供风距离、阻力损失等参数计算确定，但主管路直径不小于100 mm，采掘工作面管路直径不小于50 mm。

（4）所有矿井采区避灾路线上均应铺设压风管路，并设置供气阀门，间隔不大于200 m。有条件的矿井可设置压风自救装置。水文地质条件复杂和极复杂的矿井应在各水平、采区和上山巷道最高处铺设压风管路，并设置供气阀门。

（5）煤与瓦斯突出矿井应在距采掘工作面25～40 m的巷道内、爆破地点、撤离人员与警戒人员所在的位置以及回风巷有人作业处等地点至少设置一组压风自救装置；在长距离的掘进巷道中，应根据实际情况增加压风自救装置的设置组数。每组压风自救装置应可供5～8人使用。其他矿井掘进工作面应铺压风管路，并设置供气阀门。

（6）主送气管路应装集水放水器。在供气管路与自救装置连接处，要加装开关和汽水分离器。压风自救系统阀门应安装齐全，阀门扳手要在同一方向，以保证系统正常使用。

（7）压风自救装置应符合《矿井压风自救装置技术条件》（MT 390—1995）的要求，并取得煤矿矿用产品安全标志。

（8）压风自救装置应具有减压、节流、消噪声、过滤和开关等功能，零部件的连接应牢固、可靠，不得存在无风、漏风或自救袋破损长度超过5 mm的现象。

（9）压风自救装置的操作应简单、快捷、可靠。避灾人员在使用压风自救装置时，应感到舒适、无刺痛和压迫感。压风自救系统适用的压风管道供气压力为0.3～0.7 MPa；在0.3 MPa压力时，压风自救装置的供气量应在100～150 L/min范围内。压风自救装置工作时的噪声应小于85 dB。

（10）压风自救装置安装在采掘工作面巷道内的压缩空气管道上，设置在宽敞、支护良好、水沟盖板齐全、没有杂物堆的人行道侧，人行道宽度应保持在0.5 m以上，管路铺设高度应便于现场人员自救应用。

（11）压风管路应接入避难硐室和救生舱，并设置供气阀门，接入的矿井压风管路应设减压、消音、过滤装置和控制阀，压风出口压力在0.1～0.3 MPa之间，供风量不低于0.3 m^3/(min·人)，连续噪声不大于70 dB。

（12）井下压风管路应铺设牢固平直，采取保护措施，防止灾变破坏。进入避难硐室和救生舱前20 m的管路应采取保护措施（如在底板埋管或采用高压软管等）。

5. 通信联络系统

1）系统功能

通信联络系统以光纤有线网络为骨干，分支高速电缆通信网络及无线网络为延伸，在井下设立若干基站，通过无线通信手段，从而实现生产调度管理及信息交流等功能。通常在主副井绞车房、井底车场、运输调度室、采区变电所、水泵房等主要机电设备硐室和采掘工作面以及采区、水平最高点等位置安设电话。井下避难硐室（救生舱）、井下主要水泵房、井下中央变电所和突出煤层采掘工作面、爆破时撤离人员集中地点等，必须设有直通矿调度室的电话。当发生险情时，便于及时通知井下人员撤离。通信联络系统一般包括井下专用电话机、矿用环网交换机、通信电缆、光缆、光缆接线盒等。要积极推广使用井下无线通信系统、井下广播系统，发生险情时，要及时通知井下人员撤离。

2）基本要求

（1）煤矿必须按照安全避险的要求，进一步建设完善通信联络系统。

（2）煤矿应安装有线调度电话系统。井下电话机应使用本质安全型。宜安装应急广播系统和无线通信系统，安装的无线通信系统应与调度电话互联互通。

（3）在矿井主副井绞车房、井底车场、运输调度室、采区变电所、水泵房等主要机电设备硐室以及采掘工作面和采区、水平最高点，应安设电话。紧急避险设施内、井下主要水泵房、井下中央变电所和突出煤层采掘工作面、爆破时撤离人员集中地点等地方，必须设有直通矿井调度室的电话。

（4）距掘进工作面30～50 m范围内，应安设电话；距采煤工作面两端10～20 m范围内，应分别安设电话；采掘工作面的巷道长度大于1000 m时，在巷道中部应安设电话。

（5）机房及入井通信电缆的入井口处应具有防雷接地装置及设施。

（6）井下基站、基站电源、电话、广播音箱应设置在便于观察、调试、检验和围岩稳定、支护良好、无淋水、无杂物的地点。

（7）煤矿井下通信联络系统的配套设备应符合相关标准规定，纳入安全标志管理的应取得煤矿矿用产品安全标志。

6. 紧急避险系统

1）系统功能

紧急避险系统是根据井下采矿生产存在的火灾、爆炸、地下水及有害气体等危险采取相应的措施并构成避灾逃生系统。一般有自救器、救生舱、避难所和防透水型固定式避难所等设备。

（1）救生舱：矿用可移动式逃生救生舱是一种新型的煤矿井下逃生避难装备。将其放置于采掘工作面附近，当煤矿井下突发重大事故时，井下遇险人员不能立即升井逃生脱险的紧急情况下，可快速进入救生舱内等待救援，对改变单纯依赖外部救援的矿难应急救援模式，由被动待援到主动自救与外部救援相结合，使救援工作科学、有序、有效地进行。

（2）避难所：避难所建立在矿井下各危险工作区域的密闭空间，依托矿井巷道构筑而成，具备很好的防护性能，能够抵御一定的外力冲击；硐室内提供生存必需的氧气、水、食物、急救药品、废气处理等设施。当灾变发生时，遇险人员可迅速躲进避难所等待外部救援，是降低遇险人员伤亡率的最有效途径。对于挽救井下幸存人员的生命具有积极而重大的意义。

（3）自救器：自救器主要用途就是在井下发生火灾、瓦斯、煤尘爆炸，煤与瓦斯突出或二氧化碳突出事故时，供井下人员佩戴脱险，免于中毒或窒息死亡。自救器按其作用原理可分为过滤式和隔离式两种。隔离式自救器又分为化学氧和压缩氧自救器两种。

2）基本要求

（1）煤矿企业必须按照《煤矿井下紧急避险系统建设管理暂行规定》建设完善紧急避险系统。

（2）紧急避险系统应与监测监控、人员定位、压风自救、供水施救、通信联络等系统相互连接，在紧急避险系统安全防护功能基础上，依靠其他避险系统的支持，提升紧急避险系统的安全防护能力。

（3）紧急避险设施应具备安全防护、氧气供给保障、有害气体去除、环境监测、通信、照明、动力供应、人员生存保障等基本功能，在无任何外界支持的条件下额定防护时间不低于96 h。

（4）紧急避险设施的容量应满足服务区域所有人员紧急避险需要，包括生产人员、管理人员及可能出现的其他临时人员，并按规定留有一定的备用系数。

（5）紧急避险设施的设置要与矿井避灾路线相结合，紧急避险设施应有清晰、醒目的标识。

（6）紧急避险系统应随井下采掘系统的变化及时调整和补充完善，包括紧急避险设施、配套系统、避灾路线和应急预案等。

（7）紧急避险设施的配套设备应符合相关标准的规定，纳入安全标志管理的应取得煤矿矿用产品安全标志。可移动式救生舱应符合相关规定，并取得煤矿矿用产品安全标志。

三、安全避险“六大系统”验收及管理

1. 验收

（1）验收组织单位应根据“六大系统”建设完善基本要求、建设完成时限和有关规定、标准组织验收。按企业属地监管要求，煤矿（包括中央管理煤矿企业下属煤矿）“六大系统”建设完善工程由其所在地省级煤矿安全监管部门组织或委托省辖市（地）煤矿安全监管部门组织验收。验收报告报省级煤矿安全监管部门备案，同时抄报省级煤矿安全监察机构。

（2）煤矿企业或煤矿按规定时限完成“六大系统”的各子系统建设完善工作，应对建设完善工程进行预验收，预验收合格的，方可向验收单位提出验收申请。

（3）验收组织单位自收到验收申请之日起20个工作日内，应对“六大系统”或“六大系统”的子系统建设完善工程组织现场验收。

（4）煤矿企业或煤矿申请“六大系统”建设完善工程验收时，应当提交下列资料：①验收申请书；②预验收报告，内容包括“六大系统”建设完善工程设计、施工、管理和试运行情况，预验收的时间、内容、方式、人员、发现问题整改情况，预验收结论等；③设计和管理的有关文件、资料，主要包括“六大系统”设计资料、图纸及审批文件；“六大系统”管理制度，含管理及维护人员岗位责任制，值班制度，操作规程、故障处理期间的安全措施，值班、操作和维护人员配备、培训规定，安全仪表计量检验制度等；系统运行和管理资料，含设备布置图、设备台账、报表、值班记录、维修记录等；煤矿事故应急救援预案；④设备、设施清单及产品安全标志证、检测检验报告；⑤其他需要提交的材料。

（5）验收单位收到验收申请后，应组织相关工程技术人员和专家对申请材料进行审查，审查合格的，对“六大系统”建设完善工程进行现场验收。发现下列情形之一的，为验收不合格：①设计变更未按规定程序审批的；②系统设备设施及数量不符合设计要求的；③系统功能不完备或运行不稳定，不能满足安全生产和安全避险需要的；④未按规定建立“六大系统”维护管理制度的；⑤系统相关资料缺失或不全的。

2. 管理维护

（1）煤矿应建立健全“六大系统”管理机构，配备管理人员、专业技术人员、值班人员和维护人员等。

（2）煤矿应建立健全“六大系统”管理制度，明确责任。“六大系统”管理机构实行24 h值班制度，当系统发出报警、断电、馈电异常、系统故障等信息时，及时上报并处理。

（3）煤矿应加强“六大系统”的日常管理，整理完善各系统图纸等基础资料。

（4）煤矿应随井下生产系统的变化，及时调整和补充完善“六大系统”。

（5）煤矿应建立应急演练制度，科学确定避灾路线，编制应急预案，每年开展一次“六大系统”联合应急演练。

（6）“六大系统”电气设备入井前，应检查其“产品合格证”“煤矿矿用产品安全标志”和防爆、各项保护功能等安全性能。

（7）煤矿应加强系统设备日常维护，定期对各系统完好情况进行检查，定期进行调

试、校正，及时升级、拓展系统功能和监控范围，确保设备性能完好，系统灵敏可靠。

(8) 煤矿每季度至少应测试1次备用电源的放电容量或备用工作时间。备用电源不能保证设备连续工作时间达到标准时间的80%时，应及时更换。

(9)“六大系统”维护人员应定时检查、测试在用设施设备及附件的完好状态，发现问题及时处理，并将检查、测试、处理结果报矿井调度中心站。

(10)“六大系统”的任何子系统发生故障时均应立即维护，在恢复正常运行前必须制定安全技术措施，确保其服务范围内的作业人员安全。

3. 监督检查

(1) 各级煤矿安全监管部门、煤炭行业管理部门应对煤矿建设完善“六大系统”的进展、验收、管理维护等情况进行监督检查，督促煤矿企业按照规定时限和建设完善基本要求完成建设完善工作。煤矿安全监察机构应将煤矿建设完善“六大系统”进展情况纳入煤矿安全监察计划。

(2) 煤矿安全监管部门、煤矿安全监察机构对未按规定期限和内容完成“六大系统”建设完善的煤矿企业要责令其限期整改，逾期未完成整改的，责令停产整顿。

(3) 新建、改（扩）建、整合重组煤矿建设项目安全设施设计中未包含“六大系统”有关内容，或有关内容不符合本规范要求的，安全设施设计审查不予通过。

(4) 新建、改（扩）建、整合重组煤矿建设项目未按要求完成“六大系统”建设的，其安全设施竣工验收不予通过。已通过设计审批，正在实施中的新建、改（扩）建、整合重组煤矿建设项目的安全设施设计中，未包含“六大系统”建设有关内容的，应补充完善安全设施设计中的“六大系统”设计，并按“三同时”有关要求，在规定的时限内完成“六大系统”建设完善工作。

四、《煤矿安全规程》安全避险的规定

(1) 煤矿发生险情或者事故时，井下人员应当按应急救援预案和应急指令撤离险区，在撤离受阻的情况下紧急避险待救。

煤矿发生险情或者事故时，现场人员的行动原则如下。

一是及时报告事故。发生灾变事故后，事故点附近的人员应尽量了解或判断事故性质、地点和灾害程度，迅速利用最近处的电话或其他方式向矿调度室汇报，并迅速向事故可能波及的区域发出警报，使其他地点作业人员尽快知道灾情。报告事故时要尽量冷静，把事故情况说清楚；一时不清楚事故情况的，按领导指示在保证自身安全前提下再次调查清楚后，进行第二次汇报。

二是积极消除灾害。根据灾情和现场条件，在保证自身安全的前提下，采取积极有效的方法和措施，积极消除灾害，对受伤人员及时进行现场抢救，将事故消灭在初始阶段或控制在最小范围，最大限度地减小事故造成的损失。

三是安全撤离灾区。当受灾现场不具备事故抢救的条件，或抢救事故可能危及人员安全时，井下人员应按应急预案和应急指令规定的避灾路线和当时的实际情况，尽量选择安全条件最好且距离最短的路线，迅速撤离危险区域。撤离时要做到有条不紊，应在有经验的班（组）长或老工人的带领下有序撤退。

四是妥善进行避灾。在撤离受阻的情况下，如矿井冒顶堵塞、火焰或有害气体浓度过

高无法通过和在自救器有效工作时间内不能到达安全地点时，应迅速进入预先筑好的或就近建造的避难硐室、救生舱或压风自救硐室，紧急避险待救，等待矿山救护队的救援。在避灾时要注意给外面救援人员留下信号，如在岔口明显处挂上衣物、写上留言；用矿灯照亮；敲击铁管、顶板或金属支架发出声响。注意不要暴饮暴食，不要情绪急躁盲目乱动。

（2）井下所有工作地点必须设置灾害事故避灾路线。避灾路线指示应当设置在不易受到碰撞的显著位置，在矿灯照明下清晰可见，并标注所在位置。巷道交叉口必须设置避灾路线标识。巷道内设置标识的间隔距离：采区巷道不大于200 m，矿井主要巷道不大于300 m。

该规定包含以下内容：

一是煤矿井下所有工作地点必须设置灾害事故避灾路线，合理设置灾害事故避灾路线是紧急避险系统建设主要内容之一。

二是煤矿井下从作业地点至井底车场巷道路线长，光线黑暗且复杂多变，在灾变条件下不易顺利撤离。避灾路线标识可以帮助受困人员安全迅速到达安全地点，特别是巷道交叉口的避灾路线标识作用巨大。

三是避灾路线指示应当设置在不易受到碰撞且在矿灯照明下清晰可见的显著位置，并标注所在位置。

四是巷道内设置标识的间隔距离：采区巷道不大于200 m，矿井主要巷道不大于300 m。

五是指示标志的具体设置要求参见《煤矿井下安全标志》（AQ 1017—2005）。

（3）矿井应当设置井下应急广播系统，保证井下人员能够清晰听见应急指令。

该规定包含以下内容：

一是井下应急广播系统是井上与井下进行实时信息交流的基本设施。

二是通过设置井下应急广播系统，可以将广播通信延伸至有人作业的工作地点，在发生突发灾害情况下，能立即发出撤人指令、逃生路线指令，起到及时高效处理灾变事件的作用。

三是应急广播系统的特点：及时快速响应，播音功率大，实时播报，信息沟通明晰准确，提升矿井的抗灾防灾能力；平时可播放音乐、新闻、通知等。

四是煤矿井下的应急广播设备必须是防爆型电气设备，在电缆和光缆上传输的信号为本质安全型信号。

五是应急广播系统宜具有显示功能。发生险情时，系统应能通过广播和显示牌，通知事故地点、类别、撤离路线等。

六是应急广播系统宜具有报警电话的功能，能与井下作业人员进行语音通话。

七是井下各行人巷道和作业地点应设置广播设备，应设置显示牌。

（4）入井人员必须随身携带额定防护时间不低于30 min的隔绝式自救器。矿井应当根据需要在避灾路线上设置自救器补给站。补给站应当有清晰、醒目的标识。

该规定包括以下内容：

一是入井人员必须随身携带自救器。煤矿灾害发生后，如瓦斯爆炸或突出、煤尘爆炸、火灾等会造成有害气体增加，冒顶和透水等事故常将井下人员围困在密闭的空间里，使氧浓度降低。人们在灾害事故环境中逃生或避灾，会因缺氧和吸入过量有害气体而发生中毒、窒息甚至死亡事故。所以入井人员必须随身携带自救器。

二是自救器按其工作原理不同，可分为过滤式自救器和隔离式自救器两大类：

过滤式自救器供人呼吸的氧气由外界空气供给，因此其使用环境氧气浓度不能低于18%，一氧化碳浓度不能高于1.5%，且不能含有其他有毒有害气体，故过滤式自救器安全可靠性较差，自2012年1月27日禁止使用一氧化碳过滤式自救器。

隔离式自救器根据氧气生成的原理分为化学氧自救器和压缩氧自救器两类。化学氧自救器是通过化学反应产生氧气供人员呼吸，同时放出热量；压缩氧自救器是将氧气压缩在氧气罐内，工作性能稳定，佩戴使用时温度低，因此压缩氧自救器使用范围较广，但价格较贵。

三是自救器额定防护时间有15 min、30 min、45 min、60 min等多种，额定防护时间越长，质量越大，越不便携带，且制造成本越高。煤矿入井人员必须随身携带额定防护时间不低于30 min的自救器。

四是对于撤离路线较长的矿井，为了保证人员脱险时使用自救器的有效性，矿井应根据需要在避灾路线上设置自救器补给站。补给站应有清晰、醒目的标识。

（5）采区避灾路线上应当设置压风管路，主管路直径不小于100 mm，采掘工作面管路直径不小于50 mm，压风管路上设置的供气阀门间隔不大于200 m。水文地质条件复杂和极复杂的矿井，应当在各水平、采区和上山巷道最高处敷设压风管路，并设置供气阀门。采区避灾路线上应当敷设供水管路，在供气阀门附近安装供水阀门。

压风管路必须满足在灾变期间能够向所有采掘作业地点提供压风供气的要求：

一是矿井采区避灾路线上应设置压风管路，压风管路规格应按矿井需风量、供风距离、阻力损失等参数计算确定，但主管路直径不小于100 mm，采掘工作面管路直径不小于50 mm。

二是压风管路上设置供气阀门，间隔不大于200m。有条件的矿井可设置压风自救装置。水文地质复杂和极复杂的矿井，应在各水平、采区和上山巷道最高处敷设压风管路，并设置供气阀门。

三是矿井采区避灾路线上应敷设供水管路，压风自救装置处和供气阀门附近应安装供水阀门。

四是矿井供水管路应接入紧急避险设施，并设置供水阀，水量和水压应满足额定数量人员避险时的需要，接入避难硐室和救生舱前的20 m供水管路要采取保护措施。

五是供水管路应能在紧急情况下为避险人员供水、输送营养液提供条件。

（6）突出矿井，以及发生险情或者事故时井下人员依靠自救器或者1次自救器接力不能安全撤至地面的矿井，应当建设井下紧急避险设施。紧急避险设施的布局、类型、技术性能等具体设计，应当经矿总工程师审批。紧急避险设施应当设置在避灾路线上，并有醒目标识。矿井避灾路线图中应当明确标注紧急避险设施的位置、规格和种类，井巷中应当有紧急避险设施方位指示。

井下紧急避险设施是指在井下发生灾害事故时，为无法及时撤离的遇险人员提供生命保障的密闭空间。紧急避险设施主要包括永久避难硐室、临时避难硐室、可移动式救生舱。有关紧急避险设施的规定如下：

一是所有突出矿井都应建设紧急避险设施。其他矿井在发生险情或事故时，凡井下人员在自救器或1次自救器接力额定时间内靠步行不能安全撤至地面的，应建设井下紧急避险设施。紧急避险设施对外能够抵御高温烟气，隔绝有毒有害气体，对内提供氧气、食物、水，去除有毒有害气体，创造生存条件，为应急救援创造条件、赢得时间。

二是紧急避险设施的设置要与矿井避难路线相结合，紧急避险设施应有清晰、醒目、牢靠的标识。矿井避灾路线图中应明确标注紧急避险设施的位置、规格和种类，井巷中应有紧急避险设施方位的明显标识。

三是紧急避险系统应有整体设计。设计方案应符合国家有关规定要求，紧急避险设施的布局、类型、技术性能等具体设计，应经矿总工程师审批，报属地煤矿安全监管部门和驻地煤矿安全监察机构备案。

四是紧急避险系统应随井下采掘系统的变化及时调整和补充完善，包括及时补充或移动紧急避险设施，完善避灾路线和应急预案等。

（7）突出矿井必须建设采区避难硐室，采区避难硐室必须接入矿井压风管路和供水管路，满足避险人员的避险需要，额定防护时间不低于96 h。突出煤层的掘进巷道长度及采煤工作面推进长度超过500 m时，应当在距离工作面500 m范围内建设临时避难硐室或者其他临时避险设施。临时避难硐室必须设置向外开启的密闭门，接入矿井压风管路，设置与矿调度室直通的电话，配备足量的饮用水及自救器。

该规定包括以下内容：

一是突出矿井应建设采区避难硐室。突出煤层的掘进巷道长度及采煤工作面推进长度超过500 m时，应当在距离工作面500 m范围内建设临时避难硐室或者可移动式救生舱。

二是紧急避险设施应具备安全防护、氧气供给保障、有害气体去除、环境监测、通信、照明、人员生存保障等基本功能，满足避险人员的避险需要，在无任何外界支持的情况下额定防护时间不低于96 h。

三是避难硐室应采用向外开启的两道密闭门结构。外则第一道门采用既能抵挡一定强度的冲击波，又能阻挡有毒有害气体的防护密闭门；第二道门采用能阻挡有毒有害气体的密闭门。两道门之间为过渡室，密闭门之内为避险生存室。防护密闭门上设观察窗，门墙设单向排水管和单向排气管，排水管和排气管应加装手动阀门。过渡室内应设压缩空气幕和压气喷淋装置。

四是接入避难硐室的矿井压风、供水、监测监控、人员定位、通信和供电系统的各种管线在接入硐室前应采取保护措施。避难硐室内宜加配无线电话和应急通信设施。

五是按额定避险人数配备食品、饮用水、自救器、人体排泄物收集处理装置及急救箱、照明设施、工具箱、灭火器等辅助设施。配备的食品发热量不少于5000 kJ/(d·人)，饮用水不少于1.5 L/(d·人)。配备的自救器应为隔绝式，有效防护时间应不低于45 min。

（8）其他矿井应当建设采区避难硐室，或者在距离采掘工作面1000 m范围内建设临时避难硐室或者其他临时避险设施。

该规定包括以下内容：

一是低瓦斯矿井和高瓦斯矿井应当建设采区避难硐室，或者在距离采掘工作面1000 m范围内建设临时避难硐室或者可移动式救生舱。

二是永久避难硐室过渡室的净面积应不小于3.0 m^2，临时避难硐室不小于2.0 m^2。生存室的宽度不得小于2.0 m，长度根据设计的额定避险人数以及内配装备情况而确定。生存室内设置不少于两趟单向排气管和一趟单向排水管，排水管和排气管应加装手动阀门。永久避难硐室生存室的净高不低于2.0 m，每人应有不少于1.0 m^2 的有效使用面积，设计额定避险人数不少于20人，宜不多于100人。临时避难硐室生存室的净高不低于1.85 m，每人应有不少于0.9 m^2 的有效使用面积，设计额定避险人数不少于10人，不多于40人。

三是利用可移动式救生舱作为临时避难硐室的过渡室时，过渡舱外侧门框宽度应不小于0.3 m，安装时在门框上整体灌注混凝土墙体，四周掏槽深度、墙体强度及密封性能要求不低于防护密闭门的安装要求。救生舱应具备过渡舱结构，不设过渡舱时应有防止避险人员进入救生舱时有害气体侵入的技术措施。过渡舱的净面积应不小于1.2 m^3，内设压缩空气幕、压气喷淋装置及单向排气阀。生存舱提供的有效生存空间应不小于每人0.8 m^3，应设有观察窗和不少于2个单向排气阀。救生舱的设置地点和安装应有设计和作业规程，并严格按照产品说明书进行。在安装救生舱的位置前后20 m范围内煤（岩）层稳定，采用不燃性材料支护，通风良好，无积水和杂物堆积，满足安全出口要求，不得影响矿井正常生产和通风。

（9）突出与冲击地压煤层，应当在距采掘工作面25~40 m的巷道内、爆破地点、撤离人员与警戒人员所在位置、回风巷有人作业处等地点，至少设置1组压风自救装置；在长距离的掘进巷道中，应当根据实际情况增加压风自救装置的设置组数。每组压风自救装置应当可供5~8人使用，平均每人空气供给量不得少于0.1 m^3/min。其他矿井掘进工作面应当敷设压风管路，并设置供气阀门。

该规定包含两方面的内容：

一方面，突出和冲击地压矿井发生灾害事故，会造成现场人员缺氧窒息中毒而死亡。为给灾区提供新鲜空气，防止被灾害围困的人员缺氧窒息，应当在距采掘工作面25~40 m的巷道内、爆破地点、撤离人员与警戒人员所在位置、回风巷有人作业处等地点，至少设置1组压风自救装置；在长距离的掘进巷道中，应当根据实际情况增加压风自救装置的设置组数。每组压风自救装置应当可供5~8人使用。其他矿井掘进工作面应敷压风管路，并设置供气阀门。

另一方面，压风自救装置可安装在采掘工作面巷道内的压缩空气管道上，也可安装在宽敞、支护良好、水沟盖板齐全、没有杂物堆积的人行道侧，管路安装高度应便于现场人员自救应用。

（10）煤矿必须对紧急避险设施进行维护和管理，每天巡检1次；建立技术档案及使用维护记录。

煤矿企业应建立紧急避险系统管理制度，确定专门机构和人员对紧急避险设施进行维护和管理，保证其始终处于正常待用状态。经检查发现紧急避险设施不能正常使用时，应及时维护处理；采掘区域的紧急避险设施不能正常使用时，应停止采掘作业。

每天应对紧急避险设施进行1次巡检，设置巡检牌，做好巡检记录。煤矿负责人应对紧急避险设施的日常巡检情况进行检查。

每月对配备的高压气瓶进行1次余量检查及系统调试，气瓶内压力低于额定压力的95%时，应及时更换。每3年对高压气瓶进行1次强制性检测，每年对压力表进行1次强制性检测。

每10天应对设备电源进行1次检查和测试。

每年对紧急避险设施进行1次系统性的功能测试，包括气密性、电源、供氧、有害气体处理等。

煤矿企业应于每年年底前将紧急避险系统建设和运行情况，向县级以上煤矿安全监管部门和煤矿安全监察机构书面报告。

应建立紧急避险设施的技术档案，准确记录紧急避险设施设计、安装、使用、维护、配件、配品更换等相关信息。

第三节　煤矿救援队伍建设

一、我国矿山应急救援队伍体系

矿山应急救援队伍主要由矿山救护队伍和矿山医疗救护队伍组成。基本形成了分级管理、统一指挥、职责明晰、协同作战的矿山救援网络，如图8-1所示。

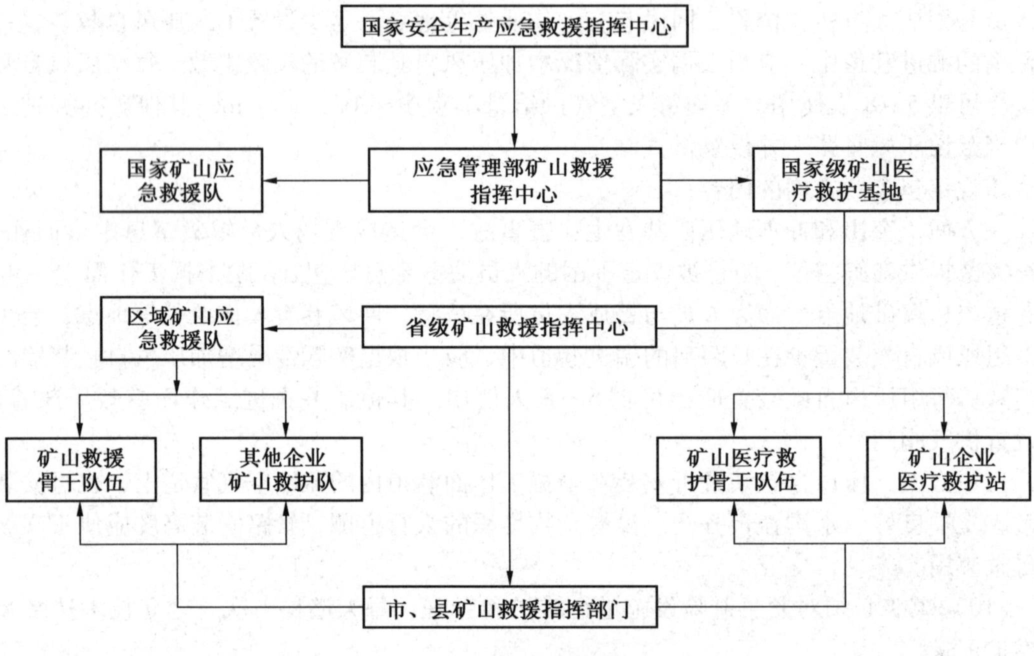

图8-1　矿山应急救援队伍

（一）矿山救护队伍

1. 国家矿山应急救援队

国家矿山应急救援队是全国矿山应急救援的中坚力量，主要承担全国各大区域内以及跨区域重特大、特别复杂矿山事故的应急救援工作，具备应急救援高层次的人才、技术、装备储备等功能，其中开滦队还承担着全国范围内深井排水救援和矿山救援实训演练、培训功能。国家矿山应急救援队承担的主要任务为：

（1）依托企业所属矿井的事故救援和隐患排查。

（2）规划服务区域内重特大、复杂矿山事故的应急救援。

（3）参加消防、地铁、隧道等其他行业事故灾难和地震等重大自然灾害的应急救援。

（4）对区域内其他救护队开展培训和技术指导等。

2. 区域矿山应急救援队

区域矿山应急救援队主要承担本省区及周边区域重特大、复杂矿山事故的应急救援任务，是应对规划服务区域内矿山事故灾难的重要力量，是对7个国家矿山应急救援队的重要支撑和补充，除服务于所在企业和地方外，与国家矿山应急救援队共同承担服务区域内重特大、特别复杂矿山事故及相关灾害的应急救援任务，同时还具备应急救援人才、技术、装备储备以及实训演练等功能。区域矿山应急救援队承担的主要任务为：

（1）负责所属企业矿井事故应急救援、应急处置和隐患排查。

（2）承担服务区域内重特大矿山事故应急救援任务。

（3）与国家矿山应急救援队共同完成特别复杂矿山灾难事故应急救援任务。

（4）受命参加消防、地铁、隧道、城市洪涝等其他行业事故灾难和地震等重大自然灾害的应急救援。

（5）对区域内其他救援队开展培训和技术指导等。

3. 区域矿山救援骨干队伍

区域矿山救援骨干队伍是我国矿山应急救援的主要力量，业务上接受省级矿山救援指挥中心的领导，负责相邻省（区）重特大事故的应急救援，支持所在省（区）地下商场、地下油库及隧道等大型封闭空间的应急救援。规划建立110个区域矿山救援骨干队伍。

4. 基层矿山救护队

各采矿市、县和矿山企业建立的矿山救护队是矿山应急救援的基本力量。平时为本地、本企业的安全生产服务，在事故发生后的第一时间到达事故现场并实施救援。

（二）矿山医疗救护队伍

矿山医疗救护队伍由国家级矿山医疗救护基地、矿山医疗救护骨干队伍和矿山企业医疗救护站组成，如图8－2所示。

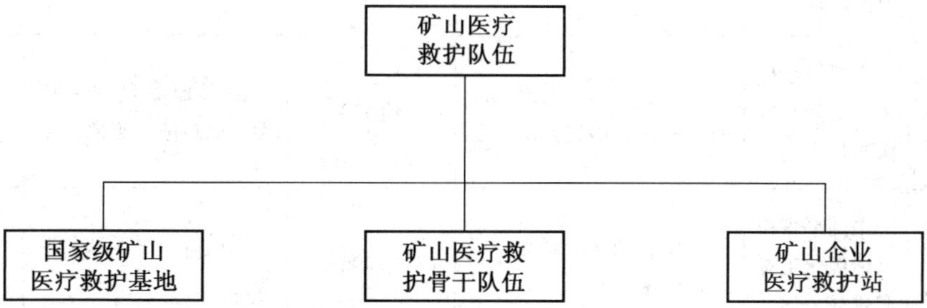

图8－2　矿山医疗救护队伍组成

依据全国安全生产应急救援体系总体规划，根据国家（区域）矿山救护队和应急救援骨干力量的分布，结合企业医院规模、医疗技术力量和与救援队伍联动情况，对现有矿山企业医疗资源进行合理整合，实现与救援队伍的联合行动，协同作战，规划建立了18

个国家级矿山医疗救护基地、23支矿山医疗救护骨干队伍和60余个矿山企业医疗救护站。矿山医疗救护中心和省级分中心、企业分中心与矿山救援指挥中心负责协调、指导的国家级救援基地、省级救援基地和企业矿山救护队，共同组成了中国矿山应急救援体系。

（三）布局方案

1. 国家矿山应急救援队布局

根据我国重特大、复杂矿山事故救援的实际需要，在东北、华北、中南、华东、西南、西北6大区域各建设1个实力最强、现代化水平最高的矿山应急救援队，并充分发挥其核心骨干和示范带头作用。同时，为了应对日益严重的深井水害事故，重点加强建设一个负责全国范围内深井排水救援的应急救援队，共建设7个国家矿山应急救援队。7个国家矿山应急救援队依托单位、服务区域范围见表8－1。

表8－1　区域矿山应急救援队服务范围

序号	名称	依托或主管单位名称	服务范围	服务半径/km	地形地貌	备注
1	开滦队	河北开滦（集团）有限责任公司	河北、北京、天津、辽宁、山东；内蒙古东部赤峰、通辽市	约460	地貌复杂多样，高原、山地、丘陵、盆地、平原类型齐全	负责全国深井排水救援
2	大同队	山西大同煤矿有限责任公司	山西、陕西；内蒙古中西部锡林郭勒盟、乌兰察布市、呼和浩特市、包头市、巴彦淖尔市、鄂尔多斯市、乌海市	约460	地形有山地、丘陵、高原、盆地、台地等多种地貌类型，多为山地丘陵，较为复杂	
3	鹤岗队	黑龙江龙煤矿业控股集团有限责任公司	黑龙江、吉林；内蒙古东部呼伦贝尔市、兴安盟	约460	主要由山地、台地、平原组成	
4	淮南队	安徽淮南矿业（集团）有限责任公司	安徽、江苏、上海、江西、浙江、福建	约550	地形地貌呈现多样性，以丘陵、平原为主	
5	平顶山队	中国平煤神马能源化工有限责任公司	河南、湖北、湖南、广东、海南	约490	以山区、平原和盆地为主	
6	芙蓉队	四川煤炭产业集团有限责任公司	四川、重庆、云南、贵州、广西、西藏	约900	以平原、丘陵、山地和高原为主	
7	靖远队	甘肃靖远煤业有限公司	甘肃、青海、宁夏、新疆；内蒙古西部阿拉善盟	约1020	以山地和高原为主	

2. 区域矿山应急救援队布局

在7个国家矿山应急救援队的建设基础上，进一步结合我国矿山分布、矿产资源开发强度、现有矿山救援队伍情况，统计和总结近年来矿山灾害发生情况，并综合考虑依托企业的经济实力及积极性等方面，对区域矿山应急救援队进行统一布局。在重庆、云南、湖南、辽宁、山西5省（区）各增建1个区域矿山应急救援队。经综合分析论证，分别依托山西焦煤集团汾西矿业集团公司、内蒙古平庄煤业（集团）有限责任公司、沈阳煤业（集团）有限责任公司、江西煤炭集团公司、山东兖矿集团有限公司、湖南省煤业集团有限公司、广西有色金属集团有限公司、重庆能源投资集团、六枝工矿集团公司、云南东源煤业集团有限公司、陕西煤业化工集团有限责任公司、青海煤业集团公司、新疆煤矿安全监察局和新疆煤炭工业管理局、新疆生产建设兵团农二师金川矿业有限责任公司14个单位，建设区域汾西队、平庄队、沈阳队、乐平队、兖州队、郴州队、华锡队、天府队、六枝队、东源队、铜川队、青海队、新疆队、兵团队14个区域矿山应急救援队。区域矿山应急救援队依托单位、服务区域范围见表8－2。

表8－2 区域矿山应急救援队服务范围

序号	名称	依托或主管单位名称	服务范围	服务半径/km	地形地貌
1	汾西队	山西焦煤集团汾西矿业集团公司	山西太原、吕梁、晋中、长治、临汾、晋城、运城、阳泉；陕西榆林	约230	地形有山地、丘陵、高原、盆地、台地、平原等多种类型
2	平庄队	内蒙古平庄煤业（集团）有限责任公司	内蒙古赤峰市、锡林郭勒盟、通辽市、兴安盟	约450	地形以山地、丘陵、高平原为主体
3	沈阳队	沈阳煤业（集团）有限责任公司	辽宁省；吉林省四平、辽源、通化、白山	约300	地势大致为自北向南，自东西两侧向中部倾斜，山地、丘陵、平原地形都有
4	乐平队	江西煤炭集团公司	江西、福建、广东	约330	山地、丘陵、台地和平原，地势总体北高南低，多山地和高丘陵
5	兖州队	山东兖矿集团有限公司	山东省和江苏省徐州、连云港、宿迁	约240	鲁中南山地丘陵区，东部半岛大都是起伏和缓的波状丘陵区，鲁西北、苏南、江淮、黄淮和东部滨海为平原
6	郴州队	湖南省煤业集团有限公司	湖南、湖北、广东	约430	主要以山地、丘陵为主；南部则以平原和台地为主
7	华锡队	广西有色金属集团有限公司	广西、海南和广东省云浮、阳江、茂名和湛江	约300	由山地、丘陵、台地、平原构成

表8-2（续）

序号	名称	依托或主管单位名称	服务范围	服务半径/km	地形地貌
8	天府队	重庆能源投资集团	重庆；四川省广安、达州、南充和巴中	约210	西北部和中部以丘陵、低山为主，东南部靠大巴山和武陵山两座大山脉，地貌类型以平原、丘陵、山地和高原为主
9	六枝队	六枝工矿集团	贵州；云南省昭通和曲靖	约270	高原山地，地形多由山地、丘陵和盆地等组成，喀斯特地貌发育典型
10	东源队	云南东源煤业集团有限公司	云南省	约350	盆地、河谷、丘陵、山地、高原相间分布，各类地貌之间条件差异很大，类型多样复杂
11	铜川队	陕西煤业化工集团有限责任公司	陕西省；甘肃省庆阳、平凉、天水和陇南市	约370	地势南北高，中间低，有高原、山地、平原和盆地等多种地形
12	青海队	青海煤业集团公司	青海、西藏	约800	湖泊、峡谷、盆地遍地，东部多山，西部为高原和盆地
13	新疆队	新疆煤矿安全监察局和新疆煤炭工业管理局	新疆北部乌鲁木齐、昌吉回族自治州、伊犁哈萨克自治州、哈密和吐鲁番地区	约450	地貌复杂多样，以山地和高原为主
14	兵团队	新疆生产建设兵团农二师金川矿业有限责任公司	新疆南部阿克苏、喀什、和田地区和克孜勒苏柯尔克孜自治州、巴音郭勒盟自治州	约460	以山地和高原为主，周围高山环绕，内部高山与盆地相间

二、我国矿山应急救援队伍存在的不足

我国矿山应急救援队伍建设的步伐还远远滞后于矿业经济的快速发展，特别是应对特别重大、复杂事故的能力亟待加强，主要表现在以下几个方面。

（1）缺少技术精湛、装备精良、管理规范的矿山应急救援队，应对特别重大、复杂事故的能力严重不足，严重影响了重特大事故的救援效果。

（2）缺乏快速实施跨区域、远距离救援的装备，严重影响发生在交通不便、偏远山区内的矿山事故救援，耽误宝贵的救援时间。

（3）缺乏大型矿山排水装备和配套设备，难以应对重特大矿山水灾事故。

（4）应急通信指挥装备不足，信息化程度低，特别是在偏远山区，无法将事故现场情况实时传送到救援指挥部和各级应急指挥中心，不利于救援指挥科学决策。

（5）装备配套性差，不能快速形成救援能力，延误救援时机。

（6）缺少应急救援保障装备，在很多救援现场，待机的和刚从井下返回地面的救护

队员无处休息，饮食得不到供应，不利于救护队员及时恢复体力，降低了救援效率。

（7）真正用于井下抢险救灾用的救援技术装备和手段缺失。

三、《煤矿安全规程》对救援队伍的规定

（1）矿山救护队是处理矿山灾害事故的专业应急救援队伍。矿山救护队必须实行标准化、军事化管理和24 h值班。

该规定包括以下内容：

一是矿山救护队是处理矿井灾害及地面救援的专业应急救援队伍，主要任务包括：抢救矿山遇险遇难人员；处理矿山灾害事故；参加排放瓦斯、震动性爆破、启封火区、反风演习和其他需要佩用氧气呼吸器作业的安全技术性工作；参加审查矿山应急预案或灾害预防处理计划，做好矿山安全生产预防性检查，参与矿山安全检查和消除事故隐患的工作；负责兼职矿山救护队的培训和业务指导工作；协助矿山企业搞好职工自救、互救和现场急救知识的普及教育。

二是矿山救护队必须实行标准化管理。煤矿在开采过程中，常受到瓦斯燃烧爆炸、煤尘爆炸、煤与瓦斯突出、围岩冒落、水、火等灾害的威胁。在处理过程时，救护队所处的环境恶劣、条件艰苦，遇到的困难常人无法想象。为了更好地完战任务，矿山救护队必须实行标准化管理，将其纳入煤矿应急救援安全标准化管理范畴。

三是矿山救护队必须实行军事化管理。矿山救护队就是为了预防这些灾害的发生及发生事故后，能及时抢救遇险遇难人员，能够在特殊环境（高温浓烟、冒顶、缺氧、水淹，甚至有爆炸危险等）下进行作业的专业队伍。因此，矿山救护队必须实行军事化管理。救护队军事化管理的目的是促使救护队的管理实现规范化、制度化、科学化；努力把救护队建成一支思想革命化、行动军事化、管理科学化、装备系列化、技术现代化的特别能战斗的队伍。

四是矿山救护队必须实行24 h值班。煤矿每天24 h都有人在作业，各种险情和灾害事故随时可能发生，矿上救护队必须时刻保持高度警惕，坚持24 h值班，做到召之即来。24 h战备值班以小队为单位，按照值班表轮流担任值班、待机、工作队，值班小队负责电话值班。中队以上指挥员及汽车司机必须轮流上岗值班，有事故时和小队一起出动。值班、待机小队的技术装备，必须装在值班、待机汽车上，保持战斗准备状态。听到事故警报，必须保证在规定时间内出动。

（2）矿山救护大队应当由不少于2个中队组成，矿山救护中队应当由不少于3个救护小队组成，每个救护小队应当由不少于9人组成。

该规定包含以下内容：

一是救护大队由2个及以上中队组成。救护大队负责本区域内矿山重大灾变事故的处理与调度、指挥，直接领导直属中队，并对区域内其他矿山救护队、兼职矿山救护队进行业务指导或领导，具备本区域矿山救护指挥、培训、演习训练中心的功能。救护大队设大队长1人，副大队长2人，总工程师1人（分别为正、副矿处级），副总工程师1人，工程技术人员数人；应设立相应的管理及办事机构（如办公、战训、培训、后勤等），并配备必要的管理人员和医务人员。矿山救护大队指挥员的任免，应报省级矿山救援指挥机构备案。

二是救护中队由3个及以上的救护小队组成，是独立作战的基层单位。救护中队设中队长1人，副中队长2人（分别为正、副区科级），工程技术人员1人。直属中队设中队长1人，副中队长2~3人，工程技术人员至少1人。救护中队应配备必要的管理人员及汽车司机、机电维修、氧气充填等人员。

三是救护小队由9人以上组成，是执行作战任务的最小战斗集体。救护小队设正、副小队长各1人。

（3）矿山救护队大、中队指挥员应当由熟悉矿山救援业务，具有相应煤矿专业知识，从事煤矿生产、安全、技术管理工作5年以上和矿山救援工作3年以上，并经过培训合格的人员担任。

该规定包括以下内容：

一是矿山救护大队指挥员应由熟悉矿山救护业务及其相关知识，热爱矿山救护事业，能够佩用氧气呼吸器人员担任。煤矿井下环境恶劣，条件艰苦，5年以上的煤矿工作经历，可对煤矿企业的工作环境和工作任务有一个较全面的了解和认识。所以大队指挥员应从事煤矿生产、安全、技术管理工作不少于5年，并经国家级矿山救护培训机构培训取得资格证的人员担任。大队长应具有大专以上文化程度，大队总工程师应具有大专以上学历和中级以上职称。

二是矿山救护中队指挥员应由熟悉矿山救护业务及其相关知识，热爱矿山救护事业，能够佩用氧气呼吸器，从事矿山救护工作不少于3年，并经培训取得资格证的人员担任。3年以上的矿山救护工作经历，可对矿山救护队的工作性质、任务和环境有一个较全面的了解和清醒的认识。中队长应具有中专以上文化程度，中队技术员应具有中专以上学历和初级以上职称

（4）矿山救护大队指挥员年龄不应超过55岁，救护中队指挥员不应超过50岁，救护队员不应超过45岁，其中40岁以下队员应当保持在2/3以上。指战员每年应当进行1次身体检查，对身体检查不合格或者超龄人员应当及时进行调整。

该规定包含以下内容：

一是救护队工作性质决定了救护指战员的年龄、身体条件应适合救护工作的需要。

二是有下列疾病之一者，严禁从事矿山救护工作：①有传染性疾病者；②色盲、近视（1.0以下）及耳聋者；③脉搏不正常者、呼吸系统、心血管系统有疾病者；④强度神经衰弱者、高血压、低血压、眩晕症者；⑤尿内有异常成分者；⑥经医生检查确认或实绩考核身体不适应救护工作者；⑦脸型特殊不适合佩戴面罩者。

（5）新招收的矿山救护队员，应当具有高中及以上文化程度，年龄在30周岁以下，从事井下工作1年以上。新招收的矿山救护队员必须通过3个月的基础培训和3个月的编队实习，并经综合考评合格后，才能成为正式队员。

该规定包括两方面的内容：

一方面，救护队工作性质决定救护队招收新队员应符合年龄30周岁以下、高中及以上文化程度、1年以上井下工作年限的要求。

另一方面，新招收的队员经过3个月的基础培训和3个月的编队实习十分必要。经过3个月的基础知识培训、考试合格，说明掌握了一定的安全和救护理论知识；经过3个月的编队实习合格，达到掌握一定的救护工作技能的要求，方可从事矿山救护工作。因

为救护工作专业技术性较强，必须在实践中掌握仪器的性能、使用方法和技巧，熟悉救护队的工作方法和程序，指战员之间的相互了解和配合。通过培训学习和编队实习，再经过综合考评合格后，才能成为正式的矿山救护队员，才能够参加矿井灾害事故的抢救工作。

（6）矿山救护队出动执行救援任务时，必须穿戴矿山救援防护服装，佩戴并按规定使用氧气呼吸器，携带相关装备、仪器和用品。

该规定包括以下内容：

一是矿山救援防护服装是矿山救护队个体劳动保护用品，在灾害救援时能保证指战员自身的安全。矿山企业必须采购正规厂家生产的合格产品，矿山救护队员执行救援任务时必须坚持穿戴。

二是氧气呼吸器是矿山救护人员必不可少的基本防护装备，它保证矿山救护人员免遭空气中有毒有害气体的侵害，维持正常的呼吸循环。从某种意义上来说，在缺氧的灾区中执行抢险救护行动，氧气呼吸器就是救护作业人员的生命。所以，矿山救护队出动执行救援任务时，必须佩戴氧气呼吸器。矿山救护人员要了解氧气呼吸器的特性和工作原理，熟悉呼吸器自检和故障判断的方法，掌握呼吸器的使用注意事项，并按规定维护保养氧气呼吸器。

三是矿山救护队出动执行救援任务时，必须携带相关装备、仪器和用品。目前，在矿山使用的救护装备、仪器和用品中，主要包括以下 4 类，可根据灾区性质和救护需要进行携带。

个人呼吸防护装备，主要有负压氧气呼吸器、正压氧气呼吸器、心肺复苏装备、自救器等。

救灾通信装备，主要有有线通信装备、无线通信装备等。

环境参数检测装备、仪器，主要有瓦斯检测仪、CO 检测仪、混合气体检测仪、色谱分析仪、温度检测装备、人体生命探测装备等。

矿山救灾装备，如灭火装备主要有高倍数泡沫灭火机、DQ 系列惰性气体发生装置、高压脉冲水枪、CO_2 发生器、石膏喷注机、快速防火密闭等；排水设备主要有水泵等；其他装备主要有破拆、支护装备、呼吸器校验器、氧气充填泵等。

第四节　煤矿应急救援装备

矿山救护技术装备是指矿山救护队在处理灾害事故时使用的仪器和装备的总称。按照处理井下事故分类有：处理井下水、火、瓦斯、煤尘和顶板事故的装备；按照救护队管理层次分类有：个人装备、小队装备、中队装备和大队装备；按照使用功能分类有：个人防护装备、抢救遇险人员装备、救灾通信装备、环境参数检测装备、灭火装备、破拆装备、支护装备等方面的救护装备。

一、矿山救护队员个体防护装备

所谓个体防护装备，就是在危险的环境条件下使用的个人自身安全保护的装备。矿山救护队员的个体防护装备主要是指参加抢险救灾工作时佩戴的氧气呼吸器。氧气呼吸器是矿山救护人员必不可少的基本救护装备，它保证矿山救护人员免遭外界有毒有害气体的侵害、维持正常的呼吸循环。在灾区中执行抢险救护工作，从某种意义上说，氧气呼吸器就是救护工作人员的生命。

1. 氧气呼吸器的现状

当今矿山救护队的呼吸装置的发展主要还是集中在以工作型压缩氧呼吸器为主导的方向上。同时不断地完善呼吸器的技术标准及检验规程，提高呼吸器的系列化、标准化、通用化水平，相应地发展适应特种战术要求的液氧呼吸器、化学氧呼吸器、空气呼吸器等品种，以满足日益复杂的救护工作所面临的艰巨任务，确保救护人员的自身健康安全，顺利地应付各种灾变事故，有效地完成各项抢险救灾任务。

2. 正压氧气呼吸器

所谓正压氧气呼吸器，就是依靠其减压供气特性使佩用者在呼吸时，其呼吸系统内的气体压力始终处于大于外界工作空间大气压力的氧气呼吸器。目前，国内外矿山救护队使用的正压氧气呼吸器有呼吸仓式和气囊式两大类。

（1）呼吸仓式正压氧呼吸器。呼吸仓式正压氧呼吸器是指在其呼吸系统中的储气容器为刚性体的正压氧呼吸器。

（2）气囊式正压氧气呼吸器。气囊式正压氧呼吸器是指在其呼吸系统中的储气容器由可塑性材料制造的正压氧气呼吸器。

二、救援工程设备

（一）矿用快速防火密闭墙

所谓矿用快速防火密闭墙，就是能够在较短的时间内，达到隔绝空气隔绝灭火的密闭墙。它适用于矿山井下快速临时密闭，封堵巷道漏风，封闭火区，控制火势、烟雾等。目前国内矿山救护队使用的主要有气囊型和喷涂型快速充气密闭。

1. 气囊型快速充气密闭

气囊型快速密闭是矿山救护队在火灾抢险中用来迅速隔绝进入火区的风流，使火区因缺氧而迅速熄灭的抢险救护装置，防止灾情蔓延扩大，提高矿井的抗灾能力，对减少矿井火灾造成的经济损失及人员伤亡具有重要的现实意义。

2. 喷涂型快速密闭

轻质膨胀型封闭材料是一种新型的聚氨酯材料，它具有轻便、气密性好、防渗水、隔漏、保温防震，适用于矿山井下封闭窒息火区。如建造快速临时密闭，封堵漏风，防渗水等。它以聚醚树脂和多种异氰酸酯为基料，辅以几种助剂和填料，分甲、乙两组分，按一定比例混合，经压气强力搅拌，通过喷枪均匀地喷洒在目的物上，即可在极短时间内发生化学反应，几秒钟后即由液态变成固态发泡成型，连续喷涂即形成泡沫塑料涂层。

（二）其他常用救护装备

1. 高压起重气垫系统

高压起重气垫系统由高压起重气垫、压力调节器、控制器和压缩空气瓶组成。它由专业救援人员操作，既可用于工业生产，也可用于应急救援中的抢险救灾工作。它由压缩空气驱动，工作压力 8 Pa。

高压起重垫是由高质量的橡胶制成，内部还有围绕四周的3层纤维加固层，有弹性、不漏气，抵抗各种阻力。每一个高压起重气垫都能承受20 Pa压力。

2. 剪切、扩展两用钳系统

该系统为用液压泵驱动的双功能操作的液压工具，工作压力在720 bar。该工具具有切割、扩展等功能。

3. 负气压式气垫担架

负气压式气垫担架采用真空成型原理，适合人体生理骨骼肢体各部要求。它能避免在转送伤者过程中因骨折部位移动而加重伤势，能有效防止因现场处理不当及运送过程中造成二次损伤，对防止骨折断端刺伤肌肉、神经、血管或器脏而引起疼痛、出血甚至休克的发生起到重要的保护作用。它体积小、重量轻、携带方便、坚固耐用，充气后还可用于水上救生器材。具有操作简便、使用快捷、保护性强、可进行X光成像检查等特点。是应急救援人员理想的急救用具。

4. 矿井气体化验车

矿井气体化验车是在成熟的矿井气体多点参数色谱自动分析仪的基础上，配置改装中型旅行车，并装备专用气源和电源，以保证分析仪的稳定可靠。是矿井火灾救护救援和火灾预测预报的得力工具，适用于煤矿通风实验室和救护队。

三、《煤矿安全规程》对应急装备与设施的规定

（1）矿山救护队必须配备救援车辆及通信、灭火、侦察、气体分析、个体防护等救援装备，建有演习训练等设施。

矿山救援装备是矿山救护队处理矿山灾变事故的武器和工具，是救护队战斗力的重要组成部分，特别是现代化的技术装备，在抢险救灾过程中的作用越来越重要。根据矿山救护大队（独立中队）、矿山救护中队、矿山救护小队、兼职矿山救护队、矿山救护队（含兼职救护队）指战员和矿山救护队值班车的实际需要，分别规定了基本装备配备标准，见表8－3～表8－8。

表8－3　矿山救护大队（独立中队）基本装备配备标准

类别	装备名称	要求及说明	单位	大队数量	独立中队数量
车辆	指挥车	附有应急警报装置	辆	2	1
	气体化验车	安装气体分析仪器，配有打印机和电源	辆	1	1
	装备车	4～5 t卡车	辆	2	1
通信器材	移动电话	指挥员：1部/人	部		
	视频指挥系统	双向可视、可通话	套	1	
	录音电话	值班室配备	部	2	1
	对讲机	便携式	部	6	4
灭火装备	惰气（惰泡）灭火装备	或二氧化碳发生器（1000 m^2/h）	套	1	
	高倍数泡沫灭火机	400型	套	1	
	快速密闭	喷涂、充气、轻型组合均可	套	5	5

表8-3（续）

类别	装备名称	要求及说明	单位	大队数量	独立中队数量
灭火装备	高扬程水泵		套	2	1
	高压脉冲灭火装置	12 L储水瓶2支；35 L储水瓶1支	套	1	1
检测仪器	气体分析化验设备		套	1	1
	热成像仪	矿用本质安全或防爆型	套	1	1
	便携式爆炸三角形测定仪		套	1	1
	演习巷道设施与系统	具备灾区环境与条件	套	1	1
	多功能体育训练器械	含跑步机、臂力器、综合训练器等	套	1	1
	多媒体电教设备		套	1	1
	破拆工具		套	1	1
信息处理设备	传真机		台	1	1
	复印机		台	1	1
	台式计算机	指挥员：1台/人	台	1	
	笔记本电脑	配无线网卡	台	2	1
	数码摄像机	防爆	台	1	1
	数码照相机	防爆	台	1	1
	防爆射灯	防爆	台	2	1
材料	氢氧化钙		t	0.5	
	泡沫药剂		t	0.5	
	煤油		t	1	

表8-4　矿山救护中队基本装备配备标准

类别	装备名称	要求及说明	单位	数量
运输通信	矿山救护车	每小队1辆	辆	3
	移动电话	指挥员：1部/人	部	
	灾区电话		套	2
	程控电话		部	1
	引路线		m	1000
个人防护	4 h氧气呼吸器		台	6
	2 h氧气呼吸器		台	6
	便携式自动苏生机		台	2
	自救器	压缩氧	台	30
	隔热服		套	12
灭火装备	高倍数泡沫灭火机		套	1
	干粉灭火器	8 kg	个	20
	风障	≥4 m×4 m	块	2

表8-4（续）

类别	装备名称	要求及说明	单位	数量
灭火装备	水枪	开花、直流各2个	支	4
	水龙带	直径63.5 mm或50.8 mm	m	400
	高压脉冲灭火装置	12 L储水流2支；35储水瓶1支	套	1
检测仪器	呼吸器校验仪		台	2
	氧气便携仪	数字显示，带报警功能	台	2
	红外线测温仪		台	2
	红外线测距仪		台	1
	多种气体检测仪	CH_4、CO、O_2 等3种以上气体	台	1
	瓦斯检定器	10%、100%各2台	台	4
	一氧化碳检定器		台	2
	风表	机械：中、低速各1台；电子：2台	台	4
	秒表		块	4
	干湿温度计		支	2
	温度计	0～100 ℃	支	10
装备工具	液压起重器	或起重气垫	套	1
	液压剪		把	1
	防爆工具	锤、斧、镐、锹、钎等	套	2
	氧气充填泵		台	2
	氧气瓶	40 L	个	8
		4 h呼吸器，备用	个	
		2 h呼吸器，备用	个	10
	救生索	长30 m，抗拉强度3000 kg	条	1
	担架	含2副负压多功能担架	副	4
	保温毯	棉织	条	3
	快速接管工具		套	2
	手表	副小队长以上指挥员：1块/人	块	
	绝缘手套		副	3
	电工工具		套	1
	绘图工具		套	1
	工业冰箱		台	1
	瓦工工具		套	1
	灾区指路器	或冷光管	支	10
设施	演习巷道		套	1
	体能训练器械		套	1
药剂	泡沫药剂		t	1
	氢氧化钙		t	0.5

表8-5 矿山救护小队基本装备配备标准

类别	装备名称	要求及说明	单位	数量
通信器材	灾区电话		套	1
	引路线		m	1000
个人防护	矿灯	备用	盏	2
	氧气呼吸器	2 h、4 h 氧气呼吸器各1台	台	2
	自动苏生器		台	1
	紧急呼救器	声音≥80 dB	个	3
灭火装备	灭火器		台	2
	风障		块	1
	帆布水桶		个	2
检测仪器	呼吸器校验仪		台	2
	光学瓦斯检定器	10%、100%各1台	台	2
	一氧化碳检定器	检定管不少于30支	台	1
	氧气检定器	便携式数字显示，带报警功能	台	1
	多功能气体检测仪	检测 CH_4、CO、O_2 等	台	1
	矿用电子风表		套	1
	红外线测温仪		支	1
设施	氧气瓶	2 h、4 h 氧气瓶备用	个	4
	灾区指路器	冷光管或灾区强光灯	个	10
装备工具	担架		副	1
	采气样工具	包括球胆4个	套	2
	保温度		条	1
	液压起重器	或起重气垫	套	1
	刀锯		把	2
	铜顶斧		把	2
	两用锹		把	1
	小镐		把	1
	矿工斧		把	2
	起钉器		把	2
	瓦工工具		套	1
	电工工具		套	1
	皮尺	10 m	个	1
	卷尺	2 m	个	1
	钉皮包	内装钉子各1 kg	个	2
	信号喇叭	一套至少2个	套	1
	绝缘手套		副	2
	救生索	长30 m，抗拉强度3000 kg	条	1

表8-5（续）

类别	装备名称	要求及说明	单位	数量
装备工具	探险棍		个	1
	充气夹板		副	1
	急救箱		个	1
	记录本		本	2
	圆珠笔		支	2
	备件袋		个	1
其他	个人基本配备装备	不包括企业消防服装	套/人	1

表8-6 兼职矿山救护队基本装备配备标准

类别	装备名称	要求及说明	单位	数量
通信器材	灾区电话		套	1
	引路线		m	1000
个人防护	氧气呼吸器	4 h 氧气呼吸器	台	1台/人
		2 h 氧气呼吸器	台	2
	压缩氧自救器		台	20
	自动苏生器		台	2
灭火装备	干粉灭火器		只	20
	风障		块	2
检测仪器	呼吸器校验仪		台	2
	一氧化碳检定器		台	2
	瓦斯检定器	10%、100%各1台	台	2
	氧气检定器		台	1
	温度计		支	2
装备工具	采气样工具	包括球胆4个	套	1
	防爆工具	锤、钎、锹、镐等	套	1
	两用锹		把	2
	氧气充填泵		台	1
	氧气瓶	40 L	个	5
		4 h 呼吸器	个	20
		2 h 呼吸器	个	5
	救生索	长30 m、抗拉强度3000 kg	条	1
	担架	含1副负压担架	副	2
	保温毯	棉织	条	2
	绝缘手套		双	1
	铜顶斧		把	2
	刀锯		把	2

表8-6（续）

类 别	装 备 名 称	要 求 及 说 明	单位	数量
氧气瓶	起钉器		把	2
	手表	指挥员：1块/人	块	2
	电工工具		套	1
药剂	氢氧化钙		吨	0.5

表8-7 矿山救护队指战员（含兼职矿山救护队指战员）个人基本装备配备标准

类 别	装 备 名 称	要 求 及 说 明	单位	数量
个人防护	氧气呼吸器	4 h	台	1
	自救器	压缩氧	台	1
	战斗服、胶靴	带反光标志	套	1
	制服		套	1
	毛巾		条	1
	安全帽		顶	1
	矿灯	双光源、便携	盏	1
检测仪器	温度计		支	1
装备工具	手套	布手套、线手套各一套	副	2
	灯带		条	2
	背包	装战斗服	个	1
	联络绳	2 m	根	1
	氧气呼吸器工具		套	1
	粉笔		支	2

表8-8 矿山救护队值班车基本装备配备标准

类 别	装 备 名 称	要 求 及 说 明	单位	数量
个人防护	压缩氧呼吸器		台	10
装备工具	负压担架		副	1
	负压夹板		副	1
	4 h呼吸器氧气瓶		个	10
	防爆工具		套	1
检测仪器	机械风表	中、低速各1台	台	2
	药剂	氢氧化钙药品	kg	30
其他	小队基本配备装备		套	1

在矿山事故救灾过程中，由于各种原因，如救护队指战员业务素质低，缺乏对灾变的观察、分析、及时处理能力或者盲目作业、违章作业，由此而发生的抢险救灾方法不当、

延误抢救时机甚至发生自身伤亡事故的案例屡见不鲜，教训十分沉痛。事实表明，高素质综合能力强的救护队指战员是通过培训和实战培养出来的。所以，必须建设演习训练等设施，积极开展救护培训工作。

日常训练主要包括以下内容：①军事化队列训练；②体能训练和高温浓烟训练；③防护设备、检测设备、通信及破拆工具等操作训练；④建风障、木板风墙和砖风墙，架木棚，安装局部通风机，高倍数泡沫灭火机灭火，惰性气体灭火装置安装使用等一般技术训练；⑤人工呼吸、心肺复苏、止血包扎、固定、搬运等医疗急救训练；⑥新技术、新材料、新工艺、新装备的训练。

模拟实战演习主要包括以下内容：①演习训练，必须结合实战需要，制定演习计划；演习时，每位参加训练的救护指战员配用的呼吸器时间应不少于3 h；②大队每年召集各中队进行1次综合性演习，内容包括：闻警出动、下井准备、战前检查、灾区侦察、气体检查、搬运遇险人员、现场急救、顶板支护、直接灭火、建造风墙、安装局部通风机、铺设管道、高倍数泡沫灭火机灭火、惰性气体灭火装置安装使用、高温浓烟训练等；③中队除参加大队组织的综合性演习外，每月至少进行1次配用呼吸器的单项演习训练，每季度至少进行1次高温浓烟演习训练；④兼职救护队每季度至少进行1次配用呼吸器的单项演习训练；⑤建立救护技术竞赛制度，救护队及各级矿山救援指挥机构应定期组织矿山救护技术竞赛。

（2）矿山救护队技术装备、救援车辆和设施必须由专人管理，定期检查、维护和保养，保持战备和完好状态。技术装备不得露天存放，救援车辆必须专车专用。

加强技术装备管理，使技术装备处于良好状态，对救护队完成事故抢救任务，保证指战员生命安全，及时抢救遇险人员，防止事故中扩大事故等，都起着重要作用。救护队在处理事故中所发生的自身伤亡事故，不少是由于技术装备管理不善造成的。所以管理好技术装备，有其重要意义。

救护技术装备的管理是全过程的管理，即从设备到位到投入使用，以及在使用中维护、保养及补偿，直至报废退出服务救护工作的全过程。有规定的，按照国家有关规定进行定期检查；没有规定的，按照制定的定期检查制度执行。

（3）煤矿企业应当根据矿井灾害特点，结合所在区域实际情况，储备必要的应急救援装备及物资，由主要负责人审批。重点加强潜水电泵及配套管线、救援钻机及其配套设备、快速掘进与支护设备、应急通信装备等的储备。煤矿企业应当建立应急救援装备和物资台账，健全其储存、维护保养和应急调用等管理制度。

配备必要的应急救援装备、物资，是开展应急救援不可或缺的保障，既可以保障救援人员的人身安全，又可以保障救援工作的顺利进行。应急救援装备、物资必须在平时就予以储备，以确保事故发生时可立即投入使用。

企业要根据生产规模、经营活动性质、安全生产风险等客观条件，以满足应急救援工作的实际需要为原则，有针对性、有选择性地配备相应数量、种类的应急救援装备、物资，由主要负责人审批。同时，要注意装备、物资的维护和保养，确保处于正常状态。

（4）救援装备、器材、物资、防护用品和安全检测仪器、仪表，必须符合国家标准或者行业标准，满足应急救援工作的特殊需要。

救援装备、器材、物资、防护用品和安全检测仪器、仪表等是在井下特殊自然条件下使用的，井下空气中水分大、矿尘多、移动频繁和砸碰压情况经常发生，因此上述设备除了应符合国家标准或行业标准外，还要求结构严密、密封好和坚实牢靠。

为了防水、防爆炸，救援装备和仪器必须具有防爆和抗静电性能。

救援装备和仪器必须满足应急救援工作的特殊需要。如氧气充填泵和氧气瓶必须符合以下规定：①氧气充填泵必须完好，在20 MPa压力下氧气充填泵不得漏油、漏气、漏水；②氧气充填室内储存的大氧气瓶数量不得少于5个，每个大氧气瓶的压力不得小于10 MPa；③空氧气瓶和充满气的氧气瓶必须分别存放；④使用新购进或经过水压试验后的氧气瓶，为了保证瓶内空气被基本置换，必须进行2次充、放氧气后才能使用。

第五节 煤矿事故应急救援决策与指挥

煤矿发生事故后，如何安全、迅速、有效地抢救人员，控制和缩小事故影响范围及其危害程度，防止事故扩大，将事故造成的人员伤亡和财产损失降低到最低程度，是救灾决策和应急救援的关键。在救灾决策指挥和救援行动的整个过程中，都必须体现以人为本、安全抢救的救援理念，正确处理救灾和保护人员安全的关系，坚持正确的抢险救灾决策指挥原则，按照保证救援人员安全、抢救遇险遇难人员、恢复矿井生产的顺序，用科学的方法和技术组织救灾。

一、应急救援指挥机构

灾害事故发生后，必须根据灾害性质和救灾需要，迅速建立起一套完善的、统一指挥并有序运转的抢险救灾指挥组织系统，这是实现安全、迅速、有效的抢险救灾目标的关键。

（一）设置依据

（1）国家安全生产的法律、法规的要求。《矿山救护规程》规定，发生重特大事故后，必须立即成立现场救援指挥部并设立地面基地。为保证重特大事故井下抢救工作的顺利进行，应在靠近灾区的安全地点设立井下基地。

（2）应急预案和《矿井灾害预防和处理计划》的要求。应急预案和《矿井灾害预防和处理计划》是针对矿井生产过程中可能发生的灾害事故制订的针对性措施和计划，对抢险救灾的组织指挥机构及职责都有明确规定。

（3）煤矿事故抢险救灾的需要。煤矿重大事故的抢险救灾，制约因素多，情况复杂多变，具备较强的技术性、专业性、时效性和更大的危险性。要求反应迅速，判断准确，应变及时，措施得力，必须通过严密的组织指挥机构应对。

（4）安全救灾，科学救灾目标的需要。抢险救灾的目的是为了抢救遇险遇难人员，清除事故后果。如果由于决策和指挥失误造成事故扩大，则是抢险救灾指挥工作的最大失败。因此，要在指挥组织机构上保证决策指挥的正确性。

（5）矿山救护队工作性质的需要。灾区救援是一种高风险的工作，有一套严密的工作与行动程序，需要各个方面的配合。因此，需要一个专门的指挥组织系统来指挥协调。

（6）救灾指挥人员的精力和能力需要的要求。重大事故的抢救，仅靠指挥员个人精力和能力很难承担起全部指挥工作。因此，要依靠集体智慧来完成救灾指挥工作。

（二）机构组成

煤矿重大事故的抢险救灾涉及技术、救护、后勤、保卫、医疗及事故调查等方面的内容。由于事故的性质、规模、处理的方法不同，使得救灾指挥的组织形式、职责等有所不同，但抢险救灾的指挥组织机构一般应包括：抢险救灾指挥部、救护指挥部、井上（下）基地救护指挥组、通信保障组、医疗救护组、后勤供应组、治安保卫组、善后处理组等。这些机构在抢险救灾指挥部的统一指挥和领导下，构成两个相对独立而又互相联系的指挥组织系统，即井下救灾指挥组织系统和后勤保障服务系统。

（三）机构作用与职责

1. 抢险救灾指挥部

抢险救灾指挥部是处理矿井事故的领导和决策指挥机构。矿井发生重大事故后，必须立即成立抢险救灾指挥部，由指挥部按照事故应急预案及《矿井灾害预防和处理计划》中的机构设置要求，根据抢救工作的需要组成或启动相应的指挥组织机构，各行其责。指挥部的功能设置、规模大小、组成人员由总指挥根据事故的性质、范围、处理的难易程度及救灾需要等确定，以保证抢救工作和指挥顺畅为前提。指挥部一般设在矿调度室或附近，调度室承担起抢险救灾指挥调度职责，是现场救援指挥调度中心。

救灾总指挥是处理事故的全权指挥者，发布处理事故的各项命令。总指挥要坚守岗位，需要离开指挥岗位时，应指定其代理人，如果处理事故在一昼夜以上，总指挥应与其代理人共同轮流值班，直到事故处理结束。在处理事故的整个过程中，总指挥要指定专人负责做好一切记录，以备下一步工作时参考和在事故处理结束之后进行总结。主要职责是：

（1）对抢险救灾工作全面负责，具体指挥，并指定专人下达救灾命令。

（2）负责组建抢险救灾指挥的其他组织机构，并任命各机构负责人，明确其职责，协调各机构之间的关系；制定抢险救灾工作制度和非常措施。

（3）根据灾害性质、地点、波及范围、人员分布，救灾的人力和物力，迅速而慎重地制订救灾总体方案，确定营救遇险遇难人员和处理事故的作战计划；确定井下基地位置。

（4）贯彻落实上级领导和应急组织的指示精神，认真听取专家建议，分析判断灾害发展趋势，及时调整和补充救灾方案和措施，在确保救援人员安全的前提下加快救灾进度。

（5）统筹安排救援力量和救援物资，及时调集救援力量和救援物资，必要时请求上级给予支援。

（6）当灾情发展或救灾工作需要，依靠自己力量无力承担时，请求上级派出专家组指导救灾，必要时请求上级救援指挥机构指挥救灾工作。

（7）听取救护队灾情汇报，掌握灾情信息，并及时向上级组织汇报救灾进展。

2. 救护指挥部

救护指挥部服从抢险救灾指挥部的领导，并接受上级救援指挥机构的指导。由参加抢险救灾指挥部工作的救护队长担任指挥，救护指挥部设在抢险救灾指挥部附近，建立井下救护基地、地面救护基地、抢救指挥部的通信联络系统。救护指挥部由救护队大（中）队长、技术负责人、矿井有关专业技术人员、安监人员组成，当有外援救护队时，其队长为救护指挥部成员。主要职责是：

（1）负责救护队的行动，指定井下救护基地救护指挥和地面救护基地指挥。

（2）全力以赴营救被困人员，采取措施控制灾情发展。

（3）了解矿井及灾区情况，参与救灾方案的制订，根据救灾命令，负责制订救援行动计划和安全技术措施。

（4）根据各队人员、装备及战斗力情况，合理安排战斗任务，协调各救护队的行动；当救护力量不足时，请求召请外援力量。技术力量不足时，请求技术支持。

（5）以书面形式下达救援行动命令，对任务的内容、完成的时间、要求及安全技术措施提出明确要求。

（6）及时了解井下救援工作进展情况，掌握灾情信息，当危险情况出现时，迅速安排接应救援力量。有权终止正在实施的危及井下工作小队安全的救援行动，有权命令工作小队撤离危险区，并及时向抢救指挥部汇报。

（7）根据灾情变化，有权对救灾方案提出更改意见，有权拒绝执行危及救护人员安全的命令，必要时可向上级救援机构反映情况。

（8）指挥部成员轮流在救护指挥部值班和下井担任井下基地救护指挥，了解灾情，必要时亲自组织和带领小队完成危、重、险、难任务。

（9）编排救护工作图表，制订救援工作制度。

（10）负责协调解决救援所需的人力、物力，调集必要的救护器材、设备等。

（11）负责协调解决和妥善安排所有救护人员的食宿、医疗救治。

（12）详细记录救援命令及实施效果，负责提交翔实的抢险救灾报告。

（13）未经抢救指挥部同意，任何人不得向外界通报泄露救灾信息及灾区情况。

3. 井下基地救护指挥组

井下基地救护指挥组是井下抢险救灾行动的前线指挥部，既是救灾方案的执行者，又是救援行动的指挥者。建立井下基地救护指挥组是为了便于实施靠前指挥，落实救灾方案，及时掌握灾情信息、了解救灾进度。当有意外情况出现时，能够迅速做出决策并采取应对措施，便于抢救指挥部随时掌握灾情变化，及时调整救灾方案，统筹安排救灾任务和救援力量。井下基地救护指挥组设在井下救护基地。

由于井下救灾工作实行轮班制，组成人员不可能固定，由救灾总指挥和救护总指挥根据每班任务的需要决定，指挥人选必须具备相应的救护知识和救灾经验，矿山救护队指挥员是井下基地指挥组主要负责人之一，具体负责救护队一切行动。主要职责是：

（1）对当班灾区抢救工作负全部指挥责任。

（2）负责合理安排井下救护力量，具体落实救护队行动计划和安全技术措施；确定完成任务的时间及要求；明确出现意外情况时的应急措施。

（3）应经常和地面指挥部保持联系，据实汇报灾情信息、工作进度，为救灾决策提供可靠依据。当灾情发生变化需要调整行动计划时，应及时向抢救指挥部汇报，取得同意后方可改变行动计划。

（4）负责直接指挥灾区救护小队的行动，并保持不断联系，随时掌握工作进度、队员身体状况和灾区情况。根据实际情况做出正确分析判断和决策，果断下达继续工作或迅速撤出的命令，必要时请示抢险救灾指挥部和救护指挥部。

(5) 井下矿山救护队指挥员接受救护指挥部的直接领导，同时服从井下基地指挥的领导，但有权拒绝违章指挥。

(6) 当有危险出现并危及救护队自身安全时，井下基地救护指挥员有权果断终止正在实施的救援行动，撤离危险区域，并及时汇报救护指挥部，必要时请求援助。

(7) 负责划定井下救灾现场的警戒区域，设置安全岗哨，确定非救护人员的工作区域，安排跟班监护的救护人员。

(8) 安排专人随时检查井下基地指挥组所在位置的通风情况及有毒有害气体浓度，基地指挥员不得随意改变指挥组位置，需要改变位置时，必须取得抢救指挥部和救护指挥部同意，井下救护指挥员要及时通知灾区工作小队。

(9) 随时掌握抢救需要，及时调集所需物力、人力及食物饮料。

(10) 负责安排好待机小队，并保证在任何情况，使待机小队始终处于战斗准备状态。只有在紧急救人的情况才可不设待机小队。

4. 地面救护基地指挥组

处理重大事故时，地面基地应设救护指挥组。地面救护基地指挥组是组织地面待机队进入战斗准备状态，落实人员、装备到位情况，组织安排救援力量，进行战斗动员和安全技术措施贯彻的组织指挥机构，是救护指挥系统中不可缺少的一个重要环节。地面救护基地指挥组的有效工作，是二线救护力量准备到位，确保井下一线救灾需要的关键。

地面救护基地指挥组一般设在地面救护基地，指挥员由救护指挥部成员轮流担任，当班指挥员一般由地面待机队队长担任。主要职责是：

(1) 地面救护基地指挥组对地面救护队休息、待命、战斗准备与救援行动有关的所有准备工作全面负责。

(2) 按救护指挥部编排的救护工作图表，落实待机救护队，并及时派待机队下井，保证救护工作的连续性和时效性。

(3) 负责组织贯彻救援行动计划和安全技术措施，检查战斗准备情况，做到人员、装备、战斗准备和救灾物资落实到位。

(4) 具体负责落实救护仪器的检修、维护和充氧，确保仪器装备得到及时恢复，迅速进入完好的战斗准备状态。

(5) 负责气体分析化验设备的正常运转，达到气样随到随分析，及时提供准确的气体分析数据，为救灾决策提供依据。

(6) 及时反映救护力量的准备情况及存在问题，提供所需救护力量的信息。

二、应急救援决策与指挥

(一) 决策与指挥的原则

我国煤矿多次出现这样的重大事故案例：在事故发生初期，因灾害的性质不明做出了错误的决策，延误了救灾的时间，扩大了灾害损失。因此，重大事故发生后，千方百计查清事故真实性质，对减少灾害损失同样非常重要，为此矿井重大灾害事故的决策指挥必须坚持以下原则。

1. 以人为本，安全救援的原则

矿井重大灾害事故抢险救灾的目的是：一是抢救遇险人员，尽量减少人员伤亡；二是控制灾情发展，尽快消除事故灾害。由于我国煤矿中灾害处理技术尚处于经验型阶段，缺乏完全成熟的灾变处理技术，抢险救灾的决策指挥在一定程度上取决于指挥者个人的素质，取决于灾区信息的多少及信息的准确程度和指挥者对灾情分析判断的准确性，取决于指挥者对井下情况的熟悉程度。因此，在目前这种情况下，救灾决策指挥就更应该贯彻“以人为本，安全救援”的原则，确保救援人员的安全，要做到：

（1）正确处理救灾与人员安全的关系。在救灾决策与指挥时，面对错综复杂的灾区环境和现今的救灾技术条件，必须尊重灾变规律。在灾情控制与保护救护人员安全、抢救遇险人员发生冲突时，必须首先保证救援人员及遇险人员安全，必须贯彻“以人为本”的理念，坚持科学救灾，安全抢救，减少灾害对人员生命的威胁和保障救灾工作的安全是救灾决策的基本原则，绝不能出现用活人换死人的现象。

（2）坚决执行应急救援的法律法规，在任何情况下都不能忽视救援人员安全而片面追求救灾进度，冒险决策，盲目指挥。更不能明知故犯，漠视法规，漠视救援人员的生命安全。

（3）对于直接从事抢险救灾的人员，特别是矿山救护队，既要爱护关心，又要使之树立奔赴灾区建功立业的信心，解决他们提出的问题。因为事故现场时刻存在着危险，指挥部很难制订出确保安全、准确无误的方案和具体措施，有时救护队也不可能短时间排除危险，救灾存在一定难度和危险。因此救灾指挥人员要充分理解救护队所面临的危险及提出的要求。一些矿井在处理事故过程中，对救护队在生活上、安全保障上提出的一些合理要求，不是认真地加以解决，不在生活上关心，精神上鼓励，而是横加指责。在紧急情况下，如果不考虑救护人员的吃饭、休息等问题，只是一味的要求下井，疲劳作战，既挫伤了救护人员的积极性，又动摇了救护指战员克服困难、战胜困难的信心，不利于安全抢救。

（4）救护指挥员要严格执行《煤矿安全规程》《矿山救护规程》的规定。敢于坚持原则，要以保护救护人员安全为己任。指挥部成员要先听取救护队指挥员的意见，再作决定，发挥他们救灾经验丰富的特长。在确需救人的情况下，应采取有效措施，保证救护队在灾区的安全。在讨论救灾方案时，救护队长应积极提出意见，使救灾方案符合救护法规的规定，避免决策和指挥失误。当总指挥与救护指挥员意见不一致时，可报告上级领导，根据有关安全法规进行处理，不能互相顶牛，贻误战机。

2. 统一指挥，分级负责的原则

处理矿井事故，必须坚持统一指挥，分级负责的原则。矿井事故发生后，必须迅速成立抢救指挥部和相应的指挥组织机构并确定正确的抢救指挥程序，使救灾指挥系统适时有机运转起来，保证救灾总指挥能有条不紊、沉着冷静指挥，集中精力于重大问题的决策。具体要求如下：

（1）矿长是救灾总指挥，在决策指挥与整个救灾过程中，集团公司领导和技术负责人只能对事故处理提出建议，由矿长考虑决定。不能形成无人领导或多头领导，乱指挥，从而出现指挥上的失误，导致灾情扩大。

（2）在抢险救灾过程中，救灾方案和安全技术措施，一经指挥部研究决定，正常情况下各指挥组织机构和救援队伍就要坚决执行，任何人不得改变。如因灾情变化需要改变时，必须如实汇报有关情况，经指挥部研究同意后，方可改变。

（3）抢救指挥部根据救灾需要，为便于指挥，使整个救灾工作有计划、有组织地进行，应成立相应的指挥组织机构，使救灾工作涉及的方方面面都有专门的机构具体负责。明确各机构负责人和组成人员，确定职责范围，同时宣布工作纪律和请示汇报制度，在最短时间内使救灾指挥系统正常运转起来，从而实现在抢救指挥部统一领导下各机构分工负责的工作机制。尤其是具体负责救护队行动的救护指挥机构，应作为重点给予考虑，保证灾区救护工作持续、快速、有序进行。

（4）矿井的抢险救灾工作必须正常有序进行，指挥要统一，步骤要明确，环环相扣。否则任何疏忽大意都有可能造成严重后果。

3. 科学分析，果断决策的原则

矿山抢险救灾决策指挥是一项比较复杂的系统工程，面临着许多我们目前无法解决的难题和困难。法规制度的空缺、救灾技术和依据的缺陷、救灾装备的局限性等，使得救灾决策与指挥在很多时候，还是在依靠着指挥者个人的经验和能力。在危急情况下，无论是抢救指挥部还是指挥者个人都很难在短时间内做出正确决断，使得决策方案和措施很难有针对性，无法准确预测其执行的后果，盲目性较大。一旦出现决策和指挥失误，就会扩大事故灾害，造成新的人员伤害。所以在救灾决策时必须慎重对待，科学分析，最大限度地控制决策风险。

（1）矿山重大灾害事故的决策必须依据现有的法律、法规和先进的救灾技术理论，经过科学分析论证比较，在最大限度降低风险概率的基础上制订出最优的处理方案。总指挥要善于听取意见，不能独断专行，就是有把握也应在议定后拍板，充分发挥指挥部成员的积极性，使所有指挥成员的救灾理论和经验达到最佳组合。避免单纯的救灾理论和单凭救灾经验的盲目决策，避免出现在重大事故面前因指挥者个人不冷静、不理智而做出错误决策。

（2）要客观全面地分析已掌握的灾情信息，纵观全局，综合考虑。指挥部在了解灾害发生原因、过程和现状的同时还要预计其发展，可能诱发的次生事故和出现的意外问题。要综合考虑各方面因素，准确分析，慎重对待，充分考虑不利因素和灾情发展趋势。在制定救灾方案时，要多作几项设想，拟定几套方案，使救灾方案和技术措施更有针对性，更具有全面性。如处理火灾，不能只考虑如何灭火，而要估计到火势控制不住有可能产生火风压引起风流逆转；在安排救护队侦察时，思维不能停留在事故发生前的巷道状况，而必须考虑事故发生后因巷道冒顶或烟雾大、温度高而无法达到侦察目的时的补救措施。

（3）在科学分析论证的基础上，抓住战机，果断决策。指挥员要善于抓住战机，巧妙地组织力量并运用一切可以运用的救灾手段，力争最快地消灭事故。从时间上看扑灭任何灾害都是早比晚好，灾变初期总是易于控制的，要抓住战机，及时、果断地采取有效对策与措施，决不允许犹豫、拖拉，更不能议而不决，争论不休。指挥者要善于在诸多设想及不利因素中权衡利弊，及时做出最终决策。另外，每次灾变的发生都是由多种因素汇集而成，如果能抓住其中一项关键性的因素，即可获得控制全局的效果。

（二）决策与指挥的程序和步骤

1. 决策与指挥的基本程序

决策是针对矿井灾害事故制定具体的处理方案和计划，指挥是通过命令调度救援力量按照处理方案和计划展开抢救。决策是基础，指挥是手段，决策正确就能保证抢险救灾的方法正确，措施得力；指挥得当就能保证救灾行动的迅速有效，达到减少人员伤亡，控制灾情发展和社会影响的目的。矿井发生重大灾害事故后，在抢救指挥部的统一指挥下，按照一定的指挥程序，迅速展开事故处理，是实施有效救援的重要保证。

正确指挥程序是：必须立即撤出灾区人员和停止灾区供电（掘进巷道发生火灾或爆炸不能停止局部通风机）→按应急预案或《矿井灾害预防和处理计划》中规定的顺序通知矿长、总工程师等有关人员→立即向矿务局（公司）调度室汇报→召请救护队（本矿救护队先下井救灾）→成立抢救指挥部→派救护队灾区救人、侦察灾情→指挥部根据灾情制定救灾方案→救护队进行救灾工作，直至灾情消除，恢复正常生产。大量的案例证明，重大事故发生后，及时停电撤人，向矿务局（公司）汇报，尽快召请救护队和成立抢救指挥部。

2. 决策与指挥的步骤

（1）立即成立以矿长为总指挥的抢救指挥部，有关矿级领导、生产、通风、机电、运输、供应等部门负责人、救护队长、安全监察负责人为指挥部成员，指挥部成立后首先听取值班领导的灾情汇报，已下达过的命令以及执行情况的汇报；继续组织撤人、停电，保持主要通风机、副井提升及压风机的正常运转（派有关领导和科室负责人去风机房、副井绞车房、压风机房组织与督促工作）。

（2）由矿井调度室负责通知有关区队、矿灯房、自救器发放室准确统计各班井下人数及姓名，统计已上井的人数及姓名，以便分析灾区人员数量及分布。尤其是井下流动岗位、临时工作地点、事故初期下井抢救的人数要详细统计。通知有关单位准备救灾材料和医院准备急救伤员。

（3）指定一名副职领导负责签发下井许可证，通知矿灯房、自救器发放室和副井口，没有下井许可证不准发放矿灯、自救器，不准下井。救护队下井应由带队指挥员统一签名并统计人数。

（4）选定井下救护基地，组成井下基地救护指挥组，指定具有救护知识的领导人担任井下救护基地指挥，听取救护队指挥员意见确定组成人员，明确救护队带队指挥员是井下指挥组的主要负责人之一，必要时可担任指挥职务。同时还要明确基地指挥只起“上传下达”作用，不得自行发布命令，以免形成多头指挥。但遇紧急情况，必须及时处理并立即汇报地面抢救指挥部。当抢救指挥部下达的命令明显不符合灾区实际情况或危及救护人员安全时，救护队指挥员要及时向救护指挥部讲清实情，以便采取相应措施。落实井下救护基地所需的通信设备、器材等，井下基地指挥组选定安全岗哨位置及其人员，明确其任务。

（5）救护指挥命令救护队进入灾区引导遇险人员撤退，将伤员救护到井下救护基地或其他安全地点进行现场急救后，独自或协助将伤员送到地面医院。得知人员受困在灾区时，一方面设法与受阻人员联系，稳定其情绪；另一方面立即报告抢救指挥部采取果断措施组织特别抢救。

（6）抢救指挥部根据井下灾情报告，责成助手成员或机构将抢险人员（主要是救护队）组成待机、准备力量，当专业抢险人员不足时应及时报告上级领导或机关，请求兄弟单位支援，及时满足井下需要，千方百计完成撤人抢险任务。如果救灾过程上出现反复或灾情扩大时，应下决心投入待机力量，同时采取安全措施保护救援人员，尽力避免扩大伤亡。

（7）事故发生初期，即第一阶段井下撤人和抢救人员完成后，应立即转入第二阶段即进行灾区侦察，在尽可能的情况下对井下灾区进行全面侦察，掌握灾情性质，影响范围，灾区通风与瓦斯情况，巷道设施损坏情况等，同时撤出先期投入抢救的人员。

（8）总指挥组织指挥部成员听取侦察情况汇报后，应命令矿总工程师组织人员依据《矿井灾害预防和处理计划》结合灾情实际，尽快提出事故处理方案，并将成员明确分工，限定时间完成救灾准备工作，并派人员检查核实。对总工程师提出的事故处理方案应经过慎重研究讨论，在安全系数上应留有余地，应考虑到处理灾变过程中可能出现的异常情况及其补救措施，不能只想到顺利的一面，还应充分预计到不利因素。总指挥批准处理方案后，应及时报告矿务局（公司）领导，争取得到支持。

（9）根据掌握的灾情及处理方案的要求，不断协调平衡力量，确保方案顺利进行，当遇灾情变化，及时修改救灾方案，调整救灾力量。

（10）事故处理结束后，总指挥指定有关部门和人员收集整理事故调查报告，并进行全面分析，对事故发生原因、抢救处理过程、重要的经验教训以及今后应采取的预防措施等，形成文件后上报和存档。

（三）决策与指挥的内容

矿井抢险救灾决策与指挥，并不只是各救灾指挥机构的事情。现场工作人员、生产调度人员、企业领导、政府及各级应急部门等在事故发生的初期及救灾过程中都涉及抢险救灾的决策与指挥，只不过是决策指挥的内容及对象不同，但都对抢救起到重要作用。

1. 事故初期的现场决策与指挥

矿井发生重大灾害事故的初期，是抢救和控制事故的有利时机，也是决定矿井和人员安全的关键时刻。灾区人员应开展积极的救灾避灾，同时事故地点附近的人员应尽量了解或判断事故性质、地点和灾害程度，并迅速利用最近处的电话或其他方式向矿调度室汇报，向事故可能波及的区域发出警报，使其他工作人员尽快知道灾情。

灾害事故发生后，处于灾区内外及受威胁区域的人员，应沉着冷静，根据灾情和现场条件，在保证自身安全的前提下，采取积极有效的方法和措施，及时投入现场抢救，将事故消灭在初期或控制在最小范围，最大限度地减少事故造成的损失。在抢救时，必须保持统一指挥和严密的组织，严禁冒险蛮干和惊慌失措，严禁各行其是和单独行动，要采取防止灾区条件恶化和保障救灾人员安全的措施。特别要提高警惕，避免次生事故发生。

当受灾现场不具备事故抢救的条件或可能危及现场人员安全时，应由在场负责人或有经验的老工人带领，根据《矿井灾害预防和处理计划》中规定的撤退路线和当时当地的实际情况，尽量选择安全条件最好、距离最短的路线，迅速撤离危险区域，并尽可能地通知邻近区域人员安全撤退。在撤退时要服从指挥，根据灾情使用防护用品和器具；如无法撤退（通路被冒顶阻塞，在自救器有效工作时间内不能到达安全地点等）时，应迅速进入预先筑好的或就近建筑临时避难硐室，妥善避灾，等待救援，切忌盲目行动。

2. 矿井调度值班人员的决策与指挥

矿井发生灾害事故后，矿井调度值班人员最先得到灾情信息报告。其决策与指挥的主要内容有：根据灾情程度及范围，命令相关采区变电所停止向灾区供电；准确选择避灾路线并迅速通知井下波及区域或有可能波及区域工作人员迅速撤离，同时利用最快捷的方式通知值班矿领导、矿长及相关人员到达调度室；通知有关区队、部门统计入井人数及撤出人数；及时了解和掌握井下灾情变化，及早通知矿救护队组织抢救遇险人员，尽量查清井下灾区情况，同时报告局调度室。

3. 矿山企业领导的决策与指挥

矿井领导到达调度室后，根据《煤矿安全规程》规定和《矿井灾害预防和处理计划》中的措施要求，首先迅速组织矿井救护力量展开事故抢救。其决策与指挥的主要内容有：及时命令灾区停电撤人，向局（公司）汇报灾情，尽快召请救护队，应急救援力量不足时向局（公司）或上级应急救援管理机构求援；同时迅速启动应急救援预案，成立矿井抢险救灾指挥部及相关组织办事机构，明确职责范围和工作制度；安排专人具体负责救灾物资供应、救援人员的后勤保障、善后处理和伤员救治、治安保卫等；及时封存和妥善保管与事故有关的基础资料，配合搞好事故调查。

4. 地方政府组织决策与指挥

重大事故的发生，往往超出企业自身的控制范围，需要各级地方政府的大力支持和配合。其决策与指挥的主要内容有：做出启动地方政府应急救援预案的决定，帮助企业协调解决所需应急资源，动员本区域内的社会各方面力量参与事故抢救和善后处理工作；采取有效手段和控制措施，确保矿区社会稳定；依靠企业自己的救援力量，立足于自救，当救援力量不足时，组织和调集本区域内能够利用的有效救援力量；必要时聘请救灾专家指导救灾，分析灾情及可能造成的环境危害，帮助制定可靠的救灾方案，确保实现安全抢救，最大程度控制和降低灾害损失。及时掌握救灾进度，了解灾情信息；及时上报灾情。必要时可向上级政府请求救援力量和救援物资、设备、救灾资金的支援。落实党中央、国务院领导和上级领导指示精神，帮助企业解决实际困难，全力以赴组织救灾，指导救灾。

（四）应急救援的指挥

抢险救灾工作能否达到预期目标，实现安全抢救，不仅需要决策正确，同时更需要每个救灾指挥人员的正确指挥。一个有效指挥，就在于指挥人员能随时了解救灾现场环境及条件变化，并依此做出判断，提出安全合理的救灾方案和安全技术措施，合理使用救援力量，能够迅速有效地完成救灾任务。

1. 指挥要有权威

（1）大胆谨慎，用好法定权力。是指指挥人员在决策前要对灾情明，决策时要谨慎，在指挥中要决心大，行动时要胆大心细。在灾情清楚的前提下该做的坚决指挥救援人员去做，不该做的或危及救援人员安全的要坚决制止，在困难面前或众说纷纭、意见分歧的情况下敢于做出正确决断。

（2）善于总结，用好专业技能。救灾指挥人员的救灾专业知识、决策能力，既不是头脑中所固有，也不会从天上掉下来，只有通过不断学习和总结救灾的经验教训才能获得。如果不善于学习，不勤总结，救灾知识贫乏，指挥才能一般，就谈不上有专长权力，就难以服众，更谈不上指挥的权威，只能是瞎指挥。只有那些既有救灾经验，又有救灾理论，既能尊重科学，又不盲目冒险，时刻体现以人为本救援理念的指挥人员，救援人员才能相信，指挥起来才能得心应手，才能正确指挥救灾。

（3）设身处地为救援人员着想，增强由感情产生的权力。法定权力可使救援人员服从，但不能使其主动；专长权力能令救援人员敬佩。如果指挥者有感情权力，就能使救援人员自觉、主动地对待救援工作，指挥者和救援人员心心相印，休戚与共。这种感情来自于指挥者的觉悟、原则性和设身处地为救援人员安全着想的感情，真正理解救援人员的工作环境，理解他们面临的危险，并想办法控制和消除这种危险，解决生活中的困难。只有这样，指挥者才会得到救援人员的支持和拥护，心甘情愿地、积极主动地执行指挥命令。

2. 指挥要有能力

指挥者如果仅有指挥的权威是远远不够的，只能说明其具备了正确指挥的基本素质，要把这种素质变成实际救灾的指挥效果，还要求具备指挥的魄力能力。指挥者要有胆、有识，具有敢于负责，敢于取胜的勇气和决心，有在挫折面前不退却的气概。指挥者的魄力应渗透到救灾的各个方面，贯穿于救援行动的各个环节上。

3. 指挥要正确

指挥要正确，不仅是取得救灾胜利的关键，也是指挥者能否使用好自己指挥权力的条件。如果指挥失误，不仅会失去指挥者的威信，而且还会使灾情扩大或造成新的人员伤亡。指挥者要使自己指挥正确，必须做到多谋、果断。要多了解、多讨论，多比较、多听各方面意见、要有预见性。只有多谋，才能情况明，方法对，才可避免指挥失误。要做到这一点，必须注意以下几点：

（1）指挥者要善用人会用人。

（2）指挥者不能越级指挥。

（3）指挥者应善断和灵活。

（4）指挥者要执行规定或程序。

（五）应急救援的决策

1. 经验决策

事故发生后，指挥者依据自身的专业技能、事故处理经验和事故现场信息来分析判断和决策指挥的方式就是经验决策。抢险救灾的成功与否很大程度上取决于指挥者判断的准确性，同时若指挥人员之间对救灾方案存在分歧，不能快速形成统一指挥时，往往造成事态扩大。随着矿井生产规模的扩大，大型机械化的广泛应用，开采深度的延伸，事故隐患增多，危害程度增大，单凭经验处理事故已经不能满足实际需要。因此，探求灾害事故处理的新技术、新装备，提高指挥人员的决策能力是当前迫切需要解决的问题。

2. 计算机模拟

随着计算机技术的发展和广泛应用，以及人们对煤矿各种事故灾害发生、发展规律的认识不断加深，使应急救援决策方法单纯由经验型向定量分析模式转化。现场指挥人员可借助计算机模拟技术和专业软件，对灾区有害气体危害大小、烟流流动规律、风量调节和控制、遇险人员撤退路线等问题进行定量分析，有助于提高决策水平。

3. 救灾专家系统

依据矿井实际，按照事故发生机理和发展规律，我国科研工作者开发出救灾专家系统。救灾专家系统不仅可以高效、准确、周密、迅速地推理出救灾对策和方案，而且可以避免人为决策时可能出现的疏漏和失误。目前，救灾专家系统已成为救灾决策的发展反向。

（六）避免决策失误的措施

为保证抢险救灾工作能安全、迅速、有效地进行，避免救灾失误和矿山救护人员在救灾中的伤亡，必须做好以下工作。

（1）每个矿井必须按照相关规定，认真编制《矿井灾害预防和处理计划》和《应急预案》，并适时修改。矿井一旦发生事故，以此为依据，并根据当时的灾区信息，组织救灾，从而避免受灾矿井领导在慌乱中违章指挥决策失误。

（2）矿井发生重大灾害事故后，必须立即成立以矿长为首的抢救指挥部，集中指挥部成员的智慧，制定出符合灾情的、切实可行的救灾方案，并以保证抢险救灾工作做到统一指挥、统一布置、统一行动，避免抢险救灾过程中组织与指挥混乱或无人领导。

（3）抢救指挥部，特别是受灾矿井的领导必须按照灾变规律，科学地组织和指挥抢险救灾工作，避免违章指挥。抢救指挥部成员应发挥个人的聪明才智，充分发表个人意见，特别是救护队指战员应发挥救灾知识深厚、救灾经验丰富的特点，在救灾方案的讨论中充分发表意见、制止违章指挥的决定。矿井总工程师应充分发挥对灾区井巷巷道、风流等情况熟悉的特长，协助矿长正确制订救灾方案。

（4）为防止抢险救灾过程中决策失误或违章指挥，煤矿各级领导必须通过培训，熟悉矿山救护的基本知识和战术指挥原则。培训中必须学习《煤矿安全规程》中“应急救援”部分和《矿山救护规程》，还要学习灾变的基本理论。特别要结合矿井灾变典型案例进行分析、研究，以掌握处理矿井各类灾变的行动原则和安全技术措施。

（5）积极开发、推广和应用矿井救灾专家系统，利用高科技手段指挥救灾，克服经验型处理灾变的缺点，弥补指挥决策人员考虑不周、精力有限、救灾知识欠缺等不足。

（6）矿山救护队必须按照救护法规的规定，执行正确的救灾方案开展救灾工作，避免违章作业。

（7）推广使用救护新装备，避免因装备缺陷造成救护人员伤亡。

（8）矿井各级领导平时要加强心理素质的培养锻炼，力争做到遇事不慌，在特殊环境下能控制住自己的感情心态，避免因一时一事的冲动，违章指挥冒险蛮干。

三、《煤矿安全规程》对救援指挥的规定

（1）煤矿发生灾害事故后，必须立即成立救援指挥部，矿长任总指挥。矿山救护队指挥员必须作为救援指挥部成员，参与制定救援方案等重大决策，具体负责指挥矿山救护队实施救援工作。

该规定包含两方面的内容：

一是成立救援指挥部。事故发生后，为了避免出现无人领导或多头领导、乱指挥和瞎指挥的混乱局面，确保事故救援安全、迅速和有序地进行，必须立即成立救援指挥部，矿长是救援指挥部的总指挥，总工程师是副总指挥，协助矿长指挥救灾。救援指挥部根据《矿井灾害预防和处理计划》的组织机构，调动指挥各分管领导到岗执行职责，事故救援所有的决策都在此完成。

二是矿山救护队指挥员在救援中的权利和职责。矿山救护队指挥员必须作为救援指挥部成员，参与抢救指挥部的工作，参与事故救援方案的制订和修订，并组织制订矿山救护队的行动计划和安全技术措施；掌握矿山救护工作进度，合理组织和调动战斗力量，保证救护任务的完成；根据灾情变化与指挥部研究变更事故救援方案。在事故救援时，救护队

长对救护队的行动具体负责、全面指挥。事故单位必须向救援指挥部提供全面真实的技术资料和事故状况，矿山救护队必须向救援指挥部提供全面真实的探查和事故救援情况。

（2）多支矿山救护队联合参加救援时，应当由服务于发生事故煤矿的矿山救护队指挥员负责协调、指挥各矿山救护队实施救援，必要时也可以由救援指挥部另行指定。

如果多支救护队联合参加救援，应成立矿山救护联合作战部。因为事故矿井的救护队熟悉本矿井下区域的情况，且最先到达井下事故现场，故由事故所在煤矿的矿山救护队指挥员担任指挥，协调、指挥各救护队实施救援行动。

如事故矿井救护队指挥员不能胜任指挥工作，再由救援指挥部另行指定熟悉事故矿井情况、懂救护知识、有指挥能力的人担任作战部指挥，协调、指挥各矿山救护队救援行动。

（3）矿井发生灾害事故后，必须首先组织矿山救护队进行灾区侦察，探明灾区情况。救援指挥部应当根据灾害性质，事故发生地点、波及范围，灾区人员分布、可能存在的危险因素，以及救援的人力和物力，制定抢救方案和安全保障措施。矿山救护队执行灾区侦察任务和实施救援时，必须至少有1名中队或者中队以上指挥员带队。

该规定包含3方面内容：

一方面，灾区侦察是事故救援工作的重要部分，也是一项危险性极大的工作。为了保证救护队员灾区侦察和实施救援过程中的自身安全和救灾任务顺利、快速的完成，有必要加强救援现场的管理和指挥，因此必须至少有1名中队或者中队以上指挥员带队。

二方面，救援指挥部应根据灾害性质、事故发生地点、波及范围、灾区人员分布、可能存在的危险因素，以及救援的人力和物力，制定抢救方案和安全保障措施。

三方面，当矿井发生火灾、突出和爆炸事故时，矿山救护队按照规定必须出动2个小队。需要进行侦察灾区时，1个小队进入灾区侦察，另1个小队在井下新鲜风流基地待机。侦察小队随时把已探明灾区的情况通过灾区电话向井下新鲜风流基地传递信息，井下新鲜风流基地的指挥员随时向地面救援指挥部汇报灾区情况。地面指挥部根据侦察小队汇报的情况研究判断，采取措施，再让井下新鲜风流基地指挥员通过灾区电话把救援指挥部的指令传递给侦察小队，指导侦察小队工作。当侦察小队遇到困难或需要时，基地待机小队进入支援。

（4）在重特大事故或者复杂事故救援现场，应当设立地面基地和井下基地，安排矿山救护队指挥员、待机小队和急救员值班，设置通往救援指挥部和灾区的电话，配备必要的救护装备和器材。地面基地应当设置在靠近井口的安全地点，配备气体分析化验设备等相关装备。井下基地应当设置在靠近灾区的安全地点，设专人看守电话并做好记录，保持与救援指挥部、灾区工作救护小队的联络。指派专人检测风流、有害气体浓度及巷道支护等情况。

该规定包含以下内容：

一是在重特大事故和复杂事故救援现场应设立基地，基地包括地面基地和井下基地。

二是设立地面基地。发生重特大事故或复杂事故后，必须立即设立地面基地。地面基地的设立主要是为了保障救护器材的存放和供应，个体防护装备的维修保养及待机，救护指战员临时工作、休息和生活等，保证救护队连续进行现场救援。地面基地应设置在靠近井口的安全地点或驻矿救护队内，配备气体分析化验设备等相关装备，以便安全、迅速和准确地进行气体分析化验，为井下现场救援工作提供可靠的科学依据。

三是设立井下基地。井下基地是井下抢险救灾的前线指挥所，是救灾人员与物资的集中地，救护队员和待机小队的待命区，进入灾区的出发点，也是遇险人员的临时救护站。井下救灾现场的指挥与决策在此作出，救灾命令及信息在此发出和传送。因此，在事故救援时，为保证地面指挥部与灾区工作小队的联络畅通和井下抢救工作的顺利进行，应在靠近灾区的安全地点设立井下基地。

四是为保证井下基地发挥作用，基地内必须配有作为接应救援力量的待机队，必须配有直通指挥部和灾区的通信设备。根据救灾需要储备必要的救护装备和器材，如：为抢救遇险人员和救治受伤人员的值班医生和器材，为及时分析灾区有关气体成分的监测仪器，供救援人员充饥的食物和饮料等。

五是为统一协调指挥井下救灾工作，抢险指挥部应选派有救灾经验和救护知识的人员担任井下基地负责人，具体负责整个井下救灾的指挥工作，但其不能直接指挥和调动救护小队。井下基地应设救护指挥员值班，具体负责井下救护工作。为保证救灾命令和灾情信息的及时准确传递和了解，井下基地电话应设专人看守，做好记录，并经常和地面指挥部、地面基地和灾区工作的救护小队保持联系。当灾情发生变化时，井下基地指挥或救护指挥员有权终止正在进行的救护工作，撤出救灾人员，并及时向地面指挥部汇报。

六是由于灾情的变化可能波及和影响井下基地，为了保证井下基地的安全，在救灾过程中，基地指挥负责人应设专人检测基地及其附近可能影响基地安全的区域的有毒有害气体浓度及其他情况的变化，以便采取应急措施。需改变井下基地时，必须取得救援指挥部的同意，并通知在灾区工作的小队。

（5）矿山救护队在救援过程中遇到突发情况、危及救援人员生命安全时，带队指挥员有权作出撤出危险区域的决定，并及时报告井下基地及救援指挥部。

该规定包含以下含义：

一是矿井事故抢险救灾的目的：抢救遇险人员，尽量减少人员伤亡；控制灾情发展，尽快消除事故灾害。救灾决策指挥应该贯彻“以人为本，安全至上”的救援理念，确保救援人员的安全。

二是正确处理救灾与人员安全的关系。在救灾决策与指挥时，面对错综复杂的灾区环境和当前的救灾技术条件，必须尊重灾变规律，注意不顾个人安危的冒险精神和安全抢救所具有的不同意义。在灾情控制与保护救援人员安全、抢救遇险人员发生冲突时，必须贯彻以人为本的理念，坚持科学救灾，安全抢救，减少灾害对人员生命的威胁，绝不能出现用活人换死人的现象。

三是坚决执行应急救援的法律、法规，在任何情况下都不能忽视救援人员安全而片面地追求救灾速度所进行的冒险决策、盲目指挥，更不能明知故犯，漠视法规，漠视救援人员的生命安全。

四是矿山救护队在救援过程中应随时注意风流方向、风量大小、温度高低和有害气体含量等变化，一旦遇到突发情况，发现所处的区域危及救援人员生命安全时，应立即向安全区域转移，带队指挥员应当而且有权作出撤出危险区域的决定，并及时报告井下基地及救援指挥部。在撤出的过程中应注意安全，保持与救援指挥部和各救援队的联系。

第六节 煤矿事故应急救援技术

一、应急救援信息化系统

科学技术的发展，为提高和促进应急救援的管理水平及提高整体救援素质提供技术支持。目前，应急救援管理信息系统和抢险救灾决策系统广泛应用。它对于提高应急救援管理水平、提高日常的工作质量和工作效率，提高整体的决策水平起到了重要的指导作用。

（一）应急救援管理信息系统

利用应急救援管理信息系统，可以帮助救护队管理人员开展以下工作：对救护人员结构进行分析，为人员调整提供参考；及时掌握学习训练情况，为改进学习训练提供参考；对事故进行统计分析，为事故预防及事故处理提供参考；自动形成救护档案，为事故处理的人员调配提供参考；自动生成工作日志，为工作计划的制订和工作总结提供参考；进行应急救援装备的统计分析，为装备的配备及更新提供参考。建立应急救援管理信息系统，要考虑系统的实际情况、与现有的其他系统及将来可能有的其他系统之间交互的方便性，技术的成熟与否以及建设及维护成本等因素。

（二）抢险救灾决策系统

多年以来，重大灾害事故抢救依靠的是指挥者个人的专业技术素质、处理事故的经验以及对井下情况的熟悉程度。事故发生后，指挥者依据《矿井灾害预防和处理计划》和矿井有关工程图纸，以及事故现场侦察得来的各种信息，分析判断做出决定。这种处理事故的方法属于经验型的，成功与否在很大程度上取决于指挥者判断的准确性和抢险救灾所需材料设备的充足程度，以及救护队的行动是否正确。由于重大灾害事故的突发性，往往使指挥者不能冷静沉着地分析问题、救护队违章作业或救灾材料的供应不足，造成救灾工作被动，以致贻误战机，使事故扩大。特别是有的矿井在事故发生后，指挥者急于救人抢险，不管客观条件允许与否，做出一些脱离实际的错误决策，结果使伤亡人数增多，事故扩大。

1. 智能化火灾救灾决策分析

矿井火灾生成的高温及有害气体是造成井下人员遇难的最主要原因。发生事故后，指挥员能够做出正确的决策是非常关键的。人决策的正确性不仅与他的智力、经验、勤奋等因素有关，也与处理的物理系统和信息量以及复杂程度有关。人脑信息处理能力是有限的，所以，救护指战员在矿井火灾时期，即使熟练的救灾专家也难以正确估计全矿井通风系统的风速和风量变化速率，即风量的动态变化。发生火灾后调节烟流通行路线，减少火灾造成的生命财产损失、控制风流状态是矿井救火的最主要任务之一。控风目的不是对风网所有分支进行控风，而是重点保护井下人员的主要撤退路线以及救灾人员的救灾、灭火通行路线。利用计算机真实模拟矿井灾害和在火灾时期矿井的风流和烟气流动，并实时采取一些救灾措施，把救灾效果逼真地反映出来，结合实时监控，进行矿井风网解算，进而实施火灾抢险救灾模拟，对抢险救灾决策和事后事故分析是科学的，也是可行的。

2. 智能化火灾救灾决策系统

该系统由三部分组成：矿井通风网络解算和火灾运动模拟系统、矿井监测和实时数据传输接收系统、三维图形计算机仿真和通风数据动画显示系统。三者紧密结合，构成了一个完整的大系统。

二、遇险人员搜救技术

1. 寻找遇险人员

（1）利用人员定位准确确定遇险人员位置。

（2）喊声或敲击钢轨或管子的声音。

矿山救护队员可以根据发现的信息找到遇险人员。当发现遇险者后，应将他们的位置情况马上报告给指挥中心。指挥中心会派备用救护队带上需要的设备前来营救。同时，当确定了遇险者的位置后，应将位置、时间和日期标记在救护队的矿图上，并在巷帮上做标记。

2. 抢救遇险者

在井下发现遇险者后，应尽快地将他们送到安全的新鲜空气区域。当确定了身体和精神上受到伤害的遇险者的位置后，是否准确地确定救助遇险者的次序将影响遇险者的生死，因此根据先易后难、先重后轻、先活后死的原则进行救助。

3. 带出遇险者

（1）在无掩体区域发现矿工：如果遇险者是在污浊空气或有问题的地点发现的，应为他们提供呼吸器具并协助他们到安全区域。如果这个人不能行走，可使用一副担架将他送出。

（2）在掩体后发现矿工：如果在掩体后发现的矿工能够行走，应为他们提供呼吸器具并协助他们到安全区域，如果个别人不能行走，应使用担架送出。当在掩体后发现许多遇险者时，应增派后备救护队前来加快救护队的工作，将所有的遇险者同时带出。此外，救护队也可使用担架一次运送一名人员。一次只带出一位遇险者的程序应按以下步骤：应将担架送入掩体后，并检查担架是否能承受伤员的重量。然后，第一个要送出的伤员应配上呼吸设备，并小心地放在担架上。救护队员应将担架抬出封闭室，并以最短的距离，最快的速度前往安全区域。救护队员进入掩体内抢救遇险人员时，应尽最大努力避免外面的空气进入掩体内。运送遇险者出去的程序应重复下去，直到所有的矿工被送到安全区域。

三、信息通信技术

为保证井下救护基地与进入灾区工作的救护小队之间的通信联系，救护小队在进入灾区前，必须在基地设置好灾区电话，基地指挥员利用灾区电话与进入灾区工作的救护小队保持不间断地联系。通过灾区电话询问和回答，基地指挥员不仅可以及时地掌握进入灾区救护小队的工作情况，而且在需要时，派出基地待命的小队去支援他们。目前，我国矿山救护队灾区通信使用的灾区电话分为有线和无线通信两种。其中有线通信又分为声能电话和语言直接通话。

1. 声能电话机

声能电话机就是只使用声能而没有电源的一种特殊通信设备。多年来，声能电话机的投入和使用，已成为矿山救护队佩戴负压氧气呼吸器进入灾区工作时专用的通信设备。

通话时，发话器中与平衡电枢连接的金属膜片发出振动，产生输出电压，这个信号在接话端的受话器中由模拟转能器转换成音频信号发出，同时音频信号进入扩大器中放大，使周围人员也能听到声音。

2. 电能救灾电话

电能救灾电话就是利用蓄电池的电能进行通话联系的防爆灾区电话。它是与正压氧气呼吸器配套使用的通信设备，并适用于所有环境下的通信使用。它能使进入灾区现场抢救的救护小队与新鲜风流基地指挥员直接通话，保证通信畅通无阻。目前有很多种电能救灾电话已投入救护市场，如 JZ－I 型救灾电话。JZ－I 型救灾电话的主要功能如下：

（1）非语言手动报警功能。

（2）仪器可以在具有甲烷和煤尘环境下使用，防爆型式：矿用本质安全型。

（3）双站距离延伸；多站双向接力通信功能。

（4）多站接力具有连续通信功能。

（5）电池多次充电功能（充电必须在地面安全场所进行）。

（6）绕线盘具有摇把收放线、手动收放线功能。

3. 无线通信系统

无线通信系统由一个设置在地面指挥部的远程控制装置，一个设置在井下的基站和若干个便携式无线电手机组成。专门用于灾害事故情况下的救灾通信。它可以由一个基站和若干个便携式无线电手机组成井下无线通信系统，帮助基地和进入灾区工作的救护小队建立有效的通信联系；还可以与地面程控交换机相连，构成全矿井的救灾指挥通信系统（图 8－3）。

无线通信系统的工作原理：

（1）矿用无线电通信系统在需要无线电通信的矿井巷道中使用，它通过电缆和管道的感应在低频（340 kHz）段工作。

（2）通过基站的环形天线、手机的子弹袋天线与管道和电缆结构的感应，无线电信号可完成手机与基站之间的传递，通信范围为 500～800 m。

（3）在没有管道或电缆的地方，便携式手机之间的通信距离应在 50 m 以内（以地面为例）。

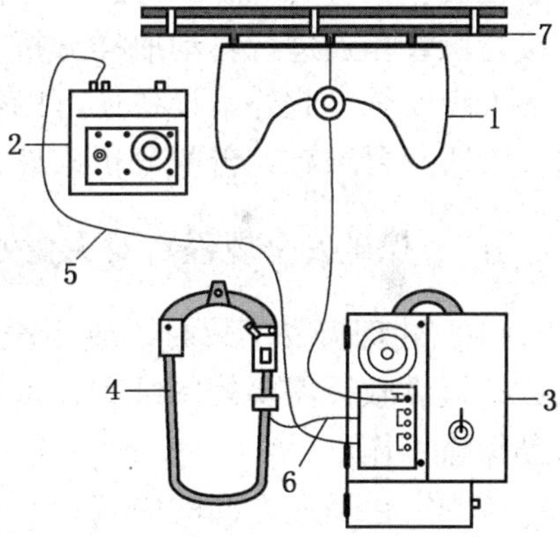

1—环形天线；2—远程控制器；3—基站；4—无线电手机；5—电缆线；6—生命线；7—电缆或水管

图 8－3　系统构造

四、灾区气体检测分析技术

当煤矿井下发生火灾和瓦斯爆炸事故后，不仅破坏井下的设施和巷道，而且使灾区产生大量有毒有害气体。此时，只有依靠矿山救护队员佩戴氧气呼吸器进入进行灾区侦察，取得灾区内的第一手资料，矿井指挥部才能制订科学的救灾方案。在灾区侦察时，对矿山救护队员最大的威胁就是瓦斯爆炸。因此，灾区环境气体检测分析技术的研究和先进产品的开发应用，是应急救援的一个非常重要课题。目前我国矿山救护队使用的灾区气体检测仪器有：手动检测仪器、便携式自动检测仪、便携式矿山气体可爆性检测仪、气相色谱检测仪。

目前，车载矿山救灾指挥车就是利用束管技术、计算机技术、救灾通信技术、色谱化验分析等功能于一体的监测、监视指挥系统。当灾害发生后，车载矿山救灾指挥系统能迅速赶到灾害现场进行连续监测、监视，并对灾区的有毒有害气体进行分析及爆炸危险性的判别。为救灾指挥决策者提供科学的依据。

1. 危险性分析技术

瓦斯爆炸三角形是依据矿井火灾可燃气体的即时数据，实时计算可爆性混合气体的爆炸上限及临界点的二维笛卡尔坐标值，动态勾画爆炸三角形区域，是通过平面坐标系，主要通过氧气浓度和瓦斯浓度的相对关系，描述灾区空气中爆炸性混合气体的状态。对其进行解析，可以在技术上指导救灾人员采取控制风量和注入惰气等措施，控制瓦斯爆炸的发生，达到安全救灾。

2. 矿井气体化验车

矿井气体化验车是在成熟的矿井气体多点参数色谱自动分析仪的基础上，配置改装中型旅行车，并装备专用气源和电源，以保证分析仪的稳定可靠。是矿井火灾救护救援和火灾预测预报的得力工具，适用于煤矿通风实验室和救护队。

一般地，矿井气体化验车要求非常严格。第一，要有可靠的减震系统，以适用于煤矿复杂的路况，保证分析仪的分析稳定性和分析精度，保证设备的战斗力。第二，要有完善的配置。设备配有专用气源和电源、专用分析仪、气电控制系统、系统微机、打印机、标准备件和标准气体。保证在接到灾情报告时及时启动，等开赴火灾现场时即可展开取样分析工作，为火灾的救护救援工作提供第一手的科学数据。第三，要求一机多用。设备不仅要求在发生火灾后对手工球胆采样做出现场分析；如果矿井已经铺设好束管的话，还可以直接与束管相连进行自动取样分析。这样不仅可以增加救灾工作的效率，还可保证救护人员的人身安全。此外本设备还可以作为矿井常规监控设备，为火灾的预测预报提供科学数据。第四，要求有完善的分析条件与分析方法。

五、《煤矿安全规程》对灾变处理的规定

（1）处理灾变事故时，应当撤出灾区所有人员，准确统计井下人数，严格控制入井人数；提供救援需要的图纸和技术资料；组织人力、调配装备和物资参加抢险救援，做好后勤保障工作。

该规定包括3方面的内容：

一方面，当灾害事故威胁灾区人员生命安全时，必须撤出灾区所有人员，并准确统计事故前井下人数，事故后出井人数，严格控制入井人数。

二方面，图纸和技术资料是煤矿企业生产和安全的重要基础，也是处理灾害事故的主要依据之一，因此必须为矿山救护队提供救援需要的图纸和技术资料。主要图纸和技术资料有：①矿井通风系统图、反风试验报告；②井下通信系统图；③井上下消防材料库位图及材料登记表；④井上下对照图；⑤采掘工程平面图；⑥避灾路线图。

三方面，矿山事故应急救援是一个复杂的系统工程，需要多部门各司其职，各负其责，密切配合；处理灾变事故时，要组织人力、调配装备和物资参与抢险救援，做好后勤保障工作。

（2）进入灾区的救护小队，指战员不得少于6人，必须保持在彼此能看到或者听到信号的范围内行动，任何情况下严禁任何指战员单独行动。所有指战员进入前必须检查氧气呼吸器，氧气压力不得低于18 MPa；使用过程中氧气呼吸器的压力不得低于5 MPa。发

现有指战员身体不适或者氧气呼吸器发生故障难以排除时，全小队必须立即撤出。指战员在灾区工作1个呼吸器班后，应当至少休息8 h。

该规定包含以下内容：

一是救护小队进入灾区时，要携带大量的装备。这些装备包括自我保护装备及工作装备，都是自我保护和救灾工作不可缺少的。救护小队进入灾区，可能会遇到各种突发事件，这些突发事件都需要小队自己处理完成，如果人员太少，将会失去小队的自救能力，救援可能贻误战机，造成不必要的损失和自身伤亡。所以进入灾区的救护小队指战员不得少于6人。

二是矿山救护队的救护工作是以小队为单位的集体行动。为了保证人员出现问题时能够及时相互救助，发现险情时能够及时准确通报，迅速撤离，队员必须保持在彼此能看到或听到信号的范围内行动，同样在任何情况下严禁任何指战员单独行动。

三是氧气呼吸器是矿山救护队指战员自我防护的保护装备，被形象地称为救命器和救护指战员的第二生命。进入灾区前，对氧气呼吸器的检查，也称为“氧气呼吸器的战前检查”。氧气压力是保证氧气呼吸器使用时间的一项主要指标，为了完成抢险救灾任务，氧气呼吸器的压力不得低于18 MPa。进入灾区从事救护工作时，在任何情况下只允许消耗13 MPa的氧气，必须保留5 MPa的氧气，供返回使用。在倾角小于15°的巷道中行进时，只允许将1/2允许消耗的氧气量消耗于前进途中，其余1/2用于返回途中；在倾角大于15°的巷道中行进时，将2/3允许消耗的氧气量用于上行，其余1/3用于下行。灾区内的情况瞬息万变，什么情况都有可能发生，以至延误小队的撤出时间。况且氧气呼吸器也可能突然发生故障而增大氧气的消耗，如高压跑气等，致使来不及撤出氧气就已消耗殆尽。所以为增加救护人员使用氧气的安全系数，规定5 MPa的备用氧气。

四是每位指战员都应注意察看自己氧气呼吸器的氧气压力和身体情况，并及时报告给小队长。小队长应隔20 min观察一次队员呼吸器的压力，并询问队员身体情况，根据氧气压力和身体情况安排工作，按照氧气压力最低的1名队员按步行速度确定整个小队返回到安全地点所需的时间。发现指战员有1人身体不适或氧气呼吸发生故障难以排除时，一方面在护送途中极易加重或出现新的情况，1～2人护送或自己撤出是不安全的；另一方面小队人员都有明确分工和自己分管的装备，留在灾区继续工作的人员也是危险的。故全小队必须立即撤出，否则会使身体不适的队员病情加重甚至整个小队出现意外。

五是佩戴氧气呼吸器在灾区工作不同于正常工作。由于灾区环境恶劣，负重工作呼吸不自然，使队员产生一定的心理压力，体力消耗远远大于正常情况，甚至达到指战员的心理和生理极限。因此，在灾区的恶劣环境下，如果连续佩用氧气呼吸器工作，疲劳作战，就很容易出现问题，造成自身伤亡。在灾区佩用氧气呼吸器不提倡连续作战和疲劳作战，规定工作1个呼吸器班后，应当至少休息8 h。

（3）灾区侦察应当遵守下列规定：①侦察小队进入灾区前，应当考虑退路被堵后采取的措施，规定返回的时间，并用灾区电话与井下基地保持联络。小队应当按规定时间原路返回，如果不能按原路返回，应当经布置侦察任务的指挥员同意。②进入灾区时，小队长在队列之前，副小队长在队列之后，返回时则反之。行进中经过巷道交叉口时应当设置明显的路标。视线不清时，指战员之间要用联络绳联结。在搜索遇险遇难人员时，小队队形应当与巷道中线斜交前进。③指定人员分别检查通风、气体浓度、温度、顶板等情况，做好记录，并标记在图纸上。④坚持有巷必察。远距离和复杂巷道，可组织几个小队分区段进行侦察。在所到巷道标注留名，并绘出侦察线路示意图。⑤发现遇险人员应当全力抢救，并护送到新鲜风流处或者井下基地。在发现遇险、遇难人员的地点要检查气体，并做好标记。⑥当侦察小队失去联系或者没按约定时间返回时，待机小队必须立即进入救援，并报告救援指挥部。⑦侦察结束后，带队指挥员必须立即向布置侦察任务的指挥员汇报侦察结果。

该规定包含以下内容：

一是发生事故的灾区巷道，支护被不同程度的破坏，虽经加固或临时支护，但还是有坍塌的可能，所以小队进入灾区前要考虑退路被堵应采取的措施，包括小队被堵后的生存及营救的方法和人力物力的准备。可以利用水管、压风管等给被堵人员输送空气、食物和水，同时侦察小队在侦察过程中也要利用现场的一些便利条件创造一些营救自己的有利条件，以便侦察小队万一被堵后能够迅速地组织营救。

二是进入灾区时，小队长在队列之前，副小队长在队列之后，返回时与此相反。在搜索遇险遇难人员时，小队队形应与巷道中线斜交前进。这样既可防止小队人员混乱，造成丢人，又有利于搜索遇险遇难人员，保证全断面的搜索。侦察行进中，应在巷道交叉口设立明显的路标，防止返回时走错路线。路标就是指引导行进路线的标志。路标可用粉笔画在支架及巷帮，也可以用煤块、矸石、木板等放置，但要考虑到由于灾区温度、湿度可能很高，滴水等原因，用粉笔做的标记可能短时间失效。

三是侦察小队人员应有明确的分工，分别检查通风、气体浓度、温度、顶板等情况，并做好记录，把侦察结果标记在图纸上。队长还要标记勘察的区域，在以下要点处标记名字的缩写和日期：工作面、入口、联络横巷和有垮落物而不通的路、障碍物、风墙以及其他阻止救护队前进的要点。所有这些要点还应标记在矿图上。这种标记可提供一种可视记录，表明队伍在进行过程中的活动和发展。

四是侦察距离远和巷道复杂增加了侦察的难度，延长了搜索时间。为了避免错过抢救人员的时机，可组织几个小队分区段侦察。发现遇险人员应积极抢救，并护送到通风巷道或井下基地。侦察工作要仔细认真，做到有巷必到，凡走过的巷道要标注留名，并绘出侦察路线示意图。侦察小队在侦察过程中要增强责任心，不能遗漏巷道，以便及时抢救人员，同时为抢救指挥部提供翔实准确的现场情况，为抢救指挥部制定正确的事故处理方案提供可靠依据。

五是发现遇险人员应积极抢救，并护送到新鲜风流处或井下基地。发现遇险人员的地点要检查气体，并做好标记。抢救遇险人员是矿山救护队的主要任务，要创造条件以最快的速度、最短的路线，先将受伤、窒息的人员运送到新鲜空气地点进行急救。抢救人员应遵循以下要求：①在引导及搬运遇险人员通过窒息区时，要给遇险人员佩戴全面罩氧气呼吸器或隔绝式自救器；②对有外伤、骨折的遇险人员要做包扎、止血、固定等简单处理；③搬运伤员时要尽量避免震动，防止伤员因精神失常打掉队员口具和鼻夹而造成中毒；④在抢救长时间被困在井下的遇险人员时，应有医生配合；⑤遇险人员不能一次全部抬运时，应给遇险者佩戴全面罩氧气呼吸器或隔离式自救器。多名遇险人员待救时，矿山救护队应根据“先活后死、先重后轻、先易后难”的原则进行抢救；同时在发现遇险人员的地点要检查气体，并做好标记，为人员的救治和以后的事故分析提供依据。

六是当侦察小队失去联系或没按约定时间返回时，在不能确认侦察小队安全的情况下，待机小队必须立即进入救援，并报告救援指挥部。在规定的时间内未完成侦察任务，在自身安全有保证的情况下，需要延长工作时间时，领队指挥员应及时汇报基地指挥员，并取得同意后方可继续执行侦察任务。

七是侦察结束后，小队长应立即向布置侦察任务的指挥员汇报侦察结果，为处理事故赢得时间。布置和执行侦察任务的救护队指挥员，不管工作多长时间，多么辛苦。在侦察结束后要立即到抢救指挥部汇报，以保证指挥部及时制定事故处理方案，指挥抢险救灾。

（4）矿山救护队在高温区进行救护工作时，救护指战员进入高温区的最长时间不得超过表 8－9 的规定。

表 8－9　救护指战员进入高温区的最长时间

温度/℃	40	45	50	55	60
进入时间/min	25	20	15	10	5

高温区是指井下空气温度超过 30 ℃（测点高 1.6～1.8 m）的区域。救护指战员在高温的环境中工作，非常容易中暑，其发病的机理是体温调节功能衰竭，体内蓄热、过热。当气温达到人的体温时，对流、辐射作用完全停止，唯一的散热方式是出汗蒸发；相对湿度达 80% 时，蒸发困难；相对湿度达到 100% 时，蒸发完全停止。中暑临床表现的主要特征为过热及中枢神经系统病状，多数出现昏迷。开始是大量出汗后出现无盈汗，并伴有皮肤干热发红，严重时因呼吸循环系统衰竭造成死亡。所以，为保证高温区救护队员的安全，对救护队员进入高温区的工作时间做出来具体的规定。

（5）处理矿井火灾事故，应当遵守下列规定：①控制烟雾的蔓延，防止火灾扩大。②防止引起瓦斯、煤尘爆炸。必须指定专人检查瓦斯和煤尘，观测灾区的气体和风流变化。当甲烷浓度达到 2.0% 以上并继续增加时，全部人员立即撤离至安全地点并向指挥部报告。③处理上、下山火灾时，必须采取措施，防止因火风造成风流逆转和巷道垮塌造成风流受阻。④处理进风井井口、井筒、井底车场、主要进风巷和硐室火灾时，应当进行全矿井反风。反风前，必须将火源进风侧的人员撤出，并采取阻止火灾蔓延的措施。多台主要通风机联合通风的矿井反风时，要保证非事故区域的主要通风机先反风，事故区域的主要通风机后反风。采取风流短路措施时，必须将受影响区域内的人员全部撤出。⑤处理掘进工作面火灾时，应当保持原有的通风状态，进行侦察后再采取措施。⑥处理爆炸物品库火灾时，应当首先将雷管运出，然后将其他爆炸物品运出；因高温或者爆炸危险不能运出时，应当关闭防火门，退至安全地点。⑦处理绞车房火灾时，应当将火源下方的矿车固定，防止烧断钢丝绳造成跑车伤人。⑧处理蓄电池电机车库火灾时，应当切断电源，采取措施，防止氢气爆炸。⑨灭火工作必须从火源进风侧进行。用水灭火时，水流应从火源外围喷射，逐步逼向火源的中心；必须有充足的风量和畅通的回风巷，防止水煤气爆炸。

该规定包含以下内容：

一是烟雾中携带大量有毒有害气体，可以致人窒息甚至死亡。由于火风压能造成风流逆转，使井下某些安全地区也突然出现火烟，使远离火源的某些独立风流中的作业人员中毒、窒息；同时逆转风流污染进风区域，扩大受灾范围，甚至威胁整个矿井，加大灾区人员撤退和灭火救灾的难度，所以井下灭火首先要控制烟雾的蔓延，防止火灾扩大，给灭火救灾创造条件。

二是风流逆转经历减风→停风→反风的过程。在减风和停风阶段，因风量剧减，风流中瓦斯浓度相对升高，并因风速减少，为瓦斯形成局部聚集创造了条件。在巷道中形成纵向和横向的局部瓦斯聚集带时，就具备了可能爆炸的条件。同时，风流逆转使火源下风侧富含挥发物的风流或局部瓦斯聚集带的污风再次进入着火带的可能性增大，从而增加了爆炸的可能性。因此必须指定专人检查瓦斯和煤尘，观测灾区的气体和风流变化。当甲烷浓度达到2.0%以上并继续增加时，全部人员立即撤离安全地点并向指挥部报告。

三是扑灭倾斜巷道火灾遵循如下要求：

火灾发生在倾斜上行风流巷道时，应当保持风流方向，可适当减少风量。

火源在倾斜巷道中时，应利用联络巷等通道接近火源进行灭火。不能接近火源时，可利用矿车、箕斗，将喷水器送到巷道中灭火，或发射高倍数泡沫、惰气进行远距离灭火。需要从下方向上灭火时，应采取措施防止落石和燃烧物掉落伤人。

扑灭矿井进风的下山巷道着火时，在火灾的初期阶段，应采取防止火风压造成风流紊乱和风流逆转的措施，救护队应根据现场环境条件而进退。措施包括：①积极灭火，控制火势，必要时密闭火源进风侧或使风流短路，尽量减小火风压；②保持主要通风机正常运转；③采用局部反风，变下行风流火灾为上行风流火灾；④加大火风压所在旁侧风路的风阻，尽量减小回风风路的风阻。

当灾区内有人员未撤出时，没有十分把握，不得改变原有风量、风向（即不得调风）；当灾区人员全部撤出或确认无生还可能时，可实行减少风量、零点通风、反风等控风措施，控制火势，但必须提前通知救灾人员，并注意可爆炸气体的增长情况。

在处理平巷或下行风火灾时，应时刻注意观察烟流滚退、逆退和逆转征兆，防止伤及救灾人员。

扑灭下行风巷道内火灾时，在可能的情况下应考虑反风，使救护人员在上行风的火点下方灭火，以确保救灾人员安全。

四是全矿井反风。由于火灾烟流进入采掘工作面会造成人员重大伤亡，故在处理进风井口、井筒、井底车场、主要进风巷和硐室发生火灾时，应进行全矿井反风。反风前必须将火源原进风侧的人员撤出，注意瓦斯浓度变化并采取阻止火灾蔓延的措施。

采区内部发生灾害时，维持主要通风机正常运转，主要进风道风向不变，采取风流短路措施，调节风门使采区内部风流方向，但必须将受影响区域内的人员全部撤出。

五是掘进工作面发生火灾时，应在维持局部通风机正常通风的情况下，积极灭火。矿山救护队到达现场后，应保持掘进工作面的通风现状，即风机停止运转的不要开启，风机开启的不要停止，进行侦察后再采取措施。在风机停止运转的情况下，原本掘进工作面积聚的瓦斯达到或超过了爆炸下限，但是因为空气中氧气浓度过低（低于12%），没有发生爆炸，此时盲目启动风机，就会给灾区补足了氧气，而造成瓦斯爆炸；如果着火的掘进工作面火源处的瓦斯浓度没有达到爆炸下限，但是火源以里有积聚的瓦斯，此时盲目启动风机，就会将积聚的瓦斯排出，经过火点造成瓦斯爆炸。如果风机正常开启，可能因盲目停止风机正常运转而形成瓦斯积聚，达到爆炸浓度而发生爆炸。

六是主要硐室火灾处理要点如下：

爆炸物品库：由于雷管、导爆索中所用的起爆炸药比直接用于爆破的矿用炸药的热感度高，因此矿山救护队在处理爆炸材料库火灾时，应首先将易于运输的热感度高的雷管、导爆索运出，然后再将其他爆炸材料运出。因高温运不出时，应该关闭防火门，救护队退至安全地点。

绞车房：当绞车在运行中绞车房突然发火时，应将火源下方的矿车固定，防止绞车房内火灾将钢丝绳烧断而造成跑车伤人。

蓄电池机车库：蓄电池在充电过程中会释放出氢气，而氢气是爆炸性气体。所以蓄电池机车库着火时，必须切断电源、停止充电，采取加强通风措施排除积聚的氢气，并及时把蓄电池运出硐室，防止氢气爆炸。

（6）封闭具有爆炸危险的火区时，应当遵守下列规定：①先采取注入惰性气体等抑爆措施，然后在安全位置构筑进、回风密闭。②封闭具有多条进、回风通道的火区，应当同时封闭各条通道；不能实现同时封闭的，应当先封闭次要进回风通道，后封闭主要进回风通道。③加强火区封闭的施工组织管理。封闭过程中，密闭墙预留通风孔，封孔时进、回风巷同时封闭；封闭完成后，所有人员必须立即撤出。④检查或者加固密闭墙等工作，应当在火区封闭完成 24 h 后实施。发现已封闭火区发生爆炸造成密闭墙破坏时，严禁调派救护队侦察或者恢复密闭墙；应当采取安全措施，实施远距离封闭。

该规定包括以下内容：

一是封闭火区是一项非常危险的工作。在施工过程中，随着风墙建造的进行，巷道断面越来越小，火区供风量越来越少，必将造成瓦斯的积存，就有可能发生威胁施工人员安全的瓦斯爆炸，而将风墙破坏。所以，为了预防在封闭火区时发生爆炸，应首先往火区入风侧注入惰性气体抑爆，由回风侧适量排放灾变气体，使氧气浓度逐步下降，直至火区出风流的氧气浓度不再是时间的函数为准；当火区出风流的氧气浓度稳定后，在安全位置构筑进、回风密闭，并随时检测进、回风侧瓦斯浓度、氧气浓度、温度等，在完成密闭工作后，迅速撤离至安全地点。

二是不同的封闭顺序导致内巷道绝对气压的变化不同，封闭具有多条进回风通道的火区，应同时封闭各条通道；不能实现同时封闭的，应先封闭次要进回风通道，后封闭主要进回风通道。

三是加强火区封闭的施工组织管理，提高防火墙构筑质量，减小火区风墙的漏风。同时封闭进、回风巷道时，为了施工安全，在建造火区主要进风巷和回风巷风墙的过程中要预留通风孔，保证施工过程中火区内的可燃气体不致达到爆炸界限。通风孔留待风墙全部完成后，必须统一指挥，密切配合，以最快的速度、在最短的时间内堵塞。堵塞后施工人员要尽快撤出危险区，防止随时可能发生的爆炸伤亡。

四是检查或加固密闭墙等工作，应在火区封闭完成后 24 h 后实施。封闭后，应采取均压灭火措施，减少火区漏风。如果火区内 O_2、CO 含量及温度没有下降趋势，应查找原因，采取补救措施。

五是矿山救护队的主要任务是抢救遇险人员。在井下进行救护工作时，救护队员的自身安全是第一位的。在密闭的火区中发生爆炸破坏了风墙时，这就说明火区有再次发生爆炸的条件和可能。在这种非常危险的情况下，火区中又没有待救人员，严禁调派救护队恢复风墙或探险，应在较远的安全地点重新建造风墙，实施远距离、大范围内封闭火区。

（7）处理瓦斯（煤尘）爆炸事故时，应当遵守下列规定：①立即切断灾区电源。②检查灾区内有害气体的浓度、温度及通风设施破坏情况，发现有再次爆炸危险时，必须立即撤离至安全地点。③进入灾区行动要谨慎，防止碰撞产生火花，引起爆炸。④经侦察确认或者分析认定人员已经遇难，并且没有火源时，必须先恢复灾区通风，再进行处理。

该规定包含以下内容：

一是瓦斯（煤尘）爆炸不但会造成大量的人员伤亡，还因破坏通风系统而引起火灾和连续爆炸，增加救灾难度，造成事故扩大化。处理爆炸事故时，矿山救护队的主要任务是抢救遇险人员、对充满爆炸烟气的巷道恢复通风、清理堵塞物和扑灭因爆炸产生的火焰。

二是灾区电源，如果没有被切断，其一可能造成人员触电；其二，如果电缆被崩断而带电，人员触及电缆使其移动就有可能使其放电而引发瓦斯再次爆炸。虽然要求煤矿井下的电器设备都设有三大保护装置，但有些小煤矿有可能还不完善，并且保护装置也有失灵的可能，所以救护小队进入灾区前，为了保证安全必须要切断灾区电源。救护小队进入灾区前，要切断灾区电源，观察火区气体、温度和风流的变化情况。在切断电源时，应远距离操作，不能在灾区直接断电，以免产生火花引起爆炸。

三是进入灾区后，救护队应有专人检查灾区内有害气体的浓度、温度及通风设施破坏情况。如果发现有瓦斯浓度不断上升，有再次爆炸危险时，必须立即撤离至安全地点。

四是小队进入灾区后，行动要谨慎，对于自己携带的装备（特别是铁质的）要拿稳，在搬移铁质支柱、支架等要小心，轻拿轻放，防止碰撞产生火花而引起爆炸。穿过支架被破坏的冒落区时，应敲帮问顶并架好临时支架，以保证退路安全；通过支护不好的地点时，队员要保持一定的距离按顺序通过。不要推拉支架。发现明火要及时扑灭，沿途行动要采取除尘、降温的洒水措施，避免火灾扩大或再次引爆事故。如火灾扩大，灭火无效时或有再次爆炸危险时，要及时封闭或立即撤离到安全地点。

五是确知人员已经牺牲时，在没有火源的情况下，必须先恢复灾区通风，再进行处理。这是处理矿井爆炸事故的一条重要行动原则。因为，矿井发生爆炸事故后，会产生大量的有毒有害气体（主要是 CO），氧气浓度也会显著减少，会对抢险救灾人员的生命安全构成严重的威胁。尤其是在灾区巷道较长、有害气体浓度大、支架损坏严重的情况下，救护队员进入灾区佩用氧气呼吸器搬运遇难人员，不仅增加了劳动强度，稍有不慎就会导致自身伤亡。因此，必须先恢复灾区通风，改善了工作环境，提高了救护队员的安全系数，再进行处理。在不能确定人员是否已经牺牲，救护小队要在保证自身安全的情况下毫不犹豫地进入灾区进行抢救人员的工作。

（8）发生煤（岩）与瓦斯突出事故，不得停风和反风，防止风流紊乱扩大灾情。通风系统及设施被破坏时，应当设置风障、临时风门及安装局部通风机恢复通风。恢复突出区通风时，应当以最短的路线将瓦斯引入回风巷。回风井口 50 m 范围内不得有火源，并设专人监视。是否停电应当根据井下实际情况决定。处理煤（岩）与二氧化碳突出事故时，还必须加大灾区风量，迅速抢救遇险人员。矿山救护队进入灾区时要戴好防护眼镜。

该规定包含以下内容：

一是处理煤与瓦斯突出事故时，矿山救护队的主要任务是抢救遇险遇难人员和对充满有害气体的巷道进行通风。

二是发生突出事故时，应保持原有的通风状况，不得停风和反风，防止风流紊乱扩大灾情。回风巷道被堵塞引起瓦斯逆流，应尽快疏通，恢复正常通风。遭到破坏的通风系统及设施应设置风障、临时风门代替，或安装局部通风机，快速清理回风侧堵物，使风流尽快恢复正常。

三是在逐级排出瓦斯后，方可恢复送电。灾区排放瓦斯时，必须撤出回风侧的人员，以最短路线将瓦斯引入回风道，回风井口 50 m 范围内不得有火源，并设专人监视，防止引起回风井口瓦斯燃烧。

四是发生突出事故应慎重处理灾区供电问题，是否停电应当根据井下实际情况决定，或者在加强通风的条件下，做到送电的设备不停电，停电的设备不送电。进入灾区前，确保矿灯完好；进入灾区内，不准随意启闭电气开关和扭动矿灯开关或灯盏。瓦斯突出引起火灾时，应采用综合灭火或惰性气体灭火。如果瓦斯突出引起回风井瓦斯燃烧，应采取控制风量的措施。

五是处理煤（岩）与二氧化碳突出事故时，必须加大灾区风量，救护人员还要佩戴好防护眼镜。

（9）处理水灾事故时，应当遵守下列规定：①迅速了解和分析水源、突水点、影响范围、事故前人员分布、矿井具有生存条件的地点及其进入的通道等情况。根据被堵人员所在地点的空间、氧气、瓦斯浓度以及救出被困人员所需的大致时间制定相应救灾方案。②尽快恢复灾区通风，加强灾区气体检测，防止发生瓦斯爆炸和有害气体中毒、窒息事故。③根据情况综合采取排水、堵水和向井下人员被困位置打钻等措施。④排水后进行侦察抢险时，注意防止冒顶和二次突水事故的发生。

该规定包含以下内容：

一是矿井发生水灾事故时，救护队的任务是抢救受淹人员和被困人员，恢复井巷通风。

二是矿山救护队到达事故矿井后，要了解灾区情况，灾区内是否有遇险人员、水源、事故前人员分布及灾区内的巷道布置，矿井有生存条件的地点及进入该地点的通道等，并分别计算被堵人员所在空间体积、O_2、CO_2、CH_4 浓度，计算出遇险人员的最短生存时间。

三是若矿井涌水量小于排水能力，应充分发挥矿井排水能力，将井下涌水排出地面；若矿井涌水量超过排水能力，全矿和水平有被淹危险时，在下部水平人员救出后，可向下部水平或采空区放水。如果下部水平人员尚未撤出，主要排水设备受到被淹威胁时，可用装有黏土、砂子的麻袋构筑临时防水墙，堵住泵房口和通往下部水平的巷道，确保排水设备正常运转；所在地点高于透水后水位时可利用打钻、掘小巷等方法提供新鲜空气、饮料及食物，建立通信联系。

四是尽快恢复灾区通风，指定专人检测 CH_4、CO、H_2S 等有毒、有害气体和 O_2 浓度，防止发生瓦斯爆炸和有毒有害气体中毒、窒息事故。

五是排水后进行侦察、抢救人员时，注意观察巷道情况，注意防止冒顶和二次突水事故的发生。救护队员通过局部积水巷道时，应采用探险棍探测前进。

（10）处理顶板事故时，应当遵守下列规定：①迅速恢复冒顶区的通风。如不能恢复，应当利用压风管、水管或者打钻向被困人员供给新鲜空气、饮料和食物。②指定专人检查甲烷浓度、观察顶板和周围支护情况，发现异常，立即撤出人员。③加强巷道支护，防止发生二次冒顶、片帮，保证退路安全畅通。

该规定包括以下内容：

一是发生冒顶事故后，当瓦斯和其他有害气体威胁到抢救人员的安全时，救护队应抢救人员和恢复通风。通风正常后，在通常情况下，救护队担负现场监护的职责，配合现场人员一起救助遇险人员。如果通风系统遭到破坏，应迅速恢复冒顶区的通风。一时无法接近时，应设法利用压风管路、水管或打钻等措施和技术手段向被困人员提供新鲜空气、饮料和食物等维持生命的能源。

二是处理冒顶事故时，应指定专人检查甲烷浓度和观察顶板和周围支护情况，发现异常，应立即撤出人员。

三是在处理顶板事故前，救护队应向冒顶区域的有关人员了解事故发生原因、冒顶区域顶板特性、事故前人员分布位置、检查甲烷浓度等，并实地查看周围支架和顶板情况，在危及救护人员安全时，首先应加固附近支架，防止发生二次冒顶、片帮，保证退路安全畅通。

(11) 处理冲击地压事故时，应当遵守下列规定：①分析再次发生冲击地压灾害的可能性，确定合理的救援方案和路线。②迅速恢复灾区的通风。恢复独头巷道通风时，应当按照排放瓦斯的要求进行。③加强巷道支护，保证安全作业空间。巷道破坏严重、有冒顶危险时，必须采取防止二次冒顶的措施。④设专人观察顶板及周围支护情况，检查通风、瓦斯、煤尘，防止发生次生事故。

该规定包含以下内容：

一是矿井发生冲击地压事故后，矿山救护队的基本任务是救护人员和恢复通风系统。处理冲击地压事故规定与处理冒顶事故基本相似。

二是冲击地压的发生往往不止一次，并且在发生前都有预兆。救护人员在了解和侦察事故情况时，应认真而详细地掌握这种预兆，尤其要掌握具有威胁人身安全破坏性的冲击地压，确定合理的救援方案和路线。发现有破坏性的冲击地压预兆时可采取措施从危险区撤出人员，以保证救灾人员的安全。

三是冲击地压会造成机械、设备和装备发生移动，局部通风机遭到损坏，并停止给独头巷道通风，进而影响灾区救灾工作的进行。恢复独头巷道通风时，应按照排放瓦斯的要求进行。

四是发生冲击地压时，巷道底板鼓起、顶板下沉和两帮移近，支架严重破坏，为了抢救遇险人员往往要清理堵塞物，扩大缩小了的断面，必须对受破坏的巷道和工作面进行支护，保证安全作业空间，防止二次冒顶。在通风和空气成分正常的情况下，巷道和工作面的支护工作，一般有受灾矿井组织人员进行。

第七节 遇险人员自救互救与现场急救

矿井灾害事故发生的初期，波及范围和危害程度一般都比较小，这是组织抢险救灾、及时消灭事故和减少事故损失的有利时机。处于事故现场的人员，如果能在灾害事故初期沉着冷静，针对事故的性质和客观条件及时采取有效的措施，正确组织开展“自救与互救”和“抢救与急救”工作，对减小事故灾害程度和人员伤亡，起着极为重要和有效的作用。

一、遇险人员自救互救

实践证明，在事故发生初期，矿工如果能够及时采取措施，正确地开展自救互救，可以减小事故危害程度，减少人员伤亡和国家财产损失。所谓“自救”，就是矿井发生意外灾变事故时，在灾区或受灾变影响区域的每个作业人员进行避灾和保护自己的方法。而“互救”则是在有效地自救前提下妥善地救护他人及伤员的方法。

（一）基本要求与自救原则

1. 基本要求

为确保自救互救有效实施，最大限度地减小损失，每个煤矿井下作业人员都应具备如下基本知识和技能。

（1）熟悉《矿井灾害预防和处理计划》和《应急预案》具体内容。

（2）熟悉矿井的避灾路线和安全出口。

（3）掌握避灾方法，会正确操作使用自救器和自救设施。

（4）掌握抢救伤员的基本方法及现场急救知识和操作技术。

2. 自救原则

井下避灾自救应遵守“灭、护、撤、躲、报”五字基本原则。

（1）灭：是指在确保安全的前提下，采取积极有效的技术措施，将事故消灭在初始阶段和控制在最小范围，以最大限度地减少事故造成的伤害和损失。

（2）护：是指当事故造成作业人员自己所在地点的有毒有害气体浓度增高，可能危及生命安全时，立即进行个人的防护自救措施，佩戴好自救器或用毛巾捂住口鼻安全撤离灾区。

（3）撤：是指当灾变事故现场不具备抢救事故的条件或可能危及人员安全时，应以最快的速度、最短的时间选择最近的安全路线撤离灾区。

（4）躲：是指在短时间内，灾变事故现场人员无法安全撤离事故灾区时，应迅速进入预先构筑的安全避难硐室或其他安全地点暂时躲避等待救护，也可利用现场的设施和材料构筑临时避难硐室。

（5）报：是指发生灾变事故后，事故现场人员应立即向矿调度室报告事故发生的性质、时间、地点、遇险人数及灾情等，并同时向可能波及的区域发出报警。

（二）避灾急救措施

1. 矿井瓦斯、煤尘爆炸避灾自救措施

矿井发生瓦斯、煤尘爆炸时，一般伴有强大的爆炸声响和连续的空气震动。井下现场作业人员一旦遇到瓦斯、煤尘爆体事故，必须沉着冷静，迅速判断发生事故的地点和自己所处的位置，采取有效的避灾自救措施。

（1）作业人员位于事故地点上风侧时，迎着风流迅速撤离；位于下风侧时，应立即佩戴好自救器或用湿毛巾捂住口鼻，快速从最短的路线撤到新鲜风流的安全地点。

（2）如果撤离过程中遇到冲击波及火焰袭来时，应迅速背向冲击波方向俯卧在地板

或水沟内，尽量降低身体高度，避开冲击波的伤害；俯卧时面部贴在地板上，用毛巾捂住口鼻闭气暂停呼吸，以防止爆炸瞬间火焰吸入肺部造成严重伤害。并用衣物盖住身体，尽量减少肉体暴露面积，以减少烧伤。爆炸冲击波过后，要迅速按规定佩戴好自救器，判清方向，沿着避灾路线撤离到安全的新鲜风流中。

（3）如果灾变事故区的巷道破坏严重，不能安全撤离时，可以暂时躲避到支护完好的地点，安静耐心等待救护。

（4）自救避灾撤离时，应由技术人员和有经验的工人组织带领同行。人人都要遵守纪律、听从指挥。要严格控制矿灯的使用，沿途撤离路线应留有明显的标记信号，以便救护队跟踪寻找救援。

2. 煤与瓦斯突出避灾自救措施

（1）采煤工作面发现有突出预兆或发生突出事故时，要以最快的速度通知现场人员迅速向进风侧撤离。撤离中快速佩戴好隔离式自救器，迎着新鲜风流继续外撤。如果距离新鲜风流过远时，应立即撤到避难所或利用压风自救系统进行避灾自救。

（2）掘进工作面发现有突出预兆时，以最快的速度撤离到防突反向风门以外，并把反向风门关好，然后继续外撤。如果不能安全撤离时，应立即撤到避难所或利用压风自救系统进行避灾自救，等待救护队救援。

（3）撤离时，如果退路被堵或自救器有效时间不足，立即撤到专门设置的井下避难所或压风自救系统处暂避，也可撤到设有压缩空气管道的巷道、硐室躲避，并把压气管的螺丝头卸下，形成正压通风，延长避难时间，同时设法与外界保持联系，等待救护队救援。

3. 矿井火灾避灾自救措施

矿井发生火灾时，在判明事故性质、地点、事故区域范围、风流或火烟蔓延速度及方向等情况下，根据《矿井灾害预防和处理计划》及现场实际情况，确定撤离路线或避灾自救措施。

（1）发现井下火灾时，应视火灾性质、火区通风及瓦斯情况，立即采取一切可能的灭火技术措施，进行直接灭火和控制火势，并迅速报告矿调度室。如果火势太猛，现场人员无力组织抢救灭火时，应迅速采取自救和组织避灾措施。

（2）井下作业现场发现有烟雾异味时，应迅速佩戴好自救器，撤离到安全地点。处在火焰燃烧的上风侧的人员，要迎着风流撤离；处在火焰燃烧的下风侧的人员，应寻捷径路线绕过火区进入安全地区。

（3）避灾撤离中，若遇到烟雾充满巷道时，先迅速辨认出发生火灾的地区和风向，然后沉着冷静地俯身摸着轨道或管道有序地外撤。

（4）确认无法撤离火灾发生区时，应立即进入避难硐室或在火焰袭来之前，选择合适的地点就地利用现场条件，快速构筑临时避难硐室，并将硐室口堵严，与外部风流隔离，同时留有明显的避难标记以待救援。

4. 矿井水灾避灾自救措施

矿井发生水灾事故时，在迅速观察和判断透水地点、水源、涌水量、发生原因和危害程度的情况下，根据《矿井灾害预防和处理计划》中规定的避灾撤离路线，采取有效的避灾自救措施。

(1) 井下发生透水事故时，以最快的方式通知附近地区作业人员一起按规定路线，沿着上山方向安全撤出，并注意防止有害气体引起的中毒或窒息。

(2) 撤离过程中，应靠近巷道一侧，抓牢支架或其他固定物体，尽量避开压力水头，并注意防止被水中滚动的矸石和木料撞伤。若撤离的出路已被水隔离时，应迅速寻找离井筒或大巷最近的最高点暂时躲避，并在沿途和经过的巷道交叉口，留设指示行进方向的明显标志，以提示救护队进行救援。

(3) 当人员全部撤出透水区域后，应立即关闭水闸门。

(4) 现场人员被水围困无法撤退时，应保持良好的精神和心理状态，迅速躲避到安全地点，做好长时间避灾的准备，轮流担任岗哨观察水情，其余人员均静卧等待救护队的救援。

(5) 等待救援避灾时，应有规律、间断地敲击发出求救信号，以便为营救人员指示被困躲避处的位置。

二、现场急救组织

矿井发生灾害性事故时，常常会导致现场作业人员发生伤害。为尽可能地减轻伤员的痛苦，防止伤情恶化或并发症的发生，挽救濒临死亡危重伤员的生命，煤矿企业必须建立创伤急救系统，并组织指导井下现场人员做好创伤急救工作。

(一) 急救组织机构

由于煤炭企业井下作业地点分散、生产战线长、危险隐患多，为确保矿井作业人员的生命安全，《煤矿安全规程》规定，煤矿企业应有创伤急救系统为其服务；创伤急救系统应配备救护车辆、急救器材、急救装备和药品等。现场创伤急救系统组织一般按三级进行编制。

1. 第一级急救机构

煤矿井下现场急救的关键在于“及时”。第一级现场创伤急救组织主要由井下作业单位的干部、工人、卫生员及急救员、矿山救护指战员等组成，必要时医院的医生也必须奔赴现场参加急救工作。实践统计证明，现场创伤急救组织得力及时，可大幅度减少伤员的死亡。危重伤员在受伤 2 min 内进行急救时，成功率可达 70% 以上；4 ~5 min 内进行急救的成功率仅有 43%；15 min 以后进行急救的成功率极小。因而煤炭企业做好井下创伤急救组织工作，是直接关系到伤员生命安全的一件大事。

第一级现场创伤急救组织的主要任务是：迅速抢救伤员脱险，并进行现场急救；做好必要的医疗救护准备工作，以便于危重伤员的安全转送。可以根据创伤人员的伤情和条件，组织进行矿工现场急救、急救员现场急救和井下急救站抢救等工作。

2. 第二级急救机构

第二级医疗急救组织主要由矿医院医务人员组成，主要任务是接收第一级急救转送来的伤员，并根据伤情进行救治或转送到矿务局（集团公司）医院。

(二) 急救原则及伤情判断

1. 现场急救原则

矿井事故急救处置过程中，必须遵守“三先三后”的救护原则，即对窒息（呼吸道完全堵塞）或心跳、呼吸刚停止不久的伤员，必须先复苏，后搬运；对出血伤员，必须先止血，后搬运；对骨折伤员，必须先固定，后搬运。并根据现场创伤人员的伤情判断，按危重伤员、重伤员、轻伤员的抢救顺序，分类实施救护工作。

2. 现场伤情判断

矿井发生灾害事故后，一旦出现大批伤员时，先抢救重伤员，后救助轻伤员。现场抢救工作的先后，主要是根据伤员受伤情况和伤情的变化进行的，而伤情轻重的判断，是依据检查伤员心跳、呼吸和瞳孔等变化特征，以及观察伤员的神志情况来确定，具体判断方法见表8－10。

表8－10 创 伤 判 断

检查项目	伤情特征	
	正 常	严 重 创 伤
心跳	60～80次/min	严重受伤或大出血伤员，心跳多增快
呼吸	16～18次/min	危重伤员呼吸多变快、变浅或不规则
瞳孔	两眼瞳孔等大、等圆、遇光能迅速收缩变小	严重颅脑损伤的伤员，两眼瞳孔不一样大，用光线刺激时，不收缩或反应迟钝
神智	神志清醒，对外来刺激能引起反应	神志模糊或出现昏迷，对外来刺激没有反应

第九章　煤矿典型案例分析

第一节　案例分析概述

煤矿事故常常造成巨大的人员伤亡、经济损失和不良社会影响，因此剖析煤矿典型案例，查找事故发生诱因，对预防和控制同类事故的发生大有益处。

一、煤矿事故分析方法

事故分析方法很多，基本上均是采用不同的方式对以往事故资料进行系统分析和归纳，找出事故发生的规律并寻求预防事故的有效途径。常用的方法有文献研究法、定性研究法、案例分析法等，详见表9-1。由于煤矿事故的类型不同，其发生机理、事故演化、危害程度、防范措施等均具有较大差异性，因此案例分析法在煤矿安全管理中被广泛采用。

表9-1　事故分析方法对比

分析方法	主要内容	实现途径	优点	缺点
文献研究法	收集、整理以往资料	查阅文献	理论性较强	研究时间长
定性分析法	依靠人的实践经验推断事故性质和发展趋势	主观分析	预测性较强	主观臆断
案例分析法	对具体事件进行深入分析	客观分析	针对性较强	容易以偏概全

二、案例分析法模型

所有的分析方法都是建立在“提出问题→分析问题→解决问题”模式上。事故的发生不仅仅从表面上看这么简单，其中必有内因，必须通过表象看本质。通过建立模型对事故过程进一步分析、逻辑推理，更易抓住事故主要矛盾，找出其本质规律以便更好地解决问题。案例分析法模型如图9-1所示。

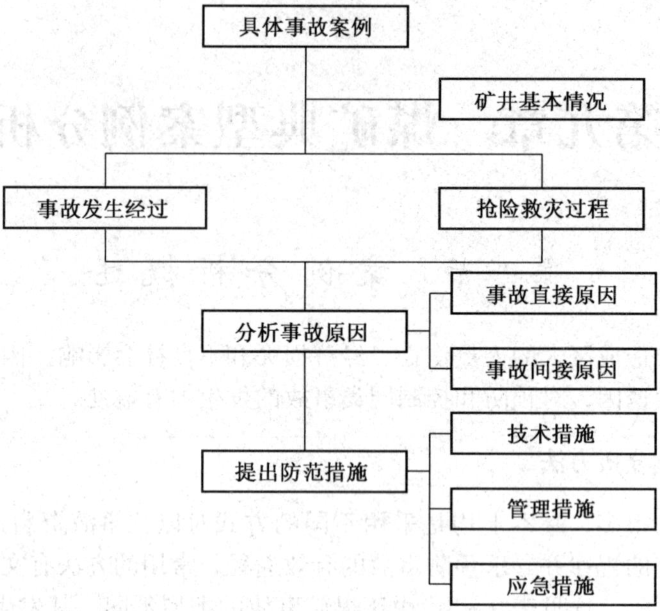

图9-1 案例分析模型

第二节 瓦斯爆炸事故案例分析

一、内蒙古赤峰××煤矿瓦斯爆炸事故

2016年12月3日，内蒙古自治区赤峰××煤矿发生特别重大瓦斯爆炸事故，造成32人死亡，20人受伤，直接经济损失4399万元。

（一）矿井概况

××煤矿位于内蒙古自治区赤峰市元宝山区元宝山镇南荒村，井田面积2.82 km^2，地面井口标高+485 m，开采深度由+450 m至±0 m，矿井核定生产能力45万t/a。采用立井多水平集中上下山开拓方式，有一对立井，主井担负矿井提煤、运人任务，兼作回风井；副井担负全矿井辅助提升任务，兼作进风井。

××煤矿井田东南部与元宝山露天煤矿相邻，东北部与建昌营煤业有限责任公司、内蒙古平庄煤业(集团)有限责任公司老公营子煤矿相邻，西南部与元宝山镇四合村煤矿相邻。××煤矿属低瓦斯矿井，绝对瓦斯涌出量为0.61 m^3/min，相对瓦斯涌出量为1.05 m^3/t。主采6号煤层，煤层自燃倾向性为自燃，自然发火期为1.5~3个月，煤尘有爆炸性。××煤矿井下布置有合法生产和越界违法生产两个生产区域（图9-2）。事故发生在越界违法生产区域，该区域瓦斯涌出量等相关参数没有测定。

自2008年3月开始，××煤矿从井田东部边界越界进入内蒙古平庄煤业（集团）有限责任公司元宝山露天煤矿（以下简称元宝山露天煤矿）井田内，违法盗采煤炭资源。

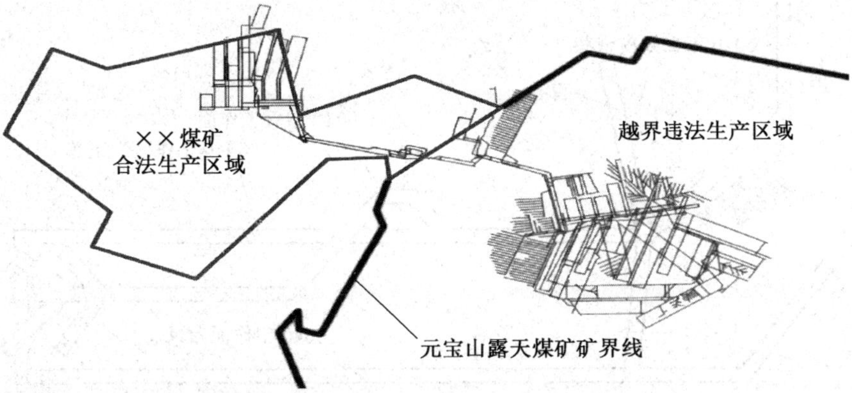

图9－2 ××煤矿生产区域平面图

进入越界违法生产区域的电缆、管线均隐蔽铺设在有盖板的电缆沟内，盖板表面撒上浮煤伪装。巷道内建有一道经过伪装的假密闭，假密闭外铺设3 m长可快速拆卸的轨道，并备有用于封堵巷道的物料和木栅栏。在政府有关部门检查时，该矿可在20 min内拆除轨道、关闭假密闭并在假密闭外设置好木栅栏，而检查人员从入井到假密闭约需40 min。在进入假密闭前的东区进、回风大巷内建有通向越界违法生产区域的进风暗道口和回风立眼口，担负越界违法生产区域的通风任务，并用隔爆水棚进行遮挡。事故发生之前，合法生产区域布置3个采掘工作面，分别为642采煤工作面、601采煤工作面和643运输巷掘进工作面，事故当班安排12人进行维护，没有进行生产作业。越界违法生产区域布置有8个采掘工作面，包括6040综采放顶煤工作面（以下简称6040综放工作面）、6040卸压巷以掘代采工作面（以下简称6040巷采工作面）、6041准备工作面3个采煤工作面，6039联络巷等5个掘进工作面，事故当班安排167人进行生产作业。

（二）事故区域基本情况

事故发生在6040综放工作面和6040巷采工作面区域（图9－3）。6040综放工作面走向长542 m、倾斜长100 m，煤厚28 m，采高2.2 m，放煤高度3～5 m。2016年5月中旬开始回采，至事故发生时已经推进372 m。6040巷采工作面在6040工作面进风巷（又称6040第四部皮带巷）向工作面方向50 m处开口布置，掘进方式为炮掘，以35°坡度向上掘进15 m后变平掘进，多头布置，呈“鱼刺”形，巷道断面宽2.5 m、高2.2 m，总长度204 m。该工作面位于6040综放工作面正上方，垂直距离约为6 m。在6040工作面进风巷第四部皮带机头两帮分别布置6040联络巷和长48.5 m的盲巷。

（三）事故发生经过

12月3日7时30分，××煤矿矿长吕××主持召开矿调度会，由生产副矿长董××安排井下当班生产任务。当班入井179人，其中合法生产区域12人，主要进行系统维护；越界违法生产区域167人，主要进行生产作业。越界违法生产区域中，6040巷采工作面16人，6040综放工作面42人，6040第一部至第三部皮带巷区域（含轨道巷）27人，6041准备工作面36人，清理皮带巷浮煤7人，其他区域39人。

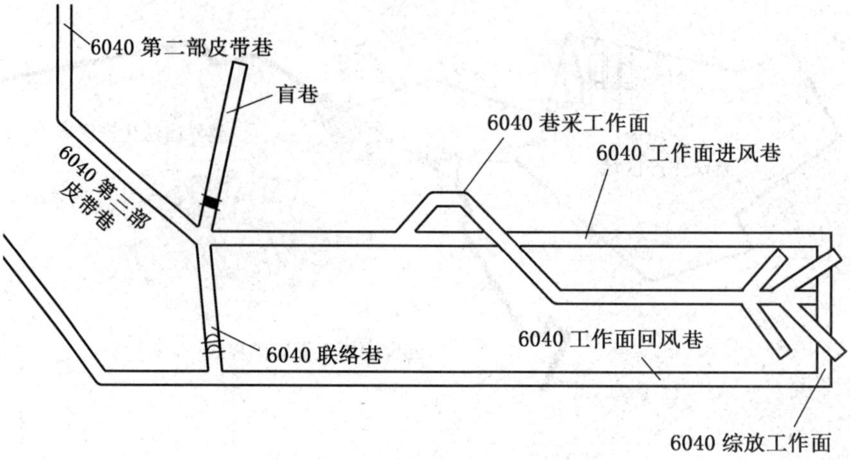

图 9－3　事故区域采掘布置示意图

10 时左右，6040 巷采工作面准备爆破时，局部通风机停电停风，6040 巷采工作面所有人员撤至盲巷口。11 时左右恢复供电后，电工顾××（事故中遇难）启动局部通风机，恢复 6040 巷采工作面通风。此时，6040 综放工作面打眼工张×明、李××在第 7 号综放支架附近的煤壁打工作面护帮眼，打眼监护工闰×在第 8 号综放支架处面向打眼工监护顶板，电焊工张×然和杨××（均在事故中遇难）在第 12 号综放支架处使用电焊维修支架，电工张×庆在回风端头处向减速机注油，瓦检员刘×军在工作面巡检。11 时 7 分左右，闰×看到正在打护帮眼的张×明、李××突然向 6040 工作面回风巷方向奔跑，同时听到"轰"的一声，回头看到一团火球从张×然和杨××的位置窜过来，闰×烧伤昏迷。张×庆正在回风端头支架下作业，一股强风吹掉了安全帽，头发烧焦。正在回风巷与联络巷交叉口处的液压泵工王×，被从联络巷风门方向冲过来的强风冲倒受伤。刘×军在第 3 号综放支架处，感觉到头顶像有一团火，喘不上气来、受伤。爆破工张×宝正从进风端头准备进入工作面，看到前面一片火光，随即被强风冲倒、受伤昏迷。打点工谢×生在进风端头处，看到一道火光从工作面出来，被冲倒受伤昏迷。在盲巷板闭前休息、吃饭的工人郭×林、宗×军，听到"轰"的一声响，被风吹倒，并看到巷道顶部火苗乱窜。11 时 10 分左右，运输队副队长马×臣在 6040 第二部皮带机头处听到爆炸声，看到煤尘扬起，急忙通知运输队人员撤出，11 时 30 分向矿调度室电话报告。技术科副科长刘×清在东区变电所附近听到爆炸声后，赶到东区变电所，11 时 30 分左右向调度室电话报告。

（四）事故信息报告及现场应急处置

1. 事故信息报告

12 月 3 日 11 时 30 分，××煤矿调度室接到井下事故报告电话后，向矿总工程师刘×和安全副矿长张×峰报告，并通知井下作业人员立即升井。11 时 40 分，该矿向赤峰宝马煤炭物资有限责任公司（××煤矿上级公司，以下简称宝马煤炭物资公司）报告。11 时 45 分，矿总工程师刘×带领通风科 3 名工人下井，修复被冲击破坏的风门。12 时 10 分，该矿切断了灾区的全部电源。井下矿工组织自救和互救，成功救出 15 名受伤矿工。

××煤矿分别于12时23分、12时27分、12时55分，向元宝山区安全监管局、平庄煤业（集团）有限责任公司救护大队和内蒙古煤矿安监局赤峰监察分局报告了事故。13时00分，赤峰市人民政府应急办接到元宝山区人民政府应急办事故报告。14时02分，内蒙古自治区人民政府接到赤峰市人民政府应急办电话报告事故信息，立即启动事故应急响应，成立应急处置指挥部。内蒙古自治区、赤峰市及元宝山区党委政府及有关部门负责人陆续到达事故现场，全力组织事故抢险救援。15时02分接到事故报告后，国家安全监管总局、国家煤矿安监局主要负责人率工作组紧急赶赴事故现场，指导事故救援和善后处理等工作。15时35分，内蒙古自治区人民政府应急办向国务院总值班室报告事故信息。

2. 现场应急处置

平庄煤业（集团）有限责任公司救护大队接到××煤矿救援电话后，先后派出6个小队共76名救护队员参加抢险救援。12时45分救护队员入井进行灾区侦察搜救，至14时35分，相继发现17名遇难矿工和2名伤员。至19时25分，又相继发现12名遇难矿工和3名伤员。23时40分，发现最后3名遇难矿工。至此，灾区所有巷道侦察搜救完毕，共发现32名遇难矿工，抢救出5名伤员。12月4日9时30分，32名遇难矿工遗体全部升井，抢险救援工作结束。至此，事故共造成32人遇难、20人受伤。应急处置指挥部成立了善后处置组，分32个工作小组，开展遇难人员家属安抚工作。至12月11日，32名遇难人员家属全部签订了补偿协议，遇难人员遗体全部火化，善后处理工作结束。

（五）事故现场勘察及事故认定

1. 事故现场勘察

现场勘察认定，事故发生在6040综放工作面区域，波及范围主要为6号煤层生产系统，即150刮板输送机巷（风门）、联络巷（26号风门）、6040第一部至第三部皮带巷、盲巷、6040联络巷、6040巷采工作面、6040综放工作面及6040工作面进、回风巷和6041准备工作面运输巷等，如图9-4所示。

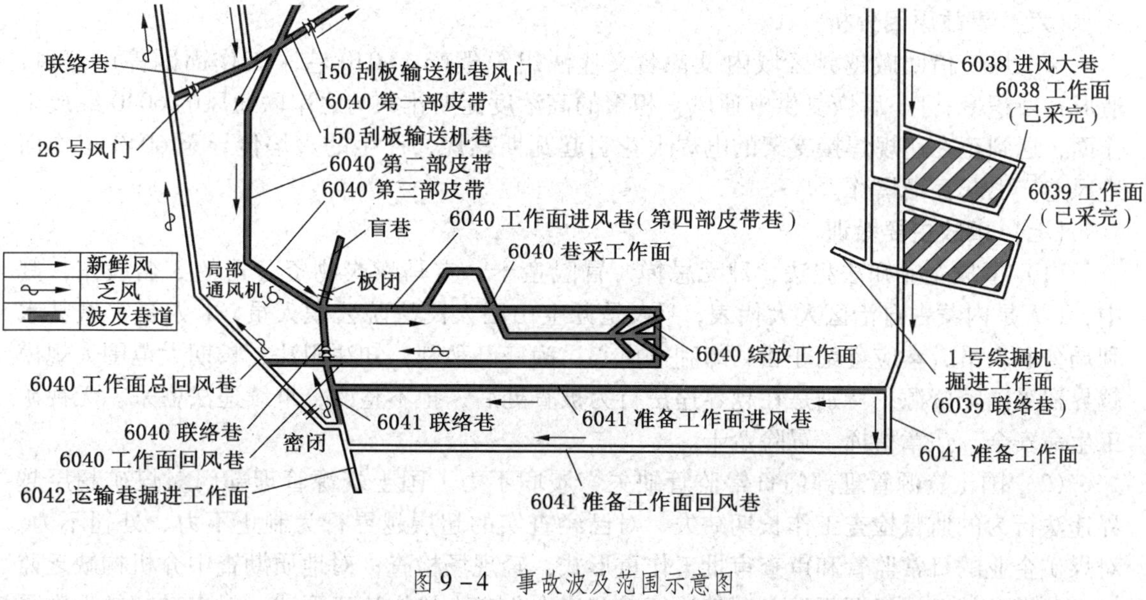

图9-4　事故波及范围示意图

（1）6040 巷采工作面区域：工作面入口距 6040 综放工作面方向 25 ~ 67 m 区域内被冲击波破坏的物体倒向凌乱，区域外倒向两侧方向明显。入口处转载平台和单体液压支柱全部被摧垮向进风侧位移。入口处的木支柱向巷采工作面内倾倒，风筒被摧毁，巷口两帮和顶煤垮落，破坏严重，巷采工作面里面的巷道和风筒完好。

（2）6040 综放工作面区域：进风巷从巷采工作面口向综放工作面 67 m 处至工作面进风端头区域，巷道内皮带架子被摧垮，倒向工作面方向。巷道帮上部撕开的锚网里有向工作面方向插入的手机、木板片、电缆钩等。6040 综放工作面第 12 号综放支架处 1 台电焊机开关处于送电状态，焊枪上夹着的焊条有使用、熔融痕迹。工作面回风巷至总回风巷完好，没有过火和冲击波破坏现象。

2. 事故认定

经调查认定，这起事故是瓦斯爆炸事故。

（1）爆炸点。瓦斯爆炸发生在 6040 工作面进风巷内，有两个爆炸点：第一爆炸点在 6040 巷采工作面口往 6040 综放工作面方向的 6040 工作面进风巷 25 ~ 67 m 区域；第二爆炸点在盲巷口。

（2）火源。6040 综放工作面电焊作业产生的火花引起瓦斯燃烧，燃烧的火焰传导至 6040 工作面进风巷引起瓦斯爆炸。

（3）瓦斯源。6040 巷采工作面停风造成大量瓦斯积聚，未按规定排放瓦斯，直接开启局部通风机“一风吹”，6040 巷采工作面高浓度瓦斯排入 6040 综放工作面。

（4）氧气条件。事故发生时 6040 综放工作面正常通风，有人员作业，风流中的氧气浓度满足瓦斯爆炸供氧条件（氧气浓度大于 12%）。

（5）爆炸过程。6040 巷采工作面排放的瓦斯进入 6040 综放工作面，遇到正在违规焊接支架的电焊火花引起燃烧，逆风向 6040 工作面进风巷迅速传导，引起 6040 巷采工作面口往工作面方向 25 ~ 67 m 的区域达到爆炸浓度范围内的瓦斯发生第一次爆炸。爆炸冲击波将盲巷板闭摧毁，盲巷内积存的瓦斯涌出发生第二次爆炸。

（六）事故原因分析

× ×煤矿借回撤越界区域内设备名义违法组织生产，6040 巷采工作面因停电停风，造成瓦斯积聚；1 h 后恢复供电通风，积聚的高浓度瓦斯排入与之串联通风的 6040 综放工作面，遇到正在违规焊接支架的电焊火花引起瓦斯燃烧，产生的火焰传导至 6040 工作面进风巷，引起瓦斯爆炸。

（七）事故主要教训

（1）事故企业知法犯法，肆无忌惮，冒险蛮干。宝马煤炭物资公司的 3 名股东，其中，1 人是内蒙古自治区人大代表，1 人是元宝山区人民法院公职人员，1 人是宁城县水利局公职人员，本应遵纪守法，却利欲熏心，为一己私利，知法犯法，长期大范围大规模越界盗采国家资源，特别是在越界违法行为被查处后，拒不整改，继续违法盗采。无视矿工生命安全，违章指挥，冒险蛮干。

（2）国土资源管理部门日常监管缺失，履职不力。国土资源管理部门对煤矿超层越界违法行为的监督检查工作长期缺失，对已经查实的超层越界行为制止不力、处罚不力。对煤矿企业的日常监管和审查审批工作重形式，轻现场检查；对地质勘查中介机构缺乏监管；对煤矿的矿产资源开发专项整治行动和安全生产大检查流于形式；对煤矿超越批准采矿范围的重大违法案件查处不到位，未执行越界开采的煤炭数量和价值认定及案件上报等相关制度。

(3) 地方政府安全发展理念不牢，安全生产大检查不认真，查处违法行为态度不坚决。地方人民政府未摆正安全与发展的关系，没有牢固树立红线意识和安全发展理念，贯彻落实国务院安委会及其办公室一系列文件、会议精神缺乏针对性、实效性，安全检查重形式、走过场。对相关职能部门履行矿产资源管理、安全生产监管职责情况检查督促不到位。

(4) 煤矿安全监管（行业管理）部门安全检查不力，煤矿安全监察机构跟踪落实不力。地方煤矿安全监管（行业管理）部门对查处煤矿越界开采重大隐患认识不足、重视不够。驻地煤矿安监机构在查处××煤矿越界开采重大隐患并向元宝山区人民政府送达《加强和改善安全管理建议书》后，对元宝山区人民政府落实情况疏于跟踪，对××煤矿越界开采重大隐患整改情况跟踪督促不到位。

(5) 中介机构无视法律，唯利是图，弄虚作假。内蒙古天信地质勘查开发有限责任公司和赤峰宏远地质勘查有限公司在明知××煤矿提供虚假资料情况下，为牟取几万元的蝇头小利，置国家法律法规及行业规范于不顾，不遵守职业道德，未到现场实测核查，为××煤矿编造虚假的年度矿产资源储量检测报告。

(八) 事故防范措施

(1) 牢固树立安全发展理念，加强安全生产工作。内蒙古自治区各级党委政府要牢固树立安全发展理念，坚守发展决不能以牺牲安全为代价这条红线，切实维护人民群众生命财产安全。深化全区安全生产领域改革创新，全面加强和改进安全生产工作。制定落实《中共中央国务院关于推进安全生产领域改革发展的意见》实施细则，进一步加强对下级人民政府及有关部门落实安全生产工作职责的领导和监督，提高安全生产工作的严肃性、针对性、实效性。扎实认真开展安全大检查，既要有部署，也要有检查督促。严格落实《国务院关于煤炭行业化解过剩产能实现脱困发展的意见》(国发〔2016〕7号) 等文件要求，推进化解过剩产能工作，督促引导180处产能小于60万t/a的煤矿有序退出，加快淘汰52处产能小于30万t/a的煤矿。

(2) 开展专项行动，严厉查处违法违规行为。内蒙古自治区人民政府要举一反三，在全区范围内开展一次以打击煤矿超层越界为主要内容的专项整治行动，对超层越界开采的煤矿企业和盗采煤炭资源的犯罪分子，要依法严惩，并研究建立长效机制，严防出现监管“真空”。在全区煤矿企业开展一次“遵法守法”专题警示教育活动，以宝马煤炭物资公司和××煤矿负责人知法犯法为反面教材，集中对煤矿企业、特别是小煤矿企业主要负责人进行法律培训教育，提高守法意识。

(3) 国土资源管理部门要提高履职能力，切实加强矿产资源监管。内蒙古自治区各级国土资源管理部门要提高认识，认真履行煤矿开采活动监督管理、查处违法违规行为职责，切实加强对矿产资源开采的监督管理工作。加强执法监察队伍建设，充实专业技术人员，加强业务培训，进一步提高执法监察能力。将煤矿企业列入矿产资源监管执法重点，定期进行现场检查。加强煤矿采矿权动态监管工作，开展审查审批及年检工作时，应重视对煤矿井下现场的监督检查。

(4) 从严从细落实安全监管监察执法工作职责，研究制定一套检查“五假”的方法，切实盯住重大事故隐患整改。内蒙古自治区各级安全监管监察部门要认真履行安全监管监察执法工作职责，严格贯彻落实国家有关会议和文件精神，以新发展理念为指导，创新监管监察方式，严格规范执法，确保执法到位。在组织安全生产大检查时要实，在谋划部署上要实，针对性要强，要求要具体，措施要管用。对煤矿违法生产中采用假密闭、假图纸、假数据、假报告和假整改等“五假”手段蓄意逃避监管检查的情况，认真研究对策，制定一套切实可行的检查“五假”的方法，通过多种方法、多种渠道、多种手段查找“五假”等违法违规问题。要敢于碰硬，不避实就轻。对煤矿重大隐患，要紧盯不放，跟踪到位，依法监督煤矿企业落实整改。要按照《国家安全监管总局 国家煤矿安监局关于开展煤矿全面安全体检专项工作的通知》（安监总煤监〔2017〕11号）要求，认真开展煤矿全面安全“体检”专项工作，查找薄弱环节和突出问题，提高执法工作的针对性和有效性。

（5）强化中介机构监管，完善中介服务信用体系。地质勘查资质颁发部门要进一步完善中介机构的管理制度，要强化对中介机构经营活动的监管和查处，开展一次中介机构教育清查活动，严厉打击不诚信、不守信、弄虚作假等违反行业规范和道德的行为，查处情况要向社会公开。

（6）加大举报奖励力度，用好群众举报这个有力手段。内蒙古自治区各级人民政府及有关部门要建立完善信访举报平台，畅通群众举报渠道，进一步加大群众举报违法违规生产经营建设行为的奖励力度和宣传力度，有效防止明退暗开、偷挖盗采等违法行为，使暗藏的非法违法活动无藏身之地。

二、内蒙古乌拉特前旗××煤矿瓦斯爆炸事故

2012年4月23日0时30分许，内蒙古乌拉特前旗××煤矿2221掘进工作面发生一起瓦斯爆炸事故，造成9人死亡，16人受伤，事故直接经济损失996万元。

（一）矿井概况

××煤矿前身为地方国有乌拉特前旗煤矿，始建于1971年，1996年转制为股份制民营企业，生产能力为9万t。2006年由有关部门批准，矿井建设规模由9万t/a升级到30万t/a，2009年12月投入试生产，2010年11月通过相关部门验收，取得有关证照后正式投产。事故前该矿六证齐全，且均在有效期范围内。××煤矿位于乌拉特前旗明安镇境内，井田南北走向长1.8 km，东西倾向宽0.6 km，垂深0.3 km，井田面积0.8827 km^2，设计保有地质储量226.69万t，矿井设计可采储量144.81万t。技改后设计生产能力30万t/a。××煤矿属低瓦斯矿井，瓦斯相对涌出量6.8 m^3/t，煤尘具有爆炸性，2号煤为易自燃煤层，矿井水文条件为简单型。该矿主要含煤地层为侏罗系中下统，可采煤层共有3层，即1、2、3号煤层。$3^{上}$、7号煤层为局部可采煤层，B、C、5、9号煤层为单孔可采煤层。现主采煤层为2号和3号煤层。该矿采用片盘斜井开拓方式，走向长壁后退式开采，爆破落煤，主井采用提升机牵引箕斗提升方式，副井采用提升机牵引矿车提升方式，井下平巷采用轨道、矿车运输。矿井采用对角抽出式机械通风方式，主、副斜井进风，回风斜井回风，东、西风井各安装2台FBCDZ－6NO12（B）防爆抽出式对旋轴流通风机，一台工作，一台备用，配套电动机为YBFh200L_1－6型的电动机各两台，其容量为2×18.5 kW。主排水设备选用3台MD25－50×8型矿用离心泵，一台工作，一台备用，一台

检修，排水管路2趟，沿主斜井敷设。矿井供电电压等级为10 kV，电源线路为两回架空线路，一回取自明安35 kV变电所的馈出的10 kV电源，长度为7 km，导线型号均为LGJ－3X50；另一回取自小佘太35 kV变电所馈出的10 kV电源，长度为16 km，导线型号均为LGJ－3X35。矿井装备一套KJ78N型安全监控系统，事发前因22日下午矿井停电未启动。矿井调度通信系统采用TC－24型数字程控调度交换机。该矿现有职工123人，其中井下工人73人。劳动组织采用“三八制”作业方式。

（二）事故区域概况

事故前井下正在进行2231西翼岩巷、2221东翼煤巷、2231东翼石门掘进作业以及2231东翼回采工作面作业。

事故发生在2221东翼煤巷掘进工作面，工作面为梯形，上宽2 m，下宽2.6 m，净高2.0 m，变化带地段采用工字钢支护，煤巷地段采用木棚支护，棚距1.5 m。巷道内设有甲烷传感器。

2221东翼掘进工作面采用爆破落煤，人工装车，矿车运输，使用2号岩石炸药和秒延期电雷管，均未取得MA标志，为非煤矿许用炸药和雷管。在实际爆破操作中，采用分次起爆方式，每一循环分4次爆破，在事故前爆破后有瓦斯超限现象。事故发生前，当班井下共有25人入井，其中2221东翼煤巷掘进工作面8人（4人为中班作业人员，4人为夜班等待接班人员），2231西翼岩巷掘进工作面2人，2231东翼石门掘进2人，2231东翼回采工作面11人，主副井煤仓各1人。

（三）事故发生及抢救经过

2012年4月22日13时30分许，××煤矿中班人员陆续到达井口，由各班班长召开班前会布置工作任务后，各班人员相继入井，进入各自作业地点工作。约16时30分，因明安变电站故障，××煤矿全矿停电，根据矿有关规定，停电后井下人员应撤出，约18时，井下中班人员全部升井。19时左右，矿井恢复供电，电工沈××赶到地面变电所，恢复了绞车房等地面设备的供电，并给井下中央变电所送电，随后和瓦检员仝××一起入井，到达中央变电所后，向各工作面配电点送电，然后开始抽水，抽完水后升井。与电工沈××一起入井的瓦检员仝××，先到西翼三水平2231掘进工作面给局部通风机送电，又到二水平给2221东翼掘进工作面局部通风机送电，随后又到三水平，启动了2231采面的局部通风机和石门掘进局部通风机，于21时左右升井。2221东翼煤巷掘进工作面中班作业人员由于停电未完成当班进米，送电后，闫××等4人于19时50分再次入井进行打眼爆破作业，西翼2231岩巷掘进工作面、东翼2231采煤工作面夜班作业人员分别于19时20分、20时50分入井，2221东翼煤巷掘进工作夜班作业人员于23时入井，到事故发生时，井下共有作业人员25人。

23日0时30分左右，井口信号工赵×发现主井信号长铃不断，副井渣车无法提升，井口有一股烟尘，以为是绞车故障，打电话向井长胡××进行了汇报。约0时40分，胡××到达井口，安排人员检修绞车，但绞车未发现故障，于是安排准备上夜班的工人李×青下井查看情况（1时20分左右），李×青下井40多分钟后，未与地面联系，地面电话也无法联系他，随后胡××带领王×云入井查看情况。30多分钟后也一直未和地面联系，井口检身工张×云意识到可能出事了，马上打电话向矿长刘×汇报，刘×立即赶到井口，约3时左右，王×云从主井升井，汇报说井下可能发生了瓦斯爆炸，破坏比较严重，随后赶来的董事长郭××安排人员赶往风井检测气体，测得一氧化碳浓度超出500 ppm，确定是瓦斯爆炸。刘×立即带领人员入井抢救并恢复人车运行，郭××安排人员恢复通信，随后带领王×和张×云入井救援，入井了解情况后，郭××安排张×云升井通知副矿长管××，尽快给政府有关部门汇报，并请求救护队救援。刘×带领救援人员经过全力抢救，到5时40分左右，受伤的15名工人全部升井，紧急送往医院救治，期间，1名工人从主井自行爬出。随后刘×带领有关人员进入灾区，在三水平石门发现1名遇难人员，在2221东翼煤巷掘进工作面巷口40 m左右发现3名遇难人员，由于巷道冒落，风筒烧毁，2221东翼掘进工作面处于无风状态，一氧化碳浓度很高，救援工作暂时受阻。

4月23日5时20分，××煤矿副矿长管××向旗安监局报告事故情况，并分别于5时25分和5时40分向旗经信局和鄂尔多斯煤监分局报告事故情况，并随即请求巴彦淖尔市矿山救护队进行救援。巴彦淖尔市矿山救护队接到通知后出动，于23日9时30分到达事故现场，展开抢险救援。在救护队员和××煤矿救援人员的密切配合下，用局部通风机逐段排除巷道内有害气体，恢复作业条件，经过紧张的抢救，到23日18时，9名遇难矿工遗体全部运出地面送往殡仪馆，事故抢险救援行动结束。

（三）事故原因及性质

1. 直接原因

××煤矿4月22日16时30分停电后，2221东翼煤巷掘进工作面停风，造成瓦斯积聚，在矿井恢复供电后，瓦斯排放不彻底，且由于工作面分次爆破，爆破落煤后，工作面瓦斯大量涌出，导致作业区域瓦斯进一步积聚并达到爆炸界限。该矿2221东翼煤巷掘进工作面使用非煤矿许用二号岩石炸药，且采用分次爆破，在最后一次爆破时，抵抗线不足，爆破产生的高温火焰引爆了积聚的瓦斯。

2. 间接原因

（1）××煤矿未严格执行“一通三防”管理规定，未安排专职瓦检员，未执行“一炮三检”制度，未设置瓦斯电闭锁装置，局部通风管理不到位

（2）××煤矿违反《煤矿安全规程》有关规定，采购和使用非煤矿许用二号岩石炸药和普通秒延期电雷管。

（3）××煤矿安全管理人员配备不足，安全生产责任制落实不到位，安全管理基础薄弱，未严格落实矿领导带班入井制度。

（4）××煤矿对职工的安全教育培训不到位，职工对瓦斯的危害性认识不够，思想麻痹大意，违章作业，自保互保意识差。

（5）乌拉特前旗煤矿安全监管部门对煤矿的日常安全监督检查不到位，安全监管工作存在漏洞。

（6）乌拉特前旗火工品监管部门对煤矿行业所用雷管炸药缺乏专业认知，审批工作存在漏洞。

（四）防范措施

（1）××煤矿要认真落实《国务院关于进一步加强企业安全生产工作的通知》（国发〔2010〕23号）精神，将企业安全生产的责任主体落实到位，完善安全管理机构，严格执行矿领导带班入井制度，加强现场监督检查，认真执行各项安全管理制度和安全隐患排查制度，真正把煤矿安全生产各项规章制度和技术措施落实到作业班组和岗位，有效防范和

遏制煤矿事故。

(2) ××煤矿及乌拉特前旗所有煤矿企业井下使用火工品时应严格遵守《煤矿安全规程》有关规定，严禁没有煤安标志的炸药和雷管入井。

(3) ××煤矿要切实做好从业人员的安全教育和培训工作，保证从业人员具备必要的安全生产知识，增强职工自保、互保意识，严格执行“三大规程”，坚决杜绝违章指挥和作业。

(4) ××煤矿要严格落实《国务院办公厅转发发展改革委安全监管总局关于进一步加强煤矿瓦斯防治工作若干意见的通知》(国办发〔2011〕26号) 关于“瓦斯超限，立即停产撤人，并比照事故处理查明瓦斯超限原因，落实防范措施”的要求，加强通风队伍建设，完善“一通三防”管理机构，强化“一通三防”的管理工作，进一步建立健全瓦斯管理制度，落实瓦斯防治安全技术措施。

(5) 乌拉特前旗火工品监管部门要加强火工品监管力度，杜绝非煤矿许用火工品进入煤矿使用。

(6) 乌拉特前旗人民政府应尽快理顺煤矿安全管理体制，明确职能、职责和人员编制，配备专业技术人员，加强对煤矿安全监督管理工作，确保对煤矿实施有效监管，切实履行好地方政府煤矿安全监管责任。

(7) 巴彦淖尔市及各产煤旗政府及煤矿安全监管部门要加强对煤矿的安全监管工作，要求煤矿企业必须认真落实国家七部委《关于加强小煤矿安全基础管理的指导意见》和《内蒙古自治区加强煤矿安全基础管理的实施意见》，建立健全煤矿安全管理机构，配齐配足专业技术和特种作业人员，切实加强安全基础管理工作，尽快消除各类安全隐患，坚决杜绝各类事故的发生。

第三节 煤尘爆炸事故案例分析

2019年1月12日16时20分，陕西省榆林市神木市××矿业有限责任公司（以下简称××矿业）发生一起重大煤尘爆炸事故，造成21人死亡，直接经济损失3788万元。

一、矿井概况

（一）矿井地质情况

××矿业为股份制民营企业，位于神木市城区东北约15 km处，井田东西长约4 km，南北宽约4.6 km，面积15.42 km^2，井田范围内仅5^{-1}煤层可采，在井田中部赋存，可采区域以火烧区边界和0.8 m可采线为界，剩余可采储量574万t。开采标高+1200～+1170 m，煤层倾角一般小于1°，属近水平煤层；煤层厚度0.8～4.89 m，平均厚度3.37 m。煤层顶板岩性以厚层粉砂岩、细粒砂岩为主，底板岩性以粉砂岩、细粒砂岩和砂质泥岩为主；5^{-1}煤层为Ⅰ类容易自燃煤层，煤尘具有爆炸性，为低瓦斯矿井，水文地质类型为简单型，地温正常，无冲击地压现象。

××矿业井田内存在两处老窑采空区，其中东部为碳窑沟老空区，西部为阴沟老空区。2014年普查报告显示，碳窑沟老空区全部位于碳窑沟以东，在碳窑沟以西没有分布。2015年8月至2016年4月，在506综采工作面开切眼东南部掘进现506连采工作面区域巷道时，8次与碳窑沟老空区打通，表明在碳窑沟西侧有老空区分布。2018年普查报告显示，碳窑沟老空区在碳窑沟东西两侧均有分布，更靠近矿井南翼生产区域，涵盖了该矿在掘进中已揭露的老空区范围。2018年12月，506连采工作面二支巷位置向西南方掘进中再次揭露老空区，证实碳窑沟老空区实际范围比第二次普查范围大。两处小窑老空区开采年代不清。普查后，两处老空区均未治理。本次事故采空区顶板大面积冒落范围就包括碳窑沟老空区一部分。

（二）矿井生产系统

矿井采用平硐单水平单盘区开拓，在工业广场内布置有主平硐、副平硐和回风平硐3条井筒。主平硐装备带式输送机，担负矿井综采工作面原煤运输任务，副平硐担负矿井辅助运输任务，回风平硐担负矿井回风任务。沿平硐延伸方向布置3条大巷，分别是带式输送机大巷、辅运大巷和回风大巷。沿大巷南北两翼布置回采工作面，井下现有3个采掘工作面，分别是矿井北翼507综采工作面、515运输巷综掘工作面和南翼506连采工作面（图9-5）。矿井北翼507综采工作面、515综掘工作面原煤经顺槽皮带、大巷皮带、主平硐皮带运至地面煤仓。矿井南翼506连采工作面原煤使用无轨胶轮车直接运至地面煤场。矿井辅助运输采用无轨胶轮车将材料和人员从地面送至井下各工作地点。矿井采用中央并列式通风方式、抽出式通风方法，主、副平硐进风，回风平硐回风。主要通风机房装备2台FBCDZ№28/C型防爆对旋轴流式通风机，1台工作，1台备用。矿井总进风量为4233 m^3/min，总回风量为4274 m^3/min，507综采工作面配风量1239 m^3/min，515运输顺槽综掘工作面配风量802 m^3/min，506连采工作面配风量923 m^3/min。矿井装备1套KJ73N型安全监测监控系统。矿调度室设监控主机2台，1台运行、1台备用，设有12台KJF86N型监控分站，安设有瓦斯、一氧化碳、二氧化碳、氧气、粉尘、温度、风速、馈电状态、风门开关、设备开停等传感器共95台。装备1套KJ237型井下人员定位系统，入井人员和车辆配备定位识别卡。地面调度室设监控主机2台，井下设有7台KJ237-F

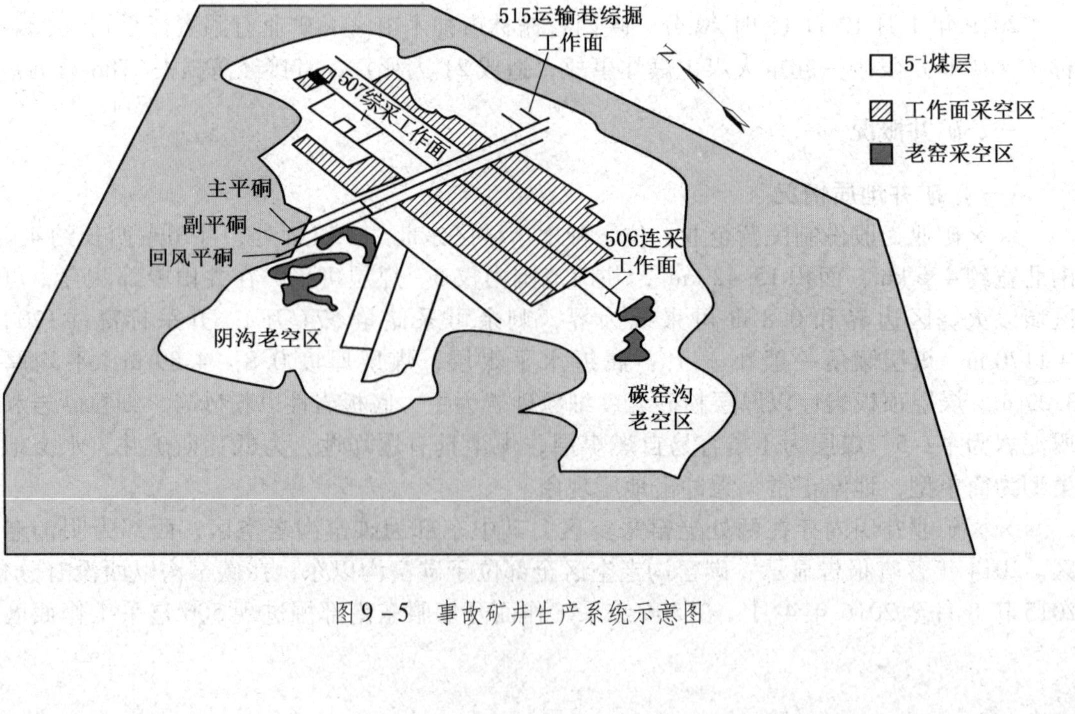

图9-5 事故矿井生产系统示意图

型读卡分站，23 台 KJ237 - F - S 型识别器，配备 327 个 KJ237 - K 识别卡，对井下人员、车辆进行实时监测，跟踪定位。矿井防尘洒水系统与消防系统共用，地面设有 2 × 300 m^3 高位水池，沿 3 条井筒、大巷和采掘工作面均布置防尘洒水管路，井下主要巷道设有风流净化水幕 14 道，转载点喷雾设施 6 道，采煤机设有内、外喷雾设施。沿 3 条大巷和采掘工作面共设有隔爆水棚 6 组。

（三）事故区域概况

事故发生区域为矿井 5^{-1} 煤南翼 506 连采工作面和 506 连采工作面南部老空延伸开采区内。

1. 5^{-1} 煤南翼边角煤连续采煤机开采设计情况

2018 年 11 月，神南产业受 × × 矿业委托编制了《5^{-1} 煤南翼连续采煤机短壁回采方案》（以下简称回采方案），设计用连续采煤机回采 504、506、508、510 综采工作面采空区以南边角煤，分为 4 个区。一区为 506 连采工作面，位于 506 综采工作面以南。二区为连采探巷工作面，位于 506 和 504 综采工作面以南、一区进风巷以西边角区域，采用在一区进风巷向西探巷式掘进，后退式单翼采硐回采，局部通风机供风，爆破强制放顶，全部垮落法管理顶板。三、四区分别位于 508、510 综采工作面以南边角区域。事故发生时，× × 矿业正在一区回采，同时在二区以探巷方式回采。一区和二区的开采实为同一个工作面，在开采一区时，同步开采二区，即 506 连采工作面实为一区、二区合并而成。

2. 506 连采工作面作业规程编制情况

2018 年 11 月，× × 矿业依据回采方案编制了《5^{-1} 煤南翼连续采煤机短壁回采作业规程》。2018 年 12 月 × × 矿业对作业规程进行了修改，编制了《5^{-1} 煤南翼连续采煤机短壁回采一区作业规程》。工作面长度 85 m，顺槽长度 250 m，双巷布置，运输巷进风、回风巷回风。两巷断面相同，宽 5. 2 m，高 3. 3 m，矩形断面，均采用锚杆 + 网片支护。采用连续采煤机短壁布置回采，装备 1 台 EML340 - 26/45 型连续采煤机掘进及回采，平行于切眼（一支巷）留 6 m 煤柱后开 5. 2 m 宽、3. 3 m 高的支巷，从二支巷 45 m 处沿 40°角向一支巷掘一条 5. 2 m 宽、3. 3 m 高的联络巷，支巷内单翼进刀后退式回采支巷间煤柱，沿回采支巷 40°夹角开采 3. 3 m 宽、3. 3 m 高、8 m 深的采硐。采完一支巷，再掘进三支巷和支巷间联巷，然后在二支巷回采，如此往复。采用全负压通风，同时装备 2 台 2 × 30 kW 的局部通风机，一用一备，用于掘进支巷和回采时通风。通风线路为：辅助运输大巷→503 回风联络巷风桥→506 进风巷→506 连采面进风巷→506 连采工作面支巷→506 连采工作面回风巷→506 回风巷→总回风巷。装备 1 台 MFC 型液压锚杆钻车用于安装锚杆支护顶板，装备 2 台 XZ7000 型履带行走式液压支架，用于在支巷采硐口支护。支巷内设计采用锚杆 + 钢筋网片 + 锚索联合支护，液压支架和单体液压支柱配合护顶，其中锚杆为 ϕ18 × 2000 mm 的螺纹钢锚杆、配合 120 mm × 120 mm × 8 mm 的铁托盘，6 根/排，间排距 1 m；金属网片规格为 5. 2 m × 1 m，锚索规格为 ϕ15. 24 × 7000 mm，在巷道中部打 1 排锚索，间距 3 m。采用全部垮落法管理顶板，每回采 2 个采硐爆破一次强制放顶。回采采硐前，在支巷内距两侧煤帮 1 m 处各施工一排放顶眼，孔间距 1 m，炮眼深 7 m，垂直施工，每孔装矿用乳化炸药 4 kg，装填毫秒电雷管 2 发，正向起爆。工作面主运输、辅助运输均采用无轨胶轮车运输。配备 1 台 CL933 型装载机装煤，9 台无轨胶轮车将工作面原煤运至 511 刮板机卸载点，经主皮带运至地面。工作面防尘供水管采用 ϕ50 焊管沿胶（辅）运大巷→502运输巷→工作面防尘用水点敷设，每隔50 m设一组三通和阀门。连采机安设内、外喷雾装置，工作面装除尘风机、风流净化水幕。

3. 506连采工作面实际准备和生产情况

××矿业在2015年准备506综采工作面时，进风巷揭露了老空，随即缩短推进长度，布置了506综采工作面切眼。同时，于2015年8月至2016年4月，采用炮掘方式在506综采工作面切眼东南部掘进巷道，形成了506连采工作面区域的巷道。掘进期间，506连采工作面进风巷道与碳窑沟老空8次打通，打透老空后，构筑了8道临时密闭。由于在504综采工作面开采前已对504切眼东南部的边角煤采用巷道式采煤法开采，2015年10月至2018年6月，随着504、506、508、510四个综采工作面相继回采完毕，致506连采工作面区域与矿井其他生产系统的联系被完全切断。2018年3月，××矿业决定开采南翼边角煤。在504综采工作面切眼东南侧，在采空区内以炮掘方式维护506连采工作面进风巷，并对通往南翼边角煤区域的其他巷道进行维修、掘进，形成506连采工作面。2018年11月，神南产业提交了回采方案。2018年12月，××矿业修改编制了《5^{-1}煤南翼连续采煤机短壁回采一区作业规程》。××矿业在实际开采中扩大了506连采工作面开采范围，利用连采切眼位置向南侧老窑老空区方向延伸的巷道进行开采，形成506连采工作面南部老空延伸开采区（以下简称老空开采区）。老空开采区没有在回采方案和作业规程中出现，也没有编制单独的开采设计、作业规程和安全技术措施。该区域南北长约143 m，东西宽约6～43 m，于2018年11月28日开始组织回采，至2019年1月1日回采结束，共生产原煤30743.7 t。1月2日自连采切眼开始后退式回采506连采工作面，事故发生时三支巷已贯通，二支巷回采剩15 m，自切眼已向北回采24.5 m，生产原煤7803.6 t。连采二区的开采，没有单独编制工作面设计和作业规程，《5^{-1}煤南翼连续采煤机短壁回采一区作业规程》中也没有包含开采连采二区的内容。2018年12月初，连采队从506进风巷与二支巷交叉口处向西南掘进到11.4 m时，与老空区打通，采用红砖垒砌临时密闭封堵。2019年1月11日夜班，在二支巷回采了3个采硐后，从506进风巷与三支巷交叉口处，垂直于506进风巷向西南方向掘进至41.2 m处。506连采工作面采用连续采煤机割煤，每班用1台众力机械ZL933型、1台野牛牌CLG855型装载机装煤，9台无MA标志非防爆无轨胶轮车将原煤直接运至地面。在506连采工作面进、回风巷安装有洒水管路，管径为DN50，支管为胶管。在进、回风巷和支巷内共安设4道手动风流净化水幕装置。连续采煤机内外喷雾装置正常。在进风巷配电点附近、回风巷口90 m处各安装一组隔爆水棚。

二、事故发生经过和事故救援情况

（一）事故发生经过

1月12日8时30分，连采队队长张×旭主持召开班前会，当班副队长屈×田和班长李×广安排具体工作，连采队当班出勤26人。当班任务是在506连采面三支巷回采3个采硐，并进行运输、放顶、支护等工作，然后在二区掘进。9时14分，当班人员先后从副平硐乘车入井。约9时45分到达506连采面，在三支巷组织回采。连采队队长张×旭现场安排完工作后，于10时36分升井。13时50分，连采队开始爆破强制放顶，爆破结束后，班长李×广和3名爆破工升井办理火工品退库手续。完成退库手续后，班长李×广带领 1 名爆破工（马 × 文）再次入井到 506 连采面作业。16 时 24 分，主平硐驱动机房胶带机司机杭 × 军发现主平硐口有黑烟喷出，电话汇报值班调度员。调度员发现安全监测监控系统和通信联络系统中 506 连采工作面信号中断，立即通知张 × 旭查明情况。张 × 旭安排蔡 × 友驾车入井查看，蔡 × 友约 16 时 40 分从副平硐入井，沿 506 回风巷向工作面前行，在 506 回风巷约 700 m 处，追上驾驶第 6 趟入井的 C09 号运煤车的余 ×，二人均感到巷道内粉尘大、能见度极差，呼吸困难。二人停车熄火，弃车升井。16 时 25 分，井下带班矿领导杨 × 鹏发现 507 综采工作面风流逆转，粉尘较大，电话汇报调度室后，到 506 连采面查看情况，发现 506 回风巷有两处密闭墙损坏，烟尘较大，于 17 时 18 分将情况汇报调度室。17 时 35 分，总工程师屠 × 德到 506 连采工作面进风巷查看情况后汇报调度室：506 连采面进风巷烟尘大、无法进入、情况不明。17 时 40 分，矿调度室请示矿长后，通知井下所有作业人员撤离。经核对全矿当班入井 87 人，66 人安全升井，连采队有 21 人被困井下。

（二）事故报告及应急响应情况

18 时 25 分，× × 矿业矿长向神木市能源局电话报告了事故，并请求救援。接到报告后，神木市、榆林市相继启动煤矿重大事故抢险救灾应急预案，指挥神木市矿山救护队立即出动。18 时 54 分，神木市能源局向陕西煤矿安全监察局榆林监察分局报告事故，榆林监察分局随即向陕西煤矿安全监察局值班室进行了报告。19 时 16 分，神木市矿山救护队向陕西煤矿安全监察局救援指挥中心汇报出动情况，陕西煤矿安全监察局立即向陕西省人民政府、国家煤监局和应急管理部进行了汇报。接到事故报告后，陕西省政府立即启动二级应急响应，调动国家矿山应急救援神华神东救护消防大队、神南救护大队前往救援。

（三）现场抢险救援情况

12 日 19 时 40 分，先行到达的神木救护队分两组开展救援工作，一组 11 人从副井进入，前进至 506 连采面进风巷 50 m 左右，陆续发现 19 名遇难者，接近 506 连采面时因听到工作面方向有顶板垮落声，为防止次生事故发生，随即返回升井。另一组 9 人从 512 运输巷进入，前进到 506 回风巷发现 1 名遇难者，接近 506 连采面时工作面方向有顶板垮落声，随即升井。13 日 4 时 15 分，神东救护队入井侦察，在连采机右侧发现 1 名遇难者，至此 506 连采面 21 名遇难人员全部找到。13 日 12 时 35 分，21 名遇难者全部升井，抢险救援工作结束。

（四）事故现场勘察情况

通过现场勘察和分析，对本次事故的爆炸冲击波及范围、爆炸源、爆炸火源、爆炸物进行了认定。

（1）爆炸冲击波及全矿井，主要破坏范围为 506 连采工作面和 506 连采工作面进、回风巷道。

（2）根据 506 工作面及其进回风巷道受冲击破坏情况，爆炸源位于 506 连采工作面三支巷内的 C17 号运煤车处。

（3）爆炸火源为停在三支巷中部怠速状态的无 MA 标志非防爆 C17 号运煤车产生火花。

（4）爆炸物为煤尘，煤尘来源为：506 连采工作面采空区及与之连通的老空区顶板垮落，压缩采空区气体形成强冲击波，从与采空区沟通的 5 条巷道口冲出，吹扬起 506 连采工作面沉积的干燥煤尘，达到了爆炸浓度。

三、事故发生的原因和事故性质

1. 事故直接原因

506连采工作面和开采保安煤柱工作面采空区及与之连通的老空区顶板大面积垮落，老空区气体压入与老空区连通的巷道内，扬起巷道内沉积的煤尘，弥漫506连采工作面，并达到爆炸浓度，在三支巷中部处于怠速状态下的无MA标志非防爆C17运煤车产生火花，点燃煤尘，发生爆炸，造成人员伤亡。

2. 事故间接原因

（1）违法进入老空区组织回采，开采老空区保安煤柱。一是回采方案和506连采工作面作业规程中设计的部分支巷位于采空区保安煤柱范围内。二是超出回采方案和作业规程中506连采工作面开采范围，违法组织开采采空区煤柱。

（2）使用国家明令禁止的设备和工艺。一是506连采工作面主、辅运输车辆均为无MA标志的非防爆柴油无轨胶轮车；二是采用落后淘汰的巷道式开采工艺回采边角煤，以掘代采、以探代采；三是二区边角煤开采没有独立的进风巷，利用506进风巷作为进风巷，垂直于506进风顺槽掘进探巷，后退式单翼采硐回采，局部通风机通风，串联通风；四是506连采工作面采用每采2~3个采硐强制放顶方式，放顶后工作面只有1个安全出口，工作面风流通过冒落的采空区回风。

（3）井下采掘工程违规承包分包，现场安全管理失控。一是将井下采掘工程分别承包给山东鲁泰和炜源公司；二是将井下综掘和连采工作面承包给不具备安全生产条件和相应资质的炜源公司；三是××矿业、鲁泰公司百吉项目部、炜源公司共同隐瞒采掘承包真相；四是没有建立统一有效、合理健全的安全管理体系，管理体制混乱，职责相互交叉，责任不明确；五是炜源公司组织机构不健全，未设置安全管理机构；六是陕西鲁泰作为山东鲁泰在陕公司，并未将采掘承包情况向有关部门报告，对鲁泰百吉项目部部分管理人员在××矿业煤矿担任煤矿领导职务制止不力。

（4）资料造假，蓄意隐瞒违法违规行为，逃避监管。一是506连采工作面开切眼东南部老空区内巷道及开采情况，没有出现在作业规程中，也没有填绘在采掘工程平面图上，图纸、资料等与实际不符；二是对专家“会诊”检查出的重大问题未落实整改。

（5）矿井安全投入不足，职工培训不到位，现场管理混乱。一是××矿业和炜源公司未配备钻探设备和防爆运输车辆；二是职工安全意识差，安全教育培训不到位，有入井人员携带烟火现象；三是防尘设施不全。洒水管路未按规定延伸至所有作业地点；在进、回风巷未安设自动控制风流净化水幕等设施。

（6）对隐蔽致灾因素没有进行治理。一是对于已经探明的碳窑沟老空区存在的大面积悬顶等安全隐患未进行治理；二是掘进巷道9次打通老空区后，没有退回并未按规定构筑防爆防水闭墙。

四、事故防范及整改措施建议

（1）牢固树立安全发展理念，明确煤矿安全“红线”标准。榆林市政府要牢固树立安全发展理念，坚守“发展决不能以牺牲安全为代价”这条红线，要对近年来发生的多起重大事故（含涉险）教训进行梳理，举一反三，认真查找影响当前煤矿安全生产的主要问题，制定出符合榆林煤矿安全实际的、具体的、可操作的标准规定，作为全市煤矿必须遵守的安全“红线”。

（2）开展专项整治行动，落实“红线”安全标准。榆林市各级政府要认真落实市政府制定的安全“红线”标准，持续开展专项整治，以钉钉子精神持续开展“采空区大面积悬顶”和“矿井周边明盘开采”等隐蔽致灾因素普查，采取有效措施进行治理。要始终保持对“非法违法承包分包”“采用国家明令淘汰的巷道式采煤方法采煤”“非防爆胶轮车入井”“超层越界乱采乱挖”等问题依法严惩的高压态势，坚持群众路线，畅通群众举报渠道，进一步加大举报奖励力度和宣传力度，有效发现明停暗开、偷挖盗采等违法行为，使暗藏的非法违法活动无容身之地。

（3）提高政治意识，强化作风建设，落实责任，切实做好煤矿安全监管工作。榆林市各级煤矿监管部门要按照全面从严治党的要求，深刻反思事故暴露出的煤矿安全监管工作存在的形式主义、官僚主义、作风漂浮等问题，检视企业“五假五超”、假托管真承包、老空开采煤柱、巷道式采煤、非防爆车辆入井，入井人员携带烟火等问题持续存在的根源，提高政治站位，转变工作作风，落实各级责任，扎实做好监管工作。

（4）煤矿企业依法管矿，依法治矿，建立诚信机制，落实煤矿企业主体责任。榆林市各煤矿企业要认真贯彻落实国家关于安全生产“安全第一、预防为主、综合治理”的方针，增强法治意识，遵法守法，诚实守信，严格按照国家法律法规和行业标准管理和经营，杜绝“非法违法承包分包”“采用国家明令淘汰的巷道式采煤方法采煤”“非防爆胶轮车入井”“超层越界乱采乱挖”等故意违法问题，建立健全风险分级管控、隐患排查治理和安全质量达标“三位一体”的煤矿安全生产管理体系，提高煤矿安全保障能力。

第四节　煤与瓦斯突出事故案例分析

2019 年 12 月 16 日 23 时 10 分，贵州省黔西南州安龙县戈塘镇××煤矿 21202 运输巷掘进工作面发生一起煤与瓦斯突出事故，造成 16 人死亡、1 人受伤，直接经济损失约 2311 万元。

一、矿井概况

（一）矿井地质及生产情况

××煤矿位于安龙县普坪镇科发村，为 15 万 t/a 生产矿井，证照齐全。××矿区范围内有 C3、C7 煤层可采，设计仅开采 C3 煤层。C3 煤层为不易自燃煤层，煤尘无爆炸危险性，煤层倾角 7°～10°，平均厚度 1.63 m。矿井 2010 年至 2018 年瓦斯等级鉴定结果均为低瓦斯矿井，水文地质类型中等。

矿井采用斜井开拓，布置有主斜井、副斜井和回风斜井。矿井设计划分为 5 个采区，以 F1 断层为界划分为两个时期开采，前期开采一、二、三采区，+1167 m 以上为一、三采区，+1167 m 以下为二采区。一采区已开采完毕，正在开采二采区。四、五采区规划为后期开采。煤矿采用中央分列抽出式通风，主要通风机为 FBCDZ№16/2×75 kW 型防爆抽出式轴流通风机，主斜井和副斜井进风，回风斜井回风。矿井总进风量 1730 m^3/min，总回风量为1816 m^3/min。二采区布置的两个掘进作业面采用局部通风机压入式通风。事故发生时，二采区布置有21202运输巷综掘工作面、21202切眼炮掘工作面，一采区布置有巷采点。

（二）事故区域情况

1. 21202运输巷掘进工作面基本情况

21202运输巷设计长度510 m，开口于二采区皮带下山S6点处，沿C3煤层顶板掘进，锚网支护，综掘工艺，皮带机运输。巷道断面为矩形，宽4.2 m、高2.6 m，面积10.9 m^2。该巷道于2019年1月开始施工，事故发生时已掘进480 m。采用型号为FBD№6.0/2×15 kW局部通风机压入式通风，风机安设于21202运输巷回风口以外约20 m处新鲜风流中，工作面配风量为277 m^3/min。21202运输巷位于F2断层和F4断层之间，全程构造煤，迎头位于F2断层上盘，迎头位置标高+1183 m，埋深为172 m。21202运输巷开口以里420~480 m段煤层厚度由之前平均1.63 m变为4.5~5.6 m，煤质变软。经事故后现场勘察，突出孔洞位于21202运输巷掘进迎头并向右帮扩展，突出位置正逐渐接近F2断层。21202运输巷突出煤炭堆积长度100 m，堆积厚度0.5~2.4 m，堆积角度为10°，突出煤量约414 t，涌出瓦斯量约42300 m^3。

2. 21202运输巷掘进工作面瓦斯治理情况

2019年11月中旬开始，21202运输巷掘进机割煤时迎头瓦斯频繁超限，但瓦检员检查记录中均无体现瓦斯超限情况。瓦斯超限时，煤矿既不严格执行停电撤人措施，也没有组织查清瓦斯超限原因，而是采取将甲烷传感器放在风筒出风口、进风流、堵塞传感器进气口等方式避免监测到瓦斯超限；监控系统监测到瓦斯超限报警时，监控员立即拔掉数据传输线中断数据上传。2019年11月下旬，在21202回风巷掘进到大约420 m、21202运输巷掘进到大约400 m后，掘进过程中出现煤炮声、顶钻、卡钻、喷孔等明显突出预兆，煤矿既不停止作业，撤出人员，也没按照突出煤层管理而采取有效的防突措施。为防止瓦斯超限，保证掘进进度，煤矿接受瓦检员王×的建议。提×夫于11月24日开始安排在迎头施工16个深度10 m的瓦斯排放孔，但排瓦斯效果未达到预期。11月29日，冯×江补充编制了《21202回风巷、运输巷掘进工作面打设瓦斯排放孔安全技术措施》，设计共施工20个瓦斯排放孔，迎头分三排共施工14个孔，每个孔深6 m，巷道两帮各施工3个孔，孔深10 m。12月15日白班施工排放孔时，王×发现施工排放孔时排出的全是粉末状煤粉，12月16日王×在调度会上汇报21202运输巷迎头施工排放孔时有卡钻、顶钻现象；12月16日白班王×带领工人在21202运输巷施工排放孔时，个别孔有轻微喷孔现象，在施工锚杆孔时，个别孔有锚固剂被气体推出现象。出现突出预兆后，煤矿仍继续组织夜班冒险蛮干，直至事故发生。

二、事故发生经过及回报情况

1. 事故发生经过

2019年12月16日，调度会安排白班21202运输巷打排放孔和锚网支护，夜班正常掘进。夜班由安全副矿长支×带班，彭×如在井口调度室值班，入井前未开班前会，作业人员19时30分左右陆续入井，带班矿长支×于20时30分入井。当班入井共计23人，其中：张×宝等5人在21202切眼掘进，陈×行为21202回风巷皮带机司机；高×友等8人在21202运输巷作业，杨×兴为21202运输巷皮带机司机，李×为综掘机司机；杨×生为二采区运输下山皮带机司机，田×祥为二采区运输下山斜巷刮板输送机司机，杨×科为二部皮带下山皮带机司机，杨×明为主斜井皮带机司机，韦×祥为中央变电所值班电工，杨×政为中央水泵房抽水工，杨×元为瓦检员，陈×立为安全员，支×为带班矿领导。20时40分许，21202运输巷传出开皮带信号，综掘机开始掘进割煤；20时44分，21202切眼掘进工作面回风流甲烷传感器发出超限报警信号，监测最大瓦斯浓度值为2.76%。20时54分，瓦检员杨×元打电话到监控室汇报21202切眼掘进工作面回风流甲烷传感器显示甲烷浓度为百分之三点几，怀疑传感器故障，准备处理；21时24分，杨×元打电话到监控室汇报传感器已处理好。23时10分，正在二部皮带机头操作的皮带司机杨×科突然感觉有一股风吹过来，巷道里粉尘变大，眼睛难以睁开。此时，在二采区皮带下山皮带机头操作的司机杨×生被风流冲倒，风流持续约10 min后停止；23时14分，韦×祥发现水泵房、变电所、主水仓入口处甲烷传感器发出报警信号并闻到有焦臭味，韦×祥将3个甲烷传感器传输线拔掉并沿皮带运输线路往二采区方向查看情况；23时30分许，韦×祥到达二采区运输下山斜巷刮板输送机处先后遇到田×祥和被冲倒后从二采区皮带下山走上来的杨×生。韦×祥询问杨×生情况，杨正生回答："被瓦斯冲倒了。"韦×祥随即打电话给彭月如报告"可能发生煤与瓦斯突出了"。汇报完毕后，韦×祥、杨×生、田×祥3人沿二部皮带下山（在二部皮带下山皮带机头处遇到杨×科并同行）经主斜井升井，12月17日0时20分许在井口与杨×明相遇。彭×如接到井下汇报电话后，随即拨打21202运输巷及回风巷和切眼的电话，电话均接通但无人接听，直至杨×生等4人升井方确认发生了煤与瓦斯突出事故。经调查，事故发生前21202运输巷掘进工作面正常进行掘进割煤作业，现场工人发现甲烷浓度异常并停机撤出。23时10分，在21202运输巷工人正撤出时发生煤与瓦斯突出。事故现场示意图如图9-6所示。

2. 事故汇报经过

12月17日0时30分许，煤矿确认发生了煤与瓦斯突出事故，12月17日1时15分，彭×如入井救援返回地面并安排向驻矿安监员文×汇报；1时30分许，安全员王×在文×宿舍向文×汇报了事故情况，1时42分文×电话向安龙县工科局李×汇报了事故情况。1时58分李×电话向安龙县工科局局长刘×汇报了事故情况，刘×到达××煤矿确认发生煤与瓦斯突出事故后，3时25分电话向贵州煤矿安全监察局盘江监察分局汇报了事故情况（报告的事故发生时间为2019年12月17日1时30分许）；3时30分盘江监察分局向贵州煤矿安全监察局电话汇报了事故情况。贵州煤矿安全监察局分别于4时24分和4时28分向国家煤矿安全监察局和省政府作了电话报告，并于4时40分书面报告。

三、事故救援情况

事故发生后，17日0时30分左右，煤矿开始自行组织人员入井救援。救援过程中，发现16日夜班作业人员陈×行后助其安全升井，并发现杨×兴等5名遇难人员。4时，抽水工杨×政接地面电话通知后升井。经清点，事故当班23人入井，有7人脱险升井。2019年12月17日3时10分，黔西南州矿山救护队接到事故救援电话，于4时50分到达××煤矿并开展抢险救援。六枝救护大队和盘江救护大队接令后于7时50分左右先后到达煤矿参与抢险救援。12月17日7时，救护队员在二采区轨道下山入口（绞车）处，发

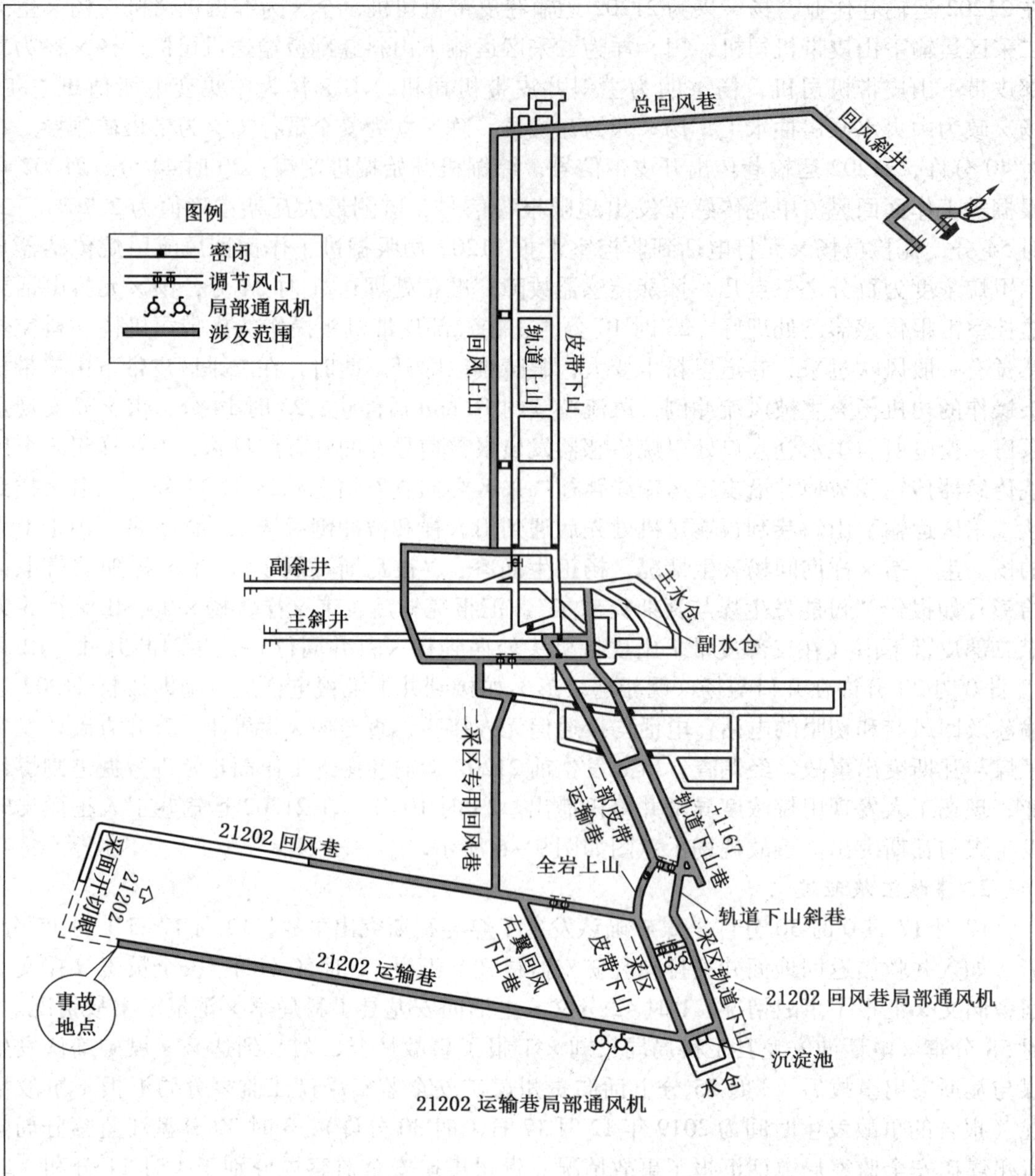

图9-6　事故现场示意图

现4名遇难人员（经核实有3名遇难人员是煤矿组织救援时搬运到此处）；7时10分至7时53分，在21202运输巷先后发现7名遇难人员；8时34分，在21202回风巷回风口以外18米处，发现第12名、13名、14名遇难人员。12月18日5时15分，救护队员在21202运输巷回风口以里372 m处和380 m处，先后发现第15名和第16名遇难人员；9时7分，最后一名遇难人员运送出井，抢险救援结束。

四、事故原因

1. 直接原因

21202 运输巷掘进工作面全程构造煤发育、煤层松软，突出点附近煤层变厚，煤层具有煤与瓦斯突出危险；工作面掘进未按规定采取针对性的防突措施消除煤层突出危险；综掘机割煤扰动诱导煤与瓦斯突出。

2. 间接原因

1）××煤安全生产主体责任不落实

（1）违章指挥工人在有明显突出预兆的情况下冒险作业。2019 年 11 月中旬以来，21202 运输巷、回风巷瓦斯涌出量增加，频繁超限，并出现响煤炮、顶钻、卡钻、喷孔等明显突出预兆的情况下，煤矿既不按照《煤矿安全规程》立即停止作业撤出人员，也未按《防治煤与瓦斯突出细则》要求采取针对性防突措施，违章指挥工人冒险作业。

（2）煤矿故意隐瞒瓦斯真实情况。一是不按规定悬挂甲烷传感器；二是封堵甲烷传感器进气口（用塑料袋包裹掘进工作面甲烷传感器或用煤泥封堵进气口）；三是监控系统发出瓦斯超限报警信号时，监控员就拔掉数据传输线，导致监测数据不能正常传输到上级公司和县监控中心；四是瓦斯超限数据不在瓦检手册和现场瓦斯检查牌板上记录；五是瓦斯超限时，不执行瓦斯超限撤人和瓦斯超限处理分析追究制度，也未采取有效的针对性的措施。

（3）煤矿不具备防治煤与瓦斯突出的基本能力。煤矿矿长、总工程师均未参加过防突知识专门培训，对防突知识不了解；在井下出现明显突出预兆后，未立即停产撤人，重新测定瓦斯参数，也不按照突出煤层管理采取有效防突措施，继续冒险蛮干。

（4）煤矿技术管理薄弱。一是煤矿专业技术人员配备不足，仅有总工程师和通防副总工程师两名专业技术人员，且均无防突工作经验及能力；二是不重视瓦斯地质基础工作。未及时发现 21202 运输巷煤层赋存情况变化，对煤层变厚、煤质变软等地质变化未引起重视。三是制定措施无针对性。在 21202 运输巷出现瓦斯涌出量增大、喷孔和顶钻后，编制的《21202 回风巷、运输巷掘进工作面打设瓦斯排放孔安全技术措施》无法消除突出危险。

（5）安全管理混乱。一是煤矿投资人、法定代表人违法将煤矿托管给不具备资质的提×夫个人，提×夫又将井下采掘工程转包给不具备资质的陆传兵，陆×兵负责组织人员施工，现场管理由煤矿安全员或带班领导负责，且井下工程存在交叉管理。二是安全教育培训工作不到位。部分矿级管理人员未经过专门培训并取得安全生产知识和管理能力考核合格证明。特种作业人员配备严重不足，监控员、爆破工、掘进机司机等无证上岗。三是拒不执行监管指令，违法违规组织生产。违法违规在一采区布置巷采点，且被原州安监局、县工科局、同煤公司多次查处后，仍在一采区组织巷采；2019 年 5 月 27 日至 2019 年 11 月 1 日、2019 年 11 月 28 日至事故发生时，煤矿曾多次被责令停止井下生产，但在被责令停止生产期间仍偷偷组织生产。

2）同煤公司安全管理不到位

一是人员配备严重不足，公司日常安全技术管理人员仅配备有 4 人，无通防专业技术管理人员；二是公司对所属煤矿无实际管理权，未做到真控股、真投入、真管理，属于松散型公司；三是未严格履行对所属煤矿安全管理职责，对煤矿长期、反复存在的违法违规生产、瓦斯超限作业、监控系统不能正常运行等安全隐患，未采取有效手段进行监督并跟踪整改落实到位。

3）中介机构出具的评估报告结论失真

××学院在实施“××煤矿 C3 煤层突出危险性评估及瓦斯参数测定研究”项目过程中，项目负责人没有到××煤矿现场，对参数测定过程管控不到位，现场施工的测压孔直径、长度以及封孔长度均未达到测定方案要求，压力表读数观测时间和取样方式也不符合要求，导致测定的参数及评估结论失真。

4）安龙县工科局监管工作不到位

一是发现煤矿未执行停止掘进的监管指令后，未进一步采取有效措施监督煤矿落实到位；二是对××煤矿井下出现的瓦斯超限、用塑料袋包裹掘进工作面甲烷传感器或用煤泥封堵进气口等情况未认真核查和分析，未及时查明煤矿瓦斯涌出异常的事实；三是复查和验收工作不严不细。相关人员在对××煤矿复产复工验收检查、复查时，明知该矿存在瓦斯监测监控系统备用电源达不到要求、人员位置监测系统不能显示下井总人数的问题，仍在对应检查项目中签字认可其合格。10 月 28 日复产验收未下井，仅听取煤矿汇报整改情况和查阅同煤公司验收资料后即同意通过验收。

五、防范措施建议

（1）煤矿企业要提高法制意识，严格落实安全生产主体责任。一是必须树立法治思维，坚守法治底线，依法办矿，依法管矿；二是要完善安全管理制度和管理机构，建立以总工程师为首的技术管理体系及瓦斯防治体系，并配齐专业技术人员和特种作业人员；三是严禁将矿井违法发包给不具备资质的单位及个人，包而不管，以包代管等；四是加大反“三违”力度，严禁违章指挥和违章作业；五是加大对从业人员的培训，切实提高从业人员安全意识、职业技能水平和综合素质。

（2）煤矿企业要严格瓦斯管理特别是防突管理工作。一是真正树立瓦斯“零超限”和煤层“零突出”的瓦斯管理理念；二是非突出矿井和非突出煤层出现瓦斯动力现象时，必须按照《防治煤与瓦斯突出细则》第十三条的规定停止作业进行煤层突出危险性鉴定，或按照突出煤层管理；三是高度重视瓦斯地质工作，做好地质编录工作，及时准确掌握煤层厚度、产状变化情况；四是做好地质预测预报。临近断层前，采用物探、钻探等手段探明断层构造情况，防止在断层构造应力集中区冒险作业。

（3）煤矿和集团公司要强化安全监控系统管理。一是及时升级改造安全监控系统，淘汰或改造老化严重、故障频繁的安全监控系统，确保监控系统运行可靠、监控有效；二是加强监控作业人员培训，做到持证上岗。监控作业人员必须经专门培训，使其熟知基础安全知识，熟练掌握系统操作业务，防止盲目执行错误指令，坚决打击弄虚作假行为。

（4）黔西南州要强化红线意识，着力消除煤矿安全生产系统性风险。一是要树立“抓安全生产也是政绩”的观念，正确处理好安全与发展、安全与生产、安全与效益的关系，通过系统治理、依法治理、综合治理和源头治理，不断推进煤矿安全治理体系和治理能力现代化；二是依据国家和省有关政策，结合本州实际坚决推动落后产能淘汰退出和制定好煤炭产业发展规划，推动本州煤炭产业高质量发展；三是切实抓好煤矿安全生产六个专项整治工作；四是配齐配强煤矿监管人员和加强执法装备保障，并加强督促检查，解决其执法频次高、执法效能低的问题。

第五节　冲击地压事故案例分析

2019年6月9日19时48分，吉煤集团辽源矿业公司××煤矿305综采工作面运输巷发生冲击地压事故，造成9人死亡，12人受伤，直接经济损失1906.06万元。

一、矿井概况

××煤矿位于吉林省长春空港经济开发区境内，南距长春市18 km，东距九台区36 km。2009年7月正式投产，核定生产能力为300万t/a，2019年2月按冲击地压矿井重新核定生产能力，核减至210万t/a。矿井证、照齐全，均在有效期内，2017年11月经验收确定为一级安全生产标准化矿井。

1. 开采条件

××煤矿井田面积16.71 km^2，地质储量为1.8079亿t，可采储量为1.2245亿t。矿井水文地质条件属中等类型。矿井为高瓦斯矿井，煤层自燃倾向性为Ⅱ类自燃，煤尘具有爆炸性。在－770 m水平进行冲击倾向性鉴定，Ⅱ、Ⅲ号煤层为弱冲击倾向，顶板为弱冲击倾向，底板无冲击倾向，表明煤岩系统具备发生冲击地压的能力。

2. 主要生产系统

矿井采用立井单水平开拓，主井为箕斗提升兼排风，副井为罐笼提升兼入风，均为混凝土支护。井田划分9个采区，现开采三采区。采煤方法为单一走向长壁后退式综采放顶煤开采，掘进方法为综掘施工。矿井现有2个回采工作面和1个准备工作面，即302综采工作面、305综采工作面和513外段准备工作面；5个掘进工作面，即618回风巷、618入风巷、412入风巷、412回风巷、515外段运输巷。矿井采用中央并列抽出式通风，副井入风，主井排风，地面设有2台对旋轴流式主要通风机，电动机功率为2×900 kW，采掘工作面实现独立通风。

3. 冲击地压防治体系

××煤矿建立了矿井冲击地压防治领导机构，设置了专职防冲副总工程师，下设冲击地压综合治理办公室，办公室设在防冲科。组建了冲击地压防治专门机构及专职防冲队伍，其中防冲科18人，防冲队75人。2013年7月、2016年9月，辽宁工程技术大学、北京煤科院先后对××煤矿开采煤层及其顶底板进行了冲击倾向性鉴定，××煤矿整体评价为中等冲击地压矿井。天地科技股份有限公司与××煤矿开展了长期的技术合作，为××煤矿提供技术支撑。××煤矿建立以微震、地音为主，包含煤体应力、电磁辐射、支护体受力和钻屑法为一体的冲击地压综合监测预警装备体系。配备在线监测设备4套（Aramis微震、Ares地音、KJ21液压支架压力、KJ21冲击地压应力）及便携式YDD16声电辐射仪4套。矿井采取大直径钻孔卸压、断顶、煤体爆破卸压等方法对冲击危险采掘工作面进行预卸压和解危。建立了锚网索＋可缩全封闭式U形棚＋液压支架为主的三级支护体系，××煤矿形成了涵盖设计阶段、准备阶段和回采阶段的冲击地压综合防治成套技术，冲击地压防治工作已成体系化。

二、事故区域基本情况

事故发生在305综采工作面下出口0～220 m运输巷范围内。

1. 305综采工作面区域概况

305综采工作面位于矿井三采区南翼－630～－770 m水平。开采深度为854.4～－978.4 m。地质储量171.29万t，可采储量143.62万t。开采Ⅱ、Ⅲ号煤层（合层）厚度平均为10 m，倾角为18°，设计倾向长度275 m，走向长度445 m（设计回采长度285 m），现已回采85 m。该工作面于2019年3月20日经验收投产，采用单一长壁综合机械化放顶煤开采。

2. 地质条件

305综采工作面区域内F13断层构造对回采影响较大。本区煤层属矿井Ⅱ、Ⅲ煤层，为稳定的主采煤层，走向北东15°～45°，煤层层理发育，节理较发育。煤层为复杂结构，含4层夹矸，夹矸厚0.2～0.6 m，岩性为泥岩、炭质泥岩和粉砂岩。煤层伪顶为炭质泥岩，厚0.3 m，较软易冒落；直接顶为黑色、灰色泥岩，厚5～30 m；基本顶为灰绿色凝灰岩及灰绿色砾岩，凝灰岩质纯较脆；煤层底板为角砾岩。主要含水层为第四系全新统冲积砂砾石孔隙含水层和白垩系泉头组砂砾岩孔隙裂隙含水层。

3. 冲击地压防治

2018年4月9日××煤矿与天地科技股份有限公司签订了《××煤矿冲击地压灾害防治技术服务合同》，合同规定天地科技股份有限公司负责××煤矿305综采工作面在掘进和回采过程中冲击地压危害防治方案的编制和实施技术指导。根据综合指数法对305综采工作面回采期间的冲击危险性综合地质因素与开采因素进行评价，选择危险等级最高的作为最终的冲击危险评价指数，评价结果为中等冲击危险。根据综合指数法与震波CT探测评价结果划定了最终的工作面回采期间的冲击危险区。其中强冲击危险区域4个，中等冲击危险区域3个，305运输巷发生冲击地压的区域处于强冲击地压区。工作面在掘进和回采期间，分别安装了微震、地音、支架压力、煤体应力在线监测系统，实现24 h实时在线监测，并进行人工便携式YDD16电磁辐射监测仪检测，回采前进行了CT探测。

4. 采煤方法和支护方式

该工作面采用单一长壁综合机械化放顶煤开采，采空区采用全部垮落法管理顶板。两巷道采用锚网索＋U形棚全封闭式O形支护，全巷道采用防冲液压支架（ZD6400/27/42G）进行加强支护。工作面采放比为1∶2.3，一次循环进度0.8 m，工作面日平均推进1.2 m。

三、事故发生经过及应急处置

2019年6月9日三班，生产副经理孟×新组织召开班前会，向各区队布置了生产作业任务。305综采工作面区域有采煤作业、巷道拉底作业、消火注浆作业及运送防冲支架等工作。305综采工作面区域内作业31人，其中综采一区18人，综掘三区6人、消火区4人、皮带区1人、通风区瓦斯检查员2人，于16时40分入井，17时30分左右陆续到达305综采工作面各作业地点。19时48分许，综采一区主任工程师卢×在检查工作面下隅角附近顶板情况时，被运输巷冲出的一股气浪冲倒，他苏醒后，意识到发生事故，沿运输巷向外爬行约180 m，之后步行至设备列车处，约20时30分，打电话向调度报告事故。调度员接到事故报告后，立即向经理吴×会报告事故，吴×会立即启动应急预案，并通知矿救护队组织探查、救援。大约21时左右，救护队员赶到井下事故现场，发现有伤亡人员、巷道被毁。××煤矿于21时06分向长春空港经济开发区应急管理局、吉林煤矿安全监察局吉林站、长春市应急管理局等部门报告了事故。

事故发生后，××煤矿成立应急救援指挥部。辽矿公司董事长周×林启动辽矿公司应急救援预案，成立应急救援指挥机构，指挥抢险救援。救护队接到救援命令后，携带技术装备紧急出动，于21时02分救护队进入到305综采工作面运输巷与现场各区施救人员共同进行搜救。截止到6月10日3点41分，12名负伤人员、9名遇难人员全部救出并运到地面，救援工作结束。

四、现场事故勘察及事故认定

1. 现场勘察

经现场勘察，305综采工作面向外运输巷破坏长度共计220 m，其中严重破坏段170 m。从305综采工作面运输巷口向内0～140号测点（测点编号自运输巷口开始0，每两个编号之间距离为1 m，0～140号测点即0～140 m）间范围未受冲击地压影响。从305综采工作面运输巷口向内141～187号测点范围的48 m巷道为冲击破坏段，巷道破坏主要表现为U形棚支架变形，架间顶板出现明显台阶下沉，巷道顶板出现明显下沉，两帮收敛。从305综采工作面运输巷口向内188～360号测点范围的172 m巷道为强烈冲击段。总体上看，冲击后305工作面受破坏区域分布特征如图9－7所示，其中工作面运输巷破坏长度共计220 m，严重破坏段172 m。

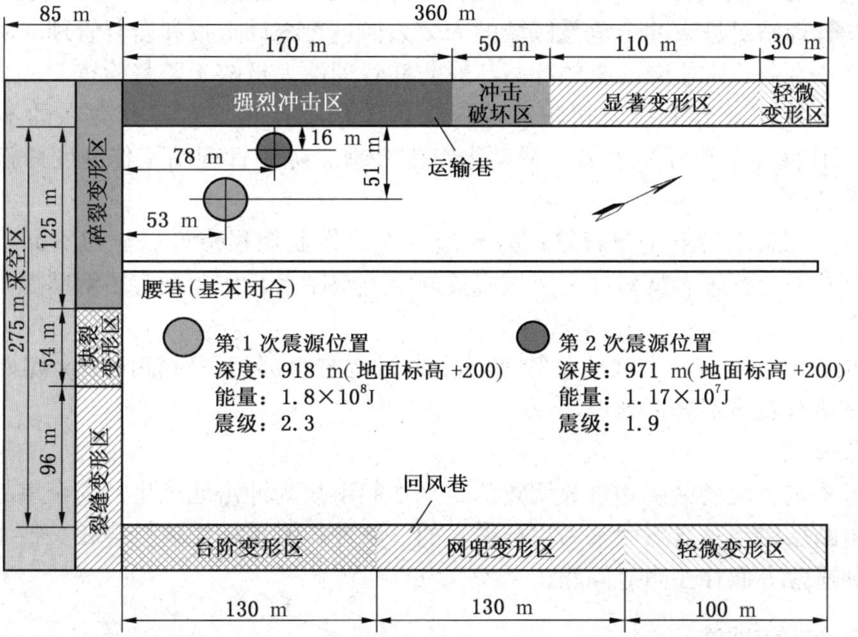

图9－7 305综采工作面及运输巷、回风巷变形破坏分布图

2. 事故认定

事故发生的时间为2019年6月9日19时48分28秒，地点在305综采工作面下出口0～220 m运输巷范围内。事故共造成9人死亡，12人受伤，直接经济损失1906.06万元。经现场勘察、调查取证、查阅资料、专家论证以及综合分析，认定本次事故为断层错动型冲击地压事故。

五、事故原因及性质

1. 事故直接原因

煤层及顶板均具有冲击倾向性；事故区域煤层平均埋深大，自重应力高，并存在较高的水平构造应力；周围采掘活动造成大范围区域应力升高；原始地应力与采动应力叠加，使应力水平进一步上升；放顶煤采动诱发断层活化导致弹性能突然释放；这些因素的共同作用导致了本次冲击地压事故的发生。

2. 事故间接原因

（1）违反《国家煤矿安监局关于加强煤矿冲击地压防治工作的通知》（煤安监技装〔2019〕21号）第8条“回采工作面及两巷超前支护范围内进入人员生产班不得超过16人”的规定。事故发生时，305综采工作面及两巷冲击危险区超前支护范围作业人员达31人。

（2）未严格执行《305综采工作面作业规程》批复及国家有关防治冲击地压的规定。6月9日三班，××煤矿305综采工作面运输巷内多段平行作业，违反《防治煤矿冲击地压细则》和《305综采工作面作业规程》批复中“生产班两巷严禁有任何人员作业逗留”的规定。

（3）防冲管理制度修订不及时，制定的《冲击地压危险区域人员准入制度（试行）》未明确防冲管理站对进入冲击危险区域的人数如何进行统计上报和监督管理。防冲管理站管理不严格。企业日常监督检查的部门，对防冲管理站人员疏于监督检查。

（4）××煤矿及其上级公司防冲监督管理工作不严格，对矿井存在的不严格执行《305综采工作面作业规程》批复、劳动组织不合理、防冲管理站工作制度修订不及时等监督检查不到位。

（5）××煤矿防冲安全教育培训效果差。煤矿作业规程修订后学习贯彻不到位，部分作业人员及安全管理人员对冲击区域限员规定、限制平行作业规定了解掌握不够，防冲知识不足。

（6）长春空港经济开发区应急管理局作为属地监管部门，对辖区××煤矿安全生产情况的监督检查安排部署不到位。

3. 事故性质

经专家鉴定、现场勘察和事故调查认定，本起事故为冲击地压生产安全事故。这次冲击地压是由断层错动等自然因素为主导诱发的，防冲技术措施总体符合相关技术规定，但防冲管理和避险方面存在明显问题。

六、事故防范措施

（1）坚守不安全不生产的底线原则。切实提高对冲击地压灾害危害性的认识，聘请科研机构对××煤矿冲击地压防治工作进行进一步安全论证，论证结果确定不能保证实现生产安全的不允许恢复生产。

（2）提高矿井现代化水平，强力推进智能化、信息化、无人化建设，实现跨越发展。坚持系统提升、统筹推进科技兴安，树立“无人则安、人少则安”的理念，推广使用先进技术装备和井下生产工业机器人，尽快建成智能化采掘工作面，实现装备减人、技术换人、管理精人，井下少人、无人化。

（3）切实强化矿井冲击地压监测预警能力。建立完善冲击地压综合监测预警装备体系，进一步完善冲击地压监测预警机制，充分分析利用历史数据对冲击地压进行预测预报，科学设置监测预警临界指标，提高安全系数，真正发挥监测预警系统的作用。

（4）加强龙家堡井田地质构造探测和矿井地层结构分析，强化断层活动与冲击地压的相关性研究，探索掌握矿井地层结构对采空覆岩结构演化、工作面采场围岩移动、围岩应力场演化的影响规律，为有效化解冲击地压危害提供基础保障。

（5）落实《防治煤矿冲击地压细则》和《国家煤矿安监局关于加强煤矿冲击地压防治工作的通知》要求，严格执行“人员准入制度”和限员管理规定，加强现场组织管理，严控作业人数，严禁平行作业。吸取事故教训，提升防范化解冲击地压灾害的标准要求。

（6）强化安全教育培训，提升职工整体素质。严格防冲措施规定的宣贯，严格落实冲击地压防治培训制度，定期对井下一线职工和安全管理人员进行冲击地压防治的教育和培训，提升防冲安全培训效果，保证防冲相关人员具有必要的岗位防冲知识和技能。

（7）强化对冲击地压等灾害严重矿井的监管监察。加大专项监管监察力度，突出企业安全主体责任和重大灾害防治责任监管监察，严查煤矿执行《煤矿安全规程》《煤矿防治水细则》《防治煤矿冲击地压细则》等规章标准情况，督促矿井落实好重大灾害治理措施。

第六节　火灾事故案例分析

2013 年 2 月 28 日 19 时 43 分，河北省冀中能源张矿集团怀来××矿业有限公司（以下简称××矿业公司）井下发生一起重大火灾事故，造成 13 人死亡，直接经济损失 1425.08 万元。

一、事故煤矿概况

××矿业公司位于怀来县新保安镇，前身为怀来县××煤矿，属新保安镇镇办集体企业，1978 年建井，1986 年投产，生产能力 6 万 t/a。2012 年 6 月 5 日张矿集团与怀来县新保安镇政府签订煤矿接管协议，组建冀中能源张矿集团怀来××矿业有限公司，拟经过整合技改，生产能力由 6 万 t/a 提高到 15 万 t/a。事发时矿井采矿许可证正在变更中，煤炭生产许可证和安全生产许可证已经被注销。

1. 事故前矿井状态

签订煤矿重组协议后，张矿集团于 2012 年 5 月 5 日派驻了 5 名领导层管理人员，分别担任公司总经理、安全副总经理、机电副总经理、总工程师、经营副总经理。张矿集团接管后，对主、副井筒部分木支护进行了更换，对井下存在木棚支护、不符合要求的机电设备、供水施救设施等安全隐患进行了排查，计划待矿井技改方案批准允许井下施工作业后，再实施整改。事故前，矿井尚未批准技改，处于停产停工等待技改状态，每天由矿级领导轮流值班，地面安排有主要通风机司机、电钳工和矿灯充电工上岗，每班安排2~3名人员下井巡查、排水。

2. 矿井自然开采条件和主要系统

该矿井田煤系地层属中生界下侏罗系下花园统下部煤层，含可采煤层2层，层间距平均20 m，煤层厚度1.5~3.1 m，煤层倾角50°~80°，顶底板岩性均为中细砂岩，中等稳定，煤种为低灰特低硫贫煤。矿井地质构造条件为中等偏复杂，水文地质条件简单。矿井属高瓦斯矿井，煤尘具有爆炸性，煤的自燃倾向性为Ⅲ类不易自燃。矿井采用斜井开拓，主井斜长554 m，坡度22°，副井斜长445 m，坡度24°，风井斜长445 m，坡度23°，均为梯形木支护。主、副井均安装JT1200/1000单滚筒缠绕式绞车，用于混合提升、行人和进风，风井兼作安全出口。井下单水平分区布置，石门揭煤，小区段煤层平巷回采，立眼上下人员、溜煤。井下运输大巷、石门铺设15 kg/m轨道，人工推车或调度绞车运输。矿井采用中央并列抽出式通风，主、副井进风，风井回风。风井安设2台4-72-11№10C离心式通风机，1台运转，1台备用。事故前，矿井总进风量846.79 m^3/min、总回风量851.81 m^3/min，负压709 Pa。矿井采用一级排水系统，在主井750水平井底车场安设2台D12-25×7水泵，电机功率37 kW，一台工作，一台备用，地面有1台同型号检修水泵，主、副水仓总容量60 m^3，主井敷设2趟直径64 mm排水管路至地面。副井井底安设2台潜水泵，将北采区积水经副井筒排至地面。矿井采用双回路供电，6 kV电源来自怀来矿业有限公司35/6 kV变电站。矿井750水平安设1台无煤安标志的空气压缩机，型号为W-3/5（该设备购置安设于2008年之前，张矿集团接管后，××矿业公司计划矿井批准技改时，将该设备与其他淘汰设备一起进行更换）。

3. 事故地点情况

事故前，井下布置有750水平南采区、750水平北采区共两个采区，北采区处于封闭状态。井筒及石门大部分为裸巷，局部为梯形木棚支护，煤层巷道采用梯形木棚支护、窑柴背帮背顶，立眼为井字形木垛支护。事故发生时，井下有2个维修作业地点，分别是主井750水平南采区750代巷1号密闭和760区段巷2号密闭，在两密闭处共有13名作业人员维修作业。

二、事故及抢险经过

1. 事故经过

2013年2月28日7时，井口副主任汤×义、瓦斯员王×杰两人下井巡查，发现主井750水平南采区750代巷1号密闭和760区段巷2号密闭压裂损坏漏风。约12时两人上井后，汤×义向总经理李×义汇报了情况。李×义与总工程师王×峰商量后，准备维修损坏的两处密闭。李×义电话通知井口副主任陈×，要求陈×打电话通知附近村的矿工到矿，安排王×峰制定技术措施。14时30分，陈×等13名工人到矿，李×义和王×峰布置工作后，王×峰制定并贯彻了《矿井密闭维修安全技术措施》。约15时，陈×等13名工人从主井入井，进行维修密闭作业。约20时，主要通风机司机发现风机扩散器出口冒出黑烟，立即向李×义汇报。

2. 事故抢险经过

李×义听完主要通风机司机汇报后，立即赶到主要通风机房查看情况，然后派人到附近的怀来矿业有限公司请求支援。约20时20分，王×峰和渠×勇带领6名怀来矿业有限公司兼职救护队员从主井入井，经750水平井底车场、750水平运输石门、750水平运输大巷，进入750水平南采区运输石门，看见空气压缩机着火，冒着黑烟。王×峰和渠×勇先走到距空气压缩机约5 m的地方用灭火器直接灭火，接着兼职救护队员准备继续用灭火器灭火，这时里面巷道不断冒落，热浪涌出，巷道顶部发热掉渣，距空气压缩机5～6 m处，巷顶温度达70 ℃、CO检测仪报警（浓度1960 ppm），已经不具备用灭火器直接灭火的条件。渠×勇到井底车场配电室切断大巷以里电源，又到1号水窝附近开关处拆开空气压缩机及以里供电电缆，再到井底车场配电室向1号水窝潜水泵送电。此时，兼职救护队员已经把灭火软管与潜水泵排水管连接上，渠×勇启动潜水泵，由于灭火软管死折多，水压把水管接头崩开，加之1号水窝水源有限，用水直接灭火无望。王×峰在井底750水平车场打电话向李×义汇报情况。李×义当即让井下人员撤离，准备反风，接着向张矿集团调度室汇报情况，征得领导同意后，约21时11分，开始进行反风。

21时10分许，冀中能源张家口矿业集团有限公司救护大队赶到。21时30分，救护队员从风井入井，开始搜救工作，当救护队员从760区段巷通过750至760上山风门，到达750变平段时发现3名遇难人员。之后，在750水平南采区运输巷与750至760上山变平段交叉口左右15 m范围内又发现8名遇难人员。3月2日11时，在750水平南采区运输巷溜煤眼底发现1名遇难人员。在发现12名遇难人员的同时发现12台自救器，自救器均已打开，口具、鼻夹已脱落，没有过火痕迹。在对井下进行了5轮搜索后，失踪的1名人员仍未找到。当时火情观测及瓦斯涌出情况是：接近火区CO浓度在5000 ppm以上，总回风道CH_4浓度0.82%以上。经抢险救援指挥部研究、判断失踪人员应在火区内，已无生还可能，在征得失踪人员家属同意后，3月5日决定采取地面封闭灭火措施。即在现有的主井、副井、风井井口以下15 m处选择合适位置施工密闭，从主井1号密闭实行注液态二氧化碳灭火方案。

由于封闭区内O_2指标一直达不到火区启封条件要求，CH_4浓度超标，经专家论证，不具备启封条件。为避免次生事故发生，并加快事故调查进度，经研究决定事故调查期间不再下井进行事故现场勘察。

三、事故原因

1. 直接原因

维修密闭作业时使用的无煤安标志的空气压缩机着火，引燃附近区域巷道木支护，产生大量有毒、有害气体，造成下风侧13名工人CO中毒死亡。

2. 间接原因

（1）××矿业公司安全主体责任落实不到位。该矿违反省政府、冀中能源集团关于整合重组煤矿通风、排水、维修等规定，在发现井下密闭压裂存在安全隐患的情况下，未按要求和程序将维修方案上报集团公司和张家口市政府批准，擅自组织人员下井维修作业；盲目处理隐患，没有采取严密的安全技术措施，超过规定人数组织13人下井；在排除安全隐患时，使用无煤安标志的空气压缩机；井下巷道采用木支护，且使用窑柴背帮背顶，为火灾事故埋下了重大隐患；煤矿消防管路系统不健全；安全培训不到位。

（2）张矿集团对××矿业公司长期存在的重大安全隐患未能及时排查、管控和处置。省政府关于对整合重组矿井通风排水、维修等文件要求下发后，张矿集团对贯彻落实情况督查管理不力，未能及时发现××矿业公司违规维修和使用禁用设备的行为；对整合后小煤矿存在的安全隐患未进行认真排查，对整合煤矿技改前长期存在安全隐患排查不彻底、整改和管控不力。

（3）怀来县新保安镇党委和镇政府没有对××矿业公司认真履行监管职责，对整合重组煤矿安全检查不深入，监管不到位。对艾家沟矿业公司违规擅自下井维修、井下存在无煤安标志的空气压缩机等问题失察。

（4）怀来县安监局没有对××矿业公司认真履行监管职责，煤矿执法检查分工不明确，监督检查不到位；整合重组煤矿隐患整治专项行动期间，督促企业整改和管控不力。

四、防范措施建议

（1）国有企业要加强对接管后整合重组煤矿的管理。严格落实河北省人民政府《关于加大小煤矿关闭力度加快推进煤矿企业兼并重组的决定》（冀政〔2011〕45号）规定，严禁违规擅自组织人员、超过规定人数下井作业。整合煤矿经上级批准维修时，必须根据井下实际情况制定有针对性和可操作性的安全技术措施，严禁盲目处理隐患。

（2）加强井下机电设备的使用管理和检查。要开展一次井下机电设备安全情况的大检查，对排查出的非矿用、明令淘汰、不符合规定的机电设备，要按要求限期进行更换，纳入煤矿矿用安全标志管理的设备无煤安标志，严禁入井使用。

（3）加强整合矿井技术管理。整合重组矿井要按照有关法律法规、规程要求，完善生产系统和安全条件，完善井下“六大系统”，对不符合有关规定的木支护和淘汰、禁用设备等问题，要严格按照有关规定，制定严密的安全技术措施，从井上到井下，由里向外进行全面整改，坚决消除事故隐患。要加大对煤矿全员培训力度，“三岗”人员必须经考核合格，持证上岗。

（4）加强监管监察。各级政府及有关部门要明确职责定位，强化部门职能，加大对整合重组煤矿的安全监管力度，严格执行上级政府和有关部门关于安全生产工作的安排部署，严厉打击各类非法违法行为，坚决制止和纠正违规违章行为，切实履行好地方政府安全监管责任。

第七节 煤矿水害事故案例分析

2020年9月15日0时21分，内蒙古牙克石××煤矿发生一起水害事故，事故造成1人死亡、1人重伤，事故直接经济损失112.5万元。

一、矿井概况

××煤矿隶属于内蒙古牙克石五九煤炭（集团）有限责任公司，属地方国有煤矿，设计生产能力 120 万 t/a。

××煤矿为正常生产矿井。2013 年 1 月开工建设，2015 年 5 月进行联合试生产。该矿井为低瓦斯矿井，水文地质类型为中等，煤层自燃倾向性为容易自燃，煤尘有爆炸性，开采煤种为长焰煤。井田东西长约 10.27 km，南北宽约 10.16 km，矿区面积为 62.3656 km^2，开采标高为 +745 m 至 +300 m，现开采煤层为 14 号煤层。采煤工艺为综合机械化开采，采煤方法为走向长壁后退式采煤法，顶板管理方法为全部垮落法。现开采 14101 综采工作面，14106 备采工作面已安装完毕，正在调试；主运输系统采用带式输送机运输；辅助运输系统、副井采用单绳缠绕式提升机牵引矿车运输，井下大巷采用蓄电池电机车牵引矿车方式辅助运输。矿井通风方式为中央并列式，通风方法为抽出式。矿井供电为双回路供电，六大系统完备。

二、事故区域概况

事故发生在 14101 综采工作面刮板输送机机尾 128 号、129 号支架附近。

1. 工作面位置

14101 综采工作面位于一采区东翼北部、F11 断层的南部，工作面设计回采走向长度 2170 m、倾向宽度 189 m，现工作面位置距离设计终采线 119.3 m，距地表约 22 m。

2. 工作面煤层情况

14101 综采工作面开采 14 号煤，根据掘进巷道揭露情况，煤层厚度为 1.60～2.60 m，平均煤厚 2.20 m。煤层结构简单，含 1～2 层夹矸，夹矸厚度为 0.20～0.50 m，现工作面位置煤层厚度 3.55 m。

3. 工作面顶板岩层情况

根据距离工作面位置最近钻孔 K3－2 柱状图，工作面煤层顶板由下往上依次为 15.9 m 的泥岩/夹薄层粗砂岩、7.70 m 的含砂砾石层、1.30 m 的地表腐殖土。

4. 事故发生地点附近地质构造情况

事故发生地点前方 4 m 为 F14101－5 正断层，走向近南北、倾向西、倾角 87°、落差 3 m。该断层在工作面与轨道巷交叉点位置有派生的小断层，走向近南北、倾向西、落差 0.30 m，向工作面内延伸。

5. 工作面水文地质情况

依据《五九煤田××煤矿水文地质补充勘探报告》(2009 年 10 月)，地层中赋存第四系砂砾石孔隙承压水层、下白垩煤系孔隙含水层，第四系砂砾石孔隙承压水层富水性好，下白垩煤系孔隙含水层富水性中等。

煤层顶板上方为第四系岩层，工作面掘进、回采期间有淋水现象，现工作面 110～131 号综采支架间顶板淋水，淋水量约 8 m^3/h，轨道巷在轨道巷与工作面交叉点往外 10 m 地段顶板淋水，淋水量约 2 m^3/h。因现工作面位置煤层埋藏较浅，距离地表最小仅 22 m，初步分析工作面淋水来源为第四系含水层因采动塌陷影响而被导通。

6. 工作面综采设备情况

14101 综采工作面 5～131 号液压支架采用 ZY5200/14/32 型两柱掩护式液压支架，支架高度为 1.4～3.2 m，宽度为 1.43～1.6 m，初撑力为 31.5 MPa，工作阻力为 42.2 MPa。采煤机型号为 MG250/600－AWD2，刮板输送机型号为 SGZ 764/630。

7. 事故发生前井下工作面及采空区上部地表积水情况

2020年9月6日中班，14101综采工作面130号液压支架底板来水，水色发浑，130号液压支架尾部顶板淋水，水量逐渐变大，刮板输送机机头附近30号液压支架架脚处出水，工作面停产撤人，此时14101综采工作面距F14101－5断层约9 m。

进入8月以来，受台风等极端气候影响，牙克石地区大气降水丰富，经地表巡查，发现14101综采工作面及采空区上部地表存在洼地积水。

9月7日，××煤矿矿长向五九集团公司相关领导进行了汇报，同时安排挖沟疏排地表积水。9月8日，五九集团公司召开总经理办公会议，专题研究14101综采工作面采空区的地表积水问题，提出处理措施，要求××煤矿立即停止生产，全力开展疏排水工作；待采空区积水对井下开采不构成威胁时，方可组织该工作面正常生产。9日二班，该工作面采空区的地表积水完成疏干，恢复生产。

三、事故发生及抢救经过

2020年9月14日15时15分许，综采工区二队人员到14101综采工作面进行工作面排水、生产作业。16时50分，14101综采工作面129号支架顶板悬空约4 m，128号、129号液压支架间空隙掉落矸石，现场工人用背板进行了处理。20时工作面水排完，开始生产。割煤前，采煤机组停留在距刮板输送机机尾15 m的位置。将这15 m煤壁割完后，工人开始推溜移架作业。

22时52分，综采二队队长唐××向调度室汇报："14101工作面129号、130号液压支架架前顶板来水，淋水较大。"由于采煤机割完刮板输送机机尾处（128号、129号支架位置）的煤后，支架顶板淋水很大，该处的液压支架和刮板输送机未能进行移设，积水逐渐漫入刮板输送机，现场采煤作业停止。调度室值班调度员立即向矿长黄×、生产矿长胡×汇报，胡×随即叫上地测防治水副总刘×奎赶往现场查看情况。

22时53分，黄×通过调度值班电话询问唐×忠现场情况，唐×忠回复："架子推拉杆前来水，水量不小，目前工作面已开采到（F14101－5）断层附近，还在空顶范围内，空顶高度大概在3～5 m。"黄×指示："淋水大概是（F14101－5断层）裂隙带中裂隙水，估计放一段时间水就没了，让采煤机在刮板输送机机头至工作面中段割煤，刮板输送机机尾处作业停一下控水。"

22时58分，唐×忠向调度室汇报：131号液压支架拉架过程中顶板水下来了，现场正在观察水量变化，随时准备撤人。

23时02分，唐×忠向调度室汇报："现场淋水加大，无法生产。淋水直接浇在溜子（刮板输送机）上，下大雨似的。"黄×说："直接浇在溜子上就找个铁皮挡上，挡上没事，正常出煤，但是水不能上溜子。"于是工人用彩钢瓦将水导入轨道巷，用风泵排出。

23时30分左右，胡×、刘×奎到达现场，询问现场人员水量变化情况，对出水情况进行了观察，看到128号、129号支架护帮板未紧贴煤壁，胡×下令让唐×忠去把已离开工作面的工人叫回，让工人在刮板输送机机尾段推溜移架。此时已接近下班时间，工人陆续从工作面走到轨道巷准备下班，唐×忠叫住工人说："领导说，让回去再干点。"综采二队副队长宋×说干不了，唐×忠说："我说的也不算，胡矿（胡×）说的还能干。"于是工人跟唐×忠又回到工作面。唐×忠往带式输送机机头方向走去，准备叫回运输巷的工人；返回刮板输送机机尾的工人在胡×指挥下推溜拉架。

23时48分，刘×奎向调度室汇报：“（14101综采工作面刮板输送机）机尾处的架子（129号、130号液压支架）上出水，前后都有水，大约30方（m^3/h）。先是乳白色，现在看有点发黄了。”正在调度室的黄×询问现场情况，刘×奎回复：“一开始挺小，后来逐渐变大了，现在看有点小了。现场用彩钢瓦罩在溜子上，不让水上溜子。”黄×询问：“那为什么溜子还不开啊?”刘×奎回复：“刚弄完彩钢瓦，溜子上的浮煤还没弄呢。再一个水的颜色发生变化，一开始水是乳白色的，现在发黄而且浓度变大了。”黄×说：“那肯定是岩缝的水导下去了，不把这个水放了谁都不敢干，这应该是裂缝水，水量没有多大了。能采还得采点，106（14106备采工作面）还在往外放（煤）呢。”通完话后，黄×返回办公室。胡×继续在现场指挥支架工程×江等人进行推溜移架作业。

9月15日0时15分，刘×奎向调度室汇报：“机尾一拉架子，机尾（处顶板）冒了。现在冒（落）了不少，有水往下冲，机尾（处顶板）都碎了，有水一冲就下来了。”调度室调度员询问是否能控制，拉架子后是否水量变小。刘×奎回复说：“现在还有水，上边还有碎的在往下掉，能控制。”

0时15分至21分，现场刚移完129号支架，128号及129号支架架前顶板及煤壁垮落，溃出大量泥沙和水（后经现场勘察，128号液压支架梁端空顶距为0.4～0.5 m）。现场人员立即撤离，撤退过程中采煤机司机梁××被液压支架底脚绊倒，唐××发现梁××被绊倒试图将其拉起，但是未拉动，梁××被泥沙掩埋，唐××下半部身体也被泥沙掩埋。冒落物波及范围为124号至129号支架，124号至131号支架范围内共有8人，其中宋×躲在127号、128号支架间未被波及，支架工程××在移完128号支架发现冒顶后躲入轨道巷未被波及；赵××等6人身体不同程度被冒落物掩埋（梁××全身被掩埋），至此事故发生。

0时21分，刘×奎向调度室求救：“调度室，赶紧叫人，后边冒了，刚才看一下埋了3～4个人，现在埋到腿和腰了，胡矿（胡×）也在里边。”

当班调度员立即电话通知矿长黄×、机电副矿长吕××、总工程师李××、安全副总兼安监室主任刘××现场发生冒顶事故，通知人员赶赴现场进行急救。随后赶到的现场人员对胡×等人展开救援。由于崔××、赵××掩埋不深，被救出搀扶升井，1时24分到达地面；唐××于2时3分被抬送到地面；胡×于2时16分到达地面；梁××于2时15分被抬送到地面，由五九公司应急救援车送往牙克石医院救治。3时45分左右梁××被医生确认无生命体征，宣布死亡；伤者唐××送往医院检查，检查初步结果为肋骨骨折。

四、事故现场勘察及技术分析

1. 事故现场勘察

经现场勘察测量，事故发生位置位于14101综采工作面刮板输送机机尾处（图9－8）。

顶板冒落点在128号液压支架前端护帮板与煤壁之间，护帮板与煤壁间距0.4～0.5 m，冒落波及范围为124～129号液压支架。冒落体为含水的煤、砾石、泥沙混合物，形状为不规则梯形体，冒落体长约7.5 m，最高点高约1.4 m，最低点高约0.4 m，宽度约为2.5 m，经计算冒落体体积约为17 m^3。

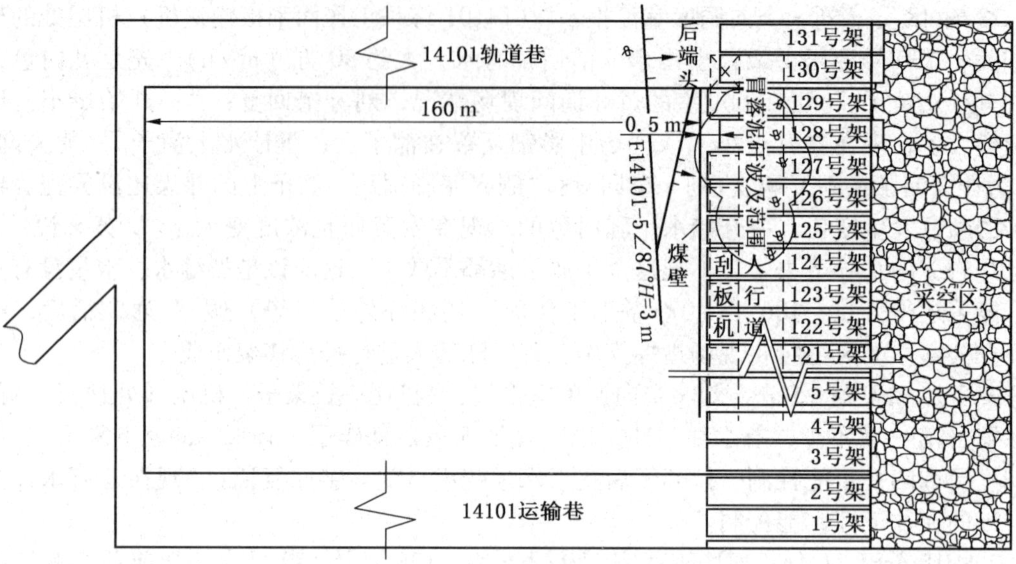

图9-8　××煤矿“9·15”水害事故现场示意图

2. 事故技术分析

（1）现工作面位置煤层顶板粗砂、细砾、粗砾、粗砂岩石块等岩层为第四系地层，该岩层孔隙富含水，并接受地表大气降水补给，现工作面顶板与轨道巷顶板总淋水量约10 m^3/h。

（2）现工作面煤层埋藏较浅，工作面煤层顶板岩层多为第四系富含水地层，工作面回采前及回采过程中，未在丰水期（雨季）对工作面煤层顶板第四系富含水岩层进行超前探放水，未对断层带的导水性进行探查。

（3）现工作面位置距离轨道巷断层（落差5.60~6.30 m）位置4.0 m，该断层在工作面与轨道巷交叉点又有派生的走向近南北、倾向西、落差0.30 m的小断层，向工作面内延伸。断层两盘煤层顶板粗砂、细砾、粗砾等岩层胶结性差、较松散。

（4）工作面顶板岩层在冒落前，在129号、130号综采支架顶板有冒顶现象，空顶高度3~5 m。

综上，因工作面邻近断层带导通第四系砂砾石孔隙含水层引发的顶板煤、泥、砂砾石含水混合物溃入工作面，属于水害事故。

五、事故原因

1. 直接原因

（1）生产副矿长胡×在14101综采工作面128号、129号淋水异常增大的情况下，违章指挥工人推溜移架作业，扰动了工作面该处已破碎的顶板，破碎的顶板在水流冲击下冒落，冒落物将在该处人员冲倒、掩埋，造成事故发生。

（2）事故发生前，现场人员多次向调度室及矿长黄×汇报出现淋水、空顶、淋水加大等情况，但矿长黄×未下达撤出人员指令。

2. 间接原因

（1）井下出现紧急情况时应急处置不当。当工作面出现淋水加大、裂隙渗水、水色发浑等透水征兆时，未按《煤矿安全规程》第二百八十八条的规定，立即停止作业，撤出所有受水患威胁地点的人员。

（2）接近导水断层时，未严格执行探放水措施。14101 综采工作面事发地点距 F14101－5 断层仅 4 m，工作面已出现顶板冒落、淋水异常等现象，未按《煤矿安全规程》第三百一十七条的规定，及时立即停止作业，确定探水线，实施超前探放水。

（3）对地面积水情况及井下水文变化情况监测不到位。受台风影响，当地连日降雨，煤矿企业对地面积水情况巡查不到位，未及时发现采空区地面积水情况及附近地面有无裂缝、采空塌陷等现象，对地下水量估计不足，仍凭经验判断事发地点淋水为顶板裂隙水。

（4）未严格执行顶板管理制度。根据 129 号液压支架矿压监测历史工作阻力曲线，9 月 13 日 23 时至 9 月 14 日 16 时，129 号液压支架工作阻力持续 17 h 处于 3 MPa，远低于下限报警值 16.7 MPa，此处长时间空顶，违反了《煤矿安全规程》第一百一十四条及该矿制定的《14101 综采工作面过断层安全技术措施》中顶板防控措施的规定。

（5）职工安全意识淡薄，未拒绝违章指挥。部分职工不知晓自己具备拒绝违章指挥的权利，在发现出现空顶、淋水加大、淋水水色发浑等危险作业信号时，矿长、生产副矿长下达了指令，员工仅提出了质疑，但未能拒绝违章指挥。移设 129 号液压支架过程中，违反该矿制定的《采煤工作面作业规程》的规定，6 名人员停留在 124 号至 129 号支架的危险区域范围内，受到了冒落物波及。

（6）体制机制存在弊端。内蒙古牙克石五九煤炭（集团）有限责任公司总经理及下属两个煤矿矿长均为枣庄集团任命的正处级干部，管理层级不明确。

六、防范和整改措施及建议

××煤矿要认真吸取本次事故教训，严格遵守安全生产法律法规及有关规定和要求，坚持“安全第一、预防为主、综合治理”的方针，强化安全生产“红线”意识，牢固树立以人为本、安全发展的理念，落实安全生产主体责任，加强安全管理，确保安全生产。

（1）严格执行“有疑必探、先治后采”等探放水措施。掘进期间及回采前，要采用钻探的手段在轨道巷、运输巷对工作面顶板岩层、工作面附近的断层、工作面巷道揭露的断层进行探查，探查高度应大于煤层厚度的 8～11 倍，探查工作面煤层顶板岩层的胶结性、富水性及断层带的导水性，根据探查结果采取相应的注浆加固顶板岩层、超前探放岩层中的含水等措施，对于埋藏较浅的煤层工作面要在丰水期进行重复探查和疏放。

（2）加强顶板安全技术管理，严格执行顶板管理制度。对于煤层埋藏较浅地段、顶板松散岩层地段要进行超前防范，定期分析工作面顶板压力监测数据，为工作面顶板管理提供依据；督促支架操作工按要求操作液压支架，确保接实顶。对于埋藏较浅的煤层（埋深小于 60 m），要采用钻探的手段在工作面运输巷、轨道巷对工作面煤层顶板岩层取样，对所取岩样做抗压强度测试，测试煤层顶板岩石的固结、胶结程度，为回采工作面顶板管理提供依据。

（3）加强职工安全教育，提高职工安全意识。在全矿范围广泛开展警示教育，认真吸取本次事故血的教训。对全矿职工进行安全培训和岗位技能培训，使全体职工明确自身岗位职责及权利义务，能够及时制止违章作业、拒绝违章指挥；使各岗位、各工种职工掌握岗位安全操作技能，了解各安全技术措施中注意事项，熟知突水、冒顶等各类危险征兆。

（4）完善管理体制，明晰公司与煤矿管理层级。要出台相关文件，使公司总经理和其他主要管理人员职位级别高于煤矿主要管理人员，压实各层级安全管理责任，有效提高决策实施效率。

第八节　顶板事故案例分析

一、内蒙古博源公司××煤矿顶板事故

2016年11月25日18时30分，内蒙古博源煤化工有限责任公司××煤矿$2^{-2中}$煤集中煤仓正上方巷道发生局部冒顶，冒落的矸石将正在煤仓内进行扩帮作业的人员埋压，造成3人死亡，事故直接经济损失393.4万元。

（一）矿井概况

1. 矿井地质及生产情况

××煤矿井田位于内蒙古自治区鄂尔多斯市伊金霍洛旗境内，鄂尔多斯神东矿区东胜区的最北端，井田东与转龙湾井田毗邻，南、西与布尔台井田相接，北与新街矿区为邻。井田南北长约7.80 km，东西宽约6.50 km，面积约29.08 km^2，资源储量2.84亿t，可采储量2.54亿t。该矿井田可采煤层共5层，分别为$2^{-2中}$、3-1、4-1、5-1、$6^{-2中}$煤层，平均厚度分别为1.74 m、2.5 m、2.72 m、4.46 m、1.6 m，为大部可采或局部可采的较稳定煤层，主采煤层为3-1、5-1煤层，煤的工业牌号为不黏煤。井田基本构造形态总体为一向南西倾斜的单斜构造，并发育有宽缓的波状起伏，地层倾角小于5°。井田内可采煤层的顶底板岩石的稳固性差，力学强度低，且易发生顶板局部冒落及掉块现象。矿井水文地质条件为简单型，矿井瓦斯等级为低瓦斯矿井，煤层自燃倾向等级为容易自燃，煤尘具有爆炸性。该矿井采用斜井多水平开拓方式，工业广场内建有3条井筒，分别为主斜井、副斜井、回风斜井，倾角均为22°。矿井采用中央并列抽出式通风方式，回风斜井设置2台FBCDZ-10-№30型防爆对旋轴流式通风机，1台工作，1台备用。主斜井井筒内装备1台钢绳芯带式输送机，担负原煤的提升任务，副斜井采用单钩串车提升，担负全矿人员、材料、设备等辅助提升任务。双回路供电两回电源分别以35 kV线路引自布尔台110 kV变电站。中央水泵房配备MD280-43×9型矿用耐磨多级泵3台，地面固定式空气压缩机站选用2台KG-350W型螺杆式空气压缩机和2台SRC-150SA型螺杆式空气压缩机，矿井装备一套KJ110N型安全监测监控系统和一套KJ331型矿井人员及车辆管理系统。安全避险六大系统均已安装到位并能正常使用。该矿回采工作面采用走向长壁后退式采煤方法，综合机械化采煤工艺，掘进工作面采用综合机械化掘进工艺，部分巷道及硐室采用炮掘工艺。事故发生前，该矿证照齐全，且均在有效期内。

事故发生前，该矿13402综采工作面、13205综采工作面正常回采，正在掘进西翼辅运大巷、西翼13307运输巷、13306运输巷和西翼13405回风巷，$2^{-2中}$煤集中煤仓正在进

行扩帮作业。其中，$2^{-2中}$煤集中煤仓扩帮作业由炮掘队承担，同时炮掘队还正在掘进$2^{-2中}$煤主运大巷输送机头硐室，$2^{-2中}$煤集中煤仓于2016年11月5日开始施工钻孔，11月9日开始扩帮，分为早班和中班两班作业，每班作业人员4人。

2. 事故地点概况

事故发生在该矿$2^{-2中}$煤集中煤仓。该煤仓为圆柱形的90°立眼，设计高度34.5 m，毛直径3.6 m，净直径3 m。支护方式为锚网支护，施工工艺先由反井钻机打通直径为1.6 m的钻孔，然后由上至下采用爆破及风钻破岩落渣方式扩帮，事故发生时，已扩帮30.5 m。该煤仓上口位于$2^{-2中}$煤联络巷。联络巷在掘进过程中，曾遇到一个落差为4 m的断层，断层处采用了锚杆、锚索加钢带喷浆支护措施。该断层位置正处于$2^{-2中}$煤集中煤仓开口上方，煤仓上口采用工字钢和方木封口防护。

（二）事故发生经过及抢救经过

1. 事故发生经过

2016年11月25日14时30分，××煤矿炮掘队中班班前会由队长白×富、副队长兼技术员王×鹏主持召开，安排班长韩×强带领母×强、李×明和方×余继续到$2^{-2中}$煤集中煤仓扩帮，并强调由于扩帮位置距下口只剩4 m，且岩层变软，采用风镐破岩施工，当班不安排爆破。当班由副队长兼技术员王×鹏带班入井，16时许，韩×强等4人入井，16时30分许，4人到达作业点。韩×强先到$2^{-2中}$煤集中煤仓上口查看，随后回到煤仓下部，并带领母×强和李×明从煤仓下口通过软梯进入煤仓内部，方×余在煤仓下口递送风镐、铁锹等工具。17时许，韩×强喊话让方×余打开压风管路的阀门，韩×强等3人开始工作，方×余在距煤仓下口30 m左右的位置整理支护材料。18时30分左右，方×余听到韩×强等人说了几句话，但未听清说了什么，随即就听到煤仓内传来"哐啷哐啷"的声音，回头看见煤仓下口已堆满了碎渣石，立即跑到煤仓下口附近呼喊，煤仓内无人应答。方×余立即赶往煤仓上口，在$2^{-2中}$煤辅运大巷电话处遇到了当班安监员李×龙。李×龙告诉他煤仓上口巷道发生了冒顶，问煤仓里是否有人，方祖余告诉他煤仓内有3人作业。李×龙立即打电话向调度室进行了汇报，汇报时间为18时40分。方×余随后到煤仓上口查看，发现煤仓上口及周边堆满了碎渣石，随即返回打电话向队长白×富进行了汇报。

2. 事故抢救经过

调度室接到汇报后，立即电话通知正在井下带班的副总工程师付×喜、安环部经理车×书赶赴事故现场组织救援，并向矿长李×生、生产副矿长郝×顺、总工程师曹×、安全副矿长郭×、机电副矿长赵×做了汇报，通知了炮掘队、调度、技术、通风、救护等部门负责人。接到报告后，李×生、曹×、郝×顺等人立即赶赴调度室，副矿长郝×顺、总工程师曹×、调度室主任陈×柱、炮掘队队长白×富等组织人员入井抢救。郝×顺等人于20时许到达$2^{-2中}$煤集中煤仓上口，发现煤仓上部巷道冒顶，巷道及煤仓上口被冒落岩石掩埋，冒顶高度4 m左右，冒顶面积20 m^2左右，随后到煤仓下口查看，发现煤仓下口也堆满了渣石。根据现场情况，郝×顺、曹×等人现场制定了救援方案，决定由曹×带领一组在煤仓上口附近进行临时支护及警戒观察，郝×顺带领一组在煤仓下口清矸救援。26日2时许，清渣过程中发现了两名受伤人员（韩×强、母×强），立即组织人员将伤者抬上车升井抢救，3时许，发现第3名伤者（李×明），随即运送伤者升井抢救。韩×强、母×强升井后，由韩×飞驾车送往榆林市第二医院救治，王×峰驾车将李×明送往神东总医院救治。26日6时50分左右，韩×强、母×强确诊死亡，当日16时许，李×明经抢救无效死亡，本次事故共造成3人死亡。

（三）事故报告过程

26日6时50分左右，矿长李×生接到韩×强、母×强死亡的报告后，于7时20分左右打电话向内蒙古远兴能源股份有限公司煤炭事业部副总经理石×汇报，石×于8时许向煤炭事业部总经理、博源煤化工有限责任公司董事长付×礼汇报，付×礼于8时40分向伊金霍洛旗煤炭局报告。鄂尔多斯监察分局于26日10时分别接到了矿长李×生及伊金霍洛旗煤炭局的事故报告。该起事故发生后，××煤矿负责人未在规定时间内向有关部门报告，属于迟报事故。

（四）事故原因

1. 直接原因

××煤矿$2^{-2中}$煤集中煤仓上口的联络巷顶板岩石力学强度较低，煤仓上口正对顶板处为断层破碎带，断层导水使顶板岩石软化变形，以及受煤仓扩帮爆破冲击波影响，且支护强度不足，在煤仓扩帮过程中上方顶板崩解破坏造成冒顶，冒落的岩石倾落进入煤仓，导致煤仓内作业人员被埋压。

2. 间接原因

（1）××煤矿技术管理不到位。根据《地质报告》《初步设计》中提供的资料和实际揭露的情况，该矿未针对$2^{-2中}$煤顶板岩体破碎、稳固性较差、遇水软化变形、易出现崩解破坏现象等情况，采取相应的顶板支护措施；该矿编制的《$2^{-2中}$煤联络巷过断层安全技术措施》未按照《初步设计》中巷道支护措施（即过破碎地段或断层地段选择半圆拱断面，采用29U形钢+金属网联合支护）管理顶板；该矿编制的《$2^{-2中}$煤集中煤仓作业规程》未明确在煤仓开口位置上方巷道加强支护。

（2）××煤矿安全技术措施审批存在漏洞，未对《$2^{-2中}$煤联络巷过断层安全技术措施》《$2^{-2中}$煤集中煤仓作业规程》进行认真审批和提出修改意见；在断层下开掘煤仓未采取有效安全技术措施或及时变更煤仓设计位置。

（3）××煤矿现场安全管理不严格，隐蔽致灾因素普查缺失，安全隐患排查治理不到位，对现场存在的安全隐患未能及时发现并整改，$2^{-2中}$煤集中煤仓在扩帮作业过程中，煤仓上口封口防护措施不当。

（4）伊金霍洛旗煤炭局对××煤矿安全隐患排查治理监督检查不到位。

（五）防范整改措施和建议

（1）××煤矿要切实吸取事故教训，严格落实企业安全生产的主体责任，认真执行各项安全管理制度，进一步加强技术管理工作，提高技术管理人员的专业素质，真正把煤矿安全生产各项规章制度和技术措施落实到位，有效防范和遏制事故发生。

（2）××煤矿要针对本矿的地质条件特点，聘请相关专家论证，查清本矿范围内地质构造情况，制定适应该矿顶板条件的安全可靠的巷道支护方法。

（3）××煤矿要进一步加强安全隐患排查治理工作，认真分析梳理本矿存在的隐蔽致灾因素，深入开展隐患排查治理工作，对$2^{-2中}$煤巷道顶板支护情况进行全面检查，制定切实可行的整改方案，进一步加强现场安全监督检查力度，严禁违规作业。

（4）伊金霍洛旗所有井工煤矿要认真吸取××煤矿事故教训，举一反三，进一步强化技术基础管理工作，普查隐蔽致灾因素，及时消除隐患，确保煤矿安全生产。

二、神华亿利能源有限责任公司××煤矿“9·16”顶板事故

2013年9月16日23时54分，神华亿利能源有限公司××煤矿$216_{上}$02运输巷掘进工作面，在进行支护作业中发生一起顶板事故，造成3人死亡，1人受伤，直接经济损失658万元。

（一）矿井概况

××煤矿位于内蒙古自治区鄂尔多斯市准格尔旗境内，行政区划隶属于准格尔旗薛家湾镇。煤矿井田位于准格尔矿区中西部，井田含煤地层为石炭系太原组和二叠系山西组，可采煤层有4、5、$6_{上}$、6、9煤，煤层埋深为150～400 m。矿井面积42.7 km^2，煤炭资源量1507.3 Mt，可采储量926.4 Mt。矿井年设计生产能力为10.0 Mt，服务年限为66.2年。煤矿现开采煤层为4号和$6_{上}$煤层。矿井为瓦斯矿井，井田内煤层属于易自燃煤层，煤尘具有爆炸性。矿井水文地质类型：4号井田东部为简单型，西部为中等类型；6号煤层为中等类型。井田地层工程地质类型为第三类第二型，即层状岩类中等型。各煤层顶、底板岩石力学强度较低，遇水易软化。

事故发生地点为矿井的二水平$216_{上}$02运输巷，距大巷开口处约1090 m处的掘进工作面。该工作面刚过一断层，再掘进约20 m到DF6断层，正处于两断层之间，顶板出现破碎。掘进工艺为综掘工艺，支护方式采用锚网索、钢带联合支护，设计巷道断面为矩形，宽5500 mm，高3500 mm。巷道下山掘进坡度6°。

从事故现场勘察看到：该工作面迎头向外大面积垮落，冒顶长约12.8 m，宽5.5～6.8 m，冒落面积约77 m^2，冒落高度约3.6 m。受断层影响，该区域裂隙发育，煤体较破碎，锚杆眼有淋水。冒落带由外向里15 m距离内共有顶锚索6根，呈不规则分布，按《作业规程》要求应该是20根锚索，15 m距离范围内共欠14根顶锚索未及时支护。左侧帮锚杆向里约6.8 m未支护，缺8排32根帮锚杆。

（二）事故发生及抢救经过

$216_{上}$02运输巷掘进面从8月20日到9月15日进行了探放水工作，因水量较大，暂时停止了掘进工作。一直到9月16日才开始进行掘进施工，零点班抽水3 h，掘进3.2 m，支护1根锚索（应支护3根）。因锚索张拉器损坏欠支护2根，推到16日早班处理，情况汇报了队长张×。16日早班，掘进3.2 m，锚杆按要求支护，但锚索未支护（应支护2排6根），加零点班欠2根，共欠支护锚索8根，锚索支护空顶达6～7 m。未支护锚索原因依然是张拉器不可用，情况又一次汇报了队长张×。

9月16日16时20分，中班班长张××带领10名工人进入工作面开始工作，此时仍然有6～7 m的范围没有进行锚索支护，但班长张××仍然安排康×启动掘进机开始掘进，安排蒋××等3名工人进行支护顶锚索、锚杆工作，其余工人开始启动输送机和打帮锚杆，几个工种同时开始了工作。约20时30分，已经完成了4 m全断面掘进，开始在巷道左侧掘进，掘进了4 m后，掘进机移到右半面掘进一刀，约23时54分顶板突然冒落（面积约77 m^2），张××等4人被冒落的煤渣掩埋。

事故发生后，当班支护工高××电话报告给矿调度指挥中心，矿长立即启动应急救援

预案并通知相关部门。17 日 0 时 30 分矿领导带领项目部掘进队和有关人员到达事故现场展开紧急救援，首先在冒顶区域外侧左帮架设木垛 4 架，在右帮支护木点柱和单体液压支柱，防治冒顶范围扩大。17 日 2 时 30 分许，地方有关部门负责人、鄂尔多斯煤监分局负责人及神东公司负责人陆续赶赴事故现场，立即成立了抢险救援总指挥部，展开了事故抢险救援工作。到 9 月 18 日 6 时 40 分第一名被冒顶掩埋的矿工施××安全救出。其余 3 名矿工的遗体分别于 18 日 8 时 1 分、18 日 17 时 20 分和 19 日 4 时 20 分被救出，并全部运出地面，至此，事故中被掩埋的 4 名矿工中，1 名经抢救安全脱险，其余 3 名死亡，救援工作结束。

（三）事故原因分析

1. 直接原因

$216_{上}$ 02 运输巷综掘工作面接近 DF6 断层，顶板出现破碎，项目部施工队在没有及时采取加强支护措施的情况下，又连续 3 个班未按煤矿《作业规程》规定进行作业（规程要求先支护后掘进），违章施工，导致大面积顶板冒落，造成 3 人死亡，1 人受伤。

2. 间接原因

（1）榆林胜利公司××煤矿项目部安全管理不到位，现场安全管理人员配备不足，领导带班下井制度执行不严，安全培训不到位，无证上岗，工人违章作业未及时制止。

（2）榆林胜利公司对所属××煤矿项目部安全监管不到位，对存在安全管理人员配备不足、安全培训不到位没有及时改正。

（3）××煤矿安检人员配备不足，安全检查不到位，对榆林胜利公司××煤矿项目部安全监管不严，工人违章作业无人及时制止。

（4）神东公司对外委施工队榆林胜利公司××煤矿项目部监督不到位，对××煤矿地质条件复杂、新建矿管理基础薄弱等实际情况未予重视，未配备专职安全副矿长，安检人员配备不足。

（四）防范措施

（1）××煤矿及项目部要抓好采区地质情况的预测预报工作，为顶板管理提供基础资料，适时根据顶板实际情况调整支护方式，加强支护强度和质量。

（2）××煤矿应总结事故发生原因，加强煤矿安全管理，根据煤矿实际管理需要配足安检人员，明确岗位责任，严格执行《煤矿安全规程》《作业规程》和隐患排查制度，确保制度落到实处。

（3）××煤矿必须加强对外委施工队的安全管理和人员配备工作；加强对工人的安全教育培训工作，提高工人的安全意识。加强对《作业规程》落实情况的监督检查工作，坚决杜绝领导违章指挥、工人违章作业的“三违”现象再次发生。

（4）神东公司要加强对××煤矿的安全监管，按照《关于加强国有重点煤矿安全基础管理的指导意见》，配备足够的安全管理人员并明确各自的岗位职责。

三、中煤××煤业有限公司“1·17”重大顶板事故

2017 年 1 月 17 日 10 时 15 分，山西中煤××煤业有限公司（以下简称××煤业）发生一起重大顶板事故，造成 10 人死亡，直接经济损失 1517.46 万元。

（一）担水沟煤业概况

1. 矿井基本情况

××煤业位于朔州市朔城区北部15 km的小平易乡担水沟村北，行政区划属朔州市朔城区管辖。井田位于宁武煤田北部，东西长3.998 km，南北宽3.273 km，井田面积8.8395 km^2。井田位于区域构造担水沟正断层以北，总体为一宽缓的短轴向斜构造，地层倾角3°~14°。井田内断裂构造较发育，有落差2~20 m的断层10条，在开采9号煤层时还发现3个陷落柱。井田内无岩浆岩侵入。井田地质构造属简单类型。井田内主要含煤地层为山西组和太原组，共含煤层8层，分别为2、3、4-1、4-2、5、8、9和11号煤层，其中4-1、8、9、11号煤层为全区稳定可采煤层，4-2号煤层为较稳定大部可采煤层。4-1号煤层赋存于太原组顶部，厚度1.00~6.60 m，平均4.74 m，是井田内主要可采煤层，直接顶板为中细粒砂岩或泥岩，局部裂隙发育，属中等坚硬顶板，不易冒落，底板为泥岩、局部为砂质泥岩。9号煤层位于太原组下部，厚度12.53~23.88 m，平均16.20 m，是井田内主要可采煤层，直接顶板为泥岩，岩性致密，裂隙不发育，属中等冒落型顶板，底板为泥岩或砂质泥岩、细砂岩。井田地质储量为26102万t，工业储量为25920万t，可采储量14512万t，矿井设计生产能力90万t/a。矿井水文地质条件中等；属低瓦斯矿井；煤尘具有爆炸危险性；自燃倾向性等级Ⅱ类，属自燃煤层。煤矿证照齐全，事故发生时均在有效期内。

2. 矿井主要生产系统

井田采用斜井开拓方式，共布置有4个井筒，分别为主斜井、副斜井、1号回风斜井和2号回风斜井。全井田划分为+1030 m、+970 m两个水平，各水平均布置3条大巷。主斜井安装带宽1400 mm带式输送机，副斜井安装单绳缠绕式提升机担负辅助提升任务。地面有一座35 kV变电站，35 kV变电站为双回路电源。矿井采用中央分列式通风方式，机械抽出式通风方法。矿井总进风量为8660 m^3/min，矿井总回风量8704 m^3/min，有效风量率为99.5%。局部通风为压入式通风，均为独立通风。井下安装一套KJ160N煤矿安全监控系统，共安设CO、CH_4、温度、烟雾等传感器130余台，另外还安装有人员定位、紧急避险、通信联络、供水施救和压风自救等安全避险系统。

（二）事故区域基本情况

本起事故发生在4203综采工作面运输巷。4203综采工作面位于一水平西北部矿界附近，运输巷长度1179 m（至4煤轨道大巷），巷道断面积17.82 m^2；回风巷长度1240 m（至4煤回风大巷），巷道断面积14.52 m^2。煤层厚度5.1~6.3 m，平均厚度5.68 m，倾角2°~14°，煤层普氏硬度系数为2~3，煤的容重为1.4 t/m^3，煤层结构简单，含1~2层夹矸，夹矸以炭质泥岩为主，单层夹矸厚度0.1~0.19 m，煤层赋存深度平均约为350 m；该面由内蒙古神华建筑安装有限责任公司的综采一队负责回采，于2016年7月16日开采，现已采601 m，至4煤轨道大巷剩余578 m，至终采线490 m。4203综采工作面采用单一走向长壁后退式综合机械化开采的采煤方法。机采高度为4.4 m，循环进度为0.8 m，采用全部垮落法管理顶板。××煤业于2016年8月1日会审通过《4203运输巷巷修安全技术措施》，综采一队按照措施执行。2016年11月开始，运输巷50 m超前支护区域压力明显增大后，××煤业仍要求综采一队按照《4203运输巷巷修安全技术措施》管理该区域。

（三）事故发生经过及应急处置情况

1. 事故发生经过

2017年1月17日6时30分早班跟班队长李×军（综采一队机电队长）在队会议室组织召开了班前会，共34人参加。约8时30分，早班人员陆续到达4203工作面各作业地点后开始做准备工作。约9时，巷修班长王×鹤带领9名工人在运输巷距工作面60多米处进行巷修作业，王×鹤站在皮带上指挥，工人们在皮带两侧作业，刘×庆在运输巷距工作面70多米处清理浮煤。约10时，杨×来到转载机头里帮开始清理浮煤，刘×文等人从运输巷中部往转载机头前方运送单体支架。约15 min后，运输巷距工作面51~70 m范围巷道顶部突然垮落，将正在巷修作业的10人压埋，杨×被掉落的煤块打昏，刘×庆被一股风吹倒在皮带旁后，立即爬起向机头方向跑，途中刘×文等人也跟着一起往外跑，他们跑了约50 m遇见综采一队技术员裴×涛。裴×涛问刘×文为什么往外跑，刘×文回答里面冒顶了。裴×涛随即往里走了约20 m后，发现煤尘很大，喊了几声有没有人，但没人应答。他立即带领刘×文、刘×庆等人来到运输巷与4号煤轨道大巷的交叉口，安排刘×文、刘×庆等人通过4号煤轨道大巷、4203轨道巷、4203工作面到事故区域的里侧去察看情况并救援。他先来到4203顺槽皮带机头第一次向综采一队调度室电话汇报事故情况，挂电话后向事故区域里侧跑去，途中在4203工作面3号支架处遇到已被救出的杨×，他和刘×文初步统计被困人员为8人，然后在转载机头第二次向综采一队调度室电话汇报事故情况。经再次核实后，他在转载机头第三次向综采一队调度室电话汇报被困人员为10人。

2. 事故应急处置情况

（1）事故上报及紧急预案启动。事故发生后，××煤业随即启动了应急救援预案，成立了抢险救援指挥部，下达了井下撤人指令，安排了组织抢险救援，召请了朔城区矿山救护中队，并向中煤资源发展公司调度室及区、市相关部门汇报了事故情况。10时50分，中煤资源发展公司将事故情况上报中煤集团生产运营指挥中心，同时启动事故应急救援预案。中煤集团接事故报告后，立即启动集团公司事故应急预案，并对有关救援工作进行部署，同时通知在朔州地区的平朔集团、平朔工业公司、华昱公司等企业救护队和相关人员赴现场参加救援。朔城区煤炭工业局于2017年1月17日11时10分接到××煤业事故报告。

（2）事故抢险救援。朔城区矿山救护队于11时35分到矿，了解事故情况后入井救援，之后平朔集团、华昱公司等企业救护队陆续到矿参加救援。18时20分救援人员发现第一名遇难人员，23时49分，救援人员在清理中听到轻微的呼救声，救援人员边清理边与被困者（刘×国）对话，稳定他的情绪。18日0时34分，刘×国脱险。7时00分最后一名遇难人员找到，救援工作基本结束，获救的刘×国后经抢救无效死亡。本次事故共造成10人遇难。

（四）事故原因

1. 事故直接原因

××煤业超能力生产、生产布局集中、接替顺序不合理、巷道压力明显增大时未采取有效措施，致使采动应力叠加诱发冲击地压，是造成本次顶板事故的直接原因。

2. 事故间接原因

（1）××煤业对技术工作重视不够，管理不到位。工作面设计布置时，未考虑相邻回采工作面及上下煤层工作面开采扰动的影响，工作面布局集中，造成应力叠加；在4203综采工作面运输巷巷道压力明显增大、变形严重时未采取有效措施。

（2）××煤业重生产、轻安全，安全管理混乱。××煤业违规将采掘工作面承包给没有煤炭生产资质的内蒙古神华建筑安装有限责任公司，且对外包队伍未能实施有效管控；违反《关于山西中煤担水沟煤业有限公司矿井增加开采9号煤层项目初步设计的批复》（晋煤办基发〔2013〕1335号）规定多布置采掘工作面，超能力组织生产。

（3）朔州矿业公司执行安全生产有关规定和制度不严格，安全管理松懈。朔州矿业公司对安全生产工作重视不够，执行安全生产有关规定和制度不严格，安全生产责任制落实不到位，日常安全管理松懈。未制止××煤业超能力生产；日常安全检查和隐患排查治理工作不到位；对××煤业采掘接替紧张、上下煤层采掘工作面布置不合理、位于不同煤层的两个回采面近距离同时进行开采并由此导致的矿压叠加现象失察；公司专业技术人员匮乏，业务技能和实际工作经验不足，发现问题和处理隐患的能力不强。

（4）中煤资源发展公司对下属子公司及煤矿安全管理不到位。中煤资源发展公司对安全生产工作重视不够，对下属子公司疏于管理，对子公司落实安全生产法律法规要求不严，监督落实不够。违规向××煤业下达超能力生产指标；在组织有关部门对××煤业的年度生产计划和采掘工作面接替计划进行初步审查时，没有充分考虑到由此带来的接替紧张、采掘工作面布置不合理、上下煤层回采工作面近距离同时生产等事故隐患和问题；对××煤业长期和反复出现的顶板问题没有引起高度重视，没有组织进行深入的技术论证分析和风险评估，没有研究制定专项解决措施。

（5）朔城区人民政府和煤矿安全监管部门对××煤业安全生产工作监管不到位。

（五）防范措施及整改建议

（1）中煤集团各级管理人员，一定要深刻认识和反思事故暴露出的深层次问题，从自身做起，不断加强安全生产有关法律法规的学习和宣传贯彻落实，牢固树立“红线”意识，牢记发展不能以牺牲人的生命为代价，牢固树立以人为本，安全发展的理念，把安全工作放在首位，创新工作方法，狠抓责任落实。

（2）在煤矿顶板管理上，要加强地质勘探和地质资料分析研究，做实矿压观测工作，掌握煤层赋存、地质构造、顶底板岩性、煤层物理力学参数和矿压显现规律，抓好地质预测预报工作，为顶板管理提供可靠的基础资料。准确掌握采煤工作面超前压力范围，并采取针对性措施及时加强支护；合理选择支护方式及参数；严格锚索锚网现场施工；采掘布置要合理，准确分析围岩应力分布与变化，尤其是上下层布置的煤矿。

（3）工作面设计布置时，要充分考虑相邻回采工作面及上下煤层工作面开采扰动的影响，优化开采设计，避免上下煤层和相邻工作面采动造成应力叠加。

（4）严格按照批准的许可能力组织生产，严禁超能力、超定员、超强度组织生产；严格执行相关部门对开采设计的批复及有关规定；严禁将井下采掘工作面和井巷维修作业进行劳务承包。

（5）××煤矿相邻矿井在开采相同煤层时，应当进行煤岩冲击倾向性鉴定，认真做好待采区段冲击地压危险性评价。鉴定为冲击地压矿井后，必须严格按照冲击地压矿井的要求进行防冲管理，采取综合防冲措施，消除冲击地压灾害。

（6）加强防治冲击地压的安全培训，提高对冲击地压的辨识及避险能力；要对冲击地压情况进行深入调研，恢复生产前要对冲击地压危险程度进行评价，制定科学的安全技术措施。

(7) 中煤集团要建立健全安全风险分级管理和隐患排查治理双重预防的工作机制，在避免“想不到、看不到、查不到、整治不到”上下功夫，查清各类隐蔽性致灾因素，严防重特大事故发生。

(8) ××煤业要优化巷道与回采工作面布置，科学安排开采顺序，编制防治冲击地压专门设计，采用正确的开采方式和采掘生产工艺，避免人为形成高应力集中区。

(9) 朔州辖区煤矿要进行冲击地压专项隐患大排查大整治，检查煤矿开拓方式、采掘部署、开采顺序和采掘工艺等情况，排除人为形成的采动应力叠加，防止冲击地压事故的发生。

(10) 各级监管监察部门要针对事故暴露出来的问题，举一反三，进一步加大监管监察力度。对发现的违法生产行为和安全隐患，要严格执法，依法处罚，以“零容忍”的态度对待事故隐患，强化整治效果。

第九节　机电事故案例分析

2002年10月29日凌晨3时，广西壮族自治区南宁市矿务局二塘煤矿井下发生电气火灾事故，波及四采区，造成30名矿工遇难。

一、矿井概况

南宁市矿务局二塘煤矿位于南宁市邕宾旧公路12 km处，井田走向长3.6 km，倾斜宽为2.2 km，面积约为8 km^2，可采储量为307万t，矿井设计年生产能力15万t/a，服务年限为35年，1981年投入生产，2001年生产原煤11.5万t。井田采用一对斜井开拓，主井串车提升，副井设猴车运送人员，大巷采用架线电机车运输。井田开采单一煤层，煤厚1.2~1.8 m，煤层倾角为5°~10°。矿井有三、四两个生产采区，发生事故的四采区正在回采9403工作面。采煤方法为走向长壁式，工作面长120 m，爆破落煤。矿井通风方式采用中央并列抽出式通风，地面风机房安装有4-72-16№11B离心式风机两台。矿井总进风量为1100 m^3/min，总回风量为1200 m^3/min。矿井为低瓦斯矿井，绝对瓦斯涌出量为0.41 m^3/min，相对瓦斯涌出量为1.53 m^3/t。井下设有中央变电所和采区变电所。发生事故的四采区变电所内有高压防爆配电箱1台、KSJ3-320/6变压器1台、DW80-350A低压馈电开关4台，检漏继电器1台。

二、事故经过及抢险救灾过程

事故当班井下共82人，其中四采区35人，其他地点47人。10月29日3时左右，井下调度员在四采区变电所以里绞车处发现变电所有浓烟冒出，烟雾很大。便跑到通往三采区的大巷交叉点电话处向地面调度汇报，要求停电停风。3时20分，地面调度接到报告后，一是通知电工停止地面主要通风机运转和停止向井下供电，二是向主管安全的副矿长陆××和矿长许××作了汇报。二塘煤矿随即逐级上报并通知矿务局救护队紧急救援。

广西南宁市委、市政府接到报告后，市委、市政府主要领导立即赶赴事故现场，成立了由书记和市长任总指挥的抢险指挥部，迅速开展了抢险救援工作。

二塘煤矿成立了救灾领导小组，由矿长许××任组长，副矿长陆××、总工程师卢××任副组长，成员有各科室正、副科长。随后副矿长、安监科科长、生产科科长等带领第一批矿山救护队员下井抢救。在四采区回风平巷风门位置，发现21名遇难人员。7时10分，第二批入井的矿山救护队员也赶到出事地点协助抢救，经过40 min左右的抢救工作，将21名遇难人员运送到三采区上部车场。

救护队继续探察，寻找其他遇险人员。10月30日3时30分发现探察巷道发生了大冒顶，其他巷道充满浓烟无法前进。根据井下瓦斯涌出量较小的情况，地面总指挥部决定采取反风措施进行救人。5时10分开始反风，6时5分14名救护队员下井搜索遇险人员，7时40分救护队员在四采区回风平巷找到另外9名遇难人员，并将9名遇难人员运送到三采区上部车场。11时30分，由武警部队将井下所有遇难人员抬出地面，至此整个抢救工作结束。矿井恢复正常通风。但火灾引燃的木支架和部分煤体仍在燃烧。

事故抢险过程中，南宁市调动消防、武警、公安和卫生等有关部门，密切配合，保证了抢险工作顺利进行。善后处理有序，社会稳定。

三、事故原因

1. 直接原因

四采区变电所内安设变压器容量为320 kV·A，而其供电负荷为347.7 kW，变压器长期满负荷和超负荷运行，导致电缆加速老化、绝缘性能降低、温度升高。由于变压器的超负荷运行和严重不合格接线引起低压侧距接线端子500 mm、离地板100 mm高处的橡套电缆短路，产生电弧火花，点燃积存在地板上的高压防爆配电箱漏出的绝缘油及未清除的渗漏在地板上的变压器油造成电气火灾事故。

2. 间接原因

（1）矿井无采区开采设计和采区变电所设计。四采区的开采只有一个方案草图和施工进度排队表，未对采区供电作设计计算，也未进行变电所内的高、低压馈电开关过负荷保护整定值的计算。变电所没有安设防火铁门和配备灭火器材，致使起火初期不能及时扑灭和采取其他措施消除灾害。

（2）机电管理混乱，矿井无机电设备维护检修制度。变压器低压侧每一个接线柱上压接三个线头的严重不合格现象长期存在。采区变电所未设专人值班，也没有值班人员巡回检查。对采区变电所高压防爆配电箱油箱油堵松动，导致绝缘油流尽的问题未能发现，对渗漏在地板上的变压器油渍未作彻底清除处理。

（3）入井人员未随身携带自救器，致使发生火灾后，遇险人员不能安全撤出。

（4）机电专业人员配备不足。矿务局和矿机电专业管理力量薄弱；全矿只有生产科副科长1人是普电专业人员，其他电工技术不熟练，电气隐患得不到及时消除。

（5）市直有关部门对二塘煤矿安全生产工作的领导、检查和监督的力度不够，事故防范措施不力。

四、防范措施

（1）切实贯彻落实《安全生产法》和《矿山安全法》等安全法律、法规，牢固树立

“安全第一、预防为主”的思想。建立健全安全生产责任制。

（2）严格按照《煤矿安全规程》及有关标准和规定设计和配置井下机电设备，严禁超负荷运行。各种电气保护设备和设施必须齐全完好。

（3）建立落实机电设备和设施的管理、维护、检修等制度。明确责任，落实到人。

（4）井下变电所，应按照有关规定设置灭火装置和防火铁门。建议从设计上考虑采区变电所布置独立的通风系统。

（5）按照规定配齐自救器，建立自救器发放、检验、维护和保管等制度。入井人员必须随身携带自救器。

（6）加强职工培训，提高职工的安全防范意识，全面掌握安全知识，并对入井人员进行自救器实际操作的培训考核。

（7）煤矿企业必须按年度编制详细的灾害预防和处理计划，每年至少组织一次矿井救灾演习。做到入井人员熟知井下各种灾害的避灾路线。

第十节　运输事故案例分析

一、中天合创能源有限责任公司××煤矿“5·6”提升运输事故

2012年5月6日16时许，鄂尔多斯市中天合创能源有限责任公司××煤矿发生一起提升运输事故，造成4人死亡，5人受伤，直接经济损失868万元。

（一）矿井概况

××煤矿隶属于中天合创公司，是鄂尔多斯300万t/a二甲醚配套煤矿项目之一。2006年9月，××煤矿项目筹备组在鄂尔多斯市成立，委托中煤能源作为项目牵头单位着手推进前期工作。2007年4月11日，国家发改委下发《关于开展鄂尔多斯300万t/a二甲醚项目前期工作的通知》，正式批准开展前期工作。2010年8月17日，内蒙古自治区政府、中煤能源和中国石化向国家能源局联合上报了《关于核准鄂尔多斯300万t/a二甲醚示范项目的请示》。国家能源局委托中投咨询有限公司、石油和化学工业规划院分别对该项目煤矿与化工部分申请报告进行咨询论证并出具评估报告，于2010年9月10日将项目核准报告上报到国家能源局。2011年2月17日项目核准报告提交国家发改委主任办公会议研究，但因国家“十二五”煤化工发展专项规划未定，项目暂未通过核准。该项目已列入国家“十二五”煤炭深加工示范项目规划，正在等待发改委核准。

（二）事故发生及抢救经过

2012年5月6日，××项目部经理纵××安排当日风井改绞工程作业，由机电副经理、机电队长分别负责井上、下现场作业。大约在13时许，机电队技术工人、电钳工、机修工将预先与制动绳连接好的缓冲绳安装固定在井架上的缓冲器中，并完成固定作业。机电副经理与3名工人开始从地面向井下放第一根制动绳，15时左右，制动绳放至井底后，割除多余的绳头，并将制动绳穿入抓捕器，然后，4人乘坐罐笼升井，升井后准备放第二根制动绳。此时正值交接班时间，由于制动绳连接器的3个配件没有找到，所以，先由罐笼输送四点班部分作业人员入井。15时50分左右，风井改绞作业人员交接班，共18人乘坐罐笼入井。罐笼运行了约10 min，下井口信号工听见井筒内有异响，随即打点停

钩；同时站在井口附近的机电副经理看到罐笼主提升绳晃动，随后，看到制动绳由井口坠入井筒。16 时，当班班长立即通知调度室，并向调度室主任作简要汇报。16 时 5 分，调度室主任立即依次通知××煤矿项目部经理、生产副经理、技术副经理。项目部经理接到事故报告后立即向第二工程处处长、书记汇报。16 时 10 分，××煤矿项目部立即启动应急救援预案，并迅速成立事故救援小组，随即展开救援工作。16 时 30 分救援人员勘察事故现场确认，防坠绳坠落后将罐笼东侧侧板及顶部砸穿，导致罐笼倾斜，当时单层罐笼向下运行至井深约 631 m（距井底 40 m）处。由于罐笼被坠落的制动绳缠绕，无法提升，抢险人员经请示决定乘坐风井副箕斗携带救援物资入井进行救援。副箕斗向下运行一段距离后，由于主箕斗运行通道被下落的钢丝绳卡住，致使副箕斗不能继续向下运行。机电副经理与在井筒底部的机电队长联系，由机电队长派 1 名工人佩戴保险带沿稳绳爬到主箕斗处将钢丝绳移开。箕斗继续运行到达事故现场后，抢险人员用对讲机与地面绞车房联系，将副箕斗与罐笼调到同一水平，然后用携带的木板搭成通道，救援人员由通道经罐笼顶部进入罐笼内实施救援。首先将罐笼内重伤的 3 人乘主箕斗运送至地面，然后运送轻伤员，到 5 月 6 日 23 时，18 名当班人员分次全部被救升井，救援工作结束。7 日 2 时受伤的 9 人陆续送抵陕西省榆林市北方医院，6 时 30 分经医院确认其中 4 名受重伤人员死亡。

（三）事故原因分析

1. 直接原因

××煤矿风井上部罐笼提升系统防坠绳安装过程中，缓冲器滑块压紧丝杠未按规定拧紧到位，致使东侧缓冲绳从缓冲器中抽出，缓冲绳、制动绳及二者间的连接器坠落，将正在井筒中向下运行的罐笼东侧侧板及顶部砸穿，导致事故发生。

2. 间接原因

（1）××煤矿项目部对风井临时改绞工程作业重视不够，在罐笼及缓冲器安装过程中，针对技术数据不清楚的情况，未在厂方技术人员现场指导下，自行安装，造成缓冲器未能达到设计的阻力值，缓冲绳在防坠绳自重、罐笼下行摩擦力及摆动载荷的综合作用下从缓冲器中抽出。

（2）××煤矿项目部现场管理不到位，违反风井改绞罐笼安装程序，未按施工组织设计规定的工序（安装两根防坠绳后方可挂罐，并经试验合格后方可投入运行）组织施工，仅挂一根防坠绳就多人乘罐运行，对关键安全设施重视不够，关键部位安装过程没有专业人员现场监督，安装结束后没有检查验收。

（3）××煤矿项目部安全培训教育不到位，作业前没有就安装的技术标准、操作要领、检测方法等要求向安装缓冲器的人员进行专门交底和贯彻，操作人员业务素质低，在不清楚技术标准和操作方法的情况下，盲目进行安装作业。

（4）××煤矿安全管理人员配备不足，对××煤矿项目部施工组织管理、安全技术措施审批、现场安全监督检查不到位，煤矿领导带班制度落实不到位。

（5）××煤矿监理部在风井改绞安装工程的关键部位安装过程没有监理人员现场监督，安装结束后没有检查验收。

（6）中天合创公司未严格执行国家发改委、国家安全监管总局《关于加强煤炭建设项目管理的通知》要求，在××煤矿未取得有关部门批复的情况下擅自组织施工。

（7）乌审旗人民政府及旗煤矿安全监管部门对××煤矿日常安全监督管理存在漏洞，

对煤矿拒不执行监管指令行为，未能采取进一步的强制性措施。

（四）防范措施

（1）中天合创公司要严格执行《关于加强煤炭建设项目管理的通知》的有关规定，项目在未按规定审批前，严禁井下施工作业。

（2）××煤矿在建设项目审批手续完善后，要认真完善各项管理制度、业务流程、岗位职责，明确建设单位、施工单位、监理单位的管理责任，在施工作业中，严格按照施工程序进行，按照各自分工职责科学组织施工，合理安排工期，杜绝盲目赶工期、抢进度、违章组织施工、违反程序作业。

（3）××煤矿和施工单位要切实做好从业人员的安全教育和培训工作，保证从业人员具备必要的安全生产知识和专业技能，加强劳动用工管理，从严技能培训，严格按照"三大规程"要求，科学组织施工，严格按照施工组织设计工序作业，杜绝违章指挥和违章作业。重点环节和关键部位严格执行领导干部和专业人员跟班作业。

（4）施工单位要合理确定专业技术岗位，配齐配足专业技术人员，满足现场管理需要，实行专业化管理。重点工程施工装备、大型安装工程必须由专业队伍施工。

（5）××煤矿、施工单位、监理单位要认真落实《国务院关于进一步加强企业安全生产工作的通知》精神，将企业安全生产的责任主体落实到位，严格执行矿领导带班入井制度，加强现场监督检查，认真执行各项安全管理制度和安全隐患排查制度，真正把煤矿安全生产各项规章制度和技术措施落实到位。

（6）中天合创公司要强化安全意识，健全安全保障体系，切实加强对建设、施工、监理的管理，进一步加大对施工单位的监督检查力度，加强安监人员的配备，严格现场安全监管。建设单位、施工单位、工程监理单位要分系统、分部位、分环节、分工序进行全面隐患排查。

（7）乌审旗政府及煤矿安全监管部门要认真吸取事故教训，加强对属地中央企业的安全监管工作，强化现场监督检查，严格各项安全管理制度和安全隐患排查制度的落实。采取切实可行措施，严禁审批手续不齐全的煤矿建设项目进行施工作业。

二、内蒙古西蒙集团有限责任公司××煤矿"8·23"运输事故

2013年8月23日19时11分，内蒙古西蒙集团有限责任公司××煤矿发生一起运输事故，造成4人死亡，直接经济损失约735万元。

（一）矿井概况

××煤矿位于内蒙古自治区鄂尔多斯市准格尔旗境内，矿井地质储量6598万t，可采储量4129万t，设计生产能力为120万t/a，2011年12月通过竣工验收开始正式生产。该矿属乡镇煤矿，现有职工481人。事故发生前，该矿六证齐全，且均在有效期内。

矿井水文地质条件为简单型，矿井瓦斯等级为瓦斯矿井，煤层自燃倾向等级为易自燃，煤尘具有爆炸性。矿井采用斜井多水平开拓方式，在工业场地布置主斜井、副斜井及回风斜井三条井筒（主斜井12°，副斜井5.5°，回风斜井25°），三条井筒见煤后沿4－1号煤层布置运输、辅助运输及回风大巷，形成矿井开拓系统。该矿采用长壁后退式采煤方法，综合机械化回采工艺。矿井主要运输系统采用带式输送机连续运输方式，辅助运输采用防爆无轨胶轮车运输。

（二）事故发生及抢救经过

事故发生在该矿副斜井井底拐弯处，距副井井口440 m，巷道坡度5.5°，为半圆拱形断面，巷道净宽5 m，净断面积17.25 m^2，采用锚网喷支护，副斜井与辅助运输大巷连接处巷道转弯半径9 m，转角90°。

2013年6月20日，经矿长王×同意，喷浆施工队负责人王××带领七八名未经安全培训的工人进入××煤矿负责井下避难硐室喷浆、防爆门施工和巷道底板硬化等工程。8月19日，工程基本完工。8月23日14时，煤矿又安排王××施工队处理井下一些遗留工程。8月23日19时11分，王××施工队工人入井。田×驾驶一辆装有喷浆材料的防爆胶轮车由副井口入井，王××施工队的刘×、白×、李×三人紧随车辆进入副井井筒。4名入井人员进行了登记（据井口监控视频显示，入井时刘×等三人没有搭乘材料车）。8月23日20时14分，该矿副总工程师杨×（系当班井下带班领导）及综采队副队长张×等人在井下副井与辅助运输大巷拐弯处发现一辆防爆胶轮车撞到了巷道帮上，并发现车上主驾驶位置有一人，副驾驶位置有两人，三人均无生命迹象，车辆右方车下有一人，尚有生命体征，杨×马上向矿调度室进行了报告。煤矿立即通知120救护中心，120救护车于8月23日20时40分到达井口并将有生命体征的白×送往鄂尔多斯市中心医院抢救，后经抢救无效死亡，其他三人经医生现场诊断已死亡。随后，矿长王×安排人员将三名死者尸体装在皮卡车上，放入胶轮车库，副矿长安排人员将事故车辆用装载机拖到材料库东侧围墙外并用风筒布盖好，至此，现场抢救工作结束。

事故发生后的23日21时20分，内蒙古西蒙煤炭有限责任公司董事长严×接到了事故报告，立即赶往事故现场。约22时30分，事故救援已经结束，董事长严×、总经理陈×、副总经理任×与××煤矿矿长王×在矿长办公室共同进行了商量，并形成一致的意见：事故上报会影响很多人，现在上报也属于迟报，同时事故发生在王××施工队，应该由施工队负责人王××主要承担。于是，经董事长严×同意后，集体决定暂不上报事故，由××煤矿和施工队王××自行处理。随后，矿长王×在自己办公室和施工队王××商量了详细的隐瞒处理方案，安排人员分别将死者送往陕西省府谷县、神木县等医院进行善后事宜的处理工作。2013年8月24日至25日，公安部门相继接到死者家属报案，称家人在准格尔召镇××煤矿打工，受伤后经抢救无效死亡，请求调查死者死亡原因。经公安部门调查，疑是煤矿生产事故，交由鄂尔多斯煤监分局组织相关部门进行了调查，查明该矿2013年8月23日19时11分，在副斜井井底拐弯处发生一起运输事故，一辆运送喷浆材料的防爆无轨胶轮车违章搭乘施工人员，在入井行驶过程中车辆失控，撞在井底车场巷道帮上发生事故，造成4人死亡。确定这是一起瞒报的生产责任事故。

（三）事故原因分析

1. 直接原因

喷浆队工人田×（无特种工操作证和机动车驾驶证）驾驶不合格防爆无轨胶轮车（事故后检验，制动系统不具备制动能力）入井运送材料，违章搭乘作业人员，在行驶中操作不当，致使车辆失控，迎面撞在巷道帮上，是导致事故发生的直接原因。

2. 间接原因

（1）王××施工队对本队的车辆检修保养不到位，对本施工队入井人员安全培训不到位，工人安全自保互保意识差，违章乘坐运料车辆。

（2）××煤矿对喷浆施工队的入井车辆管理不严、入井检查不细，对作业人员违章乘坐运料车及特种作业人员未经培训无证上岗未及时制止。

（3）内蒙古西蒙煤炭有限责任公司对××煤矿安全监管不到位，对该矿车辆入井检查不严格、特种作业人员未经培训无证上岗等行为未及时发现并制止。

（4）准格尔旗煤炭局对该矿入井车辆检查不严格、特种作业人员未经培训无证上岗等违法违规行为监督管理不到位。

（四）防范措施

（1）××煤矿要认真贯彻《国务院关于进一步加强企业安全生产工作的通知》精神，将企业安全生产的责任主体落实到位，严格执行矿领导带班入井制度，加强现场监督检查，认真执行各项安全管理制度和安全隐患排查制度，真正把煤矿安全生产各项规章制度和技术措施落实到作业班组和岗位，严格执行“三大规程”，坚决杜绝违章指挥和违章作业，有效防范和遏制煤矿事故。

（2）××煤矿必须加强入井车辆维护保养和入井检查工作，不完好的车辆严禁入井，严禁采用非专用人车运送井下作业人员。

（3）××煤矿井下采用无轨防爆胶轮车运输时，必须严格遵守《煤矿安全规程》的有关规定，制定切实可行的安全技术措施。井下驾驶无轨防爆胶轮车的作业人员，必须持有机动车辆驾驶证和特种作业人员操作资格证书。

（4）××煤矿应规范劳动用工管理，加强对从业人员的安全教育和培训，保证从业人员具备必要的安全生产知识，未经安全生产教育和培训合格人员不得上岗，进一步增强职工自保互保意识。

（5）准格尔旗政府及煤矿安全监管部门要切实加强对属地煤矿的安全监管工作，加强对企业劳动用工的监督检查，进一步监督检查煤矿企业严格落实各项安全管理制度和安全隐患排查制度，确保煤矿安全日常监管工作到位，确保作业人员持证上岗，切实履行好煤矿安全监管责任。

第十一节　爆破事故案例分析

一、裸露爆破引发煤尘爆炸事故

2003年10月21日10时40分，乌海市海勃湾区××煤矿发生一起煤尘爆炸事故，死亡6人，重伤1人，估计直接经济损失80万元。

（一）矿井概况

乌海市海勃湾区××煤矿，位于桌子山煤田滴沥帮乌素矿区，矿井始建于1993年，生产能力为6万t/a。井田内可采煤层有9、10、16煤层，现主采16煤层，16煤层平均厚4.7 m，煤层倾角在8°~10°之间。该矿井田面积0.936 km^2。矿井开拓方式为2个斜井、1个竖井，其中1个斜井回风，另1个斜井和竖井为出煤井兼作进风井，竖井井深180 m，斜井长度均在1000 m左右。该矿属低瓦斯矿井，16煤层的挥发分为28%~30%，全硫1.5%~1.8%，焦质层厚度为24 mm，煤尘极具有爆炸性。

该矿采掘方式为非正规采煤法，分东西2个采区出煤，东采区斜井出煤，西采区竖井出煤。井下采用畜力车和机动三轮车运输，将工作面的落煤运至竖井和斜井的井底煤仓内，然后由绞车提升至地面。由于井下工作面多（通常井下有7个工作面同时作业），畜力车和机动三轮车运输繁忙，井下煤尘很大，特别是在竖井井底车场内的煤尘更大（事故发生后，测得车场内的煤尘厚度在0.1 m以上）。矿井没有完善的洒水灭尘系统。该矿竖井井底车场内溜煤眼放煤口附近有一段巷道使用棚架支护（四架棚），事故发生在该处。

（二）事故发生与抢救经过

2003年10月21日早班，竖井采区井下运输过程中，一台运煤的机动三轮车将车场内溜煤眼放煤口附近一架木棚的一条棚腿撞倒。当时并没有发生冒顶，工人在运输中听到顶板裂隙有响声和离层、掉碴现象。当班班长兼安检员宋××决定下班，工人提前升井，升井后宋××将井下情况报告了矿长黄××。9时许，黄××未向该矿的法人代表和技术员告知井下情况，便带领副矿长郝××和3名爆破工及2名安检员（其中有宋××）共7人入井重新维护竖井井底车场内的支护。约10时40分，为了蹦倒已损坏的支架和蹦碎大块的顶板岩石，他们连续采用裸露爆破（共放了3炮）的办法进行处理，随即引起煤尘爆炸。在地面的人员在听到一声巨大的爆炸声的同时，看到3个井口都冒出大量的烟尘。意识到井下发生了事故，该矿技术员刘××立即给董事长杨××打了电话，杨××随后向海勃湾矿业公司救护队报告了事故并请求救援。至此，井下有7名矿工生死不明。

海勃湾矿业公司救护队于11时35分接到报告，并于12时25分到达事故现场。乌海煤矿安全监察办事处于11时50分接到事故报告并于12时20分到达事故现场，市煤管局有关领导也及时到达事故现场，并立即组织有关部门成立了事故抢险领导小组并展开工作。救护队于12时50分左右第一次入井，于14时30分升井，在距井底车场冒顶处20 m的巷道内找到5名工人，其中有3人仍有呼吸，另外2名已死亡，其余2名工人未找到。约16时30分开始，3名幸存人员被先后救出并送往医院抢救，其中有2人经抢救无效死亡。

另外2名遇难人员分别于18时30分和23时50分先后在距车场不远处的其他巷道内被找到并运出地面，均已死亡，至此抢险工作结束。

（三）事故原因

1. 直接原因

该矿在维护竖井井底车场内溜煤眼放煤口附近的支护过程中，在未采取任何安全措施的情况下，违章裸露爆破（间断放了3炮），因该处煤尘较大，爆破前未进行洒水灭尘，造成煤尘飞扬，裸露爆破火焰导致煤尘爆炸。

2. 间接原因

（1）该矿矿长、副矿长违章指挥、违章带领工人作业，在未制订和采取任何安全技术措施的情况下，违章在井底车场内连续裸露爆破处理顶板。

（2）该矿井下采用多头掘进、多工作面作业，运煤采用畜力车和机动三轮车运输，发生事故的地点又处在溜煤眼放煤口附近，造成井底车场内煤尘大，而在井底车场内未铺设防尘供水管路，也没有采取有效的洒水灭尘措施。

（3）该矿矿长、副矿长及特种作业人员安全意识淡薄，自我防范意识差，对井下顶板的维护处理缺乏足够的经验和措施，盲目、冒险蛮干。

（4）该矿使用未经培训的无证特种作业人员上岗作业。

（5）该矿对有关部门检查中下达的指令意见落实不到位，解决不彻底。没有严格按指令要求完善矿井的防尘供水系统。

（四）防范措施

（1）进一步加强煤矿安全监督检查和安全管理，认真整改检查中发现的问题。坚决制止破坏通风系统，采用多头掘进、多工作面作业，井下使用畜力车和非防爆机动三轮车运输等违法行为。彻底解决煤矿的非正规采煤方法，取缔机动三轮车和畜力运输。

（2）每个矿井都要装备完善的洒水灭尘管路和系统，建立严格的洒水灭尘制度并定期专人洒水灭尘。

（3）加强对矿长及特种作业人员培训教育，要限制文化素质低、安全意识差的人员做矿长和从事特种作业。对已持证的矿长及特种作业人员要重新评价认定或核发证件，建立定期复训制度，不断提高这些从业人员的安全意识和安全操作技术。

二、拒爆误炸事故

（一）事故经过

2006年某月的一天，××煤矿负责南翼2号总回风上山施工的开拓队在接班后，检查完工作面安全工作，当班班长张×安排4人在迎头打上部炮眼，安排4人负责推车出碴，组长李×负责开耙矸机装碴工作。装过几车碴后，李×听到轰隆一声巨响，耙矸机耙斗被拒爆误爆震翻，他也被巨大的声响震得断断续续休息了半年，听力严重下降。

（二）事故原因

（1）南翼2号总回风上山工作面爆破后存在拒爆，且拒爆随爆落的矸石混在一起，凭人的直觉和现场工作情况无法检查和辨识爆破后矸石堆内是否存在拒爆，是造成此起事故的直接原因。

（2）负责装碴开耙矸机的组长李×安全意识不强，扒矸机耙斗在探照灯的照射下，只顾忙于装碴作业，而不能顾及其他。没能检查或间隔检查工作地点的事故隐患。没有做到事故预想预测分析和应急措施，是事故的间接原因。

（三）责任划分

（1）班长张×没有认真履行交接班手续，上班存在着拒爆而没有及时与接班交接清楚，上班班长和当班班长张×负有直接责任，爆破工爆破后没有及时检查有无拒爆就离开现场，上班爆破工应负爆破现场管理责任，负有直接责任。

（2）组长李×在开耙矸机时，没有仔细察看前方有无危险和其他意外情况就只顾耙矸出碴，对事故负有主要责任。

（3）施工单位和某队队长、书记对本队员工安全教育不到位，对爆破管理不严，爆破后没有按规程仔细认真检查有无拒爆等情况，造成井下员工违章以致伤人事故，应负教育管理不到位的领导责任。

（四）防范措施

（1）严格按照爆破操作规程、安全规程和作业规程进行操作，规范各工序流程的管理，不得出现管理流程漏洞。

（2）坚持“一炮三检”和”三人连锁”爆破制度，对拒爆处理要严格按照规程规定进行。

（3）加强对员工的培训和教育，努力提高自身的业务技能和操作方法，增强自身的安全意识，杜绝违章现象的发生。

（4）使用合格的爆破材料，加强连线等操作工序，杜绝出现拒爆等现象，从源头上杜绝此类事故的发生。

第十二节　其他典型事故案例分析

一、井下溃浆事故

2007 年 12 月 24 日 21 时 10 分左右，内蒙古太西煤集团××煤矿井下发生一起灭火灌浆泥水透泄事故，造成 4 名正在运送打火区密闭材料的工人被淹死亡，直接经济损失 160.5365 万元。

（一）矿井概况

××煤矿位于内蒙古阿拉善盟阿左旗古拉本镇，其前身为设计生产能力 4 万 t/a 的乡镇煤矿，1988 年归属太西煤集团公司后，设计生产能力先后扩建到 6 万 t/a 和 9 万 t/a。矿井原采用仓储式采煤方法，2005 年 3 月，因井田内地面带有明火的碴石沿裂隙滚落到采空区和巷道里，造成矿井北采区井下着火，太西煤集团公司随后行文上报阿拉善盟经济委员会和安全生产监督管理局，要求实施灭火工程，上述两部门于 2005 年 10 月 24 日以阿经煤炭字〔2005〕144 号文予以批复，同意矿井进行防灭火工作，此后该矿便一直处于停产状态，开始实施由地面向采空区灌浆的防灭火工程。

矿井目前尚无较系统的水文地质资料。根据贺兰山煤田地质分公司银川勘探队的《贺兰山煤田二道岭矿区立新井田地质勘探最终报告》（精查），该地区的地下水水头压力大、水量少，补给来源缺乏，水量随时间的增加而逐渐减少，属水文地质条件简单类型。矿井的主要充水因素有大气降水、老窑及采空区积水和火区的灭火工程用水。矿井现铺设一趟直径为 108 mm 的排水管路，井下安装两台水泵，型号为 D25－30×8，水仓容量为 800 m^3。根据抽水资料，矿井的日常涌水量为 350～400 m^3/d。

矿井开采的主要煤层有$二_1^{上}$、$二_1$、$二_2$、$二_3$、$二_4$和三号煤层，均为急倾斜煤层，顶板为泥质岩、细砂岩，较稳定；煤层平均厚度分别为 2.4 m、8 m、1.4 m、2.7 m、1.8 m，平均倾角为 52°。

（二）事故经过及抢险善后情况

2007 年 12 月 24 日 16 时，××煤矿调度室主任赵××组织召开了中班班前会，安排井下调度负责人丁××带领 6 名工人下井作业，6 人分别是瓦检员张××、黄××，拉运工孙××、马×、杨××，班长李×，任务是由主井井底向打密闭处运送水泥、砂子、砖等材料。人员入井后，具体分工是：黄××、孙××、马×和杨××4 人负责从主井井底将装满材料的矿车沿 1850 石门推至三层煤材料上山底部，把材料卸下后再将空车推回主井井底；丁××、李×、张××3 人负责将卸在三层煤材料上山底部的材料背到打密闭的地方。约 21 时，丁××和李×、张××背着水泥走到三层煤上山变坡点处时，突然听到“轰隆”一声，伴随着流水的声音，他们看到上山下部有水向上涌来，3 人下意识地扔掉了背着的东西，沿着回风经1894石门、二$_3$煤1894平巷向外跑，经过回风上山下口时，张××用井下电话向调度室汇报了井下发生的事情，此时，黄××、孙××、马×和杨××4人所在的1850石门已被水淹没。调度主任赵××接到电话后立即给矿上做了汇报，矿长高×及时向有关部门报告了事故。

事故发生后，矿方立即启动了应急预案，一方面派救护队员下井搜索探察，另一方面组织人员安装水泵进行排水。至25日2时30分左右，4名遇难人员已被抢险人员搜寻到并运到地面。抢险救人工作结束。太西煤集团公司随后成立了善后处理工作组，给4名遇难人员家属共赔付医疗、丧葬抚恤和补助救济费用99.6万元，事故善后处理工作已结束。

（三）事故原因

1. 直接原因

矿方没有按照火区治理和灌浆施工安全技术措施的要求构筑密闭，所施工密闭厚度不够，两道密闭中间未充填黄土，且只在煤体内掏槽，未在岩体内掏槽，使墙体和岩体接触不坚固。当浆水不断积蓄，对墙面压力不断增大，导致冲垮隔离密闭（防火密闭），将在灌浆区下部1850水平作业的4名工人淹溺死亡，是事故发生的直接原因。

2. 间接原因

（1）矿方制订的火区治理和灭火灌浆施工安全技术措施存在缺陷，未说明应在防火墙一定高度处加设放水管，造成浆水无排泄通道，仅凭墙体渗漏，从而使密闭内存有大量积水。

（2）未定期检查密闭情况，并做好水情观测工作，发现密闭不牢或有溃水征兆等隐患时未及时采取措施处理。

（四）防范措施

（1）太西煤集团公司要加强对灭火工程的安全技术管理，加强各环节的安全技术措施编制和审查、监督工作，加强技术管理人员的培训、教育，确保安全施工。

（2）灌浆灭火施工单位要聘请有资质的单位或部门编制切实可行的施工设计，并按设计要求组织施工。

（3）矿井防灭火灌浆工程施工前必须编制作业规程，必须编制防止溃浆的安全技术措施，工人必须严格按照作业规程施工。

（4）矿井防灭火灌浆工程施工时要跟踪记录施工情况，施工完成后要做好验收工作，并定期检查各项工程的完好状况和存在隐患情况，发现问题及时处理。

二、竖井坠落事故

2002年5月27日17时10分，乌海市海南区××煤矿改扩建竖井发生坠落事故，死亡3人，估计直接经济损失20万元。

（一）矿井概况

××煤矿位于乌海市滴沥帮乌素矿区，属地方国有煤矿，井田走向长约1350 m，倾向长2900 m，井田面积3.74 km^2，煤层走向南北向，倾向西，煤层埋藏深度东部较浅，向西逐渐加深，井田中部有一条走向近南北向的季节性河槽将井田划分为东、西两个井田。浅部采区（即东井田）是正在生产的区域，开采年限已达15年，储量所剩无几，井下运输距离长，为了开采深部（西井田）煤层，公司决定在西井田新建一对矿井，即一个竖井和一个斜井。

已建成的竖井，井深210 m，井筒直径3.6 m，设计安装为双罐道、双箕斗提升，每斗提升能力为2.5 t。2002年5月中旬，竖井开始进行安装罐道的工作，安装过程是由井口向井底方向焊接，每根罐道长6 m，焊接过程中，工人在一个木质吊盘上作业，所使用的木质吊盘直径3.1 m，吊盘上有4个点固定吊绳，每个点上有3根长短不一的钢丝绳（带钩头）来固定和升降吊盘。

（二）事故经过

5月27日14时30分，承包人张×福带领4名工人（杨×、张××、罗×、张×）入井继续安装罐道的工作。他们在竖井内距井口20 m，距井底190 m处的吊盘上焊接罐道，都未系带保险绳。17时10分，当他们正在进行焊接作业时，吊盘西侧的1根吊绳钩头突然滑脱，吊盘发生倾斜，正在吊盘西侧作业的3名工人从吊盘上滑落，坠入井底遇难。

事故发生后，矿方立即组织人员入井，将3名遇难人员运出地面，并送往殡仪馆。

（三）事故原因

1. 直接原因

竖井安装过程中，施工吊盘未设置可靠的防护装置，承包人违章指挥，工人违章作业，没系保险绳，是造成这起事故的直接原因。

2. 间接原因

（1）××煤矿对改扩建工程安全管理混乱，在工程没有设计的情况下，擅自施工，并将工程承包给无任何资质的工程队施工，编制的作业规程未经审批。

（2）××煤矿未执行有关部门下达的安全监察指令，工程未经安全设施的设计审查和未取得有关部门的审批同意，擅自施工。

（3）该矿未执行特种作业人员必须持证上岗的法律规定，安排未经专门培训、未取得操作资格证书的电焊工上岗作业。

（4）乌海市煤炭局海南煤管分局对竖井工程的建设及建井施工中安全检查不力，管理不到位。

（5）乌海市煤炭局安检科对该矿的改扩建竖井工程开工建设把关不严，监督检查不到位，造成工程在没有设计的情况下组织施工，设计未经过安全设施的设计审查，未经过上级有关部门的审查同意。

（四）防范措施

本起事故是××煤矿改扩建竖井未按照法定程序设计、审批，擅自开工造成的。工程的安全设施未经“三同时”设计审查，竖井施工中，安全管理混乱，违章指挥，违章作业是事故发生的主要原因。为了防止同类事故的继续发生，提出防范措施如下：

（1）××煤矿改扩建竖井工程必须按照法定程序办理有关审批手续后，方可恢复施工。

（2）所有煤矿的新、改、扩建工程必须按照主管部门批准的设计文件施工，且工程的安全设施设计必须经煤矿安全监察机构审查同意后，方可施工。

（3）煤矿的新、改、扩建工程不得承包给不具备资格的单位或个人施工。

参 考 文 献

[1] 王志亮，张春利，曾宪荣，等．煤矿安全生产应急管理：井工［M］．北京：煤炭工业出版社，2015.

[2] 赵红泽，张春利，曾宪荣，等．煤矿安全生产应急管理：露天［M］．第2版．北京：应急管理出版社，2020.

[3] 国家市场监督管理总局，国家标准化管理委员会．生产经营单位生产安全事故应急预案编制导则：GB/T 29639—2020［S］．北京：中国标准出版社，2020.

[4] 国家煤矿安全监察局．煤矿安全生产标准化管理体系基本要求及评分方法（试行）［M］．北京：应急管理出版社，2020.

[5] 中华人民共和国应急管理部．生产经营单位生产安全事故应急预案评估指南：AQ/T 9011—2019［S］．北京：应急管理出版社，2019.

图书在版编目（CIP）数据

煤矿安全生产应急管理．井工／王志亮等主编．－－2版．－－北京：应急管理出版社，2021（2024.1重印）

内蒙古自治区煤矿安全培训系列教材

ISBN 978－7－5020－8817－0

Ⅰ.①煤…　Ⅱ.①王…　Ⅲ.①煤矿—安全生产—生产管理—技术培训—教材 ②煤矿—矿山事故—救援—技术培训—教材　Ⅳ.①TD7

中国版本图书馆CIP数据核字（2021）第133189号

煤矿安全生产应急管理——井工　第2版

（内蒙古自治区煤矿安全培训系列教材）

主　　编　王志亮　王　伟　张　雷　曾宪荣
责任编辑　肖　力
责任校对　孔青青
封面设计　于春颖

出版发行　应急管理出版社（北京市朝阳区芍药居35号　100029）
电　　话　010－84657898（总编室）　010－84657880（读者服务部）
网　　址　www. cciph. com. cn
印　　刷　河北鹏远艺兴科技有限公司
经　　销　全国新华书店

开　　本　787mm×1092mm $^1/_{16}$　**印张**　$20^1/_2$　**字数**　491千字
版　　次　2021年7月第2版　2024年1月第2次印刷
社内编号　20210573　　**定价**　66.00元